译者序

今年已是 Ecology of Shallow Lakes（校正版）出版后的第 20 年。20 世纪 90 年代以前，湖沼学家大多以深水湖泊为主要的研究对象，而 90 年代后越来越多的科学家对浅水湖泊开展了系列研究。Marten Scheffer 则创造性地基于模型模拟及北欧、美国等地区科学家十余年浅水湖泊野外观测实证，提出浅水湖泊多稳态理论，形成了一个总体性描绘浅水湖泊功能的理论图景。二十余年来，浅水湖泊多稳态理论影响了全球对浅水湖泊的科学认知，并推动了专业化的浅水湖泊生态系统管理。Marten Scheffer 后来还将稳态转换应用到对社会生态系统的研究，为理解复杂系统的非线性变化提供了重要框架，推动了韧性（resilience）思维在政策制定中的应用。

据《中国湖泊志》记载，面积 1 km² 以上的湖泊我国有 2 759 个。东部平原的长江中下游是浅水湖泊分布最为密集的区域，云贵高原也分布有滇池、异龙湖、草海等典型的浅水湖泊。我国以"三河"（淮河、海河、辽河）、"三湖"（太湖、巢湖、滇池）为代表的重点湖泊在 20 世纪 80—90 年代被严重污染，但随着生态文明国家战略的推动，如今湖泊、河流等已基本改变黑臭、蓝藻大量富集状况，同时我国也成为湖泊生态修复研究、应用最多的国家之一。

在稳态转换理论成形的 20 世纪 90 年代末期，以刘永定先生等为代表的科学家便及时地将其引进，并最早在滇池、太湖等湖泊开展研究并指导实践。近年来，中国越来越多的湖泊、池塘，甚至城市地产水景项目，均在大量地以重建"水下森林"的方式开展水生态修复，取得了很好的成效。"稳态转换"理论在中国湖泊的广泛应用可以从许多国内重点治理湖泊管理者早已对"清水草型""浊水藻型""草藻转换"均化熟于心就可见一斑。

对这本书的翻译工作源自 2020 年底昆明市滇池高原湖泊研究院启动的一场读书会。为快速提升当时大量新入职技术人员的专业能力，我们选择了这本 Marten Scheffer 所著，对浅水湖泊生态系统结构与功能进行全面描述的专业书籍。2020—2022 年，我们几乎每个月都会见面，详细讨论该书的内容及相关科研论文，同时对滇池和中国其他湖泊生态修复面临的实际挑战也进行了深入的头脑风暴。在整个读书过程中，我们逐渐发现，尽管在中国已大量开展了意在浊水藻型向清水草型转换的工程尝试，但除了一小部分科学家之外，对浅水湖泊生态系统结构功能、鱼类调控发挥的级联效应，稳态转换过程，生态系统状态稳定维持的内在机制等，仍然理解很少。这一差距促使我们在 2022 年底开始着手根据读书会的笔记和讨论翻译这本书。

这是一本侧重于揭示机理的书，除了湖沼学、水生生物学的内容外，还有大量分岔（bifurcation）、突变（catastrophe）数学理论及建模的内容，这对于翻译人员均为偏向应用的技术人员来说不是一个容易的工作。因此译者仔细查阅了《中国淡水藻类系统分类及生态》《新英汉数学词汇》《英汉生态学词典》等书籍，翻阅了近年来的大量中文文献资料，以选择和确定专业词汇的中文译名并准确地应用中文语句进行表达。这本书的翻译工作得到了昆明市滇池高原湖泊研究院杜劲松先生的全力支持，刘永定先生的整体性指导，王海军、徐驰、苏豪杰等老师还对某些章节进行了校核，云南省–昆明市一体化重大科技专项（202202AH210006）予以资金支持，在此一并表示感谢。经与 Marten Scheffer 联系，译者还在此次中文译本中对书中部分内容进行了必要的修正。全书的翻译，从准备到定稿前后四年有余，并多次校核、数易其稿，但尽管如此，缺点错误仍在所难免，恳切希望广大读者提出宝贵意见。

同时这本书主要是基于 20 世纪 90 年代荷兰、瑞典、美国等中小型浅水湖泊野外观测研究而成形的书稿，我国许多大型浅水湖泊面临更多的人为干扰，更复杂的生态过程，还存在水资源短缺等问题，73 页"混合良好的浅水湖泊微囊藻水华并不常见"等描述在我国并不适用。希望本书的翻译能进一步推动我国专家学者、管理者投入到持续性的浅水湖泊研究和治理中，并加大国际交流，就如同作者所说的"Writing this book has been an（unfinished）journey…"（本书是一个未完成的旅程……）一样。

这本书适合于生态学、渔业、污染治理和水环境管理领域的学生、科学家、工程师和管理者阅读。

潘 珉

2025 年 3 月 30 日于滇池野外科学观测研究站

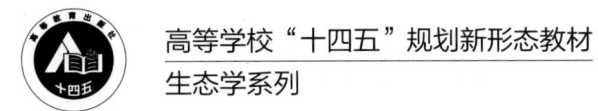

高等学校"十四五"规划新形态教材

生态学系列

浅水湖泊生态学

ECOLOGY OF SHALLOW LAKES

Marten Scheffer　著

潘　珉　朱　宇　杨姣姣　主译

曹光秀　董晋延　黄立成
鲁　斌　鲁　露　潘　珉　译
杨姣姣　张志中　朱　宇

刘永定　校

中国教育出版传媒集团

高等教育出版社·北京

图字：01-2024-2777 号

First published in English under the title
Ecology of Shallow Lakes
by Marten Scheffer, edition: 1
Copyright © Marten Scheffer, 2004
This edition has been translated and published under licence from
Springer Nature B.V.

图书在版编目（CIP）数据

浅水湖泊生态学 /（荷）马滕·谢弗
（Marten Scheffer）著；潘珉，朱宇，杨姣姣主译 .
北京：高等教育出版社，2025.7. -- ISBN 978-7-04
-063581-2

Ⅰ. X321

中国国家版本馆 CIP 数据核字第 20242CB430 号

QIANSHUI HUPO SHENGTAIXUE

策划编辑　高新景	责任编辑　李明洋	封面设计　王凌波	责任校对　高　歌
责任印制　赵　佳			

出版发行	高等教育出版社	网　　址	http://www.hep.edu.cn
社　　址	北京市西城区德外大街4号		http://www.hep.com.cn
邮政编码	100120	网上订购	http://www.hepmall.com.cn
印　　刷	人卫印务（北京）有限公司		http://www.hepmall.com
开　　本	787mm×1092mm　1/16		http://www.hepmall.cn
印　　张	16.75		
字　　数	350 千字	版　　次	2025 年 7 月第 1 版
购书热线	010-58581118	印　　次	2025 年 7 月第 1 次印刷
咨询电话	400-810-0598	定　　价	65.00元

本书如有缺页、倒页、脱页等质量问题，请到所购图书销售部门联系调换
版权所有　侵权必究
物 料 号　63581-00

目 录

前　言

在浅水湖泊或池塘里，有时可以清晰地看到水中摇曳的沉水植物、游弋的鱼和忙碌的小动物。然而，更常见的情况是，水体受到藻类水华和悬浮颗粒物的影响而变得浑浊，导致水下的一切难以看清。值得注意的是，介于这两种极端状况的中间态相对罕见。这种印象可能是由于我们为了简化而倾向于用二分法去认识世界，但研究表明，在这种情况下，二分法是有一定道理的。

这两种情况呈现出完全不同的群落状态，两者都有稳定的反馈机制。在浊水态，较低的水下光照阻碍了沉水植被的生长。没有沉水植被保护的沉积物经常因风浪作用和鱼类觅食而发生再悬浮，导致水体透明度进一步降低。由于缺少植物的保护作用，浮游动物更容易被鱼类捕食，而浮游动物密度的降低使得其难以控制藻类的繁殖。相比之下，富营养化浅水湖泊的清水态则以大型水生植物为主。水草层可防止沉积物再悬浮，从水中吸收营养物质，并为浮游动物躲避鱼类捕食提供庇护场所。

鉴于这些反馈机制，浅水湖泊常常不遵守一些简单的规则就显得不那么奇怪了，如藻类生物量与营养盐负荷的经典模型。浅水湖泊对富营养化的响应往往是灾变而非平稳过渡的。已知有几个湖泊在没有明显外部胁迫的情况下，在清水态和浊水态之间反复切换。鉴于湖沼学文献中对浅水湖泊的相对忽视，这种截然不同的特性显然会在很长一段时间内使研究人员感到沮丧。即使在几乎所有湖泊都很浅的国家，如丹麦和荷兰，湖沼学的传统研究也完全集中在少数几个可利用的深水湖泊。然而，在过去一段时间里，这种情况已经改变。

20世纪许多浅水湖泊由于富营养化而变得浑浊，通过减少营养盐负荷来恢复清水态的努力往往都失败了。这就需要用其他方法进行实验，如暂时性减少鱼类数量。这种扰动方法对浅水湖泊生态系统的潜在影响似乎是显著的，一些湖泊已相应地转换到长期稳定的清水态。对这些变化过程的详细监测促进了对浅水湖泊群落动态变化机制的深入了解。

写这本书是一个（未完成的）旅程，目标是绘制一个"浅水湖泊是如何运行的"连贯画面。揭示主要思想的起源可能与揭示湖泊生态系统的功能一样困难，但是本书观点的思想根源却意义深远。在英国、丹麦和荷兰的湖沼学家中，揭示关于鱼类和植物发挥怎样功能的想法已经发酵了至少十年。当然，Brian Moss和Erik Jeppesen是这个群体中非常重要的鼓舞人心的思想家。在我们的研究所，

Andre Breukelaar、Harry Hosper 和 Marie-Louise Meijer 一直与我讨论着令人兴奋的观点。

Erik Jeppesen 读了初稿后鼓励我说初稿很棒，并善意地指出我还需要做很多额外的"家庭作业"。我时常试图理解无数描述性和实验性研究中那些相互矛盾的结果，这个过程使我更谦逊地去梳理头脑中的理论，这本书也随之而成型。Sergio Rinaldi 是引领我理解迷人而又耀眼的动力系统理论中吸引子、分岔及其他抽象结构的指引者。我们一起寻找其与更加令人眩目的水生食物网的相似之处。Rob de Boer 和 Yuri Kuznetsov 开发了优秀的分析模型软件，并指导我使用它。

Don DeAngelis 建议我写这本书，他邀请我到美国橡树岭国家实验室（Oak Ridge National Laboratory）工作，并给了我许多有用的意见和建议。Eric Marteijn 和内陆水管理和污水处理研究院（RIZA）的其他员工一直非常支持我，弹性工作时间允许我深入研究超出环境应用的内容，并给我时间来写这本书。这本书的大部分内容是在美丽的田纳西州 Bob 和 Dorothy Jolley 的乡间别墅里写下的，我感到非常高兴。我和 Adriaan Achterberg 一起度过了一段难忘的时光，我们在水生态领域的第一个研究就是试图弄清楚沟渠里发生了什么。他特别为这本书画了许多钢笔画（图 4.3、图 4.42、图 1.4、图 4.49、图 3.13、图 5.1、图 2.15、图 4.46），封面插图由广告公司制作。Ad Swier. Bert Jansen 准备了大部分的技术图纸，并包容了我无数次的思想变动。Rita van Leeuwen 在相关文献的插入方面做了非常有价值的工作。Egbert van Nes 一直以来都是一个关键的助手，用软件包解决问题，编写更好的软件包，帮助组织和查找文献，在午餐散步时讨论无数重要和不重要的想法，并在精彩的推理中指出关键问题。

Irmgand Blindow、Steve Carpenter、Hugo Coops、Milena Holmgren、Harry Hosper、Mark Hoyer、Bas Ibelings、Erik Jeppesen、Eddy Lammens、Marie-Louise Meijer、Stuart Mitchell、Brian Moss、Egbert van Nes、Ruurd Noordhuis、Marcel van der Berg 和 Diederik van der Molen 对本书的完整稿件进行了审阅，Herman Gons 和 Henddk Buiteveld 对部分内容进行了审阅。他们的帮助使这本书变得更加易于阅读。

符 号

下表列出了书中使用的主要符号。除非另有说明，否则使用列出的默认值生成图表。只使用一次的符号在正文中另有说明，未列在此表中。

符号	单位	默认值	定义
Γ	$g \cdot m^{-2} \cdot d^{-1}$		沉积物再悬浮率
α			发生再悬浮的湖底占比
ε			光照和温度季节变化强度
τ_r	年		水力停留时间
a	m^{-1}		光吸收系数
A	$mg \cdot L^{-1}$		浮游植物密度
b	m^{-1}		光散射系数
B	$mg \cdot L^{-1}$		蓝细菌浓度
Chl	$\mu g \cdot L^{-1}$		叶绿素 a 浓度
D	m		平均湖深
d	d^{-1}		有浮游动物与无浮游动物的湖体的交换速率
E	m^{-1}		光在水下的垂直衰减系数（即"浊度"）
E_0	m^{-1}		无植被情况下的浊度
e_a	$m^2 \cdot g^{-1}$	0.1	浮游植物产生的特定光衰减系数
E_b	m^{-1}		浮游植物外的其他因素引起的浊度
e_z	$g \cdot g^{-1}$		食物转化为浮游动物生长的效率
F	km		吹程，沿风的方向从岸边到某处的距离
f	d^{-1}		湖水冲刷造成的浮游植物流失
G	$mg \cdot L^{-1}$		绿藻浓度
G_f	$mg \cdot L^{-1} \cdot d^{-1}$		整个鱼类群落的浮游动物最大消耗量
g_z	$g \cdot g^{-1} \cdot d^{-1}$	0.4	浮游动物的最大牧食率
h_a	$mg \cdot L^{-1}$	0.6	浮游动物函数响应达到半饱和时的藻类浓度
h_E	m^{-1}		50% 植被分布条件下的湖泊浊度

续表

符号	单位	默认值	定义
h_p	mg·L^{-1}	0.003	藻类生长达到半饱和所需溶解性活性磷浓度
h_s		1	导致藻类生长减少 50% 的遮荫系数（EZ）
h_v			浊度减小 50% 所需的植被覆盖
h_z	mg·L^{-1}	1	鱼类函数响应达到半饱和所需浮游动物浓度
i	g·g^{-1}·d^{-1}	0.01	浮游植物从未被牧食部分的流入
K	mg·L^{-1}	10	浮游植物的环境承载能力
l	d^{-1}	0.1	浮游植物的损失率
m_z	d^{-1}	0.15	浮游动物的死亡率
N	mg·L^{-1}		湖水的总氮浓度
P	mg·L^{-1}		湖水的总磷浓度
P_a	g·g^{-1}	0.01	藻类中的磷含量
q			浮游动物占湖水总体积的比例
r	d^{-1}	0.5	浮游植物最大生长速率
s	m·d^{-1}		颗粒沉降速率
S	mg·L^{-1}		悬浮颗粒物的浓度
S_d	m		透明度
SRP	mg·L^{-1}		溶解性活性磷
V			湖面被沉水植物覆盖的比例
W	mg·s^{-1}		风速
z	m		水下到水面的垂直距离
Z	mg·L^{-1}		大型植食性浮游动物的密度
z_{eu}	m		真光层深度（水下光照衰减到水表层 1% 的深度）
z_{max}	m		沉水植物最大分布深度
z_{mix}	m		混合水层深度

导　言

什么是浅水湖泊?

长久以来，湖沼学主要关注夏季存在分层现象的湖泊。热分层在很大程度上隔离了上层水（湖上层）和较冷的深水（湖下层），以及上层水夏季时与沉积物的相互作用。在这样的湖泊中，由于沉水植物被限制生长在相对狭窄的湖岸地带，大型植物对群落的影响相对较小。这是一本关于浅水湖泊功能的书，这样的湖泊很大程度上被水生植物占据，并且在夏季不会长期出现分层现象。这种类型的湖泊，整个水柱经常混合在一起，也被称为对流湖。书中提到的大多数湖泊的平均深度都不到 3 m，但是它们的表面积从不足 1 hm^2 到超过 100 km^2 不等。沉积物 – 水体间强烈的相互作用和水生植被潜在的巨大影响使得浅水湖泊的功能在许多方面与深水湖泊不同。

在一些地区，浅水湖泊比深水湖泊多。例如，在维斯瓦冰期，在冰盖边缘发现了众多浅水湖泊。此外，人类的活动，如挖掘泥炭、沙子、砾石或黏土，也已产生了相当数量的浅水湖泊和池塘。"湿地"一词常被用来指浅水湖泊及其邻近的沼泽地，这些区域成为具有丰富野生生物的栖息地。从娱乐活动的角度来看，在人口稠密的地区，即使很小的湖泊也非常重要。钓鱼、游泳、划船和观鸟会吸引大批民众。

19 世纪以来，湿地的质量和数量都急剧下降。以农业为目的的水利活动减少了全球湿地的数量，而富营养化则从根本上改变了许多湿地动植物群落的自然属性。

管理难题

水体清澈、水生植被丰富可能是大多数浅水湖泊的原始状态。但在许多情况下，营养物质的输入会改变这种情况：湖泊由清澈转为浑浊，随着浊度的增加，沉水植物基本消失。富营养化过程中的变化少有完整的记录，但一些要素是大多数野外工作者一致赞同的（Moss, 1988）。营养含量低的浅水湖泊植被通常以体型相对较小的植物为主。随着营养盐负荷的增加，大型水生植物生物量增加，那些填满整个水柱或将大部分生物量集中在水表层的植物成为优势物种。钓鱼和划船的人们不喜欢这种过于茂密的水草。但当采用控制措施去除水生植被时，由于藻类的大量繁殖和沉积物受风力影响而再悬浮，浅水湖泊的浊度往往会急剧增加。此外，当水生植被没有得到有效控制时，湖泊进一步富营养化会导致浮游植物生物量和覆盖在水草上的周丛生物逐渐增加。由于光的限制，这些生物的遮蔽作用将最终导致水生植被的迅速死亡。

众所周知，将浅水湖泊从无植被的浊水态恢复到有植被的清水态是非常困难的。减少营养盐负荷的效果往往不那么明显，因为在富营养化期间，沉积物已经吸附了大量的磷。当负荷降低，水中磷浓度下降时，沉积物释放的磷成为浮游植物重要的营养来源。因此，外部负荷的减少通常会通过"内源负荷"来补偿，从而延迟湖水水质对外部负荷减少的响应。

然而，内源负荷并不是浑浊浅水湖泊难以修复的唯一原因。随着水生植被的消失，浅水湖泊群落结构发生了显著变化（图Ⅰ）。

○ 图Ⅰ 浅水湖泊植被占优的清水状态（上图）和浮游植物占优的浑浊状态（下图）示意图。浑浊状态，缺乏沉水植物，食底栖生物鱼类和波浪会搅动沉积物。

　　相关的无脊椎动物随着水生植被的消失而消亡，同时以植物为食的鸟类和鱼类也随之消失。此外，由于水生植被是许多动物躲避捕食的重要庇护所，因此它的消失还将导致许多捕食关系的重大转变。大型浮游动物利用水生植被作为日间躲避鱼类捕食的庇护所。在植被繁茂的湖泊中，浮游动物能有效地控制浮游植物的生物量；而在缺乏水生植被的情况下，浮游动物的数量会大大减少。同时，随着汇入营养盐的增加，浮游植物的生物量在缺乏水生植被的情况下会达到更高水平。此外，一旦植被消失，未受水生植被固着的沉积物将受到波浪再悬浮的影响使水体变得更加浑浊。缺乏水生植被的湖泊中鱼类群落主要以底栖无脊椎动物为食，它们的活动会促进沉积物中营养物质的释放，并导致沉积物颗粒的额外再悬浮，进一步增加水体浊度。

　　在这种情况下，沉水植物很难得以恢复，部分原因是沉水植物的缺乏使浊度增加，另一个原因是风和食底栖生物鱼类对沉积物的频繁扰动妨碍了沉水植物的重植。因此，生态学的反馈机制是沉水植物清水状态难于修复的一个重要原因。在许多情况下，仅仅减少养分可能不足以恢复浅水湖泊的清澈状态。然而，一些额外的措施，如去除部分鱼群和改变水位，是有效打破湖泊浊水态的反馈机制。

理论与自然

　　通过比较不同湖泊状态，观察其动态变化，揭示关键物种的个体生态学及其相互作用的实验室实验和围隔实验，逐渐形成了目前对于浅水湖泊功能的认知。然而，如果不从整个系统的角度进行实验，就无法揭示驱动机制和反馈机制。通过操纵鱼类资源来修复浅水湖泊提供了实验条件，有助于揭示其主要的调节机制。生态系统对鱼类资源调控的响应提供了新的思路，不仅涉及食物网的功能，还涉及水生植被动态调节，以及沉水植物在保持浅水湖泊清澈方面的关键作用。

　　令人印象深刻的是，从这些对浅水湖泊群落的描述和实验研究中总结出的一系列模式有时相互矛盾、令人费解。本书经常使用简单的模型作为框架来描述观察结果。在反馈机制导致例外模式的情况下，模型可能很有用。这种机制通常不容易被直观地掌握。然而，理论模型只是一种假设，是关于观察到的模式成因的假设，然而若要这些解释自然界模式的理论得以发展，需要强调某些重要的观点（Scheffer 和 Beets，1994c）。

　　首先，理论是试探性的，正如钱柏林（1897）所说，"对与理论相符现象的无限放大和盲从，对与理论不符现象却又忽视而不自知，这种无意识的选择是我们面临的危机"。在所有科学问题中，对不同理论解释保持开放的态度很重要，这在生态学中尤其重要。事实上，在生态学中，甚至对于经典观点的假设验证也相当有限。稍微回顾一下对此的讨论历史，就可以看出这一点。

　　科学研究的经典方法是假设 – 演绎法。早在 1620 年，弗朗西斯·培根（Francis Bacon）就在他的著作《新工具》（*Novum Organum*）中提出了主要思想，后来由科学哲学家卡尔·波普尔（Karl Popper）作出进一步阐述。20 世纪 60 年代初，普拉特（Platt，1964）再次指出，这种他称之为"强推理"（strong inference）的科学思维方法显然比任何其他方法都能产生更快的进步，因此应被严格遵守。由普拉特制定的强推理的步骤如下：

1. 设定多个可能的假设；

2. 设计一个或几个有不同可能结果的关键实验，每个结果都将尽可能地排除一个或多个假设；

3. 进行实验，得出一个清晰的结果；

1′ 循环上述步骤，设定次级假设或次序假设，以排除剩余的可能性；等等。

普拉特认为，这种方法的优势是显著的。正如他所说："基于信息归纳法的大多数科学家和'强推理'法科学家之间的区别，有点像偶尔点火的汽油机和按稳定顺序点火的汽油机之间的区别。如果我们乘坐的摩托艇引擎像我们小心翼翼的智力努力一样不稳定，我们中的大多数人就无法回家吃晚饭。"普拉特具有说服力的呼吁感召了许多生态学家。大家普遍认同普拉特所说的，即生态学可能是由于缺乏系统性的工作方法而未能如分子生物学和高能物理学等学科那样取得快速进展。但也有人持不同意见，他们认为要解决诸如自然群落中竞争影响等难以破解的问题时，只能遵循零假设（null-hypothesis）构建和检验（Connor 和 Simberloff，1979；Strong Jr.，1983）。

然而，在 1983 年，《美国博物学家杂志》（*American Naturalist*）发表了两篇论文（Quinn 和 Dunham，1983；Roughgarden，1983），讨论了严格的强推理在生态学中应用非常有限的某些根本原因。其最基本的论点是，强推理假设中用于解释存在现象的竞争性假设大多是广泛且相互排斥的，然而在生态系统中，相互独立的机制往往会共同对一种存在的现象产生影响，同时这种现象在理论上也可以仅从某一种机制得到解释。其中某一种机制往往会占主导地位，但主导地位会因情形而异，甚至可能在时间上发生转变。

受多重因果关系的影响，使用简易模型时应保持适度的谨慎。因为即使模型是基于合理的假设，并且很好地模仿了真实系统中的模式，但这些模式可能是由现实中的其他因素造成的。现实情况是，即使建模机制可以再现野外运行模式，也还不足以证明它在这种特定情况下提供了适当的解释，因为模拟机制很可能与其他更重要的机制协同作用。

总而言之，试图对变化多端的野外模式进行一定规律性总结的简易模型或理论，必然只能捕捉到这些模式下蕴含的部分机制。如果我们够幸运的话，组合机制是自然界中的主导机制，但在不同情形下不同模型机制的相对重要性可能不同。显然，认为生态模型或假设可以被简单地证明对错是天真和不现实的。

本书的结构

在整本书中，我试图将模型－假说整合后与实证结果一致，或突出其某些方面。因此，这些模型作为一个框架，代表了一系列主要的机理机制，根据这些机制，不同的实际观察集合被提出。我意识到在动力学系统理论中使用的数学公式和抽象术语可能会导致一些读者放弃阅读本书。因此，全书的数学是非常简单的，并且大多数模型分析都是用图表表示的，而不是公式。此外，一些技术性相对较强的文本部分以不同的字体印刷。这些要点信息在正文中穿插出现，认为这些材料难以消化的读者可以跳过它，并不会遗漏太多内容。

对大多数主题的讨论有三个部分。在描述了原位观察到的主要模式之后，还有一个更为理论化的部分，试图解释相关的机理机制。最后一部分会给出更多的实证结果，这些结果通常表明了其他潜在机理机制的重要性。整本书的表述也有这样的结构。

第一章介绍各不相同的浅水湖泊的故事，这些浅水湖泊曾经发生过剧烈的变化，并且被记录了下来。尽管观察结果往往是零碎的，但是从这些材料中我们可以看到浅水湖泊所处的各种状态，以及所观察到的引起变化的关键驱动因子。后面的章节则重点讨论其所涉及的具体机理机制。第二章讨论物理、化学因素，包括大型水生植物和藻类的水下光场，波浪和底栖鱼类引起的沉积物再悬浮，以及沉积物－动植物在营养循环中的作用。第三章讨论浮游植物动态变化规律，介绍一些有助于理解藻类生长的简易模型，并分析浅水湖泊蓝细菌占优势的形成机制。第四章的主题是鱼类捕食及浮游动物、大型无脊椎动物对浮游植物和周丛生物的下行调控机制。第五章是这本书的转折点，讨论了植被对湖泊动物群落和浊度的影响，分析了湖泊的水质，以及植被多度调节的关键因素。阐释了在浅水湖泊中，几种反馈如何使水生植物占优势的清水态和无水生植物的浊水态达到交替平衡。第六章从湖泊管理的实际应用角度对资料进行了全面的总结，讨论了几种生态修复方法的可能性和注意事项。最后一章评估了理解浅水湖泊生态系统运行机制的局限性，以及提升管理措施实施后系统响应预判能力的前景。[1]

---

[1]　对于图形模型分析，作者使用了软件包 GRIND（等斜线和模拟）和 LOCBIF（分岔分析）。GRIND 是需要 FORTRAN 编译器的公共域软件。它可以从 Dr. Rob J. de Boer 那里获得，电子邮件地址：RDB@ALIVE. RUU. NL。LOCBIF 软件包可在 CAN 网站订购，电子邮件地址：INFO@CAN. NL。

第 1 章

浅水湖泊的故事

本章讲述了一些浅水湖泊的历史，在这些湖泊中观察到了群落结构的显著变化（表 1.1）。这些湖泊的面积从 1 到 18 200 hm² 不等，地理位置从新西兰跨越到瑞典。尽管其中一些湖泊已经被详细研究了数年，但是在大多数情况下信息仍然是零碎的。然而，当结合在一起观察时，清晰的模式就会浮现出来。这些历史记录共同呈现了浅水湖泊生态系统可能发生的大规模且迅速的变化，同时也包括导致这些变化的内部机制和外部力量。尽管接下来的章节将聚焦于具体的调控机制，但本章的系列短故事为理解本书其余部分所描述的主要现象奠定了基础。

表 1.1　本章所涉及的一些湖泊的详细信息

湖泊	面积 /hm²	平均深度 /m	国家	可能的影响因素
Veluwemeer 湖	3 300	1.4	荷兰	营养盐
Alderfen Broad 湖	5	0.8	英国	营养盐
Apopka 湖	12 800	1.7	美国	暴风雨
Ellesmere 湖	18 200	2.7	新西兰	暴风雨
Tämnaren 湖	3 500	1.5	瑞典	水位
Rice 湖	52	0.8	美国	水位
Zwemlust 湖	1.5	1.5	荷兰	生物调控
Linford 湖	17	1.5	英国	生物调控
Krankesjön 湖	290	1.5	瑞典	未明确（水位）
Tåkern 湖	3 130	1.0	瑞典	未明确（水位）

续表

湖泊	面积 /hm²	平均深度 /m	国家	可能的影响因素
群岛潟湖	867	2.0	澳大利亚	未明确（水位、营养盐）
Christina 湖	1 620	1.5	美国	未明确（生物调控）
Tomahawk 潟湖	10	0.9	新西兰	未明确

1.1 营养物质导致的变化

1.1.1 Veluwemeer 湖

Veluwemeer 湖由荷兰中部曾经名为 Zuiderzee 的半咸水海湾人工隔离而成。1932 年修建的一座堤坝，将该海湾与北海隔绝开来。潮汐消失后，盐度在接下来的几年里逐渐降低，其形成的区域曾被称为 Ijsselmeer 湖。1952 年，在湖的东南部开始修建水坝，抽干水后将该区域变成了新的围田（本书就是在一个位于海平面以下 4 m 的围田中写成的）。为了防止旧海岸农田的地下水位下降太多，在新的围田和原有陆地之间留下了一个约 100 km² 的保持原始水位的水体。这个水域被堤坝划分为 6 个水文单元，现在称为边界湖（randmeren）。Veluwemeer 湖和相邻的 Drontermeer 湖是其中第一批成为独立水体的单元。从那时起，水生生物群落发生了一系列明显的变化（图 1.1）。

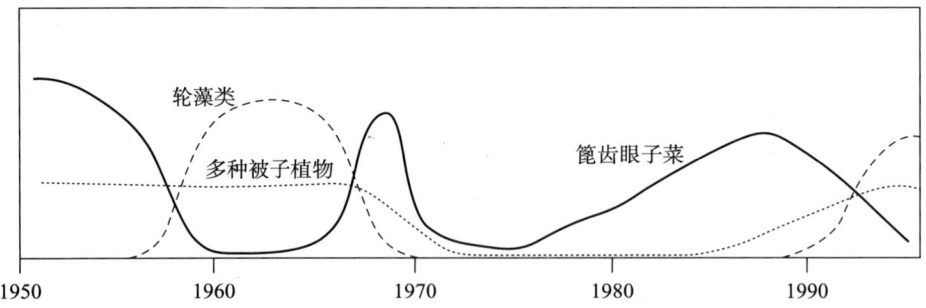

○ 图 1.1 半个世纪以来 Veluwemeer 湖植被变化示意图。

在水域被围垦之前，这片后来被称为 Veluwemeer 湖的水域植被以篦齿眼子菜（*Potamogeton pectinatus*）为主。这种植物有着狭长的叶子，可在许多咸水湖泊中生长繁殖。此外，叶片较宽的穿叶眼子菜（*Potamogeton perfoliatus*）和一些轮藻属（*Chara* sp.）和拟丽藻属（*Nitellopsis* sp.）植物较为常见。冬天，大量的比尤伊克天鹅（*Cygnus columbianus*）来到这些植物的越冬块茎上觅食。

堤坝建成后不久，情况发生了巨大变化。1961 年，对 Veluwemeer 湖的动植物进行了调查。那时水体非常清澈，篦齿眼子菜已经完全消失了。取而代之的是更丰富的植被，以大量密集的轮藻植物形成的植物垫层为主。在较深的水域茂盛而多样的被子植物开始出现，近岸带的一些区域分布有一些大型藻类。夏末，蓝细菌（铜绿微囊藻 *Microcystis aeruginosa*）水华暴发，但总的来说藻密度不高。轮藻群落中水蚤、螺和斑马贻贝幼虫较多。以前主要是天鹅在湖边游荡，但现在伴随有无数的鸭子和白骨顶（*Fulica atra*）。这一时期的鱼类群落没有得到系统调查，但白斑狗鱼（*Esox lucius*）和河鲈（*Perca fluviatilis*）曾被渔民捕获。在相邻的 Drontermeer 湖，情况乍一看是一样的，但仔细观测则发现，这些植物上覆盖着一层明显的附着藻类（周丛生物）。此外，Drontermeer 湖水生植被消失的时间比 Veluwemeer 湖早得多。这些差异都是由于营养盐含量较高的河水从 IJssel 河流入 Drontermeer 湖。

1965 年，Veluwemeer 湖的情况基本保持不变，但是 Drontermeer 湖的水生植被已经开始衰退。到 1969 年，Veluwemeer 湖的情况也开始发生恶化，水变得浑浊，轮藻垫层消失，植被再次被篦齿眼子菜所占据，伴有一些穿叶眼子菜，与水体被隔离前那些年出现的物种类似。在接下来的五年里，夏季水体透明度进一步下降，透明度 S_d 仅为 0.2 ~ 0.3 m。1969 年仍然覆盖了近乎一半水面的篦齿眼子菜，到了 1975 年仅稀疏分布在湖面 10% 的水域。浮游植物优势种为丝状蓝细菌（阿氏浮丝藻 *Planktothrix agardhii*）。以前多样化的鱼类群落现在主要由欧鳊（*Abramis brama*）组成，这是一种类似鲤鱼的物种，以底栖无脊椎动物为食。

1979 年前后，输入湖泊的营养盐负荷减少，磷浓度大幅下降。此外，为了控制全年蓝细菌的大量繁殖，用从新围田抽出来的水对其进行冲洗。水体的交换使得沉积物中磷的释放量大大减少，这可能是由于被使用过的围田水中高浓度的钙和碳酸盐缓冲了 pH。虽然这些措施使得藻类生物量减少了 50% 以上，但浊度仍然很高，部分原因是沉积物不断地再悬浮。在随后的十年里，透明度缓慢提高，水草分布面积逐渐扩大。穿叶眼子菜开始恢复生长，其他一些种类又重新出现。

20 世纪 90 年代初轮藻开始复苏。它们最初出现在小的孤丛群落中，但自 1993 年以来，人们观察到密集的轮藻群落，到 1996 年，大部分水草层已被轮藻所取代。值得注意的是，与 30 年前的情况类似，轮藻分布的水域已经变得清澈见底，而其他湖区的水体在夏季的透明度仍然只有几十厘米。在接下来的一年中，水较深的无植被区域，透明度也有所提高。

有趣的是，最近植物物种的演替或多或少与湖泊在 20 世纪 50 年代刚被围垦的情况类似，而随着 20 世纪 60 年代后期富营养化状况的改善，植物群落的变化则刚好是历史变化的镜像过程（图 1.1）。

（Brouwer 和 Tinbergen，1939；Leentvaar，1961；Leentvaar，1966；Hosper，1985；Scheffer 等，1992；Scheffer 等，1994a；Scheffer 等，1994b；Noordhuis，1997；Van den Berg 等，1997）

1.1.2   Alderfen Broad 湖

Alderfen Broad 湖是英国诺福克郡湖泊区（Norfolk Broadland）50 个左右的小湖泊之一。这些小湖泊由河道相连，河流还将约 40 万人的生活污水输送到附近的北海。这些城市污水和农田排水造成了该地区水体严重的富营养化问题。以前，这些湖泊磷和氮含量都很低，而现在这些营养物质的浓度是以前的 10 倍。据当地人说，过去清澈如"金酒"一般的水现在变浑浊了，曾经著名的沉水植被分布区也基本消失。

Alderfen Broad 湖周围是以欧洲桤木（*Alnus glutinosa*）为主的湿地。至少在 20 世纪 60 年代后期，该湖水质清澈，沉水植被茂密（主要是金鱼藻 *Ceratophyllum demersum*），但在接下来的 10 年里，由于藻类生物量的增加，水生植物完全消失，湖水变得浑浊。这与入湖河流受到污水排放影响有关。1979 年，入湖的河水被引到现成的沟渠中，从那里重新汇入出湖河水。这种隔离导致湖泊在接下来的 12 年中发生了一系列明显的变化（图 1.2）。

前 3 年，随着总磷浓度和沉积物中磷释放量的明显减少，藻类生物量大幅下降。1982 年至 1983 年期间，水体中出现繁茂的金鱼藻群落，此时浮游植物的数量仍然很低。然而，1984 年沉水植被减少，湖水磷浓度再次升高。在接下来的 3 年里几乎没有观察到植物。1985 年和 1986 年出现了一些蓝细菌（螺旋鱼腥藻 *Anabaena spiroides*）水华，但可能是受到氮限制的影响，浮游植物的平均生物量在这些年相对较低。1987 年起，沉水植被再次扩繁，藻类生物量降低到较低水平。随着沉水植被的增加，磷浓度也再次上升并在 1991 年达到峰值，同时沉水植被的生物量再次下降。

从所观察到的模式（图 1.2）推测一个变化周期约为 8 年。目前还不清楚是什么导致了植被的衰退。1985—1987 年间水体的浑浊似乎不太可能阻止植物生长。由于在其他几个水质清澈的湖泊也观察到了明显的植被缺乏现象，表明还有其他因素在起作用。

（Moss 等，1986；Moss 等，1990；Perrow 等，1994.）

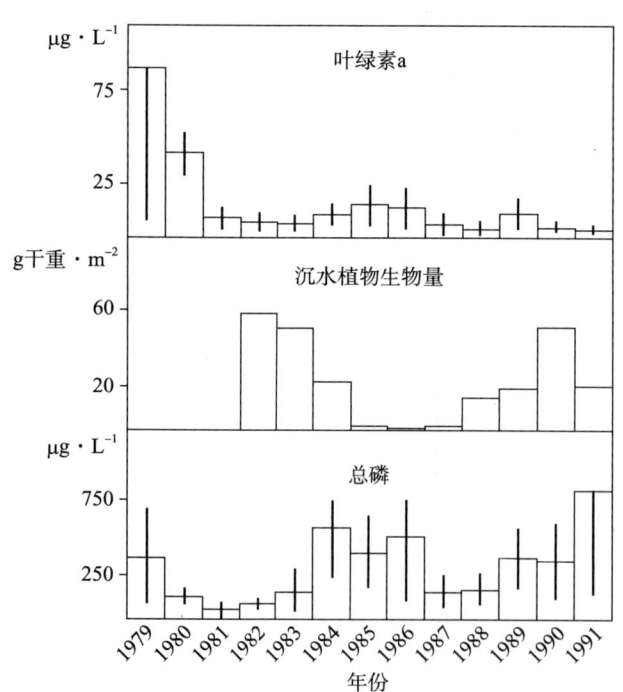

o 图 1.2   在将该湖与富营养的入流断开后，英国 Alderfen Broad 湖夏季叶绿素 a 和总磷的平均浓度以及沉水植物生物量的变化。重绘自 Perrow 等（1994）的研究。

1.2 风暴影响

1.2.1 Apopka 湖

Apopka 湖（面积 128 km²；平均深度 1.65 m）位于美国佛罗里达州，是一个大型浅水湖泊。在 1947 年秋天，一场飓风摧毁了这里的水生植被。在这之前该湖湖水异常清澈，水生植物茂密，一直被称为钓鱼运动的胜地。在这一灾难性事件发生后不久，发生了第一次藻类水华。在接下来的 4 年里，估算的鱼类总资源量增加了 10 倍，肉食性鱼类的数量也大大增加。但是到了 1957 年，杂食性鲱科鱼类已成为该湖的优势鱼类，肉食性鱼类的数量急剧下降。在 20 世纪 50 年代末，施用鱼藤酮杀死了大约 900 万 kg 的鲱鱼，但未能成功地恢复肉食性鱼类的优势地位。如今，湖水仍然浑浊，水生植被自 1947 年飓风以来一直没有恢复。约 1.5 m 厚的不稳定沉积物频繁地因被风浪席卷而悬浮，在大风期间，水的浊度会进一步增加。

（Schelske 和 Brezonik，1992；Schelsked 等，1995；Schelske 等，1997.）

1.2.2 Ellesmere 湖

新西兰 Ellesmere 湖的故事与 Apopka 湖类似。在 20 世纪五六十年代，该湖水生植被非常丰富，以栖息着多达 80 000 只的黑天鹅（*Cygnus atratus*）而闻名。然而在 1968 年，一场猛烈的风暴造成 5 000 只黑天鹅死亡。但也许更为重要的是，在这个巨大而没有遮挡的湖泊中，水草被风暴摧毁殆尽。从那时起，植被就再也没有恢复，波浪时常搅动着沉积物。这种沉积物的再悬浮，加之高浓度的浮游植物，使湖泊变得非常浑浊。到了 1986 年，只有 4 000 只黑天鹅仍然栖息在湖中，仅占原始种群的 5%。

（Mitchell 等，1988；McKinnon 和 Mitchell，1994；Hamilton 和 Mitchell，1996.）

1.3 水位变化

1.3.1 Tämnaren 湖

Tämnaren 湖（面积 35 km²；平均深度为 1 m）位于瑞典斯德哥尔摩西北 120 km 处的平坦地区，该地区主要分布着森林和农田。在这些地区，人们常常通过降低湖水水位以尽量减少农业种植区的洪水问题。农业种植也增加了原本贫营养湖泊的营养负荷，很多情况下原本稀疏的水生植被变得异常茂密。

  Tämnaren 湖的水位被人为降低了两次。第一次是在 1870 年，降低了 1 m；第二次是在 1950—1954 年，又下降了 0.5 m。在最后一次水位下降后，大型水生植被迅速扩繁，湖中的水鸟也因此而闻名。春天和秋天，许多候鸟成群结队地聚集在湖里，夏天大约有 500 只疣鼻天鹅（*Cygnus olor*）生活在那里，湖水清澈见底。1973 年的植被调查图显示，这些茂盛的水生植被主要由加拿大伊乐藻（*Elodea canadensis*）和浮叶植物（欧亚萍蓬草 *Nuphar lutea* 和浮叶眼子菜 *Potamogeton natans*）组成。

  1977 年春天，水位上升 0.3 m 后，该湖生物群落发生了巨大的变化。天鹅和许多其他鸟类从湖中消失，沉水、浮叶植物以及大部分的挺水植物也同时消失了。1973 年和 1983 年拍摄的航拍照片显示，包括芦苇在内的总植被覆盖率从湖区的80% 减少到 14%。湖水变得浑浊，透明度只有 0.6 m。这种浑浊的部分原因是浮游植物密度的增加（高达 70 $\mu g \cdot L^{-1}$），但同时沉积物的再悬浮也有很大的贡献。

  （Wallsten 和 Forsgren，1989；Bengtsson 和 Hellström，1992.）

1.3.2   Rice 湖

  Rice 湖是美国威斯康星州一个中等大小的浅水湖，因有大面积的野生稻（菰属 *Zizania*）而得名。这种野生稻与香蒲（香蒲属 *Typha*）和灯芯草（藨草属 *Scirpus*）一起生长在岸边。花粉分析表明，一种喜清水物种水韭（水韭属 *Isoetes*）曾经在湖中生长。1938 年以来的航拍照片和当地居民走访问询表明，20 世纪 70 年代湖水一直都是清澈见底的。但由于受到在出水口小河处修建的海狸坝提升水位的影响，湖滨的野生稻几乎全部被淹没。在没有水生植被阻挡的情况下，夏季风在湖面上肆虐，掀起的波浪侵蚀了湖底，冲走了大块的沼泽地，随后分解形成了松软的沉积物。湖面冰封和水位动态变化相互作用进一步导致了沼泽植被的衰退。在 3 月份湖面仍然冰冻的时期，水位已经开始上升。这样一来，随着沼泽边界冰盖的上浮，拔起了成片的根茎和根。早春的风浪把冰冻的草甸拉出来形成了许多漂浮的浮岛。许多浮岛顺流而下，搁浅在出口小河处，导致水位上升得更高，情况变得更糟。

  十年后，水位下降了，但野生稻再也没有恢复，湖水一直保持着浑浊状态。现在夏季平均透明度只有 0.3 m。浮游植物只是透明度低的部分原因，因为在绿藻水华发生时，叶绿素 a 最高只有 40 $\mu g \cdot L^{-1}$。我们推测，波浪和鱼类对沉积物的再悬浮是造成水体浑浊的更重要原因。Rice 湖的沉积物呈松散状和絮状，以至于一根插入湖底的钢管在穿透 6 m 厚的松软沉积物后，才撞上了坚实的底部。从悬浮颗粒物浓度在冰封期（ < 2 $mg \cdot L^{-1}$）和无冰期（59 $mg \cdot L^{-1}$）的巨大差异也可以证明波浪所引起的底泥再悬浮的影响。现在 Rice 湖水下植被非常稀疏，其中 90%是篦齿眼子菜。湖滨带植被以香蒲为主，沿岸分布有睡莲和浮叶眼子菜。

  （Engel 和 Nichols，1994.）

1.4 鱼类资源管理

1.4.1 Zwemlust 湖

Zwemlust 湖是荷兰中部一个非常小的浅水湖，夏天曾被用作游泳池。这个湖通过地渗水从其相邻的受污染河流 Vecht 河中获得补给。因此，该湖的营养负荷含量很高。湖中的叶绿素 a 浓度高达 250 mg · L^{-1}[①]，蓝细菌（微囊藻属 *Microcystis*）水华经常使湖水呈现亮绿色。在几次改善水质的尝试失败后，管理者决定控制鱼资源量。这项措施取得了惊人的成果（图 1.3）。

1987 年 3 月，湖水被抽干后彻底清除了鱼类。当时记录的鱼资源量接近 1 000 kg · hm^{-2}，其中 75% 是鳊鱼。三天之后，湖水再次被地渗水灌满，一小群白斑狗鱼和红眼鱼（*Scardinius erythrophtalmus*）与水蚤、一些轮藻和欧亚萍蓬草一起被引入湖中。在重新注满水后不久便出现了水华，但很快水蚤变得丰富起来并在牧食作用下将藻类生物量减少到生物调控之前的 2%，水随之变得异常清澈透明。一些丝状绿藻（水网藻属 *Hydrodictyon*，浒苔属 *Enteromorpha*）开始在较浅的地方生长，但在第一个夏季，只有少部分湖底分布有大型水生植物。

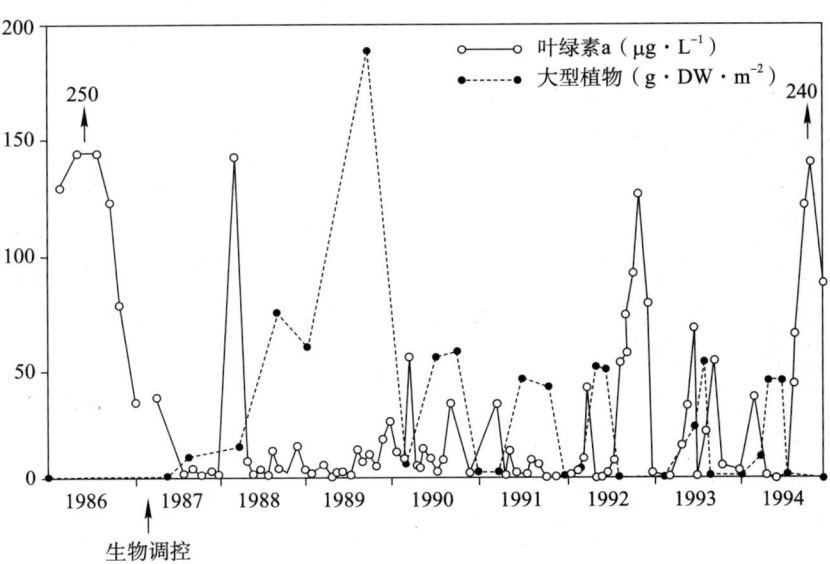

○ 图 1.3 1986—1987 年冬季鱼类种群大量减少后，荷兰 Zwemlust 湖叶绿素 a 浓度和植被生物量的季节变化。重绘自 van Donk 和 Gulati（1995）的研究。

---

① 译者注：原文有误，此处应为 250 μg · L^{-1}。

1988 年春季，藻类水华开始出现，但到了 4 月底，这些藻类又被迅速增长的浮游动物所牧食。那年夏季，沉水植物迅速扩繁，覆盖了湖底 50% 以上的面积。可能是受到这个因素的影响，湖水中的氨氮和硝酸盐氮含量降到检出限以下，浮游植物的生长出现"氮限制"现象。由于食物来源数量和生物量较低，浮游动物数量明显减少，但水仍然清澈。那年夏天，大量的椎实螺（*Lymnaea peregra*）开始出现。这种螺是一种鸟类寄生吸虫的中间宿主，这种吸虫在穿透人体皮肤时会引起瘙痒。当年 7 月，40% 的游泳者声称出现这种游泳者瘙痒症（血吸虫皮炎 schistosome dermatitis）。

第二年，在冬季存活下来的溞（*Daphnia*）数量到 3 月份快速增长起来。所以尽管营养水平很高，但并没有发生春季的藻类水华，叶绿素浓度仍保持在检出限附近。那年夏天，沉水植物覆盖了大约 80% 的水域，导致浮游植物再次出现"氮限制"现象。在初夏溞数量减少后，其他与水生植物密切相关的小型甲壳类动物成为浮游植物的主要捕食者。因为大面积的水生植物不便于夏季游泳，所以在 6 月和 9 月，游泳区域的植物被清理收割。螺类密度下降了一个数量级，关于血吸虫皮炎的抱怨也停止了。

生物调控后的 1990—1995 年，情况逐年发生着变化。在最初的 3 年，鱼类种群数量增加到约 400 kg·hm⁻²，但物种组成与生物调控前有很大不同。1990 年和 1991 年水生植被的物种组成也发生了变化，金鱼藻（*Ceratophyllum demersum*）成为主要的沉水植物，这种沉水植物叶片硬而不易被其他生物取食。围隔研究表明，这种沉水植物优势度的转变是由白骨顶（图 1.4）和红眼鱼对伊乐藻属（*Elodea*）植物的选择性捕食导致的。

然而，在 1993 年和 1994 年，第一批的先锋物种纤细眼子菜（*Potamogeton berchtoldii*）再次占据了优势。与湖中其他物种相比，这种附生藻类的覆盖程度更高，其生物量在季节初期相对较早地减少。这时春季浮游植物会出现一个相对的高峰生长期，但夏季藻类生物量始终保持相对较低水平，随着夏末大型水生植物生物量的减少，蓝细菌（微囊藻属 *Microcystis*）便又会大量繁殖。这种浮游植物的动态变化情形从 1992 年开始出现。

（Van Donk 等，1990；Van Donk 等，1993；Van Donk 等，1994a；Van Donk 和 Gulati，1995.）

○ 图 1.4　白骨顶（*Fulica atra*）的食性以食草为主。在繁殖季节，鸟群区域性分布，种群密度通常不是很高。然而，在秋季和冬季，大量白骨顶可能会集中在湖泊中，由于其大量取食会减少水生植被的生物量。

1.4.2　Linford 湖群

在英国纽波特帕格内尔（Newport Pagnell）

附近的河流冲积平原上，大林福德（Great Linford）砂石砾坑占地约 300 hm²。过去 40 年，这里挖掘了 14 个湖泊。有两种不同的砾石开采方法：湿挖和干挖。每当新开挖一个采石场时，地下水就会渗入而形成积水的湖泊。湿挖是用搅吸船在湖底挖掘并吸走砾石将其送入漂浮的驳船中。砾石迅速沉淀下来，泥沙水直接流回因挖掘而新形成的湖泊。细泥沙在那里形成了一层松散的、厚厚的沉积物。而在干挖的过程中，首先将不断渗入的地下水泵出采石场，开挖出来的石料被运至冲洗和分级厂，在那里冲洗水流入特定的淤泥沉淀池。当抽水停止时，干涸的湖泊就会再次充满水。

这两种不同的挖掘方法导致该地区形成了两种不同类型的湖泊。湿挖的湖泊通常是浑浊的，尽管经过 20 多年大多数湖泊没有再受到任何干扰。这类型的湖泊几乎没有沉水植被，沉积物呈絮状，很容易被波浪推动而发生再悬浮。风暴来袭期间，湖泊呈巧克力色，悬浮固体浓度高达 0.2 g·L⁻¹。而干挖的湖泊清澈且植被茂密，其栖息的鸟类也比湿挖的湖多得多。这使得野生动物保护协会（the Game Conservancy）研究站的工作人员试图研究清楚为什么浑浊的湖泊不利于野鸭和其他水禽栖息，并期望找到改变这种状况的方法。

其中一个湿挖的湖泊——Main 湖开展过系统详细的研究。1982 年一次调查数据显示，该湖非常浑浊，只有不到 1% 的面积覆盖有沉水植被。篦齿眼子菜是唯一被记录的沉水植被物种。在 1987—1988 年的冬天，湖水被抽干，几乎所有的鱼都被围网捞走。这次的数据显示湖泊渔业资源量大约为 356 kg·hm⁻²，主要是鳊鱼和拟鲤（*Rutilus rutilus*）。随后的几年，加拿大伊乐藻（*Elodea canadensis*）迅速扩繁并成为优势物种（图 1.5），1989 年时盖度达到 93%。

同时，吸浆虫幼虫和螺的密度显著增加（图 1.5）。这些变化相继发生后，越冬的白骨顶、野鸭和天鹅数量随之急剧增加。另外，由于雏鸭的早期存活率提高，野鸭筑巢的成功率也增加了，这可能是更好的食物环境造成的。鱼类被捕获后，湖水透明度显著提高，部分原因是以浮游植物为食的溞（*Daphnia spp.*）生物量增加了，但同时在植被扩繁发育之后，波浪对沉积物的再悬

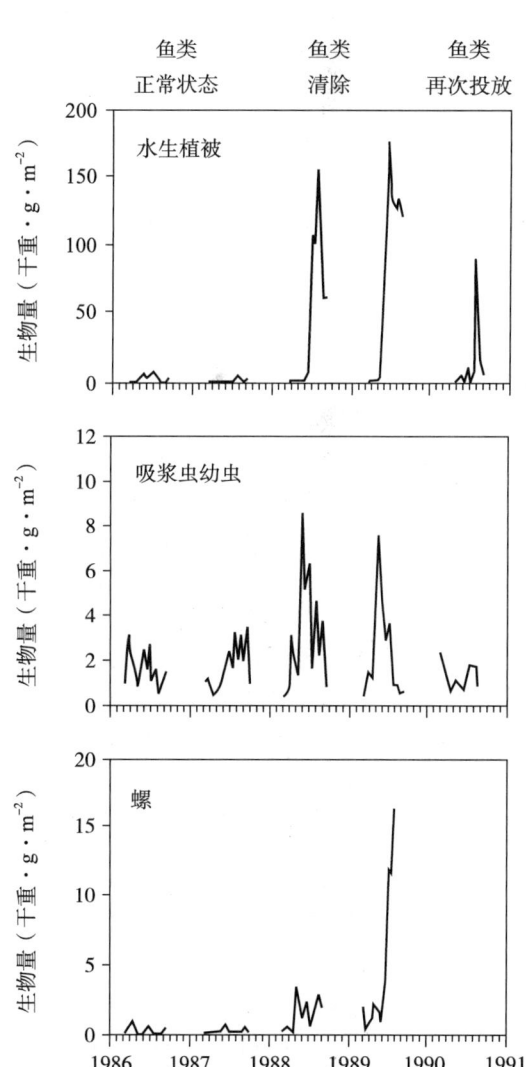

图 1.5 英国大林福德 Main 湖中鱼类清除和随后的再投放对水生植被、吸浆虫幼虫和螺生物量的影响。重绘自 Giles（1992）的研究。

浮作用也减轻了。

1990 年，其中一个湖湾被渔网将其与湖的主体部分分隔开，增殖投放了以前的鱼类。这种变化导致了上次鱼类捕获后的湖湾生态系统的逆向转变：湖湾植被的生长再次受到强烈抑制，吸浆虫幼虫和螺的密度下降到原来的水平（图 1.5）。而 Main 湖的主体部分依然保持清水草型的状态。

（Giles，1987；Hill 等，1987；Wright 和 Shapiro，1990；Giles，1992.）

1.5　多重机制影响的案例

1.5.1　Tåkern 湖和 Krankesjön 湖

在过去的一个世纪里，瑞典南部的 Tåkern 湖和 Krankesjön 湖在植被丰富的清水态和植被消亡的浊水态之间发生了反复多次的系统转变（图 1.6）。

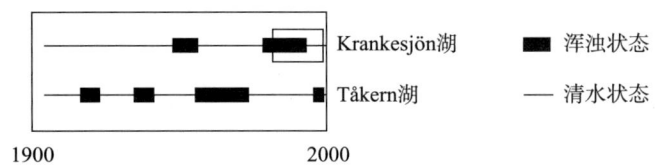

○ 图 1.6　瑞典湖泊 Krankesjön 和 Tåkern 在植被消亡的浑浊状态（粗线）和植被占优的清水状态（细线）之间反复转换。图上长框代表的时间段如图 1.7 所示。改编自 Blindow 等（1993）的研究。

关于水生植被的早期数据很少，但连续记录的植食性水禽变化情况间接指示了植被丰富的历史状况。外界普遍认为这两个湖泊均没有发生过外源营养负荷输入量的显著变化。相反，水位的变化似乎是导致两种状态转换的主要原因。

在 20 世纪初，Tåkern 湖大面积分布着茂密的轮藻植被。1914 年，经过一段时期的干旱，湖中的水生植被消失过一段时间，但很快又恢复了。20 世纪 30 年代初，湖水大部分干涸。干涸及随之冬季湖底的冻结被认为是这些年沉水植物完全消失的原因。然而，几年后茂密的植被又恢复了。20 世纪 50 年代初，沉水植物再次完全消失，水变得浑浊起来。这次没有明显的变化原因。20 世纪 60 年代初，随着被子植物和一些轮藻的出现，沉水植被再次恢复。1969 年，轮藻又扩繁成密的水下垫层，覆盖了湖泊的大部分区域。随后湖水一直保持繁茂的植被分布和清澈状态，直到 1995 年夏季透明度下降，水生植被状况迅速恶化。第二年，这种退化趋势继续发展，使湖泊再次处于浑浊和植被荒芜的状态。

和 Tåkern 湖一样，20 世纪初 Krankesjön 湖被一种轮藻植物所覆盖。20 世纪40 年代，植被消失了好几年，可能是冬季水位过低、水底结冰的原因导致沉水植被消亡。然而，植被很快恢复了，湖水一直保持清澈和茂密的植被分布直到20世纪70年代初。1975年的调查显示，沉水植物完全消失。生长季节水位异常增高可能是导致植被无法生长的主要原因，虽然暖冬没有形成冰盖导致了强烈的海浪侵蚀是另一种可能的解释。

1983年起，对该湖开展了更为密切的监测，从某种程度上揭示了随后植被恢复的情景。目前尚不清楚是什么引发了这种复苏，但夏季低水位使得更多的光线到达水底，以及一种疾病导致鳊鱼数量减少是可能的原因。尽管沉积物中含有非常高密度的轮藻孢子，但第一个扩繁的大型植物是篦齿眼子菜（图1.7）。

几年后，相对稀疏的篦齿眼子菜被成倍增加的轮藻群丛所取代，而被子植物只扮演了次要的角色。在篦齿眼子菜扩繁的时期，浊度仅略有下降，但随后轮藻扩繁的过程中，浊度下降了近一个数量级。叶绿素a、总磷水平和大型植食性浮游动物密度也有所下降。鸟类群落也发生了显著的变化。在水体浑浊的时期，湖里只栖息着一些吃鱼的

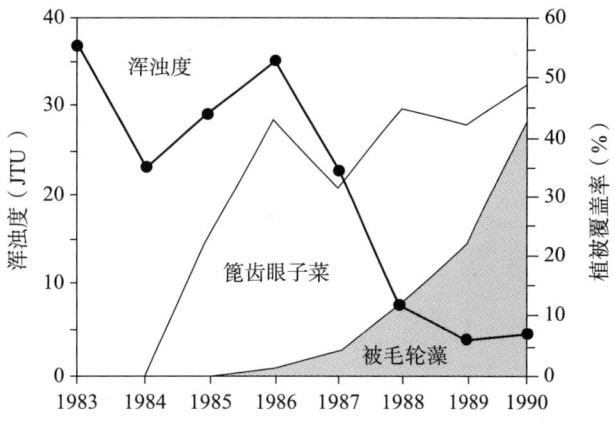

○ 图1.7　Krankesjön湖从浑浊态到植被占优的清水态转变。重绘自Hargeby等（1994）的研究。

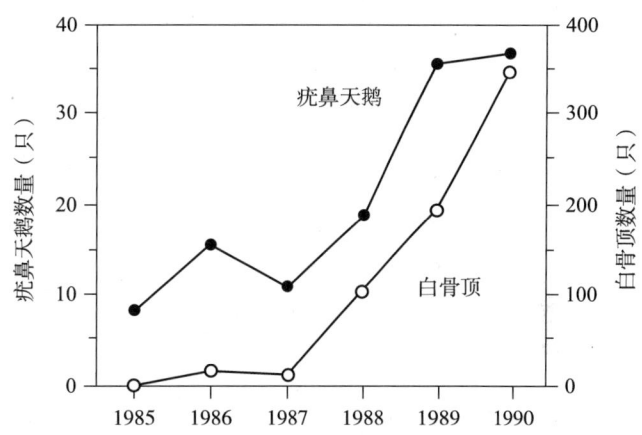

○ 图1.8　Krankesjön湖植被恢复后疣鼻天鹅和白骨顶数量随之增加。重绘自Hargeby等（1994）的研究。

鸟类。随着植被生物量的增加，白骨顶和疣鼻天鹅的数量（图1.8）以及钻水鸭（dabbling ducks）的数量急剧增加。

（Blindow，1992b；Blindow等，1993；Hargeby等，1994.）

1.5.2　群岛潟湖

澳大利亚塔斯马尼亚岛（Tasmania）的潟湖曾经是一个天然的沼泽，以其芦苇根盘结形成漂浮草甸并支撑陆生植物生长而闻名。1964年修建的一座大坝将沼泽变成一个浅水（平均深度2.5 m）水库，用于储存灌溉用水并养殖鳟鱼。大部分的原生大型植物因被水淹没而死亡，沉水植物则生长在湖底。在随后的20年里，鳟鱼养殖得以大力发展，但该湖由于储水能力不足，无法提供稳定的灌溉水源。1984年修建的一条运河，将附近小溪中的水引至水库，随后潟湖维持了数年的高

水位。1987 年至 1988 年夏季，水质恶化，鳟鱼的养殖状况也随之恶化。第二年这种状况继续维持，推测产生的原因是水位上升和营养负荷增加而抑制了水生植物的生长。这些因素导致了潟湖从一个以多种水生植物为主的群落转变为一个以浮游植物为主的单一群落，同时也不利于鳟鱼的养殖。因此，管理者决定改用低水位的管理制度，这使得水生植物、水质和鳟鱼渔业得以恢复。

（Sanger，1992；Sanger，1994.）

1.5.3　Christina 湖

　　Christina 湖是美国明尼苏达州草原上的一个宽浅湖泊。通常在冬季冰封，4 月初解封。秋天，大量水鸟迁徙至此。在 20 世纪上半叶，这个湖是"密西西比鸟类迁徙大通道"上潜水鸭（diving ducks）迁徙最重要的觅食和集结地之一。这一时期，湖中水生植物繁茂，水质清澈。然而，到 1959 年，透明度突然下降至小于 25 cm，植被变得非常稀少，鸟类数量下降了 2 个数量级。这些变化可能与较高的水位和较多的鱼类种群数量有关。后者可能部分是由于高水位造成的，在冰层覆盖期间，深水区发生鱼类冬季死亡的可能性相对较小。1965 年，明尼苏达州的生物学家们用毒杀芬（toxaphene）消灭了部分鱼类，随后水质变得清澈，水生植物和鸭子数量明显增加。到了 20 世纪 70 年代中期，水体透明度和植被多度再次下降。秋季水鸟的数量从 1977 年的 13 万多只急剧下降到随后几年的 5 000 多只（图 1.9）。

　　1987 年秋天，从空中喷洒 62 700 L 鱼藤酮杀死了湖里所有的鱼。大多数原生鱼种很快又重新在湖中生长，为减缓鱼类生物量的恢复，通过定期放流肉食性鱼类（大口黑鲈和梭鲈）以实现控制鱼类生物量的目的。随后，每年的 5 月至 7 月，水体透明度由鱼类资源调控前的 30 ~ 40 cm 增加到约 90 cm（图 1.10）。

　　春季清水期是由大型植食性潘属（*Daphnia*）生物的增加引起的。据估算，这些潘属

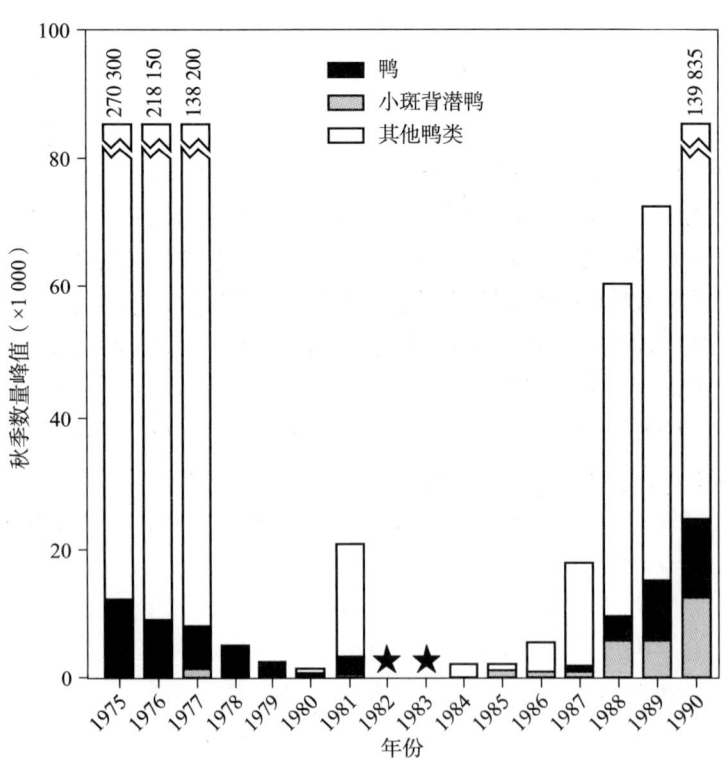

○ 图 1.9　美国明尼苏达州 Christina 湖秋季水禽数量峰值变化趋势。从 1978 年到 1987 年，水禽数量减少的时期对应于几乎无植被和水体浑浊的时期。重绘自 Hanson 和 Butler（1994b）的研究。

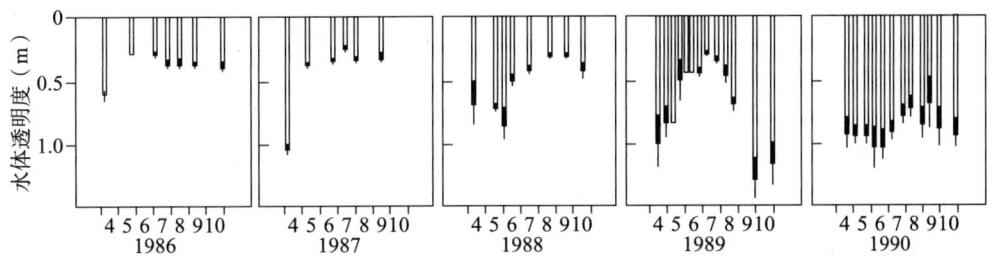

○ 图 1.10　美国明尼苏达州 Christina 湖植被恢复期间透明度（S_d）的季节动态（见图 1.2）。鱼类资源量在 1987 年秋季开始减少。重绘自 Hanson 和 Butler（1994a）的研究。

生物每天的过滤潜力为湖泊体积的 100%～200%，而在鱼类捕杀活动的前几年里，这一比例小于 10%。夏季溞种群缩小，过滤比例下降，浊度增加。尽管如此，植被在那一年扩繁成功，且多样性变得更好（图 1.11），除了原来常见的篦齿眼子菜和川蔓藻（*Ruppia maritima*）之外，还包括大量的轮藻、西伯利亚狐尾藻（*Myriophyllum exalbescens*）和茨藻（*Najas flexilis*）。

　　同样的浮游生物动态变化模式在第二年再次重现，但与之前不同的是，湖水在 9 月份再次变得清澈。不同寻常的是，在接下来的一年里湖水继续保持清澈。随着水生植被的恢复，水禽的数量也有所增加（图 1.9）。在接下来的几年里，这个湖有植被分布，水鸟也很丰富。然而 1995 年之后，水体透明度再次逐渐下降，尽管当时水生植被仍然相当丰富。

　　（Hanson 和 Butler，1990；Hanson 等，1990；Hanson 和 Butler，1994a；Hanson 和 Butler，1994b；Hanson，个人交流）

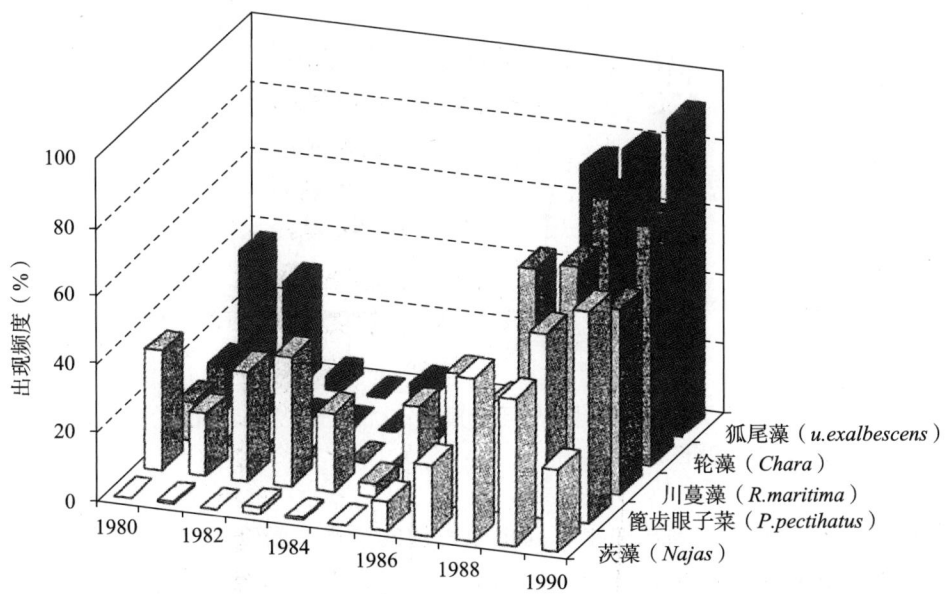

○ 图 1.11　1980—1990 年美国明尼苏达州 Christina 湖水生植被恢复情况。重绘自 Hanson 和 Butler（1994a）的研究。

1.5.4　Tomahawk 潟湖

　　Tomahawk潟湖是新西兰南岛的一个小而浅的湖。这个湖主要水源是一条流经牧场的小溪。由于海洋性气候，冬季湖泊很少结冰超过几个小时，夏季气温通常低于 20℃。研究刚开始的 1963 年和次年，湖水浑浊，浮游植物密度高，大型植物很少。然而，1965 年，它变得清澈，大量的水生植物生长；直到 1970 年它又浑浊了两年，1972 年又再次恢复到拥有植被的清水态。湖泊在水生植被优势的时期，浮游植物密度比水生植被稀疏时期低 2 个数量级。在水生植被丰富的年份，大量的黑天鹅以湖中的植物为食。某些区域水生植被会受到植食性动物捕食的影响，但更剧烈的植被衰减一定是受到其他因子的影响，如风暴就是一个可能因素。

　　从 1969 年到 1973 年，对浮游生物和大型水生植物的季节动态开展了更深入的研究（图 1.12）。

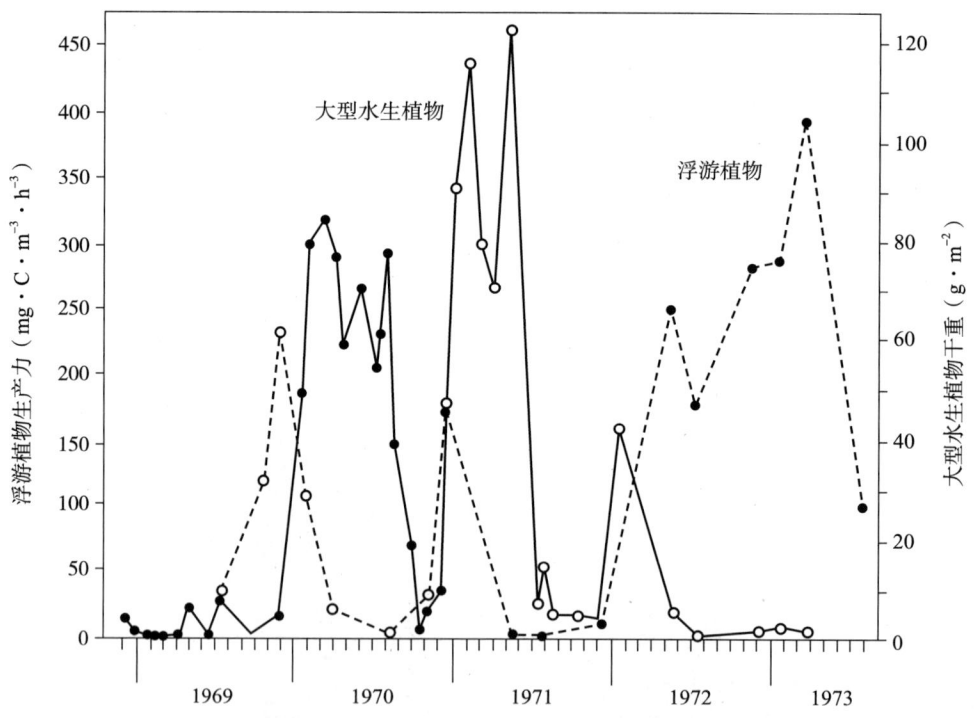

○ 图 1.12　新西兰 Tomahawk 潟湖从浮游植物占优到水生植被占优的转变。重绘自 Mitchell 等（1988）的研究。

　　这些研究揭示了该湖从浊水态向植被占优的清水态转变的细节。春季，大型水生植物生物量和浮游植物生产力均增加。在研究的前两年，大型水生植物的繁育期很短暂，夏季均出现了密集的藻类水华。然而，第三年春季藻类水华消失了，而水生植被在之后的夏季变得繁茂起来，秋季轮藻逐渐占优。冬季水生植被生物量得以较大地保存，并在随后的一年进一步扩繁，且没有出现较多的浮游植物生物量。研究者认为是水生植被抑制了浮游植物的繁育。虽然没有单一明确的机制可以解释，但在某些时期，可以证明藻类的氮限制是主要因素，而在其他时期，生活在水生植物间的浮游动物所带来的牧食压力被证明是重要的。

目前还不太清楚是什么原因导致了浮游植物占优转向水生植物占优，反之亦然。黑天鹅的植食性特性和风暴被认为与植被的减少有关，而藻类水华的减少可能与浮游动物的牧食和雨季高浑浊水流入的冲击有关。

（Mitchell 等，1988；Mitchell，1989；McKinnon 和 Mitchell，1994.）

（潘珉　译）

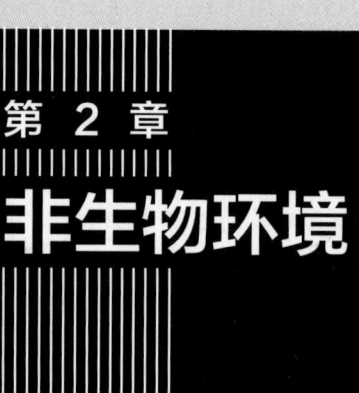

第 2 章

非生物环境

2.1 水下光照

　　水的浊度是贯穿全书讨论的中心话题。藻类水华和底泥再悬浮造成的透明度不足严重影响湖泊的整体感官。重要的是，它还影响许多生物机制。因此，了解浅水湖泊生物群落的功能需要对水下光学有基本的了解。本书只讨论要点。需要深入了解的读者可以参考 Kirk（1994）给出的综合性介绍。

2.1.1 吸收和散射

　　光子到水下后只会发生两种情况：吸收或被散射到不同的方向。吸收可以用吸收系数 a（m^{-1}）来表征，而散射可以用散射系数 b（m^{-1}）和散射角度分布来表征（Kirk，1994）。这些就是所谓的固有光学特性（inherent optical property，IOP）。分别被定义为，一束单色窄光束照射到一个薄水层，单位水层宽度的光吸收系数（a），单位水层宽度上光束中散射出来的散射系数（b），以及散射光的角度分布。从入射光束中被吸收和散射而去除的部分称为光束衰减系数 c（$c = a + b$）。

　　尽管水本身会对光产生吸收和散射作用，但浑浊湖泊的光学性质在很大程度上取决于水体中的悬浮颗粒物和溶解物质。吸收作用取决于所有的有色物质。在一些湖泊中，尤其是泥炭沉积型湖泊，溶解有机物（黄色物质）作用明显，会使水呈现深褐色；但在许多浅水湖泊中，光主要是被浮游植物细胞、碎屑和悬浮的沉积物等颗粒物质吸收。由于吸收物质是有颜色的，所以对所有波长的吸收都不一样，有些颜色总是比其他颜色穿透得更深（图 2.1）。

湖泊中的散射几乎不取决于光的颜色（Kirk，1994）。不同物质对散射和吸收的相对贡献差别很大。例如，悬浮的黏土颗粒主要引起散射，而溶解的有机物质只引起吸收，浮游植物对散射和吸收都有贡献。在给定的波长下，总的散射和吸收系数是水、有色可溶性有机物、浮游植物、悬浮沉积物等贡献的总和（Prieur 和 Sathyendranath，1981）。

吸收和散射是明确且可测量的，但它们本身并没有什么意义。在实践中，湖沼学家更感兴趣的是所谓的表观光学特性（apparent optical property，AOP），如光随深度的衰减和视觉上的透明度。虽然这些表观光学特征原则上可以理解为吸收和散射的结果，但要寻找固有光学特性（IOP）和表观光学特性（AOP）之间的相关性却是相当复杂的。

2.1.2　水下的光衰减

光的强度随水深以近乎指数的程度衰减（图 2.1）：

$$I_z = I_0 e^{-Ez} \tag{1}$$

式中，I_z 和 I_0 分别为在水深 z 处和水表层的光强，E 为向下辐照度的垂直衰减系数。

通常的研究只测量植物光合作用波长范围内的光强度。这部分光通常被称为光合有效辐射（PAR）。垂直衰减系数通常用 K_d 表示，但是由于本书中使用 K 来表征逻辑斯蒂克增长方程的承载能力，所以为了避免混淆，全文都使用 E 来替代。使用 E 来描述光衰减的一个问题是，它的值对于不同颜色的光是不同的。用于植物光合作用的绿光穿透水柱的深度通常大于其他颜色的光。由于这种不同的光衰

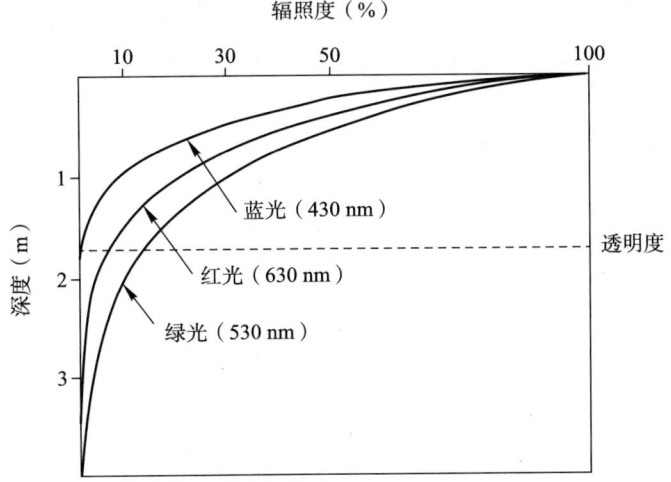

○ 图 2.1　英国克罗斯梅尔 3 个光谱区的辐照度随深度衰减。每个光谱块中的辐照度表示为水面正下方相应光谱块中辐照度的百分比。重绘自 Reynolds（1984）的研究。

减特征，整个 PAR 频谱上测量的衰减系数在深度上不是恒定的。被吸收最多的颜色首先衰减，进而剩余的光穿透水体的效果更好。因此，E 随着深度的增加而减小。有趣的是，这种影响在浑浊的水体中似乎相对较弱（Kirk，1994）。因此，PAR 的垂直衰减系数（E）如 Kirk（1986）所说："它是比较一个水体与另一个水体的光衰减特性的最佳单一参数"。由此可见，同时测量 z 深度处和水表层下的辐照度，可以大致表征 E：

$$E = \frac{In\dfrac{I_0}{I_z}}{z} \tag{2}$$

辐照随深度的衰减取决于散射和吸收，但不只是简单的两者之和（称为光束衰减，c）。散射不像吸收那样消除了光子；它只是改变了光子的方向。正因为如此，散射增加了入射光子到达给定深度的平均路径长度，因此增加了被吸收的机会。此外，有一小部分是反向散射的，因为其没有被水面再次向下反射而离开水面。

对于单色光，关于垂直衰减系数 E 和吸收系数（a）、散射系数（b）有一个简单的经验公式：

$$E = \frac{1}{\mu_0}\sqrt{a^2 + (0.425\mu_0 - 0.19)ab} \tag{3}$$

其中 μ_0 是水下光与垂直方向的夹角的余弦值，为了了解这对温带气候区平均条件的意义，我们可以将 μ_0 的值替换为 0.8，得到：

$$E = 1.25\sqrt{a^2 + 0.15ab} \tag{4}$$

因此，光的衰减很大程度上取决于吸收系数，但也随着散射和吸收的乘积而增大。由公式可以看出，散射只通过与吸收的相互作用影响垂直光的衰减。如果吸收为零，散射不会引起光的衰减。这是因为，正如前面解释的，散射只是增加了光子在水下的路径长度。沿途的吸收影响了垂直光的衰减。

2.1.3　透明度

赛氏透明度盘（Secchi-disc）是表征和测量水体光学特性最简单而便捷的方法。这种方法由一个多世纪前意大利物理学家安吉洛·赛奇（Angelo Secchi）研究发明，被广泛使用至今。将一个黑白相间的圆盘放入水中，逐渐下沉至刚刚不能看见盘面的深度被称为（赛氏）透明度（S_d）。使用 S_d 的一个问题是，在清澈的浅水湖中，整个湖底都是可以被看到的。在这种情况下，S_d 就无法测量。然而，由于这种方法简单且相对稳定，所以关于 S_d 的数据很丰富。

但 S_d 不能很好地指示光线在水中穿透的能力。根据海水的测量结果，Poole 和 Atkins（1929）注意到 E 和 S_d 之间呈现反比关系：

$$S_d = \frac{c_p}{E} \tag{5}$$

然而，Poole Atkins 系数（c_p）在不同情况下表现出强烈的差异（在 2 左右）。后来的研究表明，如果将光束衰减系数（$c = a + b$）考虑在内，则可以更准确地描述透明度和光衰减之间的关系（Tyler，1968）：

$$S_d = \frac{9}{c + E} \tag{6}$$

根据这种经验关系，Poole 和 Atkins 提出的简单反比例关系只有在数据集中 c 与 E 成比例变化时才成立，当然这是不可能的（见式 3）。基本上，简单的 Poole-Atkins 关系之所以不能很好地描述现象，是因为散射对透明度（倒数）的影响比对垂直光衰减的影响更强烈（图 2.2）。

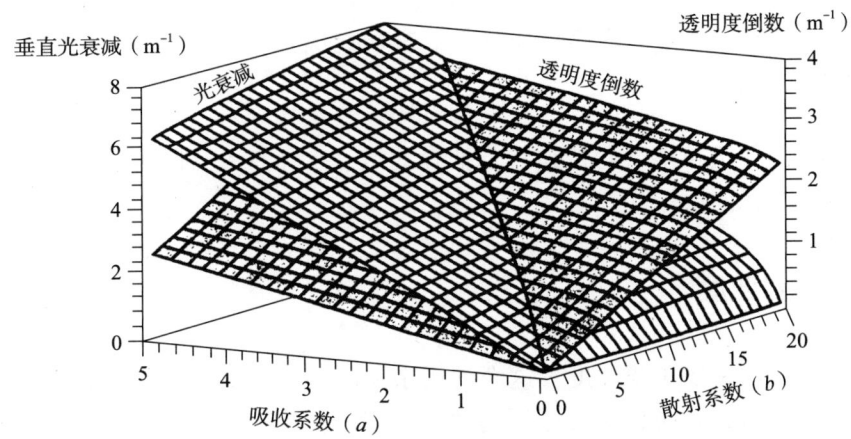

○ 图 2.2　垂直衰减系数（E）和透明度的倒数（$1/S_d$）对于湖水散射系数（b）和吸收系数（a）的函数关系图。从图中可以看出透明度受散射的强烈影响，而散射对垂直光衰减的影响较小。

因此，两个水域即使在相同透明度情况下，如果散射的相对重要性不同，可以在光衰减方面表现出显著差异。例如，一个湖泊的浑浊状况主要是由悬浮黏土颗粒引起（悬浮黏土颗粒导致光的散射而不是吸收），其光的衰减率要低于主要由浮游植物引起的具有相同透明度的湖泊。

一组不同浅水湖泊的透明度倒数和光衰减系数的关系图（图 2.3）显示了在实际中视觉透明度和实际光衰减之间的弱相关性。

对于所提出的理论关系（图 2.2），最能说明问题的是 Markermeer 湖在数据集中的偏离现象。在这个湖中，悬浮的黏土颗粒物对湖泊浑浊有很大的贡献，导致光衰减程度低于 E 和透明度倒数之间的相关性预期。

虽然视觉透明度不能轻易地转化为光衰减，但这并不意味着透明度不能提供有用的信息。对于小型动物而言，清晰的透明度本身显然比 PAR 的穿透性更重

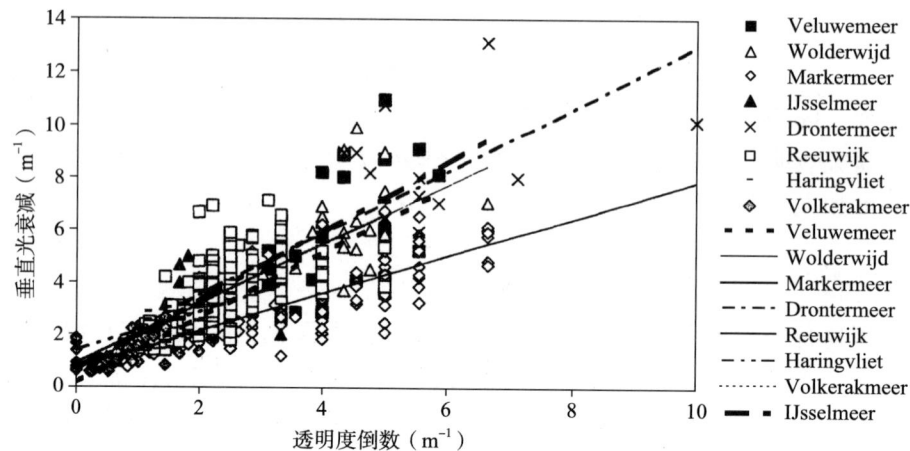

○ 图 2.3   透明度的倒数（$1/S_d$）与垂直光衰减（E）之间的弱相关性（由 8 个荷兰湖泊的数据进行说明）。Markermeer 湖偏离的原因是湖中悬浮的黏土颗粒物浓度较高，这些颗粒物对光散射的贡献相对较大，这种散射对透明度的影响大于对垂直光衰减的影响。

要。此外，透明度可能会与依靠视觉捕食的鱼、水鸟有关。因此，透明度本身就是一个有用的特征指标。

2.1.4   散射浊度

本书中，浑浊度（或浊度）这个词用来在广义上表示湖水浑浊而不清澈。然而，也有实验室设备可以测量所谓的散射浊度。在这种浊度计中，一束稳定光线通过盛有湖水样品的圆柱形玻璃容器，感光元件处在与发射光线垂直的位置上测量散射光强度。散射越强，浊度越高，以散射浊度单位（NTU）表示。这个单位本质上是一个任意的单位，与人工配置的标准悬浮液预设方式相关。在实际应用中，浊度与散射系数 b（Kirk，1994）密切相关。由于透明度和光的垂直衰减系数还与光吸收有关，因此表观光学特性（AOP）不能简单地从散射浊度（NTU）测量中得到。

2.1.5   真光层深度

有时可以用"真光层深度"来表示一个湖的水下光照条件。在这个深度上，光照水平低于水表面辐射量的 1%，这对藻类而言光照太低以至于无法保持正常的净光合作用。很显然，这是一个粗略的估计值，因为那个水平的绝对光强取决于水表面辐照量，而且不同的藻类物种对光量的需求也有所不同。

将 100∶1 代入公式（2）中的 I_0 和 I_z，可以看出真光层深度与垂直衰减系数之间存在固定的反比关系：

$$z_{eu} \approx \frac{4.6}{E} \tag{7}$$

然而，用于光合作用最具穿透力的颜色的衰减系数（E_{min}）大约是整个 PAR 光谱测量值的 75%。因此，通常使用 E_{min} 代替 E，此时关系为：

$$z_{eu} \approx \frac{3.5}{E_{min}} \tag{8}$$

需要注意的是由于透明度与垂直衰减系数 E 大致成反比关系，所以可以推断透明度与真光层深度或多或少呈线性相关。事实上，当 E 未知的情况下，真光层深度有时可估算为透明度的 1.7 倍（Reynolds，1984）。然而，如前所述，在浅水湖泊中，透明度和光衰减之间的关系变化很大。因此，在估算这类湖泊的真光层深度时，透明度确实不是一个可靠的依据。

由于藻类细胞在混合水层中的弥散分布，它们所接收到的光不仅取决于垂直光衰减，而且还取决于混合水层的深度（在大多数浅水湖泊中是整个水柱）。混合层深度与真光层深度的比值（z_{mix}/z_{eu}）经常用于描述浮游植物的水下光照条件特征。然而，由于 z_{eu} 的测量值是一个相当主观的度量，直接用 E 可更直接而便捷。因此研究者常用 $z_{mix} \cdot E$ 来替代 z_{mix}/z_{eu} 表征浮游植物的水下光的遮荫情况。在 z_{mix} 等于湖水深度 D 的浅水湖泊中，可以简单地用光衰减和湖深的乘积（ED）来表征遮荫情况。

2.1.6 影响浊度的原因

目前大部分的水下光学理论致力于理解吸收、散射、光衰减和透明度之间的关系。然而，为了能够了解导致湖泊浑浊的原因，也有必要知道这些光学特性与藻类、沉积物悬浮颗粒和碎屑浓度的相互关系。这个问题很少被提及，而且似乎相对难以解决。

首先，从已建立的理论中还无法推导出不同组分浓度悬浮物与其所导致的透明度或光衰减之间的直接关系。湖泊水体的总吸收（a）和散射（b）系数可以计算为各组分（即浮游植物、无机悬浮物、碎屑、溶解态有机物）对单色光的吸收和散射系数之和。然而，光衰减系数（E）并不是简单的 a 和 b 的线性组合（公式 3）。所以，虽然我们可以将悬浮颗粒物和可溶性物质浓度的线性组合来代替 a 和 b，并写成 E 的函数，但得到的方程却有些难处理。此外，它还需要扩展，以涵盖吸收和散射系数随波长在 PAR 波段上的这部分变化。Buiteveld（1995）利用该理论建立了一套相对复杂的公式，将 E 和 $1/S_d$ 与悬浮颗粒物和可溶性物质的浓度联系起来。这个参数值需要用一个优化算法以拟合到野外数据。经过这样的调整，所得到的模型可以很好地从叶绿素、碎屑和无机悬浮颗粒的浓度预测透明度和垂直光衰减。然而，令人惊讶的是，对模型输入与输出的回归分析显示，预测的光衰减系数和透明度倒数与输入的浮游植物、碎屑和无机悬浮物浓度几乎呈现完全的线性相关。此外，对野外数据的直接回归分析表明，E 和透明度倒数大致是叶绿素 a（Chl）、碎屑（Det）和无机悬浮物（Iss）浓度的线性组合（Kirk，1994）：

$$E = \tau_C \text{Chl} + \tau_D \text{Det} + \tau_I \text{Iss} + \tau_0 \tag{9}$$

$$\frac{1}{S_d} = \sigma_C \text{Chl} + \sigma_D \text{Det} + \sigma_I \text{Iss} + \sigma_0 \tag{10}$$

截距（σ_0 和 τ_0）表示的是由溶解性有机物和不在方程中其他因素造成的光衰减以及透明度倒数变化。通过 Buiteveld 模型预测得到的回归值和通过现场数据回归得到的参数值比较见表 2.1 和表 2.2。

表 2.1　垂直光衰减系数（m^{-1}）与叶绿素 a（$\mu g \cdot L^{-1}$）、碎屑（$mg \cdot L^{-1}$）、无机悬浮物（$mg \cdot L^{-1}$）浓度关系的回归模型 $E = \tau_C \text{Chl} + \tau_D \text{Det} + \tau_I \text{Iss} + \tau_0$ 参数值。"Buiteveld 模型"是指由 Buitevelds（1995）光模型生成的一组数据。**** 表示模型在没有相应项的情况下拟合。对于无截距拟合的模型，R^2 计算为（$1 - SS_{余量}/SS_{总量}$）。粗体印刷的参数集在清水中产生的系统偏差很小。# 号标记的参数集数据用于绘制图 2.4。

	τ_0	τ_C	τ_D	τ_I	R^2	n
Buiteveld 模型	0.81	0.020	0.043	0.028	1.00	521
野外综合数据	0.70	0.022	0.029	0.030	0.77	521#
野外综合数据	****	0.028	****	0.046	0.76	521
野外综合数据	0.76	0.024	****	0.035	0.82	521
Veluwemeer 湖	0.61	0.024	****	0.052	0.90	53
Worlderwijd 湖	1.17	0021	****	0.078	0.72	38
Markermeer 湖	0.83	0.024	****	0.034	0.72	314
Ijsselmeer 湖	1.29	0.017	****	0.002	0.62	39
Volkerak 湖	0.68	0.009	****	0.077	0.55	77

表 2.2　透明度（m^{-1}）与叶绿素 a（$\mu g \cdot L^{-1}$）、碎屑（$mg \cdot L^{-1}$）、无机悬浮物（$mg \cdot L^{-1}$）浓度关系的回归模型 $1/S_d = \sigma_0 + \sigma_C \text{Chl} + \sigma_D \text{Det} + \sigma_I \text{Iss}$ 参数值。**** 表示模型在没有相应项的情况下拟合。对于无截距拟合的模型，R^2 计算为（$1 - SS_{余量}/SS_{总量}$）。产生较小系统偏差的参数集以粗体印刷。# 号标记的参数集数据用于绘制图 2.4。

	σ_0	σ_C	σ_D	σ_I	R^2	n
Buiteveld 模型	0.13	0.010	0.068	0.070	1.00	761
野外综合数据	0.79	0.011	0.044	0.041	0.70	761
野外综合数据	****	0.014	0.068	0.044	0.65	761#
野外综合数据	****	0.019	*****	0.056	0.61	761
野外综合数据	0.88	0.013	*****	0.048	0.69	521
Veluwemeer 湖	1.84	0.010	*****	0.028	0.50	83

续表

	σ_0	σ_C	σ_D	σ_I	R^2	n
Worlderwijd 湖	2.03	0.011	*****	0.012	0.42	62
Markermeer 湖	1.26	0.011	*****	0.048	0.71	404
Ijsselmeer 湖	0.70	0.010	*****	0.019	0.66	85
Volkerak 湖	0.25	0.009	*****	0.068	0.73	127

需要注意的是，在实际情况中碎屑的浓度不是直接测量的，而是用悬浮颗粒物无灰干重减去藻类干重来表示碎屑的多少。藻类生物量则根据叶绿素 a 浓度估算，以藻类干重 / 叶绿素之比为 70 的经验法则估算。

虽然乍一看回归系数（ σ 和 τ ）或多或少表现了各组分（藻类、碎屑和无机悬浮物）的普遍光学性质，实际上它们在不同湖泊之间必然存在相当大的差异（表 2.1，表 2.2）。由于藻类群落、碎屑性质和沉积物类型在湖泊之间是不同的，所以系数的变化是意料之中的。鉴于这种变化，最好是将这些回归方程与需要探究浑浊原因的湖泊的系列数据相比对。

回归法的另一个突出问题是，大多数分析产生了不切实际的高截距（ τ_0 和 σ_0 ）。因此，这些模型不能预测低的衰减系数或透明度倒数。高截距的部分原因可能是由于随散射和吸附而增加的光衰减并不是真正线性的（公式 3 和图 2.2）。然而，一个更重要的原因可能是：随着湖泊浊度的变化，一种或多种悬浮物组分物质的光学性质会发生系统性变化。例如，在浑浊的湖泊中，藻类优势物种的占比不同。

尽管这样推算有误差，但是如果藻类、碎屑和再悬浮无机沉积物颗粒这些物质的浓度是已知的，通过简单的经验关系获得特定湖泊浊度的贡献分析是有用的。图 2.4 给出了一些差异明显的湖泊浊度追溯来源的例子。

从图 2.4 可以看出无机悬浮物对光衰减的影响比想象中要小，因为它们通常在干重方面起主导作用。比较邻近的 Ijsselmeer 湖和 Markermeer 湖，悬浮颗粒物对透明度的影响大于对光线衰减的影响。面积较大、易被风扰动的 Markermeer 湖的沉积物主要由易再悬浮的黏土组成。因此，无机悬浮物的浓度远远高于砂质沉积物较多的 Ijsselmeer 湖。图 2.4 数据也显示，Ijsselmeer 湖较高的藻类生物量是造成水下光衰减的主要原因，而 Markermeer 湖的悬浮无机沉积物强烈影响了水体透明度。

2.1.7 估算光衰减的方法

由于藻类、沉水植被的分布和丰富度强烈依赖于光照，从生态学角度来看，水下光的衰减是湖泊最重要的物理性质之一。然而由于测量光随深度的衰减有点

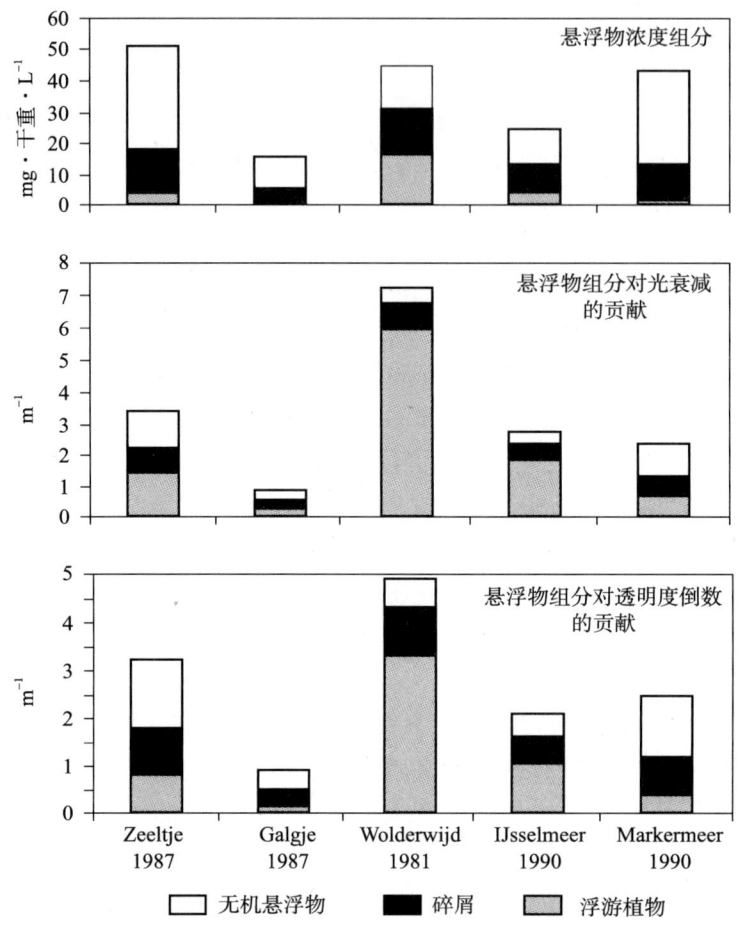

○ 图2.4 使用表2.1和表2.2回归方程系数估算的5个荷兰湖泊悬浮物组分夏季平均浓度，以及这些组分对湖泊垂直光衰减（E）和透明度倒数（$1/S_d$）的贡献。

烦琐，并且需要相对昂贵的设备，因此衰减系数的测量工作开展较少，历史数据尤为缺乏。如图所示，透明度并不能很好地反映实际光线在水下的穿透性。虽然上一节提出的依靠碎屑、无机悬浮物和叶绿素可以更好地估计 E，但历史数据中也大多只有叶绿素浓度指标。很显然，由于碎屑和沉积物悬浮颗粒对大多数浅水湖泊的浊度有显著贡献，仅仅依靠叶绿素这样单一的指标来估算光的穿透能力是相当不完整的（图 2.4）。

由于透明度和叶绿素浓度含有关于光照条件的信息，至少在一定程度上是互补的，因此可以预见，结合这两种测量方法比单独利用其中任何一种方法可以更准确地估计垂直光的衰减。的确，对图 2.3 所示的数据集进行再分析，可以更准确地预测 E：

$$E = 0.81 + 0.016\text{Chl} + \frac{0.46}{S_d} \tag{11}$$

或

$$E = 0.016\text{Chl} + \frac{1.3}{\sqrt{S_{\text{d}}}} \qquad (12)$$

这两个模型解释了数据集中 80% 的 E 方差，而 Poole-Atkins 模型（公式 5）只使用透明度作为解释变量，因此仅解释了 57% 的方差。第二个模型（公式 12）的优点是，它可以预测较低的值；而第一个模型（公式 11）由于截距较高而无法预测低值。单个湖泊垂直光衰减系数与公式 11 预测值的回归表明，这个模型不仅能很好地预测 E 值，也能解释大多数湖泊间光衰减系数和透明度显著的系统差异（图 2.5）。

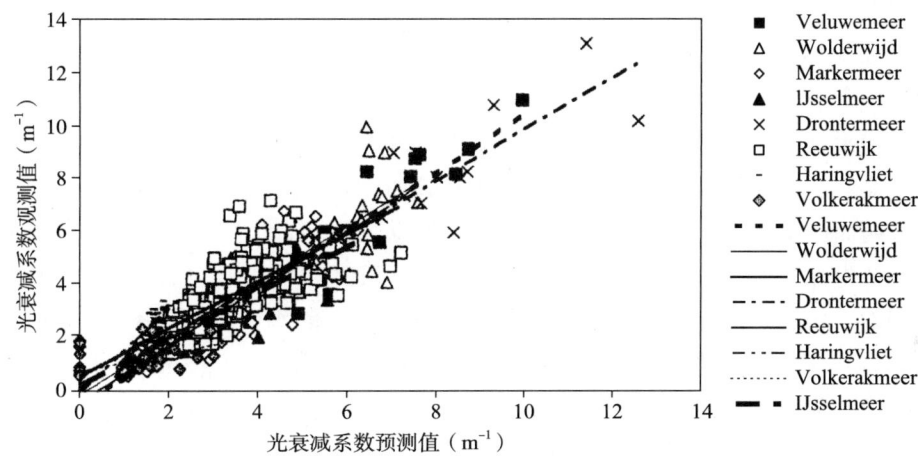

○ 图 2.5 观测到的光衰减系数（E）与通过公式 11 利用透明度和叶绿素浓度预测值的对应关系。

因此，在没有直接测量垂直光衰减的情况下，这些简单的经验模型可以根据平时得到的透明度和叶绿素 a 浓度的测量值进行估算。

值得注意的是，由于藻类、碎屑和无机悬浮物的光学性质因情况而异，因此不能期望该模型以及前几节中提出的其他光照条件与悬浮物之间的经验关系在所有湖泊中都能同样地描述这种关系。如果有足够的数据，最好是将模型拟合到一个或一组特定的湖泊。

2.2 沉降和再悬浮

在许多浅水湖泊中，无机沉积物颗粒以及藻细胞都会经历沉降和再悬浮的快速循环。通常，再悬浮主要是由波浪的作用引起的，但在某些情况下，在水底觅食的鱼类会搅起大量的沉积物。在本节中，概述了影响再悬浮和沉降的因素，并解释了波浪和鱼类在再悬浮中的作用。

2.2.1   再悬浮和沉降的平衡

通过对不同湖泊的光照条件分析可以看出，藻细胞和其他悬浮颗粒是导致大多数浅水湖泊浑浊的主要原因（图 2.4）。除了一些能游动或调节浮力的藻类外，所有悬浮颗粒都不断地下沉到底层。在深水湖泊中，颗粒物一旦穿过温跃层下沉至较冷的湖下层就不能返回到湍流混合的最上层（湖上层）。在浅水湖泊中，热分层现象可能在晴天出现。然而，在夜间这种细微的分层现象通常会被打破，稳定的分层不会维持很长时间。因此，在浅水湖泊中通常没有温跃层来阻止下沉颗粒物返回。但在沉积物表面的小边界层中，水体交换强度明显减弱。结果就是湖底能像温跃层一样或多或少的留住下沉的颗粒物，不同之处在于，当沉积物 – 水界面的水体交换强度超过一个临界值时，沉积物会被再次扰动，其中的颗粒物就会回到水柱中。

在浅水湖泊中，悬浮颗粒物的浓度很大程度上取决于这些连续的沉降和再悬浮过程。显然，悬浮颗粒物的出现或消失还有其他方式。例如，水柱中的藻细胞通过细胞分裂而产生，其中大多数可以通过无脊椎动物的滤食去除。这些机制将在接下来的章节中深入讨论。用简单的数学形式来理解沉降和再悬浮的动态相互作用是十分有用的。水柱中因沉降而造成的颗粒物损失率等于静水中沉降速率 s（$m \cdot day^{-1}$）与水柱深度 D（m）之比。悬浮颗粒物浓度的变化率 dS/dt（$g \cdot m^{-3} \cdot day^{-1}$）可以表达为该损失率与再悬浮恢复率 $\varGamma$（$g \cdot m^{-2} \cdot day^{-1}$）的函数：

$$\frac{\mathrm{dS}}{\mathrm{dt}} = \frac{\varGamma}{D} - \frac{s}{D}S \tag{13}$$

值得注意的是，根据水柱深度的不同会出现两种模式：从获得模式来看，水越深，悬浮物会变得越稀少；从损失模式来看，在较浅的水体中，颗粒物会更快的沉降到底部。由于这种与深度的反比例关系，这些过程的速率在浅水中会变得非常快。颗粒物的沉降速率不仅取决于其相对密度，还取决于其大小和形状，形状不规则的轻颗粒物沉降相对缓慢。由于悬浮物通常是由各种各样的颗粒组成，一些组分的沉降速度会比其他组分慢得多。但在通常情况下，悬浮固体物的沉降速度也能够达到几分米每天。因此，如果排除所有由波浪作用和鱼类活动引起的再悬浮（$\varGamma \approx 0$），许多浅水湖泊的水柱可能会在几天内变清澈。事实上，当浅水湖泊结冰时，冰下平静的水体往往变得非常清澈。当把一瓶浑浊的湖水静置时，可以明显地看到物质的快速沉降。在一天中，水通常会变得清澈，在底部可以看到一层沉淀的颗粒物。

当沉降与再悬浮相等时，水柱中的悬浮物达到平衡浓度（S^*）。由上式可得：

$$S^* = \frac{\varGamma}{s} \tag{14}$$

如果风速或鱼类活动等因素对再悬浮（$\varGamma$）的影响是已知的，这些简单的方程就可以转化为对湖泊悬浮物浓度的影响。

2.2.2 波浪再悬浮发生的时间与地点

当风吹过水面时，就会产生波浪。波浪中水的运动非常复杂，但波浪引起的水沿沉积物表面的水平运动是理解再悬浮所需的主要因素。在波涛汹涌的大海或大湖的海岸线上，戴着潜水面罩在水下观察可以发现，当波浪来来去去时，波浪会导致剧烈的水流沿着底部来回流动。沉积物表面的这些水平"剪切"流强度取决于波浪的大小和水的深度。波浪引起的最大水平流速随深度呈指数下降（图 2.6）。

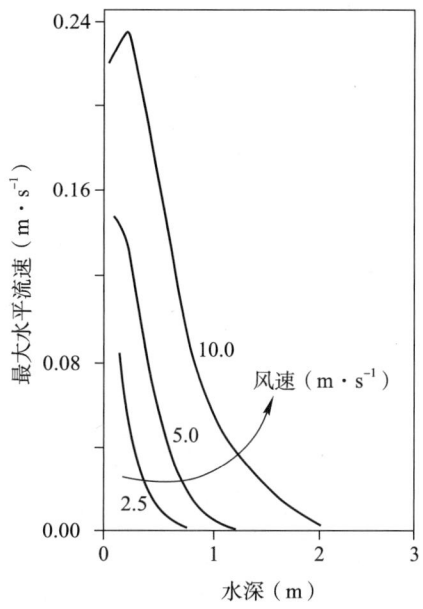

○ 图 2.6 最大水平流速与水深的关系（固定吹程 1 000 m，风速分别为 2.5、5.0 和 10.0 m·s⁻¹）。重绘自 Aalderink 等（1985）的研究。

水沿沉积物表面的运动是否会导致颗粒物的再悬浮，取决于剪切的速度和沉积物的性质。沉积层对沿其表面逐渐增加的流速的响应通常是不连续的。侵蚀只发生在超过临界剪切力之后。再悬浮所需的临界流速取决于沉积物的类型。细粉砂或有机沉积物比沙土更容易悬浮。此外，由于物质的物理固结以及底栖藻类和细菌等微生物群落的生长，沉积物表面更不易发生再悬浮，临界剪切力随着沉积物未受干扰的时间而增加（Delgado 等，1991）。

预测一个地点何时会发生再悬浮的一种方法是使用模型计算沉积物表面的水流速度，它是风速、水深和风吹过水面距离（"吹程"）的函数，然后用计算出的剪切速度去预估会导致再悬浮的临界剪切速度（Aalderink 等，1985；Bengtsson 和 Hellström，1992；Blom 等，1994）。这种方法似乎相当严谨，尽管在实践中剪切速度和悬浮物之间的关系仍然有很大的变化（Hamilton 和 Mitchell，1996）。

另一种更实用的方法是使用相对简单的经验公式，将波长作为风速和吹程的函数，然后应用经验法则，如果波长超过水深的两倍，即波浪"触底"时会发生再悬浮。Carper 和 Bachmann（1984）指出，这种简单的方法最初是由研究海岸侵蚀问题的工程师开发的，实际上也能很好地描述他们所研究的草原浅水湖泊中的再悬浮过程。由于该方法相对易懂，因此本文使用这个公式来探讨湖泊深度和大小对再悬浮敏感性的影响。

只要波浪不触底，它们就被称为"深水波"。这种波浪的大小以可预测的方式随着风速 W（m·s⁻¹）和吹程 F（km）的变化而增加，F 是根据风吹来的方向测量到海岸的距离，即波浪形成的距离。一个相对简单的经验公式给出了波长（L_w）作为吹程和风速的函数：

$$L_{\mathrm{w}} = 1.56\left[0.77W \tanh\left[0.077\left(\frac{9.8F}{W^2}\right)^{0.25}\right]\right]^2 \tag{15}$$

波长几乎随风速呈线性增加，而随吹程的增加则明显是非线性的（图 2.7）。

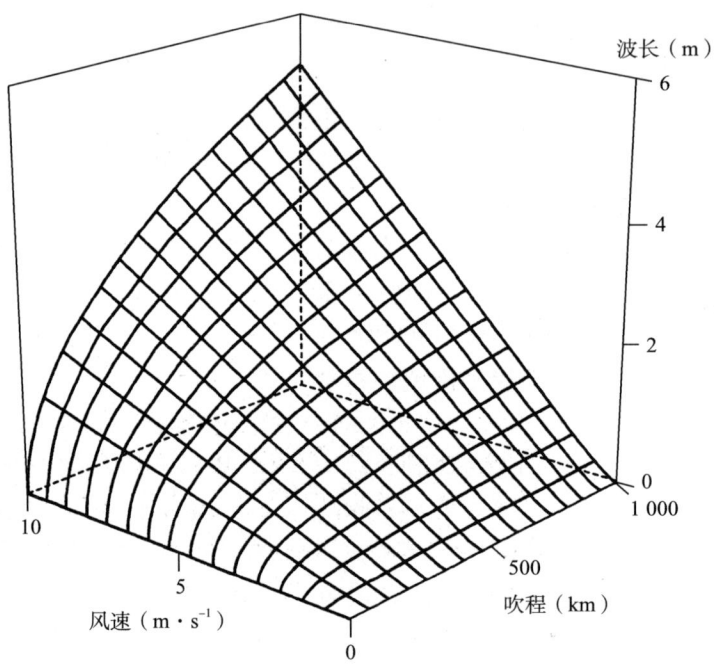

O 图 2.7　深水区中波长（L_{w}）随吹程（F）和风速（W）而增加，如公式 15 所示。

　　如果是微风，在任何水池都可以观察到后者。在有遮挡的岸边，虽然水体很平静，但波浪的大小随着离岸边的距离增加而迅速增大。在离有遮挡的岸边较远的地方，波浪的大小继续增长，但这种随吹程而增加的幅度比最初几米观察到的要小。根据湖泊的等高线和风速，该公式可以用来绘制湖泊的波长图。在给定风速下，沉积物发生再悬浮的区域可通过叠加水深图以及应用经验法则进行估计，如果波浪"触底"，即波长超过深度的两倍（$L_{\mathrm{w}} > 2D$），则会发生再悬浮。显然，再悬浮的面积会随着风速增加而增加（图 2.8），以及只有在最高风速时，遮挡区域才会受到影响。

2.2.3　波浪再悬浮与湖泊大小和深度的关系

　　每个湖泊对再悬浮的敏感性不同，这取决于沉积物类型以及湖泊的形状和深度剖面。尽管如此，为了探究一些普遍的趋势，可以假设一个垂直于风向的深度均匀的矩形湖泊（图 2.9）。

　　在这种情况下，湖面发生再悬浮的比例 α 仅取决于再悬浮的临界吹程（F_{crit}）

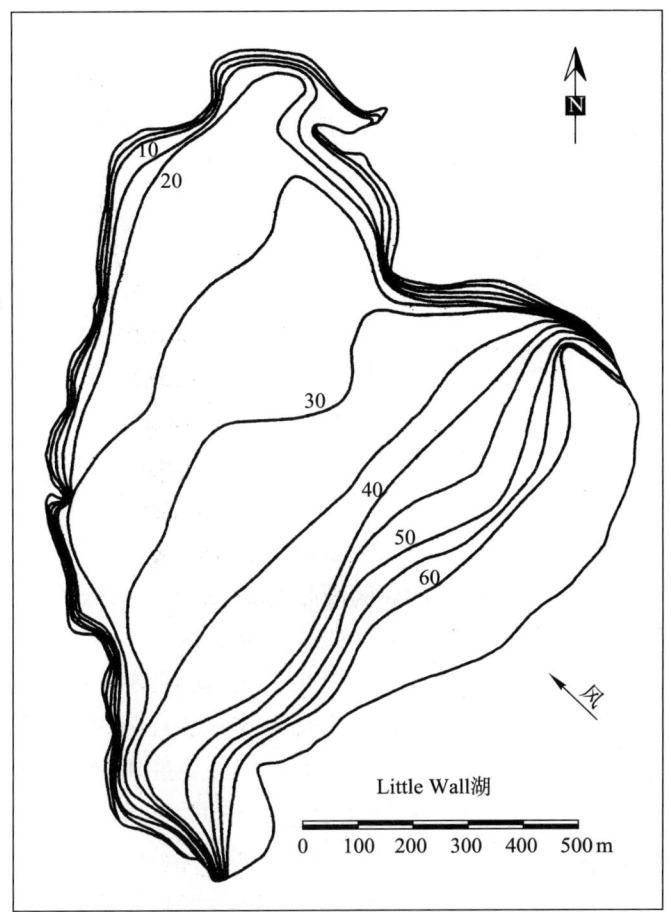

○ 图 2.8   等高线显示了浅水湖泊 Little Wall 湖在东南风条件
下再悬浮所需的风速（km·h⁻¹）。波浪再悬浮预计发生在等高
线西北部区域。引自 Carper 和 Bachmann（1984）的研究。

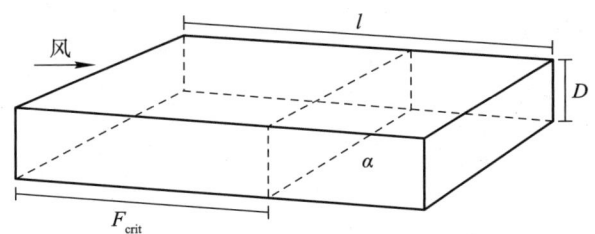

○ 图 2.9   在一个假设的矩形湖泊中，波浪引起底质发
生再悬浮的比例（α）取决于波长超过深度（D）两倍的
临界吹程（F_{crit}）和湖泊沿风向测量的总长度（l）。

与湖中最大吹程（F_{max}）的比值：

$$\alpha = 1 - \frac{F_{crit}}{F_{max}} \longleftrightarrow F_{crit} = (1-\alpha)F_{max}$$

（16）

将此和再悬浮的临界条件（$D = 2L_w$）代入公式 15，能够得到再悬浮比例（a）与最大吹程（F_{max}）、湖泊深度（D）以及风速（W）的关系式：

$$D = 2*1.56 \left[0.77W \tanh \left[0.077 \left(\frac{9.8(1-a)F_{max}}{W^2} \right)^{0.25} \right] \right]^2 \tag{17}$$

对于给定的（假设的）固定深度和大小的湖泊，该公式可用于绘制再悬浮面积随风速增加的曲线（图2.10）。

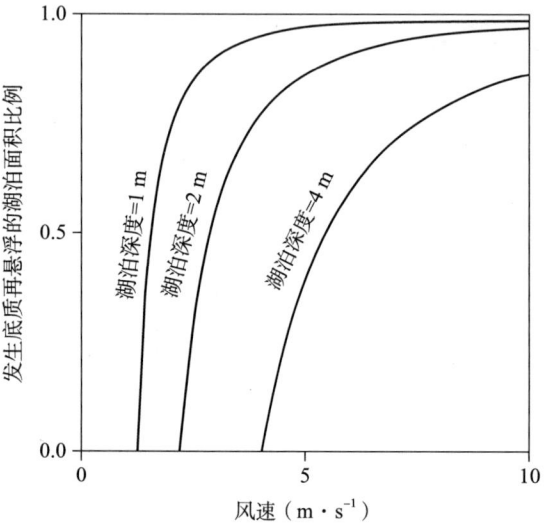

在低风速条件下，由于湖中的临界吹程大于最大吹程，因此不会发生再悬浮。在临界风速以上，随着风速的增加，湖泊的再悬浮比例逐渐上升到1。

为了更好地了解吹程和深度的影响是如何相互作用的，我们改变了视角，并提出这样一个问题：在给定风速下，哪一种湖泊深度和大小的组合会导致50%的底质发生再悬浮（a = 0.5）（图2.11）。

由此得到的等再悬浮线不是直线，这意味着它不是简单的吹程与深度的比值。因此，湖泊的尺度模型并不能用于研究再悬浮。最大吹程为100 m、深度为0.5 m的池塘比最大吹程为1 km、深度为5 m的湖泊更容易发生沉积物的再悬浮。湖泊面积的对数图更准确地显示了

○ 图2.10 假设的矩形湖泊（图2.9）在三种不同的湖泊深度下预测会出现再悬浮的面积比例（a）与风速（W）的关系。

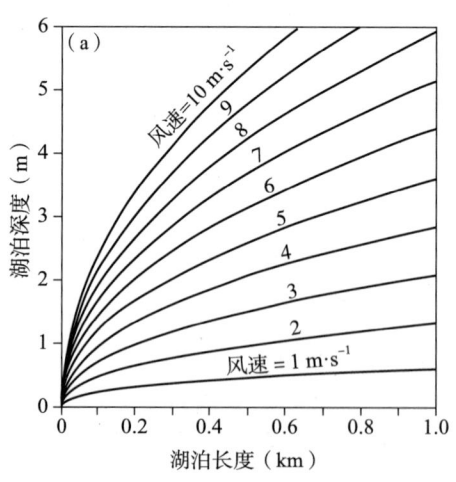

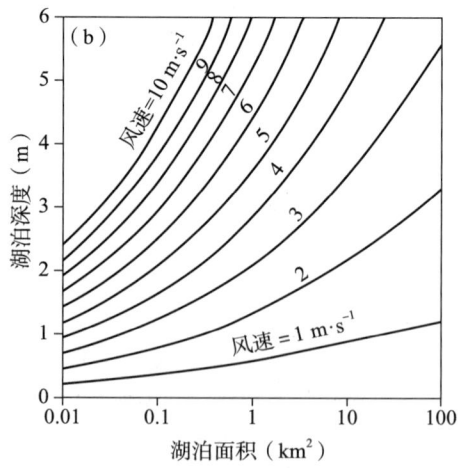

○ 图2.11 等再悬浮线表明在不同风速（W）下，假设的湖泊（图2.9）50%的底部受到波浪再悬浮的影响。处于同一条等再悬浮线上的湖泊对风再悬浮的敏感性是相似的。值得注意的是，再悬浮的敏感性随湖泊深度的增加而迅速降低。湖泊的大小可以表示为最大吹程，即朝着风来的方向测量的湖泊长度（a），或者表示为湖泊表面积（b）。

再悬浮敏感性与湖泊大小和深度的关系（图 2.11b）。根据我们的简单模型，在其他条件相同的情况下，该图中处于同一条等再悬浮线上的湖泊对风再悬浮应该具有类似的敏感性。因此，可以看到，一个大小为 1 hm²、深度为 0.5 m 的池塘等同于一个面积为 100 hm²、深度为 1.3 m 的湖泊。由于再悬浮随水深的增加而急剧减弱，水位的变化对风引起的再悬浮有较大影响。例如，墨西哥的 Chapala 湖就说明了这一点（Lind 等，1994）。水位的下降使该湖泊的黏土再悬浮和浊度显著增加。

当波浪与沉积物接触时，再悬浮物质总量视具体情况而定。一般而言，持续的沉降和再悬浮过程导致了湖泊中物质的分选。频繁发生再悬浮的裸露浅层区域的沉积物比较粗糙，因为横向运输会使细颗粒物质集中在较深且有遮挡的区域，而这些地方很少发生再悬浮（Evans，1994）。正如 Carper 和 Bachmann（1984）所指出的那样，这意味着暴露的"侵蚀区"通常不是悬浮物的重要来源。在这样的湖泊中，再悬浮只在风力强大到足以影响那些很少发生再悬浮的区域时才变得重要，因为容易再悬浮的物质被限制在这些区域。显然，裸露区域由于水平分选仅含有粗颗粒的沉积物，再悬浮在大多数情况下相对不重要。

另一方面，许多湖泊几乎没有任何水平分选，因为没有可使软沉积物积聚的深层部分，并且大部分区域经常发生再悬浮。这类湖泊通常有或多或少离散的表层沉积物，由经常发生再悬浮的细物质组成（Luettich, Jr. 等，1990；Bengtsson 和 Hellström，1992）。由于频繁的再悬浮，该层几乎没有固结，物质很容易重新悬浮。显然，如果存在这样一个相对离散的可再悬浮层，那么悬浮沉积物的数量应该只是随着再悬浮发生的面积线性增加。例如，Bengtsson 和 Hellström（1992）在他们对 Tämnaren 湖的研究中发现了这一点（图 2.12）。

原则上，悬浮物随再悬浮面积的线性增加意味着再悬浮面积和风速之间的理论推导关系（图 2.10）可以简单地转化为悬浮物浓度（S）作为风速和不依赖于风引起的再悬浮背景浓度（S_b）的函数（图 2.13）。

请注意，这张理想化的图片假设的情况是一个具有均匀分布的可再悬浮表层的矩形湖泊。在

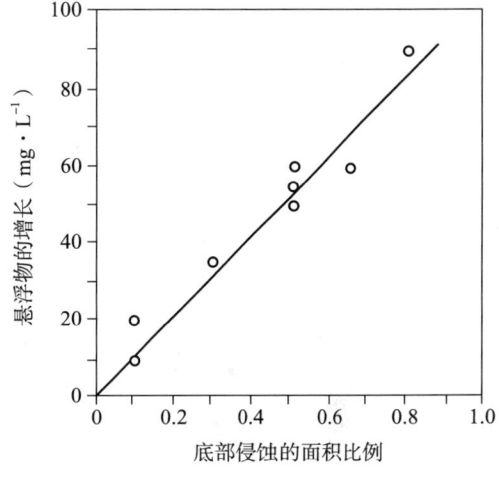

○ 图 2.12　在瑞典 Tämnaren 湖测量得到的悬浮物浓度与波浪再悬浮发生的湖区面积比例。引自 Bengtsson 和 Hellström（1992）的研究。

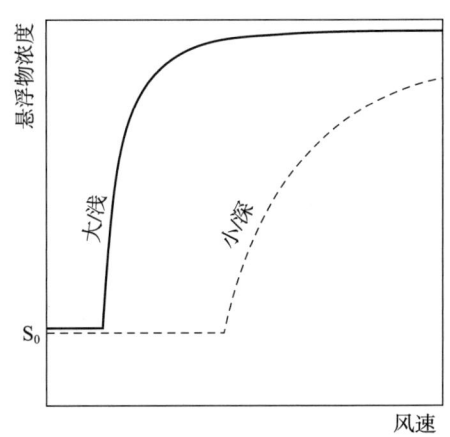

○ 图 2.13　假设的大型浅水湖泊与较小或较深湖泊的悬浮物浓度（S）随风速变化的预测增加（图 2.9）（见正文）。

真实的湖泊中，悬浮物随风的增加看起来会有所不同。尽管如此，一般情况下仍可以呈预期的"S"型。低风速几乎没有影响，但一旦波浪开始"触及"可再悬浮的沉积物，水中的浓度就会逐渐增加，直达所有可悬浮物质都混悬在水柱中的水平。

2.2.4　湖泊特定经验模型

在给定的风速下，湖泊之间的沉积物再悬浮量差别很大，这主要取决于湖泊的形状和纵深剖面以及悬浮沉积物的分布和性质。如图所示，在整个湖泊尺度上描述风的再悬浮机制是非常困难的。然而，对于给定的湖泊，如果有足够的数据，也可以简单地拟合出悬浮物与风速之间的经验关系。如果用风速的指数函数 W 代替再悬浮（Γ），并加入一个固定的背景浓度 S_b（没有任何风的情况下也保持在水柱中的浓度），则可以通过本节第一部分给出的平衡方程（公式 13 和 14）得到合理的描述：

$$\frac{\mathrm{d}S}{\mathrm{d}t} = \frac{a_s W^{b_s}}{D} - \frac{s}{D}(S - S_b) \tag{18}$$

稳态模型给出了悬浮物的平衡浓度（S^*）：

$$S^* = S_b + \frac{a_s W^{b_s}}{S} \tag{19}$$

通过简单调整背景浓度（S_b）、沉降速率 s 以及参数 a_s 和 b_s，使得模型结果与风速和湖泊悬浮物浓度的时间序列相吻合。这种方法被用于描述 Balaton 湖（Somlyody，1982；Somlyody 和 Stanbury，1986）、Arresø 湖（Kristensen 等，1992）和 Veluwemeer 湖（Aalderink 等，1985）的情况。在拟合模型中，再悬浮的增加可以是凹型的（$b_s = 0.4$，Veluwemeer 湖）或者是凸型的（$b_s = 1.45$，Arresø）（图 2.14）。

尽管这种差异乍一看令人惊讶，但从理论上推导出的关系（图 2.13）可以

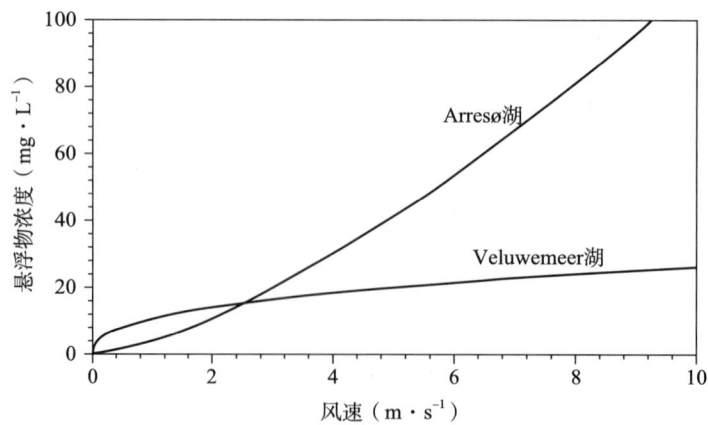

○ 图 2.14　根据 Somlyody 的经验模型拟合两个不同湖泊的数据（见正文），悬浮物浓度（S）随风速（W）的增加。

解释这种差异。如前所述，再悬浮和风速之间的一般关系应大致呈"S"型。在上述模型中，简单的指数函数不能产生完整的 S 型曲线。然而，当指数（b_s）大于 1 时，它可以模拟 S 型曲线左侧部分的指数增长，而如果指数小于 1，则可以描述 S 型曲线右侧的饱和部分。因此，只要将数据点限制在任意一边，简单的指数模型应该能给出很好的结果。因此，对两个湖泊之间 b_s 差异的解释可能是，Veluwemeer 湖比 Arresø 更接近饱和的一侧。

2.2.5 鱼类引起的沉积物再悬浮

在浅水湖泊中，大部分鱼类群落通常以生活在沉积物表层的无脊椎动物为食，如摇蚊幼虫、软体动物和蠕虫。欧鳊（*Abramis brama*）是欧洲湖泊中常见的一种底栖食性鱼类（图 2.15）。它通过吸入沉积物来觅食，食物颗粒经鳃耙系统过滤而截留下来（Lammens，1991）。

觅食的结果是未被截留的细沉积颗粒物悬浮在水中，并在沉积物表面留下一个小坑（宽 2～4 cm）。在底栖食性鱼类丰富的湖泊中，如果你在水下观察，通常会发现沉积物表面几乎完全被这些觅食坑所覆盖。底栖食性鱼类导致的沉积物连续再悬浮对浊度的影响是显著的。例如，在浅水湖泊 Bleiswijkse Zoom 湖（荷兰）中实验性地减少鱼类资源量的效果就说明了这一点。在这个浑浊的小湖泊中，底栖食性鱼类的密度约为 600 kg·hm^{-2}。将资源量减少到约 200 kg·hm^{-2}，透明度几乎瞬间增加，这似乎主要是受益于无机悬浮物浓度的下降（图 2.16）。

○ 图 2.15 浑浊的浅水湖泊中，像欧鳊（*Abramis brama*）这样的底栖食性鱼类通常在鱼类群落中占主导地位。这些动物可以通过搅动沉积物来寻找底栖性食物，从而增加了浊度。它们还促进了营养物质从沉积物流向水柱，以及捕食原本以藻类为食的水蚤，从而促进藻类水华的发生。

从理论上讲，底栖食性鱼类对悬浮物的影响可以从描述再悬浮和沉降平衡的基本方程中理解，其方式与风再悬浮相似（公式 18 和 19）。如果假设每天再悬浮的物质量与底栖食性鱼类的生物量 B_b 成正比，则模型可以写成：

$$\frac{dS}{dt} = \frac{qB_b}{D} - \frac{s}{D}(S - S_0) \qquad (20)$$

预计水柱中的平衡浓度（S^*）将随着底栖食性鱼类的生物量呈线性增长：

$$S^* = S_0 + \frac{q}{s}B_b \qquad (21)$$

式中，q 为每天每单位鱼类生物量搅起的沉积物量。

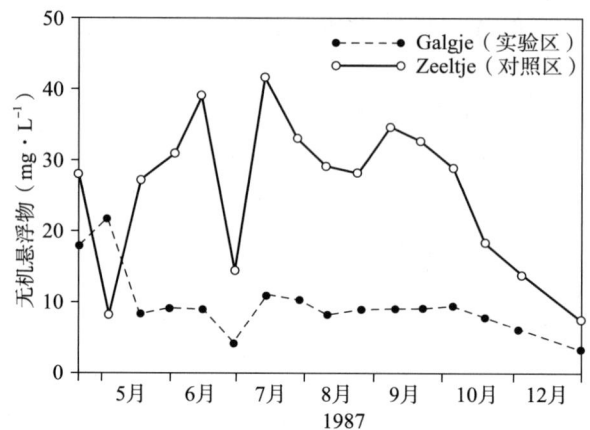

○ 图 2.16　1987 年 4 月，在去除鱼类后，Bleiswijkse
Zoom 湖的无机悬浮物浓度。引自 Meijer 等（1989）
的研究。

　　这个简单的模型与观察结果惊人地吻合。例如，在几个荷兰的池塘和小湖泊
中，风引起的再悬浮并不重要，而无机悬浮物浓度与底栖食性鱼类生物量呈线性
增长（图 2.17）。

　　在一系列放养了不同规格、不同密度的鲤鱼（*Cyprinus carpio*）和欧鳊
（*Abramis brama*）的池塘中，实验研究了鱼类对沉积物再悬浮的影响（Breukelaar
等，1994）。正如预期的那样，沉积物捕集器测得的沉降速率和水柱中悬浮物的浓
度都随着鱼类密度呈近似线性的增加（图 2.18）。

　　再悬浮对这些池塘的浊度影响非常大。Breukelaar 等人（1994）利用回归模型
来排除浮游植物变化的影响，粗略地说，30 kg·hm^{-2} 的底栖食性鱼类资源量引起
的再悬浮足以将清澈水域的透明度降低到 1 m 以下。考虑到鱼类的活动，这种影

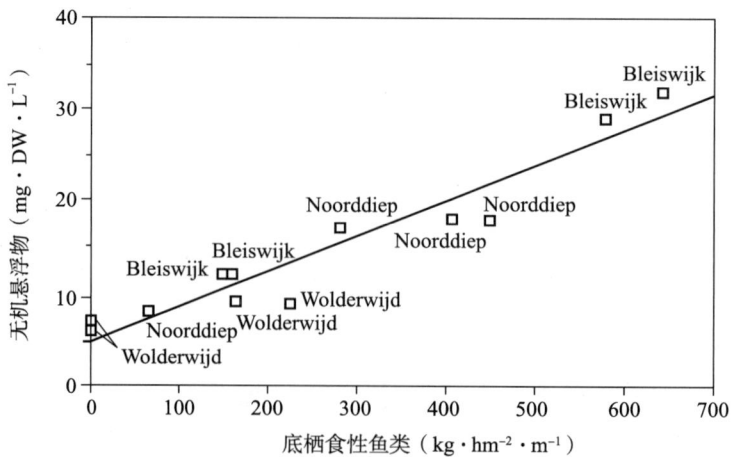

○ 图 2.17　几个荷兰池塘中无机悬浮物浓度与底栖食性鱼类生物量
的关系。引自 Meijer（1989）的研究。

响并不奇怪。据计算，在这些池塘中，平均每天有 5 倍于每条鳊鱼自身体重的沉积物（$q = 5\,\mathrm{g \cdot g^{-1} \cdot d^{-1}}$）被再悬浮于水中。

显然，所得结果不能简单地外推到其他情况。鱼类的活动可能因情况而异，沉积物类型也会影响再悬浮以及颗粒物的沉降速率。实验池塘的沉积物主要由黏土组成。在沙质土上，这种影响可能较小，而另一方面，某些软质有机沉积物的沉降速率要低得多，从而增加了底栖食性鱼类对悬浮物浓度的潜在影响。

如前所述，沉积物对波浪再悬浮的敏感性很大程度上取决于沉积物表层的状态。如果沉积物未受干扰，由于沉积固结作用，再悬浮所需的临界剪切力会随着时间的推移而增加。鉴于这一机制，底栖食性鱼类可能会增加浅水湖泊对风的敏感性。它们的活动阻止了沉积物在静风时的沉积固结。因此，再悬浮所需的剪切力和风也更小。显然，如果一个湖泊的吹程与水深的比值使得风引起的再悬浮非常频繁，导致沉积

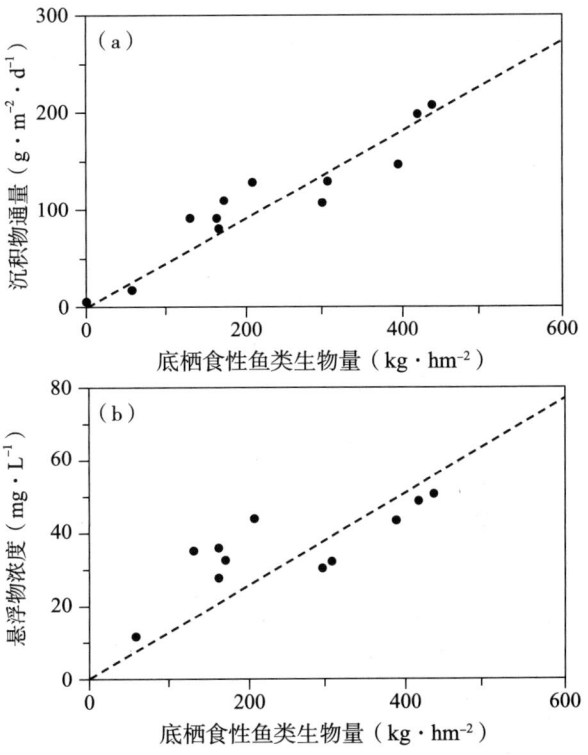

○ 图 2.18　在一系列实验池塘中，沉积物通量（上图）和悬浮物浓度随底栖食性鱼类鳊鱼生物量的增加而增加。改编自 Breukelaar 等（1994）的研究。

固结完全发挥不了作用，那么这种机制就不重要了，正如第 2 章中提到的 Arresø 湖。在风引起的再悬浮非常罕见的情况下，这也没有任何意义，就像上文所讨论的实验池塘那样。然而，在中间情况下，底栖食性鱼类对再悬浮的间接影响可能会导致浑浊。

2.2.6　植被对沉降和再悬浮的效应

植被对再悬浮的影响早已被注意到。例如，Jackson 和 Starrett（1959 年）的研究表明，在冬季的 Chatauqua 湖（美国伊利诺伊州），当风浪搅动无遮挡的沉积物时，浊度比夏季植被覆盖湖底时要高得多，夏季时风对浊度的影响很小或没有影响（图 2.19）。

此外，植被的影响还表现在再悬浮已成为几个大型浅水湖泊浑浊的主要因素，这些湖泊在失去植被之前一直是清澈的，如上一章所述的 Apopka 湖和 Tämnaren 湖。毫不意外，人们已经发现在试图将预测的波浪引起的剪切力与实际悬浮沉积物浓度联系起来的模型中，大型水生植物的多度是一个重要误差来源（Hamilton 和 Mitchell，1996）。

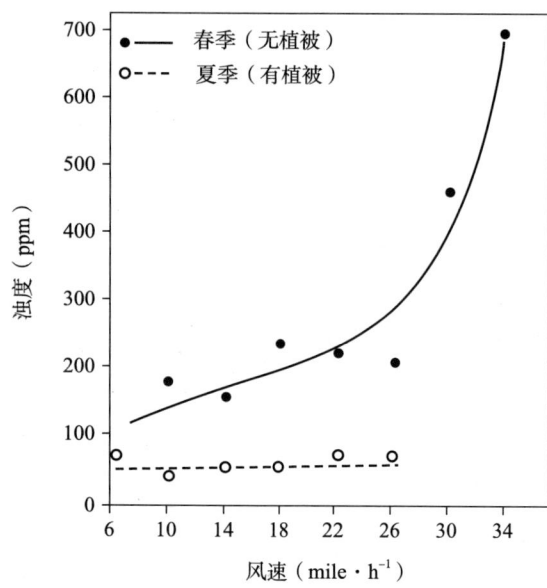

○ 图 2.19 Chautauqua 湖（美国伊利诺伊州）在没有植被的春季和植被发育的夏季时的浊度与不同风速的关系。重绘自 Jackson 和 Starret（1959）的研究。1 mile = 1.609 344 km。

不仅是沉水植被，还有挺水植被带都有助于减少浅水湖泊中的风引起的再悬浮。例如，Dieter（1990）就证明了这一点，他测量了 Dakota 几个浅水湖泊裸露和有遮挡的沉积物再悬浮。沉积物捕集器中收集的悬浮物量在裸露区域比有挺水植被的区域多 2～4 倍。

显然，沉水植物对再悬浮的影响取决于植被密度和结构，在轮藻密集的区域尤其明显。事实上，在新的养殖池塘中种植轮藻是一种切实可行的方法，能够有效地防止由悬浮沉积物导致的水体浑浊（Crawford，1979）。轮藻植被可以达到很高的生物量，这些生物量大多集中在沉积物附近，像密实的垫子一样将其覆盖，这明显地减少了沉积物表面的水运动。在这样的植被中波浪引起的再悬浮很少发生。此外，底栖食性鱼类进入沉积物也会受到阻碍，通常很难在植被茂密的区域找到这些动物。因此，再悬浮的循环大部分都被阻断。此外，由于有效混合深度的减小，此类植被中的沉降可能会加快。植被如果足够稠密，将防止整个植物覆盖范围内的湍流混合。这种垂直混合的停滞可能会在晴天垂直温度梯度急剧变化时加剧。其机制与温跃层的作用相同，后者将分层湖泊中的湖上层和湖下层分开。

温暖的上层往往不会与较冷的下层混合，因为温水"漂浮"在密度较大的冷水层上。因此梯度是稳定的。结果就是，湍流混合通常被缩减到植被上方很浅的水层中。如前所述，沉降的损失与混合深度成反比，这种情况可能导致藻细胞和其他悬浮颗粒物的高损失率。

轮藻属（Chara）植被对沉降 - 再悬浮循环的影响可以很好地通过在 Veluwemeer 湖观察到的现象来说明（参见第 5.2 节）。大片清澈水域出现在浓密的对枝轮藻（Chara contraria）植被上，与湖中其他地方高度浑浊的水域形成鲜明对比。航拍照片显示，从清澈到浑浊区域的过渡非常明显，仅占据了 10 m 左右。风暴会引起水平流，将浑浊的水推到植被区。然而，当风停止时，该区域里的水在一天之内就会变清。这些地区的湖泊深度仅为 0.3～0.8 m，其中至少 0.2 m 被植被所占据。由于悬浮颗粒物的平均沉降速度为 1 m·d^{-1}，因此这种变化可以很容易地用沉降损失来解释。

显然，水生植物植被可能是沉积物的净汇，因为来水中沉降的物质通常会超过再悬浮。对美国威斯康星州一个水库植被区和非植被区侵蚀和沉积的研究证实了这一观点（James 和 Barko，1990）。在夏季大型植物的生长时期，沉积物的增加不仅发生在深层，也发生在植物为主的浅层区域。

2.3 营养动力学

浅水湖泊有效营养物质的季节动态变化与深水分层湖泊中观察到的典型模式有很大不同。在深水湖泊中，夏季从湖上层到湖下层营养盐不断流失。尽管湖上层营养盐的循环利用非常高效，但总有一部分颗粒物不可逆地通过温跃层后沉积到底部而流失。在夏季，由于这种下沉损失，一个分层湖泊的湖上层总磷最高可减少一半（Guy 等，1994）。只有当整个湖泊在秋季再次混合时，湖下层已矿化的营养盐才能再次返回湖上层。

相比之下，浅水湖泊的敞水区在夏季并未表现出这种系统性的营养物质流失。水与沉积层表面强烈的作用使得大部分沉积物质会迅速返回到水柱中。此外，夏季沉积层温度相对较高，矿化率的加大会增加沉积物中养分的释放（Jeppesen 等，1996）。因此，浅水湖泊中的营养盐浓度往往与分层深水湖泊中普遍观察到的季节模式相反（图 2.20）。

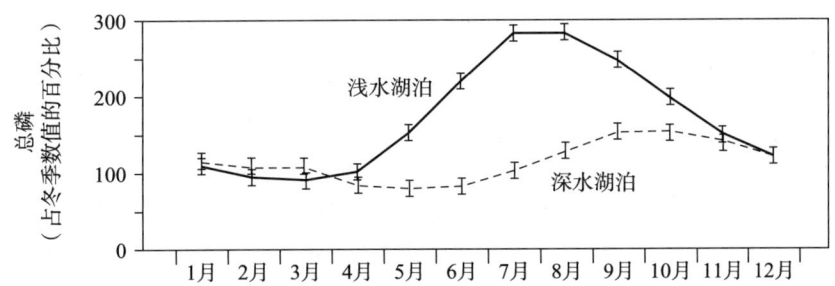

○ 图 2.20　丹麦分层湖泊湖上层总磷浓度与浅水湖泊（完全混合湖）总磷动态季节变化的差异。数据来自一组富营养湖泊（$0.2 <$ 总磷 < 0.5 mg·L^{-1}）。重绘自 Jeppesen（1996）的研究。

Riley 和 Prepas（1985）发现，从春季到夏季，完全混合湖泊中的总磷浓度平均增加了 57%，而在他们的数据集中，分层湖泊湖上层的夏季值比春季平均浓度低 13%。

在湖沼学中，磷可能比其他任何营养物质更受关注。在浅水湖泊中，沉积物与水的强烈交互作用给富营养化问题增加了额外的维度。富营养化过程中被沉积物吸收的大部分磷可以在日后再次释放到水体中。这种"内源负荷"可导致湖水浓度对外部负荷的削减滞后响应许多年。对于氮而言，沉积物缓冲效应的相关性较小（Jensen 等，1991）。相反，有研究表明，由于反硝化作用，大量的氮会从浅水湖泊中消失。虽然氮限制经常发生，但其动力学研究较少。

2.3.1　磷的可利用性

在分析湖泊中藻类营养元素之一磷的作用时，一个主要的问题是很难确定到底有多少磷可供藻类利用。水柱中的磷以多种不同的形式存在。通常的做法是通过简单的技术将这些高度多样化的总磷分成几个部分（图 2.21）。

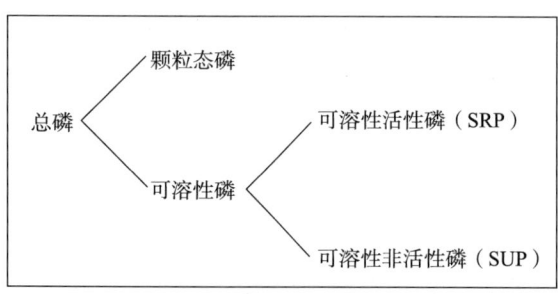

○ 图 2.21　湖水中的总磷被分成几个部分，这些部分可以通过简单的技术加以区分。颗粒部分通过过滤从总可溶性磷中分离出来，可溶性磷又可用化学方法分为可溶性活性磷（SRP）和可溶性非活性磷（SUP）。

首先，用 0.45 μm 膜过滤，将颗粒物部分（包括藻类）与可溶性磷分离。后者又用化学方法分为可溶性活性磷（SRP）和可溶性非活性磷（SUP）。

然而，这一细分并未能让我们深入了解藻类生长的实际所需。首先，区分即时有效磷和长期有效磷是很重要的。即时有效磷是指实验室培养中可被缺磷藻种在几个小时内迅速吸收利用的那部分磷（Bostrom 等，1988b）。长期以来，人们一直认为 SRP 是一个在短时期内可被即时吸收利用部分的估算值。业内对 SRP 的认识，在很大程度上等同于正磷酸盐（HPO_4^{2-}，$H_2PO_4^-$），并认为正磷酸盐是藻类可利用磷的唯一形式。现在已经很清楚的是这两个假设并不完全正确，即时生物可吸收的有效磷和化学测定的 SRP 之间甚至没有固定的比例关系（Bostrom 等，1988b）。但由于实验室测定即时有效磷非常烦琐，所以 SRP 在实践中具有最好的可参考性。

至于为什么有些湖泊的藻类生物量高于其他湖泊，用统计学的方法分析，即时有效磷（速效磷）并不是与藻类生物量最相关的因子。因为许多当时不能直接被藻类利用的磷可以相对迅速地转化为有效磷。解吸和溶解可以使一部分无机颗粒磷转变为有效磷，而且藻细胞中磷的转化也可以非常迅速（如 Rigler，1956）。很显然，掌握藻类可利用磷的总量是有用的。在实践中，几乎在所有的富营养化研究都使用水柱中的"总磷"浓度这一指标。这种实用主义的解决方案存在两个问题。首先，湖水中部分磷组分永远也不能转化为有效磷。其次，更重要的是，在浅水湖泊中，水柱中的磷和沉积物中的磷之间存在着强烈的交换，浅水湖泊中大量的有效磷主要赋存于沉积物中，而不是水柱中。因此，传统上使用的"总磷"实际上并不是衡量浅水湖泊营养状况的理想指标。沉积物中 SRP 释放到水中取决于沉积物的组成和湖水中 SRP 的浓度（Sondergaard 等，1992），但也取决于沉积物 – 水界面的条件。因此，了解这种沉积物与水的相互作用对于了解浅水湖泊的磷动态至关重要。

2.3.2 沉积物对磷的缓冲作用

对于常年或多或少接收了富含营养盐来水的湖泊，湖水中的磷浓度（P）通常低于入水的磷浓度（P_i）。这是因为部分营养物质缓慢地累积到沉积层中，这一过程主要由死亡后的有机物质净沉降所驱动。当然，入流水体和湖泊本身浓度之间的差异取决于水在湖泊中的平均停留时间。如果水体快速地流过湖泊，那么所谓的水力停留时间（τ_r）就很短，湖内的相对影响也就越小。在这种情况下，湖水中的营养物浓度与入流水体的浓度更接近。20 世纪 70 年代，Vollenweider（1977）发现，停留时间和入流浓度对湖水浓度的影响可以由一个简单的方程式合理地来描述：

$$P = c \frac{P_i}{1 + \sqrt{\tau_r}} \tag{22}$$

虽然后来的研究在函数中添加了一个指数，获得了更好一点的拟合（Vollenweider 和 Kerekes，1982），但是上述这个公式已成为众所周知的 Vollenweider 模型。

由于 Vollenweider 经验方程描述了输入与湖水平衡浓度之间的一般关系，因此该公式原则上也可用于预测营养盐负荷减少对湖水营养盐浓度的影响。经过一段过渡期后，湖泊中的营养盐浓度会根据新的入流浓度和水力停留时间，以 Vollenweider 方程描述的规律达到一个新的平衡值。如果修复措施未改变水力状况（包括水力停留时间 τ_r），根据磷输入的变化可以简便地估算出湖泊中平均磷浓度的响应情况（Sonzogni 等，1976）。Jeppesen 和他的同事（1991）利用这种近似的推断方法研究了丹麦 27 个湖泊的沉降情况，这些湖泊的入湖营养盐负荷在前期大幅减少。结果表明，即使在负荷减少 4～16 年后，大多数湖泊营养盐浓度的下降仍然远远低于输入负荷下降的预期。

这种滞后改善的部分原因是更清洁的入流水稀释高浓度湖水需要一定的时间。假设在一个湖水混合均匀但底质和湖水之间没有交换的系统中，要使湖水中剩余的磷减少 95%，可以推断大约需要 3 倍的水力停留时间（Sas，1989）。在某些情况下，滞后改善在很大程度上可以用这种稀释效应来解释。但通常情况下，湖泊对入流负荷降低的响应需要更长时间。其主要原因是沉积物开始成为磷的来源，而不是净汇（Marsden，1989；Sas，1989；Jeppesen 等，1991）。例如，Søbygaard 湖（图 2.22）对外源营养负荷减少的响应就说明了这一点。

在生态修复的前期，湖泊表现出磷的净滞留效应（正如 Vollenweider 模型所预期的那样）。然而，在入流水体营养盐浓度大幅降低后，该湖开始出现磷的负滞留（即净释放）。尽管"内源磷负荷"在 8 年的研究中逐渐减少，但作者认为沉积物中含有足够的磷，足以支撑 10 年左右的净释放。

考虑到这些缓释效应，在外部负荷减少后的几年里，浅水湖泊中的磷浓度与

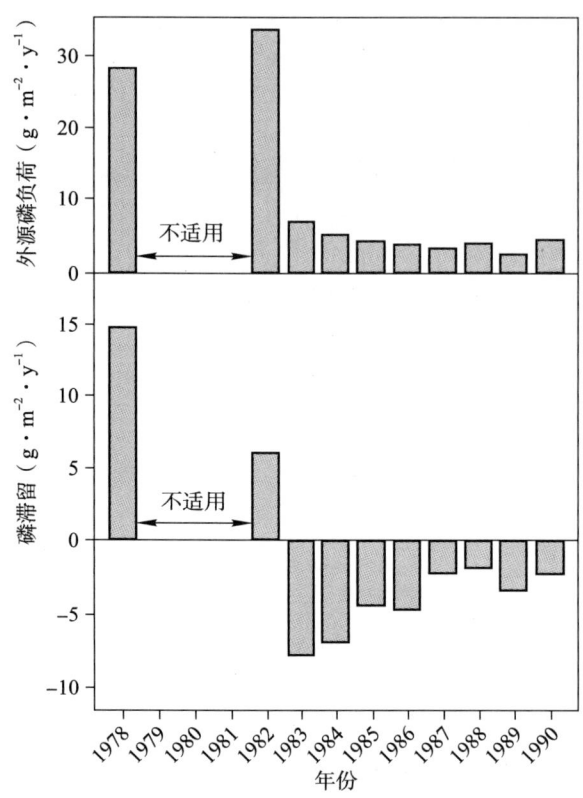

○ 图 2.22　1978—1990 年丹麦 Søbygaard 湖的外源磷负荷（上图）和磷滞留（下图）。在 1983 年以前，磷的外源负荷很高，湖泊磷积累较多。在 1982 年底外部负荷大幅减少后，湖泊磷的净释放仍在继续，表明沉积物不断向湖水中释放磷。引自 Søndergaard 等（1993）的研究。

沉积物的磷释放有关，而并非与入流磷浓度相关（Vander Molen 和 Boers，1994）。因此，在未来入流浓度会持续减少的情况下去预测内源负荷对湖水水质的影响，从生态修复的角度来看是有益的尝试。一个合理的假设是，沉积物中磷的含量指示了潜在的内源负荷。然而，相关研究表明湖水磷浓度与底泥中磷浓度没有（Jensen 等，1992）或只有微弱（Vander Molen 和 Boers，1994）的相关性。相反的是，水中的磷浓度常常与沉积物中磷和铁的浓度比（P：Fe）密切相关（Jeppesen 等，1991；Jensen 等，1992；Vander Molen 和 Boers，1994）。可能的原因是大多数湖泊中，铁是磷在沉积物有氧上层最重要的结合剂。有趣的是，对于沉积物中 P/Fe（g/g）低于 1/10 的湖泊，其与湖水浓度的相关性会变得很弱（Jensen 等，1992；Vander Molen 和 Boers，1994）。这表明了一个简单的规律，即这些浅水湖泊沉积物中的铁能够或多或少地永久结合相当于自身重量 10% 的磷，基本上只有多余的磷才可以释放到湖水中。

这一 10% 的经验规律也表现在 Søbygard 湖沉积物中铁和磷的垂直梯度分布规律上（Søndergaard 等，1993）。如前所述，在外源负荷减少 8 年后沉积物仍然在释放磷（图 2.22）。铁磷比的深度剖面图（图 2.23）表明，上部沉积物层中的铁磷比已经稳定在 10，这表明磷释放的主要来源是该比值较低的 20 cm 左右深度的沉积物。

除了预测外源负荷减少后内源负荷的影响程度外，预测这种现象可能会延续多少年也具有实际意义。因为沉积物释放的磷需被流经湖泊的水以某种方式冲走，似乎可以推断，具有更多入湖流量，即更高"冲刷率"的湖泊恢复要更快一些。但丹麦的数据表明，情况并非如此（Jeppesen 等，1991）。具有高冲刷率的湖泊和其他的湖一样，达到预测的新平衡点也同样缓慢。一种可能的解释是，高流量通常也意味着过去总的营养盐负荷更高，使得磷在沉积物中大量积累。事实上，丹麦湖泊的水力停留时间与每年的磷负荷和沉积物表层 20 cm 的磷储备密切相关。因此，尽管具有高冲刷率的湖泊更有可能冲刷掉其中的磷，但这一优势似乎被这样一个事实所抵消，即它们过去也往往累积了更多的磷。

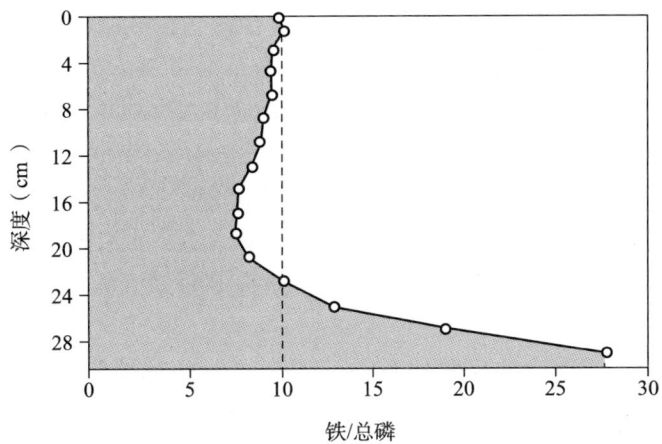

○ 图2.23 Søbygard 湖沉积物中铁与总磷比值随深度的变化。在顶层，这一比例已降至 10 左右，这表明在好氧条件下，这一层中剩余的磷现在可以完全被铁固定住。重绘自 Søndergaard 等（1993）的研究。

2.3.3 沉积物磷释放的调控机制

目前针对湖泊外源负荷、湖水水质及其沉积物污染特征之间，已经发现了一些经验规律，但仍有很大一部分的变化无法解释。例如，一些研究表明湍流、动物活动和植物生长等方面的不同会导致沉积物中磷的释放量发生巨大变化。为了了解这些影响机制，有必要聚焦于沉积物表面磷动力学的机制。

（1）氧和铁的作用

在过去的十年里，沉积物–水交互界面所开展的研究变得非常庞杂（Bostrom 等，1988；Marsden，1989）。然而，其中主要的观点其实早已在半个多世纪前就得到了证明。艾瑟勒（Einsele，1936；1938）和莫蒂默（Mortimer，1941；1942）指出铁在固定沉积物中的磷这方面发挥着非常重要的作用，但这种结合只在有氧状态下发生。还原状态下，铁结合态的磷被释放出来。不溶性 Fe(III) 被还原为 Fe(II)，铁和磷都会被带入溶液中。由于微生物的呼吸作用，氧气在发生有机物分解作用的沉积物中被消耗殆尽。在分层的深水湖中，沉积物由于几乎没有氧气供给而出现缺氧的状况。然而，浅水湖泊水柱的混合作用通常能够为沉积物提供足够的氧气，以维持其上表层的好氧状态。正是在这一纤薄的表层沉积物中，Fe(II) 被氧化为 Fe(III) 并与磷结合沉淀。由于这种固定作用，当沉积物表面变成好氧状态时，沉积物表面向湖水释放磷的量会急剧下降。

虽然氧和铁发挥了固定磷的主要作用，但就研究所知，一些其他因素也共同发挥了相应作用。比较重要的是，高 pH 会降低铁结合磷的能力（Lijklema，1977）。当光合作用很活跃时水柱中的 pH 升高，这会影响沉积物表面的 pH，促进铁结合态磷的释放。在这种情况下，注入富含钙和碳酸盐的水可以中和 pH，从而减少沉积物中磷的释放（Hosper，1985；Hosper 和 Meijer，1986）。另一方面，在缓冲能力较差的软水环境中，富含 HCO_3^- 水的注入反而可能会使水体 pH 升高，从而导致沉积物中磷释放的增加（Smolders 和 Roelofs，1995）。在有机质含量丰富的沉积物中，有时硫酸盐会被还原为硫化物（Moss，1988；Phillips 等，1994；Smolders 和 Roelofs，1995）。这时会出现一种特殊情况，即 Fe(II) 由于与硫化物生成不可溶的 FeS 从孔隙水中沉淀而被去除，使得部分铁元素可能无法参与到固定磷的过程当中。

也有人认为，高浓度的硝酸盐有时可能会成为沉积物表面的氧化还原电位的缓冲液，阻止铁结合态磷的释放，其方式与氧气供应的方式大致相同（Andersen，1982）。此外，在一些湖泊中，铝和碳酸钙也可以起到固定磷的作用（Bostrom 等，1988；Marsden，1989 和 Lijklema，1994）。然而，在几乎所有情况下，铁仍然是固定磷的主要因素。例如，即使在 Labaton 湖那样的硬水中，沉积物 65% 均由碳酸盐组成，铁只占到 0.5%，但大部分沉积物磷却都被铁所固定（Lijklema，1994）。

（2）湍流与分解

考虑到铁作为沉淀剂的重要作用，沉积物中的表面好氧层通过阻止大部分沉积物的磷源进入湖水，对调节浅水湖泊内部磷循环发挥了至关重要的作用（图 2.24）。

水体中的湍流和沉积物中的分解是浅水湖泊内部磷循环的关键影响因素，这

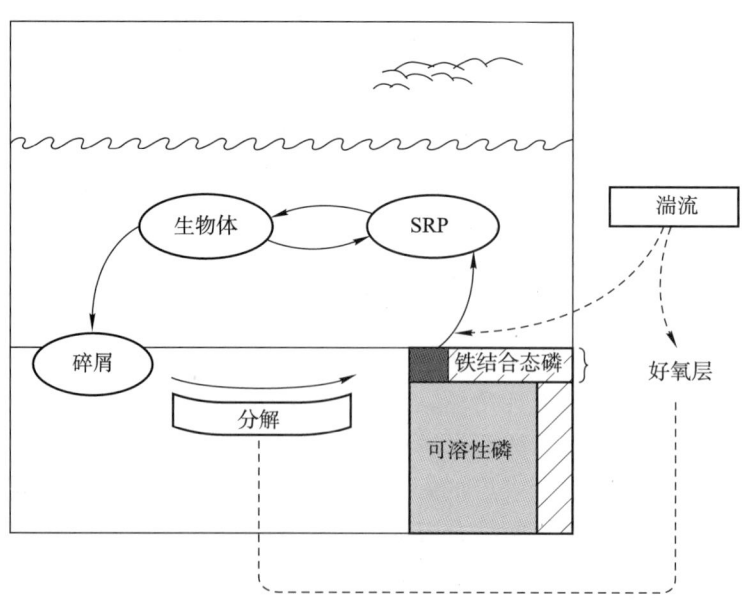

○ 图 2.24　浅水湖泊内部磷循环主要过程示意图。湍流会促进磷从沉积物中扩散，但也有助于维持铁固定磷的好氧表层。分解过程将磷矿化，但也消耗氧气，从而使好氧层减小。

不仅是因为它们在 SRP 的运输和生产中发挥着明显的作用，而且还因为它们对沉积物表面的氧化还原状况产生了影响。好氧层的维持主要取决于底泥中微生物的耗氧量与好氧水层氧的供应量之间的平衡。如果水柱中供氧不足，无法平衡微生物的消耗，沉积物表面发生缺氧，磷就无法被铁所固定。

在瑞典 Gullmarsfjorden 湾一个原位实验中发生的意外事件很好地说明了湍流对沉积物表面氧化的重要性（Sundby 等，1986）。有一次，室内搅拌装置意外失效，沉积物表面很快形成了黑色的厌氧斑块，即使水柱一直保持有氧状态，但 SRP 浓度还是增加了 5 倍。尽管动物活动对沉积物表面的混合起着重要作用，但风引起的湍流可以解释湖泊之间的大部分差异。由于沉积物的再悬浮和氧化作用都是由沉积物表面的湍流驱动的，因此，在实际中铁结合态磷的释放与湖泊的大小和深度有很大的关系，这与再悬浮非常相似（图 2.25）。

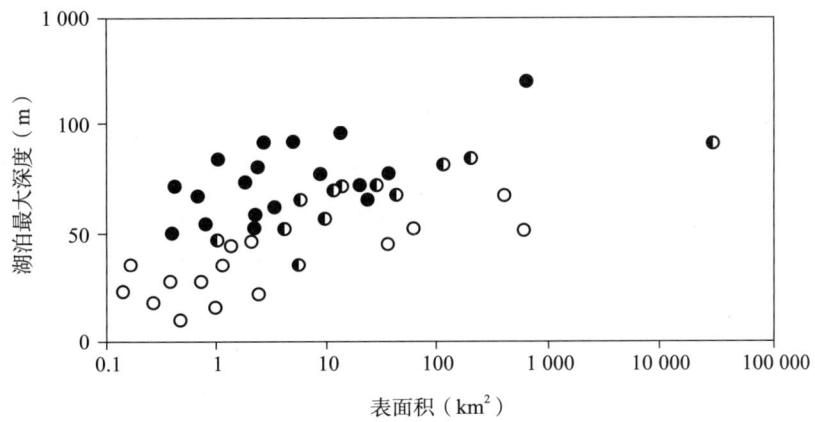

○ 图 2.25　沉积物磷释放的分布形式与湖泊表面积和最大深度的关系。实心圆代表厌氧释放，空心圆代表有氧释放，半实心圆代表存在两种释放形式。重绘自 Marsden（1898）的研究。

在该图中处于实心、空心圆交接处的湖泊可能仅在夏季的温暖天气中存在短暂的分层。但这样的时间足以在短暂形成的湖下层中造成缺氧状态，从而引起沉积物中厌氧磷的一次性快速释放。随之而来的湖泊混合状态可能会导致整个水柱中磷浓度的显著增加（Riley 和 Prepas，1984；Kallio，1994）。然而，如 Gullmarsfjorden 湾的实验所示，即使在没有明显分层的情况下，湍流的减少也会导致沉积物表面出现缺氧状态。

由于湍流具有两个相反的作用机制，使得湍流和沉积物磷释放之间的整体关系变得很复杂（图 2.24）。湍流通过沉积物表面的氧化作用防止过多厌氧磷的释放，但也会因为物理作用促进磷从好氧表层沉积物扩散到水中。荷兰 Westerinder 浅水湖（2.7 m）的磷动力学和风速的时间序列分析，说明了这两种影响因素之间的微妙平衡关系（De Groot，1981）。在这个湖泊中，沉积物中磷的释放在大风天达到峰值，这可能是由于沉积物扰动增强所致。然而，当考虑到较长的周期（月）

时，平均风速和磷释放之间的相关性却是相反的：风浪小的时期，沉积物中磷进入水柱的通量比有风时期要高。据推测，在湍流减少的时期，氧气在上层沉积物中的扩散不足以阻止厌氧状态的出现，从而导致磷释放的增加。

（3）再悬浮

在混合状态的极端情况，沉积物会发生再悬浮现象。根据不同情况，再悬浮颗粒物既可以吸附周围水体中的磷，也可以释放磷（Serruya，1977；Yousef 等，1980；Gunatilaka，1982；Lennox，1984）。但在许多富营养化湖泊的含磷沉积物中，夏季可能以释放为主。Søndergaard 及其同事（1992）的工作很好地说明了再悬浮在加剧沉积物磷释放中的潜在重要性。他们用在实验室开展的 Arresø 湖沉积物柱心再悬浮实验很好地展示了水柱中磷增加的规律。受扰动的沉积物柱心所释放的内源磷负荷几乎是未受扰动沉积物释放的 20～30 倍。这不能简单地以富营养的孔隙水进入水柱作为解释。同时，溶解态活性磷（SRP）的释放量与沉积物的悬浮量无关。这表明再悬浮过程中 SRP 的释放很大程度上取决于吸附－解吸的动力学过程。当悬浮颗粒过饱和时，它们释放磷；当水中 SRP 浓度增加到与颗粒结合态磷系数达到平衡时，净释放为零。对于夏季采集的沉积物，第二天开展再次悬浮实验时，额外的 SRP 会被释放，但春季采集的沉积物没有发生这种额外的释放。这表明，Arresø 湖夏季沉积物中新鲜有机质的矿化作用是表层可交换性磷的主要来源。

总体而言，湍流对沉积物磷释放的影响规律是：在低湍流条件下，沉积物表面的氧气供应不足，难以平衡细菌分解有机物的氧气消耗，由此产生的厌氧状态导致高磷的释放；在稍高的湍流条件下，沉积物表层氧化，磷被铁固定；湍流强度进一步增加，轻微加剧沉积物中磷的扩散，直到超过临界值，沉积物的表层继而发生再悬浮，此时扩散不再受到制约，磷的释放仅取决于水中 SRP 浓度和与悬浮泥沙颗粒"松散"结合的磷含量（图 2.26）。

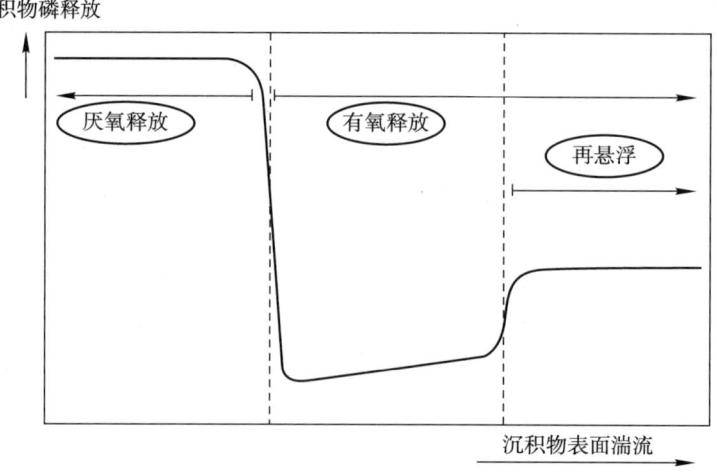

○ 图 2.26　沉积物表面湍流对沉积物磷释放影响的示意图。

沉积物上层的有机物矿化程度是影响这种假设关系的主要过程。如前所述，分解作用以两种方式促进沉积物磷的释放（图 2.24）。首先，它增加了沉积物中可交换性磷源的含量。正如 Arresϕ 湖实验所示，分解作用增强了反复再悬浮过程中磷潜在的释放量（图 2.26 中右侧的饱和水平）。其次，微生物分解有机物会消耗氧气，如果水柱中的氧气供应不足以平衡微生物的耗氧量，好氧表层就会变薄，最终可能会完全消失，从而使铁结合态磷溶解进入水体。因此，阻止厌氧磷释放所需的湍流临界强度（图 2.26）会随着微生物活性的增加而增强。显然，矿化活动会随着富营养化程度的增加而增加。此外，它还表现出强烈的季节变化，最大值一般出现在夏季。这是因为微生物活跃程度会随着温度的升高而增加，同时也因为大量的沉淀藻类为细菌提供了源源不断的新鲜基质。正如学界所争论的，夏季短暂的"微分层"是温暖气候促进沉积物磷释放的另一个原因。

2.3.4 氮动力学

与磷相比，氮作为限制性营养元素在湖泊中的报道相对较少。此外，它也没有像磷一样表现出在减少汇入后显著的韧性。这两个因素都可能最终导致了与磷相比，它的动力学变化过程较少受到关注。尽管控制氮循环的过程与磷动力学有一些相似之处，但其中隐含的过程有很大的不同。氮有三个主要特征区别于磷：它不会在沉积物中大量积累；在特定条件下，它会以气体的形式进入大气；一些蓝细菌可以利用大气中的氮作为营养物质（图 2.27）。

有机物的分解通常以铵（NH_4^+）的形式释放出来。碎屑"氨化"过程产生的铵可以扩散到水柱中，并被藻类和大型植物作为氮源加以利用。在沉积物的好氧表层发生硝化作用：氨氮被微生物转化为硝酸盐（NO_3^-）。尽管在水柱中的好氧

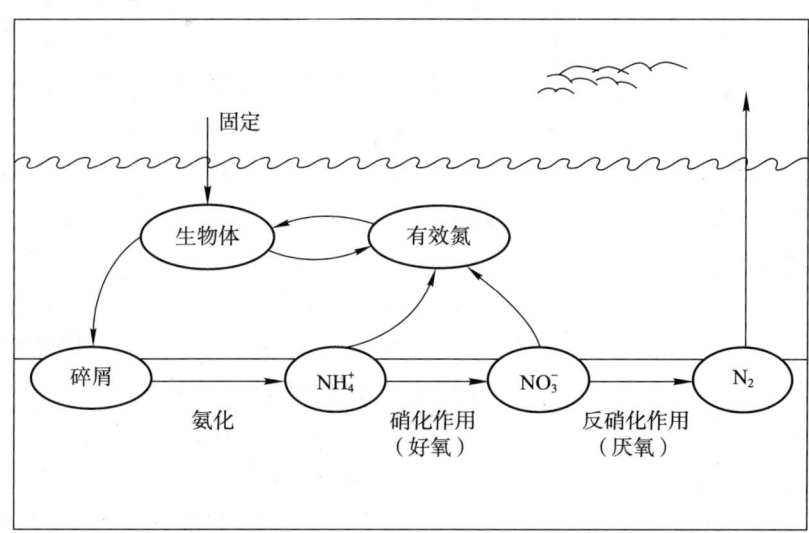

○ 图 2.27 浅水湖泊内部氮循环涉及的主要过程示意图。

条件下也可能产生这个过程，但据报道，它主要发生在氨浓度较高的沉积物中（Lijklema，1994）。与磷酸盐不同，氨和硝酸盐几乎不被沉积物颗粒吸附，通常也不会形成不溶物在沉积物中沉淀。因此，在富营养湖泊中氮并不会发生像磷那样在沉积物中大量积累的现象（Jensen 等，1991）。这可能是氮较之于磷对外部负荷减少响应更敏锐的原因。

当硝酸盐最终处于厌氧状态时，它可以被微生物转化为 N_2，而 N_2 并不会被大多数藻类用作营养物质，并在很大程度上以气体的形式从水中消失而进入大气。这个过程被称为反硝化作用，是湖泊氮流失的主要原因（Jensen 等，1991；Lijklema，1994；Windolf 等，1996）。由于反硝化菌本身需要厌氧条件，但其作用物（硝酸盐）是在好氧条件下产生的，所以反硝化作用主要发生在两种条件同时发生或交替的情况下。因此，沉积物表面是一个非常重要的反硝化场所。反硝化速率很难在野外直接测定，间接估算反硝化作用的方法是质量平衡核算。物质进入湖中而不离开的过程通常被称为滞留。在描述氮的情形下，这显然不是一个非常充分的术语，因为它的一部分可能保留在沉积物中，但另一部分被释放到大气中。Jensen 和他的合作者（1991 年）对丹麦 69 个浅水湖泊的研究表明，沉积物只能解释 23% 的总氮损失。剩下的 77% 很可能是通过反硝化作用大量消失，其他损失过程的贡献则被认为影响很小。

实验研究表明，氮损失主要发生在浅水系统（Vollenweider 和 Kerekes，1982；Lijklema 等，1989；Jensen 等，1991）。这与反硝化是氮损失的主要过程，而其主要发生在沉积物表面的观点很吻合。与磷一样，当水流通过湖泊的速度减慢时，氮在湖泊中的滞留量就更大。在水力停留时间超过一个月的浅水湖泊中，发现 50% 以上的氮被"保留"（图 2.28），其他大部分可能从水中消失而进入空气。正因为如此，浅水湖泊在减少汇入水体中氮的含量方面发挥了重要作用。

显然，在水力停留时间较长的湖泊中，氮素损失对湖水浓度的影响也最大，因为湖水停留时间越长，反硝化作用和沉积作用减少的氮就越多。Windolf 及其合作者（1996 年）对这一影响进行了统计分析，发现在一组得到充分研究的丹麦浅水湖泊中，83% 年均湖水浓度（N）的变化对入流浓度（N_i）和水力停留时间（τ_r）的响应可以用如下公式进行描述：

$$N = \frac{0.32N_i}{\tau_r^{0.18}} \qquad (23)$$

正如下一章所解释的，一些蓝细菌能够利用氮气作为氮源。由于这种形式的氮是通过从

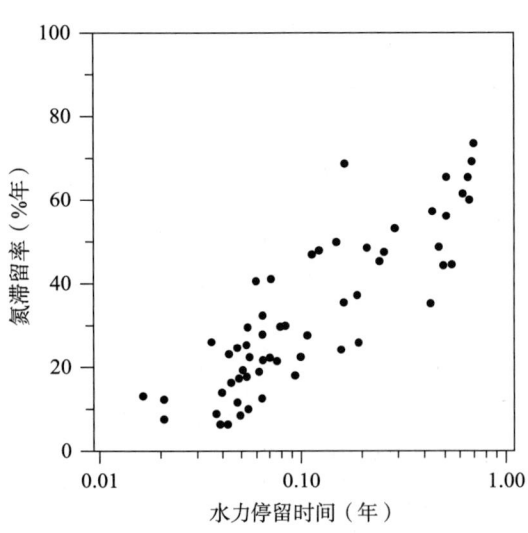

○ 图 2.28 16 个丹麦湖泊中氮的年均滞留率（N_{ret}）与随后四年的水力停留时间（τ_r）。引自 Windolf 等（1996）的研究。

大气扩散到湖水中而得到补充，因此蓝细菌固定的氮气就代表着系统净流入的氮。固氮作用对湖泊总氮平衡的贡献在 Naardermeer 湖和 Nieuwkoopse Plassen 湖进行了较为详细的研究（DeNobel 未发表的结果）。在这些荷兰湖泊中，固氮蓝细菌通常在夏季有约 3 个月的时间形成水华。据估计，水华期间的固氮量约占每年湖泊总氮输入量的 20%，且几乎等于湖泊反硝化作用的氮损失。然而，大多数文献中报道的固氮量（Howarth 等，1988）占浅水湖泊外源负荷的比率一般是非常低的（Windolf 等，1996）。

2.3.5 碳作为限制性营养

碳作为一种限制性营养素，其可利用性却很少得到关注。由于大气可以不断地供给无机碳，从某种意义上说，无机碳是一种取之不尽的资源。然而，在富营养湖泊中观察到的 pH 大幅升高表明，其供给量往往小于需求量。尽管如此，浮游植物的生长几乎不会被碳的供给所限制（Harris，1986）。这与沉水植物生长情况不同（Vadstrup 和 Madsen，1995），碳在叶片周围边界层扩散缓慢导致供给速率较低，是其无法给光合作用提供充足碳源的主要原因，这部分内容会在后面的章节进行详细描述。与陆地环境不同的是，许多水生植物不仅仅利用 CO_2，HCO_3^- 也是其重要的碳源，尽管 HCO_3^- 的吸收效率较低（Hutchinson，1975）。除了来自空气的扩散，沉积物表面的有机物矿化可能也是浅水湖泊碳的重要来源。尽管如此，碳富集实验也表明，在浅水区碳的供应速率不足以解除沉水植被的碳限制（Vadstrup 和 Madsen，1995）。

2.3.6 藻类和大型植物对营养动力学的影响

（1）浮游植物

浮游植物可以通过多种机制增加水柱中营养物质的总浓度。如前所述，在某些条件下，蓝细菌对大气中氮气的固定对氮进入湖泊水体有重要贡献。但浮游植物对沉积物中磷释放到水柱中的影响更为显著。一种观点认为，夏季在沉积物表面沉淀的藻类被迅速矿化。根据情况的不同，矿化过程释放的磷可以高效地回馈到水柱中。除此之外，藻类的高生产力会刺激铁结合态磷的释放。由三种不同的机制共同作用。首先，沉淀藻类的通量刺激了矿化过程，增加了沉积物表面缺氧的可能性。其次，高光合活性导致水柱中 pH 升高。由于在高 pH 条件下铁结合磷的能力会下降，这可以促进沉积物表面铁结合态磷的释放。大量消耗水柱中的正磷酸盐是藻类刺激沉积物磷释放的第三种方式。当发生磷限制时，藻类会将 SRP 降到非常低的值。如前所述，再悬浮沉积物中磷的释放很大程度上取决于 SRP 对沉积物颗粒的吸附-解吸动力学。当 SRP 被藻类从水柱中去除时，这将导致沉积物中松散结合的磷释放，直到吸附-解吸平衡恢复。

因此，磷限制的藻类通过各种机制促进沉积物中磷的释放。这对于解释湖泊营养状况的传统指标"总磷"具有重要意义，因为这意味着水柱中的总磷浓度在一定程度上是被藻类所激发的，而不是总磷激发藻类的生长。显然，这使得解释浅水湖泊藻类生物量的回归生长模型变得困难。藻类生长的真正可获得磷源包括沉积物中的一部分磷。但由于这一指标难以测量，所以一般用水柱的总磷来表示湖泊的营养状况。当藻类生长到营养物质磷的最大承载生物量时，总可获得磷的很大一部分可以用水柱"总磷"来表征。但是，当藻类生物量保持较低水平时，例如在浮游动物牧食压力下，沉积物中的总可获得磷源将增加，而水柱中的"总磷"将降低（图 2.29）。

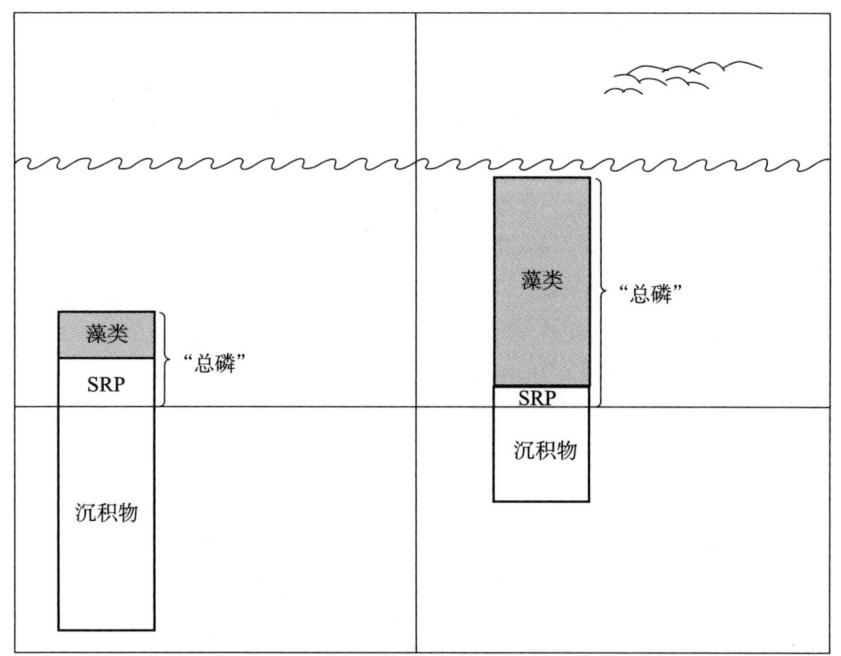

○ 图 2.29　藻类生物量对水柱中总磷浓度的影响

值得注意的是，这一机制将决定藻类生物量与总磷之间的相关性，甚至在总有效磷库不变，藻类生物量的变化完全是由其他因素引起的情况下。因此，统计分析往往会高估磷变化所引起的藻类生物量变化程度。

（2）大型植物

水生植被对营养动态的影响比浮游植物更为复杂。与藻类一样，大型植物产生的碎屑被矿化，导致磷的释放，并可能在缺氧条件下导致铁结合态磷的释放；此外，水生植物光合作用导致高 pH 的出现，会再次刺激沉积物磷的释放。然而，在其他方面，大型植物对磷循环的影响与浮游植物不同。最为重要的是，水生植物可以减少湍流。如前所述，这两种方式是相反的。它提高了沉积物表面出现厌氧条件的可能性，但同时它阻止再悬浮，并限制了磷从沉积物中的扩散。

　　根据情况的不同，大型水生植被和浮游植物的另一个重要区别是，大型植物主要从沉积物而非从水柱中获得营养物质（Hutchinson，1975；Barko 和 Smart，1980）。这意味着从活的或腐烂的植物中释放出的营养物质是一个从沉积物到水柱的净转移（Prentki 等，1979；Carpenter，1980；Carpenter，1981；Landers，1982）。另一方面，大型植物碎屑中的大部分磷可能会重新返回到沉积物中（Van Donk 等，1993）。因此大型水生植物也可以作为磷的净汇。重要的是，理论上水生植物可以对湖水中的磷产生双向的影响。

　　这种模糊性也反映在已发表的实验结果和野外观测上。在波兰的 Luknajno 湖，经估算该湖全年的磷负荷都储存于覆盖在沉积物上的密集的轮藻植物群落中（Kufel 和 Ozimek，1994）。然而，在 Veluwemeer 湖，密集的轮藻群落中的正磷酸盐浓度高于紧邻的无植被区域（Van den Berg 等，1997）；Alderfen Broad 湖，沉水植物生物量高的时期，表现出总磷浓度显著增加的特征（图 1.2）。生物调控后沉水植物重建过程的湖泊响应概述（Meijer 等，1994a）表明，总磷浓度在某些情况下增加，但在其他情况下降低（图 2.30）。

　　相同的生物调控研究表明，大型植物对氮动力学的影响更为一致。由于鱼类数量减少后，许多事情都会发生变化，在这些实验中，解释相关因素的因果关系并不容易。尽管如此，这些湖泊总氮浓度的逐年变化与植被多度的变化密切相关，表明大型植物可降低水体中氮的浓度（图 2.31）。

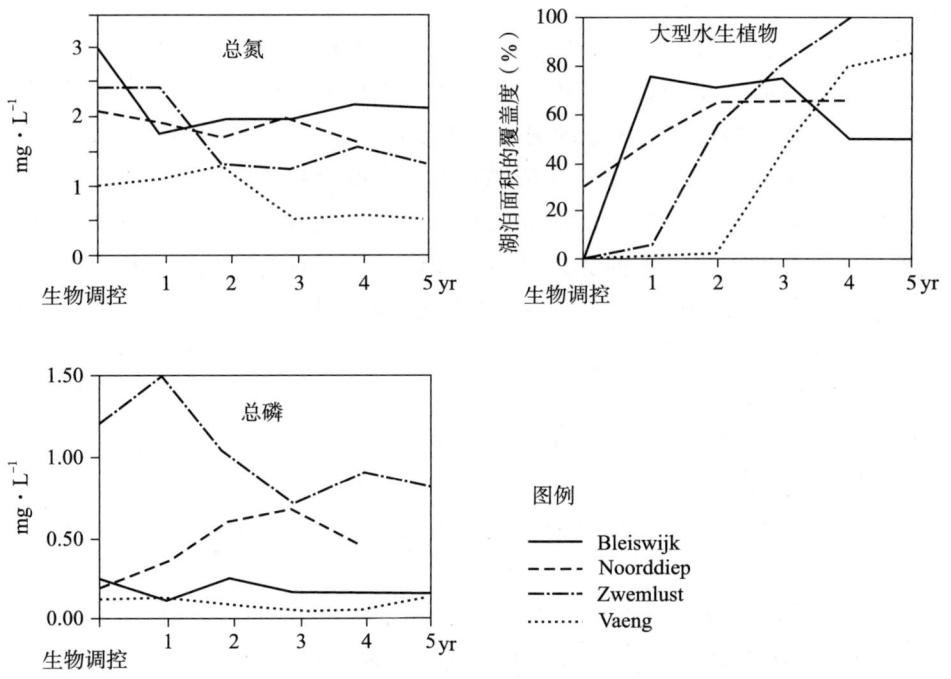

⚪ 图 2.30　通过减少鱼类种群，大型植被恢复后，湖泊总氮和总磷的浓度变化。引自 Meijer 等（1994a）的研究。

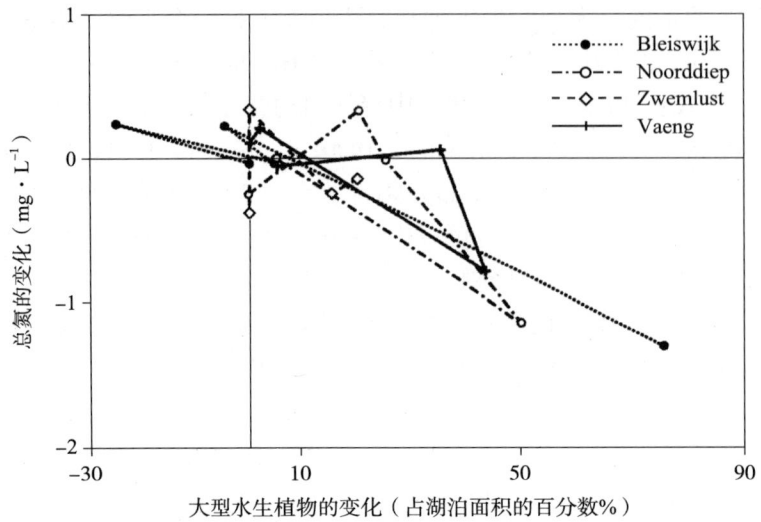

O 图 2.31　图 3.30 中所示的生物调控湖泊中植被覆盖面积百分比与总氮浓度逐年变化之间的关系。

　　一组荷兰 84 个浅水湖泊观测数据显示，总氮浓度与水生植物覆盖率呈负相关（ $P = 0.04$ ，未发表的结果）。这些数据的回归斜率与生物调控实验中观察到的效应大小能够很好地对应。这两种分析都表明，50% 的湖区被沉水植物建群后，总氮浓度能够降低约 1 mg · L^{-1}。在同一数据集中，植被覆盖度与总磷浓度之间的相关性不显著。

　　水生植物对氮浓度的部分影响，可以从其在水柱中吸收的氮来解释。沉水植物可以从水中吸收大量的氮，其中一部分在生长季节结束后以碎屑的形式埋藏在沉积物中。水生植物影响氮代谢的另一个重要途径可能是反硝化作用。如前所述，反硝化作用主要发生在好氧和厌氧条件同时发生或交替发生的情况下。这种情况很可能发生在植物床上。白天，水下茂密的植被产氧量很高，但夜间由于呼吸作用，氧气含量急剧下降。这种变化可能会导致白天有氧的沉积物表面在夜间变成缺氧状态。此外，根系的觅氧作用会在厌氧沉积物的局部区域创造有氧条件。

　　沉水植物对营养动力学的影响已在 Zwemlust 湖进行了详细研究（Van Donk 等，1993 年）（图 2.32）。

　　经过生物调控后，在这个小湖泊中逐渐扩繁形成了茂密的水生植被（见第 1 章）。尽管外部氮负荷较高（9.6 g · N · m^{-2} · y^{-1}），但在植被丰富的年份，春夏季氨氮和硝酸盐浓度均降到了检出水平以下。相反，SRP 浓度与无植被时相比几乎没有降低。

　　在温带湖泊中，植被通常在秋季衰败，冬季大部分消亡。因此，其对养分动态的影响是季节性的。在初夏快速生长期间，从水柱中吸收的养分最多，而秋季植物衰败释放的营养物质会导致这一时期浮游植物产量增加（Goulder，1969；Landers，1982；Van Donk 等，1993；Van Donk 和 Hessen，1995）。

（3）底栖藻类

沉积物表面通常是微生物活跃的地方。如本章所述，沉积物中有机质的持续供应和好氧条件能够为细菌提供分解的最佳条件。然而，如果再悬浮不太频繁，光线能够穿透至底层，其表面也会很快被底栖藻类所占据。由此生长的藻类和细菌群落形成一个软壳，进一步降低再悬浮的可能性（Delgado 等，1991 年），并在沉积物和水之间形成扩散屏障。显然，生长中的底栖藻类在得益于沉积物表面的高浓度营养物质之外，还可以吸收本来会释放到水柱中的营养物质。此外，它们还给沉积物上层供氧，促进铁固定磷。如前一节所述，沉积物好氧表层的增加，有利于强化硝化 - 反硝化耦合过程。一组来自 Wolderwijd 湖未受扰动沉积物岩芯的实验室实验，揭示了底栖藻类（主要是硅藻）对沉积物表面营养动力学的影响作用（Van Luijn 等，1995 年）。在连续流动的装置中，用无营养水代替岩芯的上覆水，并将温度保持在 20 ℃。一半的岩芯放置在黑暗中，其他岩芯接受持续的光照，使底栖硅藻得以生长。10 天后，光照岩芯上部 2 cm 的含氧量明显高于黑暗岩芯。与底栖藻类无法生长的黑暗岩芯相比，光照岩芯中矿化的氮和硅释放量减少到原来的 1/6，而正磷酸盐的通量在被照明的岩芯中降低到原来的 1/3。尽管在野外，温度和光照条件较差的情况下，藻类生产力估算仅为实验室的 10% ~ 30%，但结果表明底栖硅藻可显著减少沉积物中养分的释放。

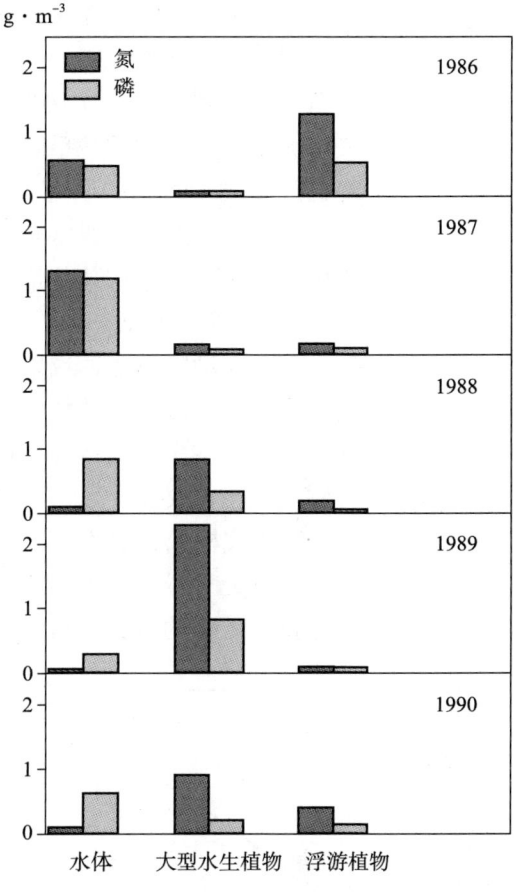

○ 图 2.32 通过减少鱼类资源量，水生植被扩繁前（1986 年）后，水体、大型植物和浮游植物中的氮、磷含量变化（水中的氮为 NH_4-N 和 NO_3-N；水中的磷为 SRP）。改编自 van Donk 等（1993）的研究。

除了底栖硅藻相对温和地扩繁外，有时在清澈的浅水底部也会发育出一层厚厚的丝状藻垫。通常，这些藻垫会被其捕获的气体拉上来，形成所谓的浮藻床（flab，"floating algal beds"）。在以丝状藻类为主的水中，SRP 可能会大幅增加，这可能是由床下沉积物中的厌氧磷释放所致（Meijer 等，1994a）。

2.3.7 动物对营养动力学的影响

（1）敞水区动物

多年来，许多研究一直在关注动物在调节湖泊营养物质循环中的作用

（Andersson，1988）。在敞水区觅食的浮游动物和鱼类对营养动态的影响相当直接，因为它们食物中所含的主要营养成分很快会通过排泄物返回水柱。这些矿化的营养物质通常会再次快速被浮游植物吸收利用。因此，动物捕食消耗生物量，又将大部分营养物质几乎瞬间返回水柱。植食性浮游动物在敞水区快速的营养循环已经得到了特别的研究（Lehman，1980）。由于动物以或多或少的固定比例储存营养，排泄混合物通常与周围的水体有不同的氮磷比。这意味着动物可以影响水中的氮磷比，这在某些情况下还可能会打破不同藻类群体之间的竞争平衡关系（Carpenter 等，1992）。

只有在动物被吃掉或以另一种方式死亡后，动物体内保留的部分营养物质才会回到水中。因此，动物死亡率高的时期可能导致水柱的营养供应达到峰值。例如有时候，许多鱼会在春季产卵后短时间内死亡。在动物死亡高峰后，有机物的分解过程会导致大量营养物质进入湖水（Kitchell 等，1975）。

（2）底栖无脊椎动物

底栖无脊椎动物对营养循环的影响更为复杂（Andersson 等，1988）。它们不仅能排出矿化的营养物质，还能增强沉积物表面的混合作用。如前文所述，后者可以通过两种方式发挥作用（图 2.24、图 2.26）。它促进了磷在沉积物表面的扩散，但由于表层沉积物的氧化作用增强，也减少了厌氧磷释放的机会。颤蚓和摇蚊幼虫对底泥中氧渗透的影响已得到了充分记录（如 Davis，1974；Granéli，1979）。尽管如此，湖泊之间的比较研究表明（Wiśniewski 和 Planter，1985），沉积物中磷的释放量随着底栖无脊椎动物密度的升高而增加。显然，这样的相关性研究并不能证明底栖生物是磷释放增加的原因。然而，各种实验室实验已经清楚地证明了因果关系，例如 Gallepp（1979）研究表明，在通流系统中，随着摇蚊幼虫密度的增加，沉积物中磷释放量呈线性增加（图 2.33）。

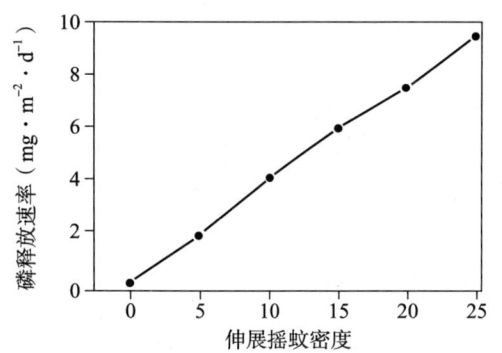

○ 图 2.33 试验柱（37.5 cm²）中总磷的释放速率与伸展摇蚊（*Chironomus tentans*）密度的函数关系。重绘自 Gallepp（1979）的研究。

（3）底栖食性鱼类

底栖食性鱼类捕食底栖无脊椎动物。通过减少无脊椎动物的生物量，可以潜在地减少这些动物对沉积物磷释放的正向影响。另一方面，大多数底栖食性鱼类在觅食时会卷起大量沉积物。此外，它们还将来自底栖生物消耗的大部分营养物质直接排泄到水柱中，从而充当了从沉积物到水体的营养泵。在实践中很难区分这些直接效应和间接效应孰轻孰重。但总的来说，许多实验均表明底栖食性鱼类对水体中总磷浓度和藻类生物量有正向影响（图 2.34）（Lamarra，1974；Andersson 等，1988；Havens，1993；Breukelaar 等，1994；Van Donk 等，1994b）。

例如，在 Erie 湖（美国俄亥俄州）一个独立的浅水湖湾中，其围隔实验就表现出了这种效应（Havens，1991；Havens，1993）：
有鱼的围隔中叶绿素 a 含量比没有鱼的围隔高。该
实验通过在底部上方安装网来防止鱼到达沉积物而
实现"消除鱼类影响"的设计（图 2.35）。

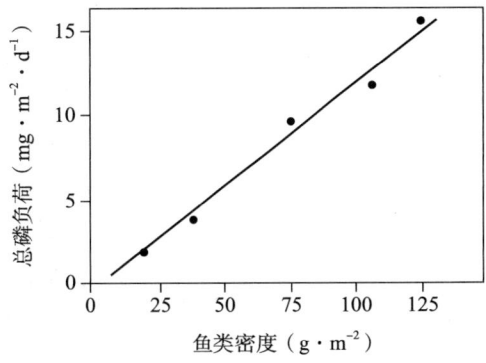

　　然而这些例子虽然表明了鱼类在水体底部生活、
觅食的行为是其对浮游植物产生影响的主要原因，
但除了加大营养物质的释放这一最明显的因果关系
外，其他确切的机制尚不清楚。

　　事实上，所有已发表的围隔实验都表明，总磷
浓度的升高是对鱼类在底部活动的响应。然而，水
柱中的总磷大部分包含了藻类和其他悬浮物，而不
是以溶解态的正磷酸盐存在。这是一个"先有鸡还

○ 图 2.34　围隔放养鲤鱼 7~14 天后鲤鱼
密度对水体磷释放的影响。重绘自 Lamarra
（1974）的研究。

是先有蛋"的问题。还有其他机制可能有助于浮游植物生物量的增加，如前所述
高藻类生物量可能是水中总磷含量高的原因，而不是结果。

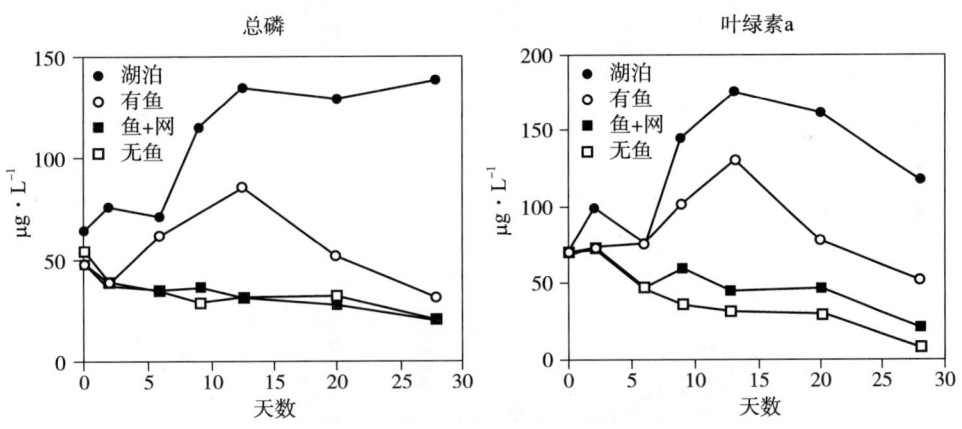

○ 图 2.35　Erie 湖（美国俄亥俄州）独立浅水湖湾的湖水和围隔中总磷和叶绿素浓度。
在围隔中，通过在底部上方安装一个网来阻止鱼类接触沉积物，使鱼类对总磷和叶绿素的
影响减少到几乎没有鱼的水平。改编自 Havens（1993）的研究。

　　因此，为了检验磷泵吸机制是否可能导致了底栖鱼类对浮游植物生物量的影
响，测定正磷酸盐浓度比总磷含量能提供更多的信息。前文关于鱼类引起再悬浮
一节中讨论的实验塘研究结果（Breukelaar 等，1994）表明，至少在那种情况下，
水体中总磷输入的增加不可能导致总磷和叶绿素浓度随鱼类生物量的增加而增加
这一现象产生（图 2.36）。

　　实验结果表明，在底栖生物食性鱼类密度较低的池塘中，叶绿素 a 浓度最低，
总磷浓度也有这个规律。然而，可用于藻类生长的正磷酸盐与底栖生物食性鱼类
的生物量没有一致的关系，这表明磷限制不能解释鱼类对藻类的影响。

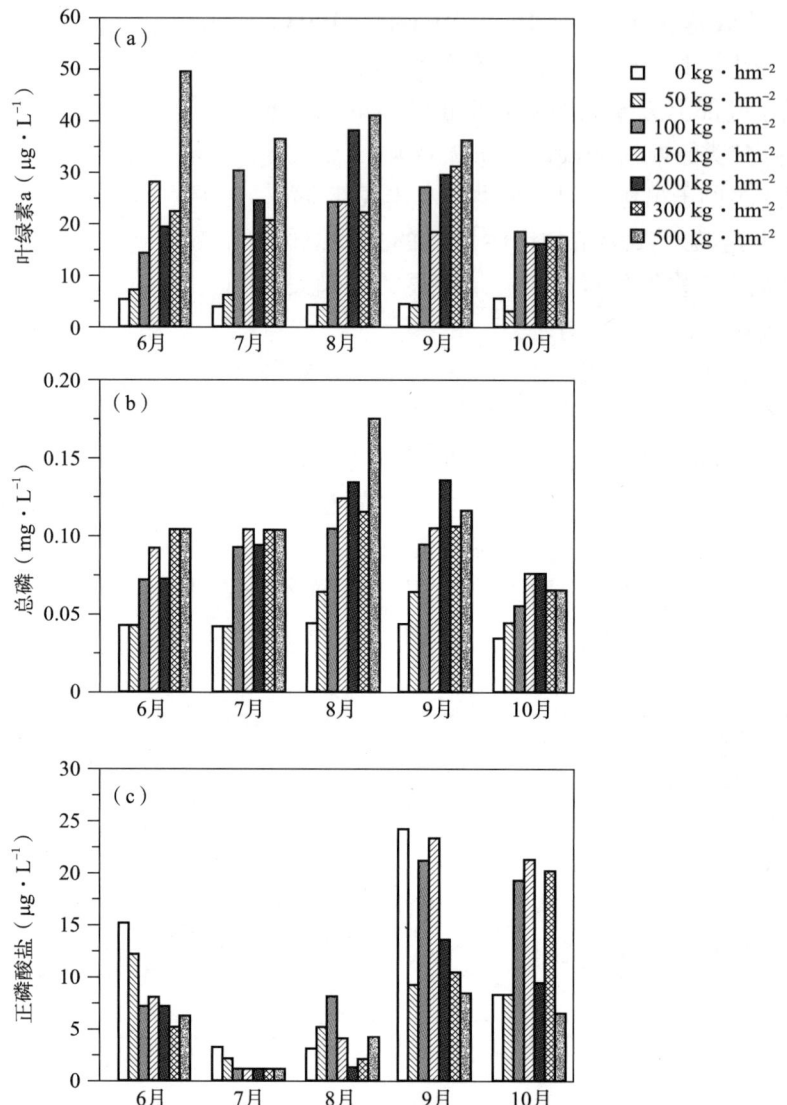

○ 图 2.36　不同密度的底栖生物食性鱼类对实验塘中叶绿素、总磷和正磷酸盐浓度的影响。在一些鱼类密度低的区域,高正磷酸盐浓度表明,磷限制不是导致这些池塘叶绿素浓度低的原因。引自 Breukelaar 等 (1994) 的研究。

在这个实验中,通过放流浮游生物食性的河鲈 (*Perea fiuviatilis*) 当年鱼 (young-of-the-year),使溞属 (*Daphnia*) 动物的数量保持在较低水平。因此,在本实验中,溞的牧食压力不可能造成浮游植物的减少。另一种解释可能是,鱼类的底部活动重新扰动了沉降在底部的浮游植物。正如在再悬浮章节中所解释的,在浅水区,沉降作用导致的水柱悬浮颗粒物损失率可能非常高,对于浮游植物细胞和群体也是如此。在大多数情况下,风浪的再悬浮会保持藻类处于沉降 – 再悬浮的循环,但在非常平静的水中,这种再悬浮不起作用,沉降损失会很高。在这种情况下，那些具有运动、沉浮能力及沉降缓慢的物种才能保持其种群数量。很显然，在围隔与小池塘中，风浪的影响几乎不存在，只有对流作用发生时才会发生水体混合。因此，在这种情况下，鱼类对沉降与沉积物表层藻类的再悬浮很可能是维持高浮游植物密度的重要机制。

再悬浮对于维持高藻类生物量很重要的观点得到了以下事实的进一步支持：即使有鱼存在，在没有波浪作用的刚性围隔中，藻类生物量通常也会减少。Haven的研究结果（图 2.33）证明了这一点，在其他各种研究中也观察到类似的封闭效应。例如，在浅水湖泊 Breukeleveen 湖 25 m × 25 m 中尺度围隔生态系统实验中，围隔建成后由于再悬浮的减少，叶绿素 a 浓度很快下降到原来的 1/3。下一章将更深入地讨论再悬浮对维持藻类种群的作用。

（潘珉、董晋延　译）

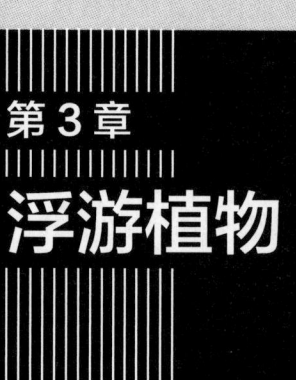

第 3 章

浮游植物

　　浮游植物是本书后续章节中所有模型和讨论的基础，本章重点研究影响藻类群落生物量和结构组成的主要因素。第一节探讨了营养、光照、牧食和湍流对藻类群落总生物量的影响。第二节中，为了阐明浅水湖泊浮游植物的动态，将蓝细菌独立出来讨论。这一类群通常在富营养浅水湖泊浮游生物中占优，也被称为蓝藻、蓝绿藻，蓝细菌占优势也是藻类群落多稳态的一种模式。第三节指出，藻类动态在物种水平上非常复杂，可预测性很小。

3.1　藻类生物量的变化规律

3.1.1　叶绿素和营养盐之间的经验关系

　　通常，营养盐比其他任何影响藻类生物量的因素都得到了更多的关注。所以，用营养盐浓度来解释浮游植物生物量的回归模型在应用湖沼学中被广泛使用。浮游植物的总量通常以单位体积湖水中的细胞数量、总细胞体积、叶绿素 a 含量或藻类的非灰干重来表征。在这些测量方法中，叶绿素 a 浓度因为相对比较容易测量，所以最常用。叶绿素也是决定水体中藻类引起的光衰减的最重要物质之一。然而，叶绿素浓度并不总是最相关的衡量指标。例如，光的散射可能与藻类的体积关系更大，而牧食性浮游动物的能量含量可能与干重关系更好。尽管不同情况下物种之间甚至物种内部有很大的差异，计算叶绿素和其他特征值之间的平均比值，并利用这些比值来相互估算是可行的（Reynolds，1984；Heyman 和 Lundgren，

1988）。大多数报道的藻类叶绿素 a 含量是其干重的 1% ~ 2%（Reynolds，1984）。富营养化湖泊中藻类的磷含量通常在其干重的 0.4% ~ 1%（Ahlgren 等，1988），其氮含量通常比磷高 10 倍左右（Smith，1982）。

当外界营养盐受到限制时，藻类的营养物质含量和叶绿素浓度都将降低。Veluwemeer 湖在磷负荷减少后表现出藻类多度（以叶绿素 a 表示）明显下降的响应变化就是例证（Hosper，1985）。然而，在生物体积测量中，藻类密度下降幅度要小得多。这些观察结果表明，浮游植物的营养盐与叶绿素比值可能比营养盐与生物量或生物体积的比值更稳定。

夏季，水柱中磷总量的很大一部分往往来源于藻类。因此，水柱中的总磷通常与叶绿素 a 浓度密切相关也就不足为奇了。正如前一章所说，在浅水湖泊中，解释这种相关性的因果关系是棘手的，因为藻类会刺激沉积物磷释放到水柱中。因此，在一定程度上，藻类生物量解释了总磷，而不是相反。尽管如此，总磷仍然是可用的最佳指标，并且前人已建立了许多用总磷来阐述藻类生物量的回归模型。大多数研究结果发现，叶绿素与总磷浓度之间呈线形关系，或者总磷对叶绿素浓度有促进作用。显然，这些模型不能用来推测高浓度磷的情况，例如在一定浓度下，光或者其他因子可能成为藻类生长的限制因子。确实已经有一些研究分析表明，叶绿素浓度不会随总磷浓度升高而一直升高。当总磷水平足够高时，叶绿素浓度则随总磷升高总体呈 "S" 型增长模式（McCauley 等，1989；Prairie 等，1992；Watson 等，1992）。

尽管二者相关性是显著的，但在浅水湖泊中，藻类生物量与磷浓度间的变化关系也有很大一部分无法解释。如图 3.1 所示，只有散点图中上限线图形对二者间关系描绘相对较好。

这表明，在夏季将营养盐对叶绿素浓度的影响解释为散点图的上限线，可能比穿过散点中部的拟合回归模型更恰当（Hosper，1980）。该图中所有高于上限线的点来自以丝状蓝细菌占优的湖泊。这些藻类较之于其他藻类，在磷含量相同的情况下能够达到更高的生物量。正如后文讨论的那样，这对蓝细菌在浑浊浅水湖泊中占据优势地位具有重要意义。

由于叶绿素浓度接近上限的湖泊相对较少，意味着在大多数情况下，其他因素对藻类生物量也有显著影响。其中一个明显的因素可能是氮限制。浮游植物细胞中氮的含量大约是磷的 10 倍。因此，当水柱中的氮磷比约低于临界值时

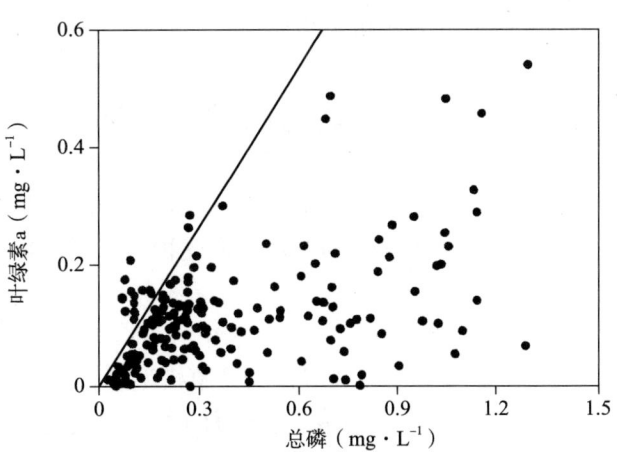

○ 图 3.1　荷兰 88 个浅水湖泊（平均水深 2.1 m）夏季总磷均值（P mg·L⁻¹）和叶绿素 a 浓度（Chla mg·L⁻¹）均值间的关系。直线为采用目视法取 406 组数据上限（Chla = 0.9P）的线性关系。

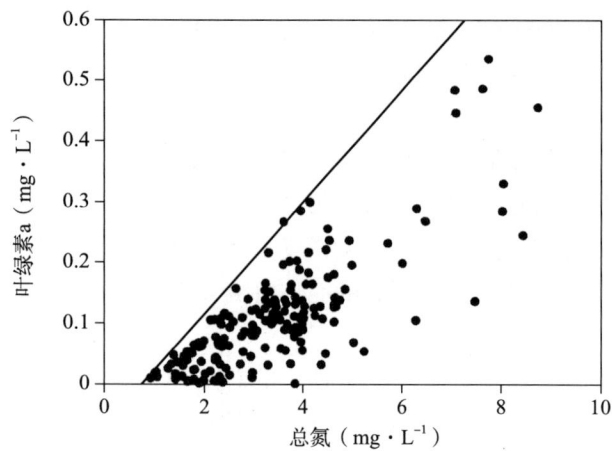

○ 图 3.2 荷兰 79 个浅水湖泊（平均水深 2.1 m）夏季总氮均值（mg · L⁻¹）和叶绿素 a 浓度（Chla mg · L⁻¹）均值间的关系。直线为采用目视法取 406 组数据上限（Chla = 0.09（N – 0.7））的线性关系。

10 的时候，氮比磷更有可能起限制作用（Smith，1982）。前一章中提到，在以大型植物为主的湖泊中，氮特别是可利用氮浓度会大大降低，此时氮通常会限制藻类的生长（Van Donk 等，1993）。事实上，叶绿素浓度与总氮的关系图中的上限线特征更明显（图 3.2）。表明在许多情况下，氮的可用性限制了藻类生物量。值得注意的是上限线与横轴的交点表明，水体至少有约 0.7 mg · L⁻¹ 总氮不能被藻类生长所利用。

在荷兰，使用这种散点图的上限来预测既定营养盐浓度下最大藻类生物量的方法已有多年。然而，大多数数据点既不接近磷限制线，也不接近氮限制线，这意味着往往是其他因素起了限制作用。在许多浑浊的湖泊中，光是一个重要的限制因素。此外，在遮荫区域和水生植物中间，藻类沉降作用很大。而在流速较快的湖泊中，藻类浓度可能会很低，这是因为流入的水最初藻类非常少，且汇入的水体在湖泊中停留时间太短，藻类无法增殖到最大生物量。特别需要注意且非常重要的是浮游动物对浮游植物的牧食影响。为了深入了解湖泊深度、水流冲刷、再悬浮和牧食等因素与营养盐间的相互作用是如何影响藻类生物量，我们需要跳出经验回归方法而以一种更模型化、机理化的方法来分析藻类生长。为此，在接下来的章节中，我们将介绍一些简单的藻类生长模型。这些模型中的见解为探讨此类问题提供了思路。

3.1.2 藻类生长的逻辑斯蒂方程

逻辑斯蒂方程可能是目前已知最好的生长模型。它通过种群密度（A）和另外两个参数的方程来描述种群数量的增加（dA/dt）：

$$\frac{\mathrm{d}A}{\mathrm{d}t} = rA\left(1 - \frac{A}{K}\right) \tag{1}$$

图 3.3 对这个简单模型进行了介绍。

当与环境承载力（K）相关的种群密度（A）非常低时，相对增长率（dA/dt/A）达到最高（r），此时种群竞争项（1–A/K）接近 1。逻辑斯蒂方程假设种群相对（单位个体）增长率（dA/dt/A）与种群密度受竞争影响而呈线性减少的关系（图 3.3a）。所以，种群增长率（dA/dt）在 1/2 环境容量时达到最大值（图 3.3b）。当种群密度太低时，生产力受到繁殖中藻类数量（A）的限制；当种群数量接近环境容量（$A = K$）时，生产力受竞争影响而趋于零。值得注意的是，借助逻辑斯蒂方程预测，可以通过将种群密度保持在其环境承载力的一半来获得最优收获量。种群逻辑斯蒂生长随着时间推移，其种群密度呈"S"型曲线，且当种群密度达到环境容量一半时种群增长最快（图 3.3c）。

简洁的逻辑斯蒂方程在简单模型中深受欢迎。当然，这个模型过于粗略地简化了整个过程。在现实情况下，不太可能发生这种随着种群密度增加，单位个体增长率严格呈线性下降的情况。同样，一个由许多物种组成的复杂藻类群落总生物量的动态变化也更不可能被这样一个简单的模型所描述。然而，湖泊实际的藻类群落随时间推移的发展趋势似乎总与逻辑斯蒂方程相当吻合（Heyman 和 Lundgren，1988）。

在像逻辑斯蒂方程这样的简单模型中，许多潜在的调节机制没有明确地包含在内。显然，一些影响藻类生长的因素诸如营养盐状况和湖泊深度，会影响这些模型参数，从理论上讲，并不明确具体如何影响。最大生长速率 r 可能是具有种的特异性的，它随入射光和温度等物理条件变化而变化，但不会随营养水平而发生太大的变化（Heyman 和 Lundgren，1988）。虽然加富营养会导致群落的种类组成发生变化，继而从群落水平改变最大生长速率 r。但不同因子对最大环境容量 K 的影响在某种程度上更容易从实验数据中估算，因为生物量数据远比最大增长速率的信息丰

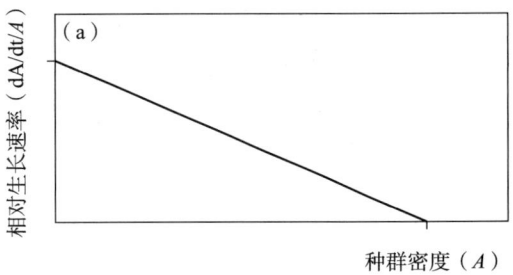

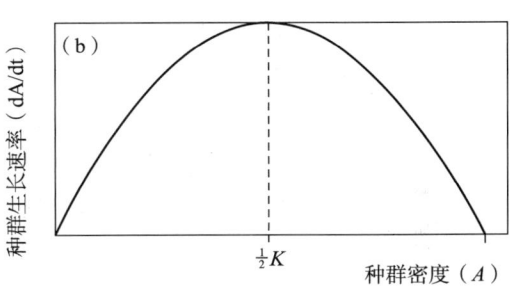

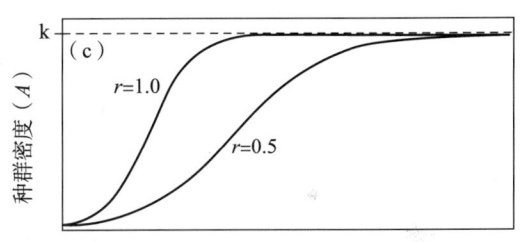

○ 图 3.3 逻辑斯蒂方程的一些特性:（a）单位个体的相对生长速率（dA/dt/A）随种群密度增加而线性减少;（b）种群增长速率（dA/dt）在种群密度达到 1/2 环境容量时达到最大值;（c）正在增长中的种群，其种群密度随时间推移呈"S"型曲线。

富。有实验证据表明，湖泊中藻类最大密度随营养盐含量的增加而增加。实际上，增加最大环境容量 K 是逻辑斯蒂模型中模拟营养盐增加的常用方法。

为了从机理层面更深入地探讨如何阐明湖泊深度和营养物质的综合影响，有必要进一步对藻类生长加以描述。逻辑斯蒂方程虽然简单，但可以作为一个基础来分析沉降、湖泊冲刷和植食性浮游动物及其他滤食性动物牧食对藻类生物量损失的影响。

3.1.3 沉降及冲刷对藻类生物量损失的影响

正如前一章所说，浅水湖泊沉积物表层的颗粒物通常都经历着沉降和再悬浮

的快速往复循环。湖泊的敞水区中，波浪引起的沉积物再悬浮作用每天都在发生。即使在缺乏任何波浪扰动作用的情况下，底栖型鱼类种群也能对沉积物的悬浮产生强烈影响。另一方面，浅水区域水柱中悬浮颗粒物的损失率也较高。这是因为静水情况下，由沉降造成的损失率（k_s）与沉降速度（s）成正比，与水柱深度（D）成反比：

$$k_s = \frac{s}{D} \tag{2}$$

通常，藻细胞和沉积颗粒物沉降的过程是相似的。虽然有些藻类物种能够自主游泳或调节浮力，但大多数藻类缺乏这种能力。因此在很少或没有再悬浮的情况下，藻类生物量可能会因沉降而遭受大量的损失。当风速低或者温跃层被打破的时候，在有遮挡或有水生植被的区域最可能发生这种情况。具有繁殖能力是藻类区别于无生命沉积颗粒物的一个重要特征。即使对于那些无游泳或漂浮能力的藻类，其繁殖能力至少可以在一定程度上平衡沉降带来的损失。为了表示这一部分沉降量，我们给逻辑斯蒂方程引入了一个额外项：

$$\frac{dA}{dt} = rA\left(1 - \frac{A}{K}\right) - \frac{s}{D}A \tag{3}$$

当种群增长为 0 时，dA/dt = 0，公式中藻密度 A^* 可表述为：

$$A^* = K\left(1 - \frac{s}{rD}\right) \tag{4}$$

受沉降影响，浮游植物种群生长达到平衡时，其密度通常低于当前的环境承载能力。而在没有沉降损失的情况下，种群数量与环境承载力的偏差取决于单位个体最大增长率（r）和下沉速度（s）与水柱深度（D）的比值（图3.4）。

只有当平衡密度为正时，种群才能够存活，即：

$$r > \frac{s}{D} \tag{5}$$

从生物学术语来说，这个结果是显而易见的。在灭绝边缘，藻类密度非常低。在这种情况下，竞争几乎为零，剩余的藻类将以最大的速率 r 繁殖。然而，只有当 r 超过下沉损失 s/D 时，这种高繁殖速率才能拯救种群。这意味着沉降应选择那些沉降速度低、生长速率高的藻类。这两种性质都倾向于细胞尺寸小的藻类。然而，即使是小型藻类，一般来说，s 也不低于 0.25 m·d^{-1}，r 不超过 0.5 d^{-1}，这意味着在完全静止的水中，至少需要 0.5 m 的水深才能防止种群灭绝。

显然，那些下沉率高、无法游泳或向上漂浮的藻类，在浅水湖泊水柱中主要依靠湍流生存。正如前一章所讨论的，再悬浮的频率主要取决于湖泊的大小和深度。因此，大型敞水区湖泊相比小型有遮挡的湖泊可能会有更多潜在高沉积率的藻类。此外，有风的时期应该有利于这些物种生长，因此风的变化可能会影响藻类的季节性动态。

佛罗里达 Apopka 湖的风速与藻类群落的生物量和物种组成密切相关，充分说明了再悬浮对浅水湖泊浮游植物的重要性（Schelske 等，1995）。在这个大而浅的湖泊中（128 km²，平均深度 1.7 m），高达 53% 的水柱叶绿素含量变化可以由风来解释（图 3.5）。在风力平静期，个体相对较大的硅藻（20~200 μm）沉降到湖底，而表层水则以微微型和微型浮游生物（<20 μm）为主。

　　风的季节性变化也可能影响浮游植物的季节演替。Gons 等人（1991）的研究表明，在浅水湖泊 Loosdrecht 湖中硅藻多度的季节性变化模式揭示了湍流对其存在影响。在他的研究中，确定以下两个假设来计算藻类沉降损失：在没有再悬浮状况的湖区，藻类沉降损失等于其沉降速度与湖泊深度的比值（公式 2）；在有波浪扰动的沉积物再悬浮的湖区，藻类沉降损失被认为是零。

　　使用一个简单的模型可从风速数据估计出任何一天发生再悬浮的湖泊面积比例（Gons 等，1986）。事实上，春季的硅藻生物量高峰与相对多风的时期相吻合，而夏季的平静天气导致每天约有 50% 的硅藻沉降，即使在有利的环境条件下，也不太可能通过生长来补偿这部分损失。

　　正如后面讨论的那样，沉降作用对藻类群落的影响也在一定程度上解释了敞水区和扰动较小的水生植物密集区之间常存在的明显差异。在水生植物区，藻类生物量通常较低，群落以生长速率高、沉降速度慢的小型物种和带鞭毛游泳能力强的种类为主。

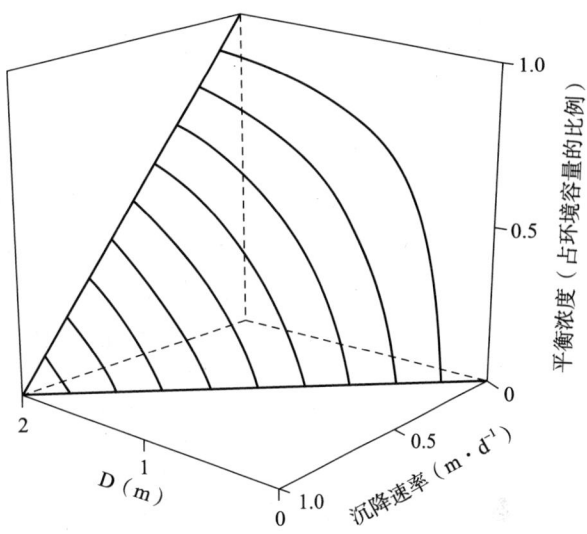

○ 图 3.4　随细胞下沉速率（s）和水柱深度（D）变化的浮游植物种群平衡浓度

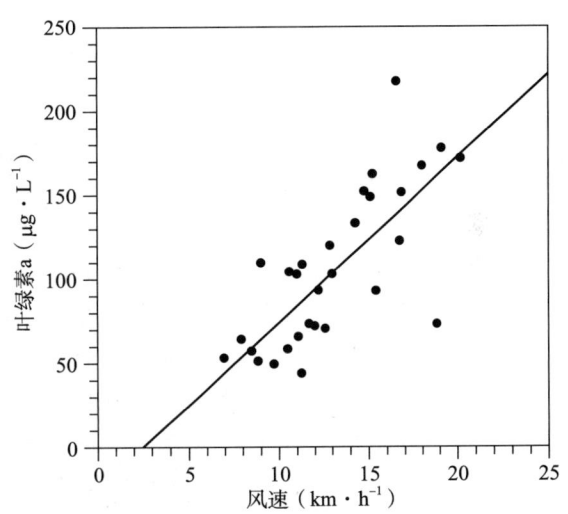

○ 图 3.5　Apopka 湖日平均风速与表层叶绿素 a 浓度的关系。重绘自 Schelske 等（1995）的研究。

再悬浮不仅会通过将沉降的藻类带回水体来影响藻类动态，还会间接影响水下光照条件和营养盐动态。光和营养盐对藻类的影响将在下一节中讨论。

　　沉降作用产生了与"种群密度无关"的死亡机制。它不同于其他与种群密度密切相关的机制，如牧食作用，种群密度无关机制消灭种群中固定比率的个体，这个过程与种群密度无关。用没有藻类的水冲刷置换湖泊水体也会引起藻类"种群密度无关"的损失，在某些方面冲刷置换和沉降的影响是类似的。当每天有

10% 的含藻湖水被置换带走时，意味着藻类种群的损失率为 0.1 d⁻¹。这样的冲刷置换损失（f）可以与下沉损失（s/D）一样加入逻辑斯蒂方程。以此类推，平衡生物量随 f 线性下降，而种群生存需要满足 $r > f$。在丹麦的湖泊中，当冲刷置换损失超过 0.3 d⁻¹，藻类就会消失（Jeppesen，个人交流）。如果当前主要损失来自冲刷置换损失，这可以直接解释为这些湖泊中最大藻类生长速率 r。一般来说，藻类种群密度无关的损失对生长缓慢的物种影响更大，为快速生长的物种提供了竞争优势。正如后面所讨论的那样，这解释了为什么冲刷置换会导致一个水体从大型、缓慢生长的蓝细菌占优向其他藻类占主导地位转变。

3.1.4　湖泊深度和光限制

　　湖泊深度影响沉降损失和再悬浮，对藻类所经受的光照条件也有非常明显的影响，从而影响藻类的生长速度和生物量累积。在叶绿素经验模型中考虑深度影响的一种简单方法是对浅水湖泊和深水湖泊分别做拟合回归线。然而，湖泊深度的影响实际上是连续的，且不是间断的，因此这是一种人为的划分。为了阐明湖泊深度是如何影响藻类生物量，需要探索一种比前几节中使用的逻辑斯蒂方程更详细的藻类生长描述模型。

　　准确推断水下光照条件对生产力的影响相当复杂。藻类光合作用反应可以在实验室中测量，但研究原位光照条件所带来的生长结果就不那么容易了。在混合良好的浅水湖泊中，藻类在水柱中的分布或多或少是均匀的。由于光照强度随深度增加呈指数衰减，并随一天中的时间变化而变化，因此平均日生长需将净光合作用随深度和时间的变化通过积分来计算。虽然这可以做到，但会产生相当冗长的公式（Straškraba，1980；Straškraba 和 Gnauck，1985）。此外，该方法仍然忽略了许多方面，使其无法准确描述任何真实湖泊的情况。例如，湖泊水柱的深度在不同的点位各不相同。重要的是，由于湍流扰动混合，单个藻类细胞在湖泊中经历的光照条件是波动的。实验表明，藻类的净光合作用取决于这些波动的频率，不能简单地通过对经受的光强梯度进行积分来估计（Ibelings 等，1994）。

　　显然，明确地包括各方面因子会使模型过于复杂。然而，核心问题也可以用一种更简单、更具描述性的方式来阐述。如 2.1 节所述，浮游植物所遭受的水下光遮荫情况可以用垂直光衰减系数（E）与混合水层深度的乘积来表征，其中混合水层深度在浅水湖泊中等于湖泊深度（D）。为了将遮荫系数（ED）纳入一个简单的模型，我们需要一个函数来描述它对水柱中藻类生长的影响。有一个简单的公式可以描述光合作用的减弱：

$$\frac{h_s}{h_s + ED} \tag{6}$$

该遮荫影响函数是莫诺（Monod）类型，它描述了当遮荫系数（ED）从0到无穷大时，函数结果从1下降到0；同时当ED等于h_s时函数值为0.5。半饱和常数h_s表示藻类的耐阴性。需要注意的是，由于该函数是根据遮荫系数（ED）而不是绝对的光照（$I_0 e^{-ED}$）来表示的，因此遮荫耐受系数h_s取决于I_0、纬度和季节，并不是藻类的普遍生理特性。如果入射辐照强度较高，则藻类可以耐受较高的水体浊度。如前一章所述，E取决于藻类的浓度及其特定的光衰减系数（e_a），也取决于沉积物再悬浮等因素带来的背景浊度（E_b）：

$$E = e_a A + E_b \qquad (7)$$

如果光是唯一的限制因素，藻类的生长可以被描述为依赖光的生产力和由呼吸、死亡引起的固定损失率（l）的结果：

$$\frac{dA}{dt} = rA \frac{h_s}{h_s + D(e_a A + E_b)} - lA \qquad (8)$$

由于净生长为零是达到平衡态的特征，因此在$dA/dt = 0$时，通过求解该方程可以求出平衡态A^*的藻类生物量。求解结果是：

$$A^* = \frac{rh_s - lh_s - lDE_b}{le_a D} \qquad (9)$$

由公式可知，平衡态的藻密度A^*随湖深度D的增加而减小（图3.6a）。

这与实际观测结果一致（图3.10），也符合直观的解释，即浅水湖泊可能比深水湖泊更浑浊，仅仅是因为在浅水湖泊中需要更高的浊度来产生足够的遮荫现象来阻止藻类生长。如果考虑单位面积的藻类生物量A^*_{area}（$g \cdot m^{-2}$），则可以使预测更加具体。简单地通过将上述公式的平衡藻类浓度A^*（$g \cdot m^{-3}$）乘以深度D（m）来完成：

$$A^*_{area} = \frac{rh_s - lh_s - lDE_b}{le_a} \qquad (10)$$

该公式表明，在没有背景浊度（$E_b = 0$）的情况下，每平方米的平衡藻类生物量与水深无关。另一方面，如果存在一定的背景浊度，则单位面积的藻类生物量随湖泊（混合）深度呈线性下降（图3.6b）。类似的结果已经从复杂模型中得出，这些模型使用了真实的光合作用对光的反应和深度、时间积分（Straškraba，1980）。这意味着这些非常简单的基于光限制公式得出的模型不是人为猜想。

关于藻类处于平衡状态时湖底的光照，可以引出另一个有趣的结论。由于水下任何一点的光是深度和浊度乘积的指数函数（第2章，公式1），可知藻类处于平衡状态时湖泊底部的光可用以下函数表达：

$$DE^* = D(E_b + e_a A^*) = D\left(E_b + e_a \frac{rh_s - lh_s - lDE_b}{le_a D}\right) \qquad (11)$$

经过代数运算后，可简化为：

$$DE^* = \frac{h_s(r - l)}{l} \qquad (12)$$

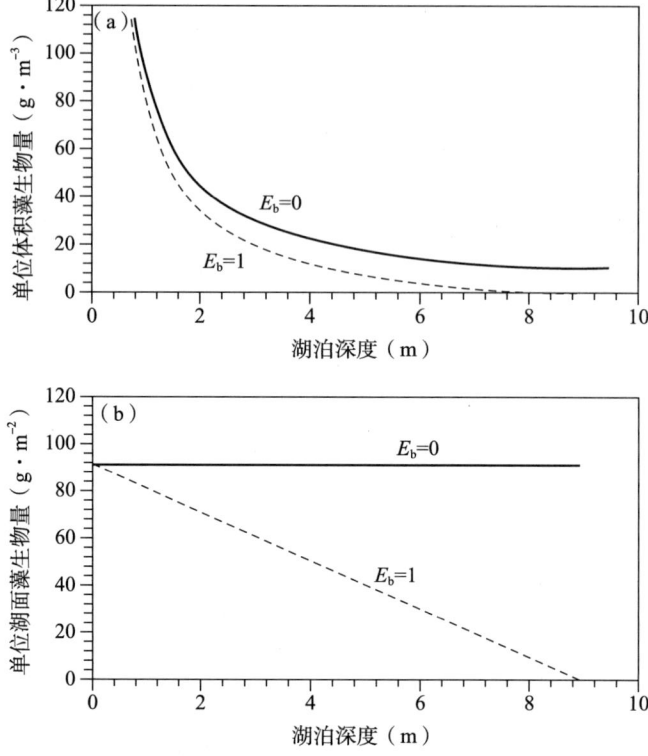

○ 图 3.6 有背景浊度和无背景浊度时，（混合）水深与单位体积浮游植物生物量（a）和单位湖表面积浮游植物生物量（b）的理论关系。

背景浊度 E_b 和湖深 D 都消失了。因此，该模型表明，在有光限制浮游植物的湖底，其光照既不取决于湖泊的深度，也不取决于湖水的背景浊度。

这些理论研究结果表明，当藻类受光照条件限制时（如由再悬浮引起的背景浊度增加），不会导致到达水体底部光线的减少。它只是通过藻类光限制这种方式减少藻类生物量，从而使到达湖底的光量保持不变。同样，在光限制情况下，水位的增加不会影响到达底部的光，因为藻类的浓度会降低，从而使到达底部的光保持不变。由于光的效果在模型中处理得很简单，这些预测可能会因过度简化而误判。然而，可以证明的是，与精确的模型公式无关，"固定底光"的预测是成立的。如果光以外的因素没有限制，藻类往往会稳定在这样一个密度，即混合良好的湖泊底部的光照水平达到一个特征值，该值取决于藻类对遮荫的耐受力，而不取决于深度或入射辐照强度（Huisman 和 Weissing，1994）。

如 2.1 节所讨论的那样，浮游植物所经历的遮荫状况可表征为垂直光衰减系数（E）与混合水层深度（在浅水湖泊中等于湖泊深度 D）的乘积。我们可以从荷兰和丹麦湖泊遮荫系数频数分布图中观察到存在"最大遮荫系数"（ED）（图 3.7）。

在这些湖泊中，只有不到 3% 的遮荫系数水平（ED）超过 16，意味着这是北温带湖泊中藻类群落所能忍受的最大遮光条件。垂直光衰减系数（E）与平均湖深（D）的关系图表明，与理论预测趋势相同，最大浊度确实随深度增加而减小（图 3.8）。

$E = 16/D$ 是散点图中一个很好的分隔线。需要注意的是，这些信息可以用来判断某个湖泊中的浮游植物是否受光照限制（当 ED 接近 16 时）。此外，如果能估计出由浮游植物以外的其他因素引起的浊度，就可以估算在光限制的情况下湖泊最大叶绿素水平。

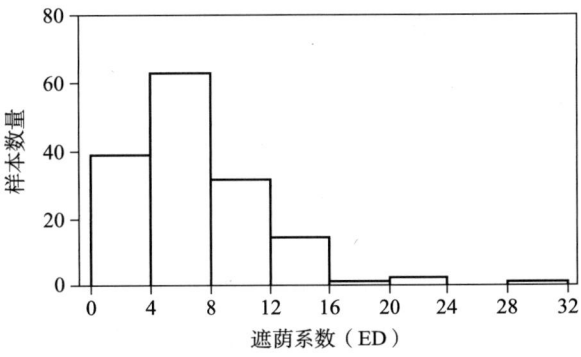

○ 图 3.7 荷兰和丹麦湖泊夏季（7—8月）151 个水下遮荫系数（ED）平均值的频数分布。垂直光衰减系数（E）是使用公式 11 通过透明度和叶绿素浓度估算的。

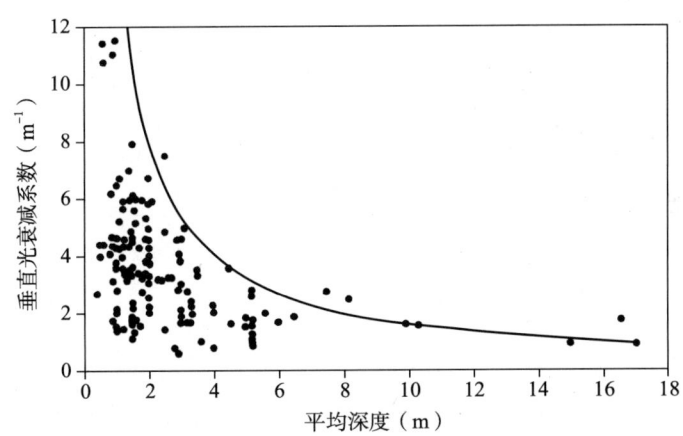

○ 图 3.8 垂直光衰减系数（E）与湖泊平均深度（D）的关系图（数据与图 3.7 相同）。拟合曲线表示遮荫系数为 16。

3.1.5 营养盐和光照的共同作用

为了探索营养盐限制与所讨论的遮荫效应如何相互作用，我们用营养盐项扩展极简模型。为了简便起见，我们只关注磷作为限制营养盐，但类似的方法可以用来分析氮的作用，氮在许多情况下也可以限制藻类的生长。如前所述，磷的可利用性在实践中很难表征。水柱中的大部分总磷，还有浅水湖泊沉积物中的部分磷，都可以为夏季藻类生物量做贡献。在以下模型中，P 表示为可利用磷的总资源库。在短期内，藻类的生长取决于直接可用磷的含量，通常以 SRP 或正磷酸盐浓度为表征。对于藻类生长可直接利用的"游离"营养盐浓度（P_f）的依赖，我们采用半饱和浓度（h_p）的经典莫诺（Monod）公式：

$$\frac{P_f}{h_p + P_f} \tag{13}$$

当 P_f 等于 h_p 时，这个莫诺函数取 1/2 的值，因此会减少 50% 的增长。在种群增长的过程中，游离的营养物质被耗尽，然后通过颗粒物解吸附等过程进行提供。为了恰当地描述这一点，需要一套单独的营养动力学微分方程。避免这种情况的一种方法是假设任何时候的游离磷（P_f）只是总资源库减去藻类中存在的磷：

$$P_f = P - p_a A \tag{14}$$

式中 p_a 为藻类中磷含量。将其代入莫诺公式（式 13），得到一个函数，该函数直接用总营养盐和藻类生物量来表征营养盐限制：

$$\frac{P - p_a A}{h_p + P - p_a A} \tag{15}$$

需要注意的是，这种直接"减去"必然意味着高估了藻类直接可用的磷浓度，因为它忽略了一个事实，即总可获得磷中有一部分不在藻类中而是与沉积物颗粒结合在一起。因此，这种方法往往会高估直接可用磷的浓度，从而高估接近平衡时的增长率。然而，由于藻类生长只有在 SRP 浓度非常低的情况下才会受到磷限制（h_p 很小），与其他简化所造成的误差相比，这个问题可能不足为虑。

将光照和营养盐限制"结合"起来的最简单方法是运用所谓的利比希（Liebig）最小因子定律，即一次生长只受一个因素的影响，也就是这个因素是最强限制因素。一个更中立的假设是，营养物质和光在任何时候都会影响生产力，这意味着应该简单地将增长率乘以两个极限函数：

$$\frac{dA}{dt} = rA \frac{h_s}{h_s + D(E_b + e_a A)} \frac{P - p_a A}{h_p + P - p_a A} - lA \tag{16}$$

通过求解这个方程可以找到平衡状态下藻类生物量，但是会得到一个非常长的公式。

图 3.9 以图形预测了营养物质和湖泊深度对藻类生物量的影响。

模型表明，藻类生物量最初应随着总磷浓度的增加而增加，直至达到光限制的最大值，该最大值取决于湖泊的深度。在低营养水平下，湖泊深度不影响藻类生物量。然而，在高营养水平下，藻类浓度随着湖泊深度的减小而上升，直到受营养盐限制而达到最大值。值得注意的是，虽然不适用最低限制法则，但仍可以区分出光或营养成分是"限制因素"的情况。这些区域之间的过渡是平滑的，而不是突然的，但在大区域内通常是一个限制因素完全占主导地位。例如，在高营养物浓度和"深水"湖泊中，藻类生物量几乎不会随着营养物的增加而增加。在这里，光是限制藻类生长的主要因素。

如前几节所讨论的那样，野外观测数据也证实，营养盐（图 3.1 和图 3.2）和光照（图 3.8）都可以影响藻类浓度的上限。检验模型给出的营养物质和水深综合效应的一种简单方法是对这些图中的点进行分类（图 3.10）。

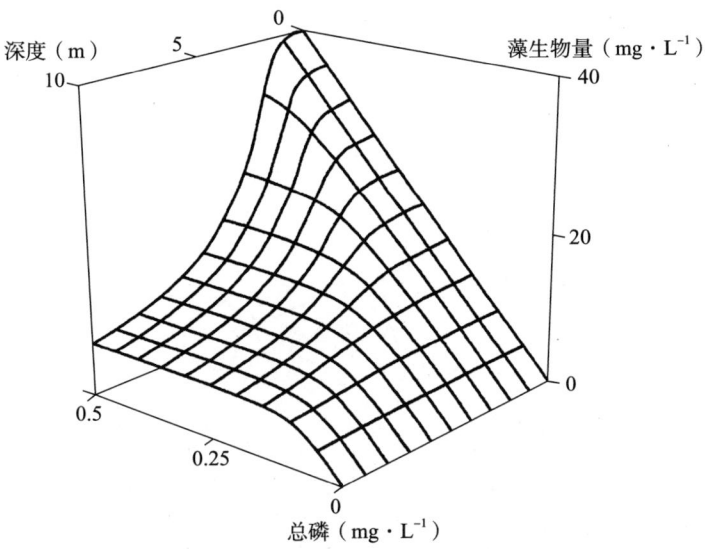

○ 图3.9　总磷浓度（P）和（混合）湖泊深度（D）对浮游植物
浓度（A）的理论预测影响。在较深的湖泊中，总磷浓度较低时已
经出现光照限制，而在较浅的湖泊中，浮游植物浓度可以达到非
常高的水平。

　　这种分类证实了在最浅的湖泊中，叶绿素的最高水平随着磷浓度可以增加到
非常高的值；而在较深的湖泊中，叶绿素浓度很快趋于平稳，并在很大程度上与
磷浓度变化无关（图3.10a）。类似的，叶绿素浓度最大值也随着深度的减小而增
大，但仅限于磷浓度足够高时（图3.10b）。因此，正如简单模型所预测的那样，
低浓度的营养物质对藻类生物量上限的影响与深度无关；而在富营养化严重的湖
泊中，深度对藻类生物量上限的限制也不随磷浓度的变化而改变。另一种可视化

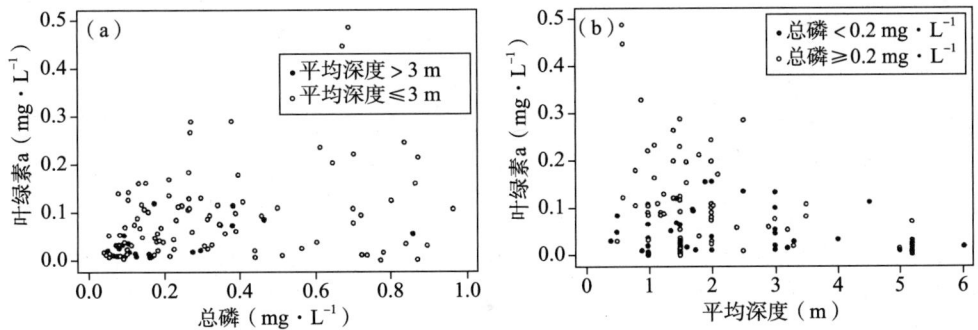

○ 图3.10　（a）荷兰142个湖泊夏季（7—8月）总磷和叶绿素a平均浓度的关系。在浅
水湖泊（空心圆环所示，$D < 3$ m），叶绿素a浓度会高于深水湖泊（实心圆环所示，$D >$
3 m）。（b）同一组数据的平均深度（D）与夏季（7—8月）叶绿素a平均浓度的关系。最
大叶绿素a浓度随深度的增加而降低，但在低总磷浓度（实心圆环所示 $P < 0.2$ mg·L^{-1}）
的湖泊中，即使在浅水湖泊，叶绿素浓度也保持较低水平。

磷和水深对藻类生物量综合影响的方法是使用局部插值技术通过数据点拟合三维响应曲面（图 3.11）。

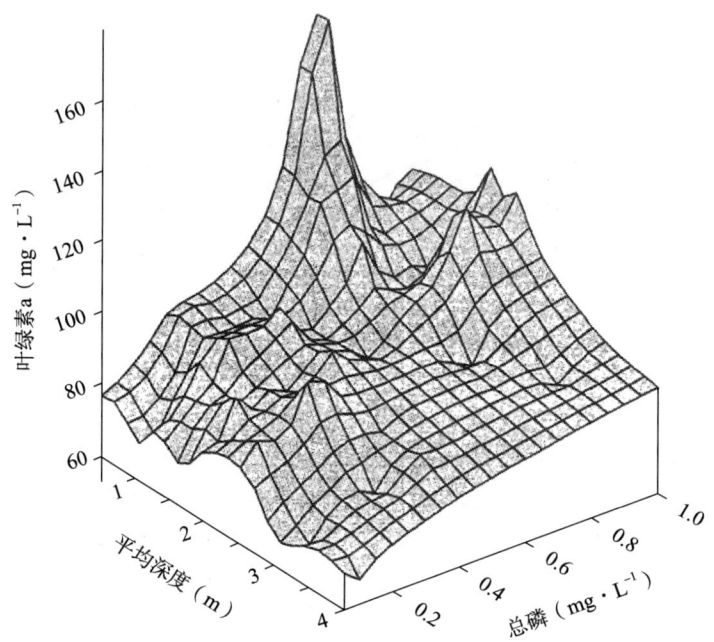

○ 图 3.11　荷兰 142 个湖泊夏季（7—8 月）总磷平均浓度、叶绿素 a 浓度与平均湖泊深度的关系。利用逆距离加权对数据进行插值。

　　请注意，这个凹凸不平的表面显示了平均叶绿素浓度如何随营养盐浓度和湖泊深度而变化，而不是像其他图中所示的那样表示上限。尽管如此，它也展示了大致相同的模式。值得关注的是，野外观测数据中的模式与图 3.9 的模型预测非常吻合。这表明我们所探索的简单公式和推理仍然可以捕捉到所涉及的复杂机制的绝大部分本质。

　　如前一章所示，在浅水湖泊中，再悬浮泥沙颗粒对浊度的贡献可能非常高。这种背景浊度对藻类生物量与富营养化之间响应的预期影响也可以使用该模型进行探讨（图 3.12）。

　　毫无疑问，藻类生物量预计会在高背景浊度下减少。对美国中西部 96 个水库的数据进行的分析证实，当无机悬浮物浓度较高时，叶绿素浓度在一定的营养状态下会有条不紊地降低（Hoyer 和 Jones，1983）。这种影响在受风影响的浅水湖泊中可能相当强烈。例如，在 Tämnaren 湖，沉积物再悬浮是浊度的主要来源，据估计，与没有再悬浮相关的背景浊度影响的水体相比，藻类生物量将减少约 15%（Hellström，1991）。

　　请注意，背景浊度对藻类生物量的影响在高营养水平时更为明显（图 3.12a），因为在这种条件下，光是主要的限制因素。相反，在低营养水平下，E_b 对总浊度

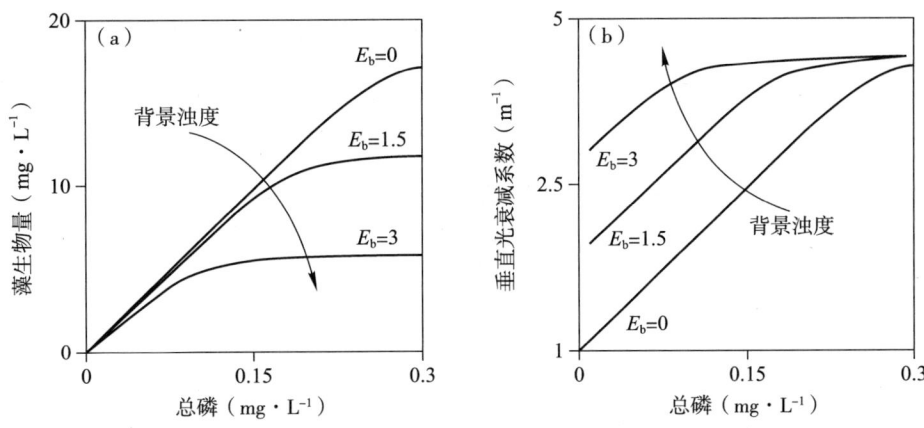

○ 图 3.12 背景浊度对总磷浓度与浮游植物浓度（a）及垂直光衰减系数（b）关系的理论预期影响，假设湖泊水深为 2 m。

（$e_aA + E_b$）的影响最强（图 3.12b）。在高营养盐浓度下，总浊度与背景浊度无关。用前一节讨论的现象可以解释后者，即当营养盐不受限制时，藻类在湖底的生长可以达到一个固定的最大遮荫系数。一个重要的含义是，在非藻类浊度高的湖泊中，营养物质浓度的降低可能不足以引起期望的透明度增加。当大部分"背景"浊度是由相对新鲜的藻类碎屑引起时，预计产生的后果较轻，在这种情况下藻类生产力的降低将很快引起与碎屑有关的背景浊度的降低。

3.1.6 牧食者对浮游植物的控制

即使当所有其他条件都有利于形成高藻类生物量时，滤食性牧食者通常也能使浮游植物浓度保持在较低水平。下一章将广泛讨论这个话题，详细情况和参考资料可以在那里找到。作为最重要的群体，它们潜在的影响之前鲜有讨论。

在大多数淡水生态系统中，浮游动物是浮游植物最重要的消费者。浮游动物牧食的潜在影响在春季的清水阶段得到了证实，许多湖泊大型溞（*Daphnia*）种群数量 5、6 月左右达到峰值，可导致藻类生物量急剧下降。在这个清水阶段，浮游动物的牧食会使藻类生物量减少一个数量级。由此产生的高辐照度可以刺激沉水植物在春季的生长。夏季，当年鱼（YOY）的捕食压力往往太大，无法保证溞的高密度。但在水生植被覆盖的湖泊中，沉水植被可以作为避免被鱼类日间捕食的避难所，大量的浮游动物可以在整个夏天生存下来。这些浮游动物种群在水生植被区给浮游植物带来很大的牧食压力，但部分浮游动物也会在夜间游出植被区，滤食附近开放水域的浮游植物。因此，浮游动物的牧食作用是许多植被覆盖浅水湖泊保持清澈的机制之一。除了溞和其他敞水区浮游动物种群外，在沉水植物群落中还有许多不太显眼的滤食性动物，如与水生植物相关的枝角类动物［如晶莹仙达溞（*Sida crystallina*）和老年低额溞（*Simocephalus vetulus*）］，以及其他滤食性无脊椎动物。它们在沉水植被区中可以达到较高的密度，这些动物很可能在过滤大型水生植物区域的水体中发挥了重要作用。

　　与许多河口生态系统不同，淡水湖泊中滤食性双壳类通常并不丰富，但也有例外。斑马纹贻贝（*Dreissena polymorpha*，图 3.13）可能是欧洲和美洲湖泊中消耗藻类最多的双壳类动物，这个物种 90 年代入侵美洲大陆。美国的浅水湖泊和海湾，随着斑马纹贻贝的入侵，叶绿素 a 浓度显著下降，说明了它对藻类生物量的潜在消耗。据报道，在斑马纹贻贝建群后，浅水区域的透明度增加了 100%。然而，在许多浑浊的浅水湖泊中，由于缺乏坚硬的基质来固着繁殖，斑马纹贻贝的密度仍然很低。松软的、易悬浮的沉积物不适合这些小型的固着型动物栖息，在这些沉积物较松软的湖泊中适合它们建群的地方多为植物、岩石、船体或者杆子（图 3.13）。

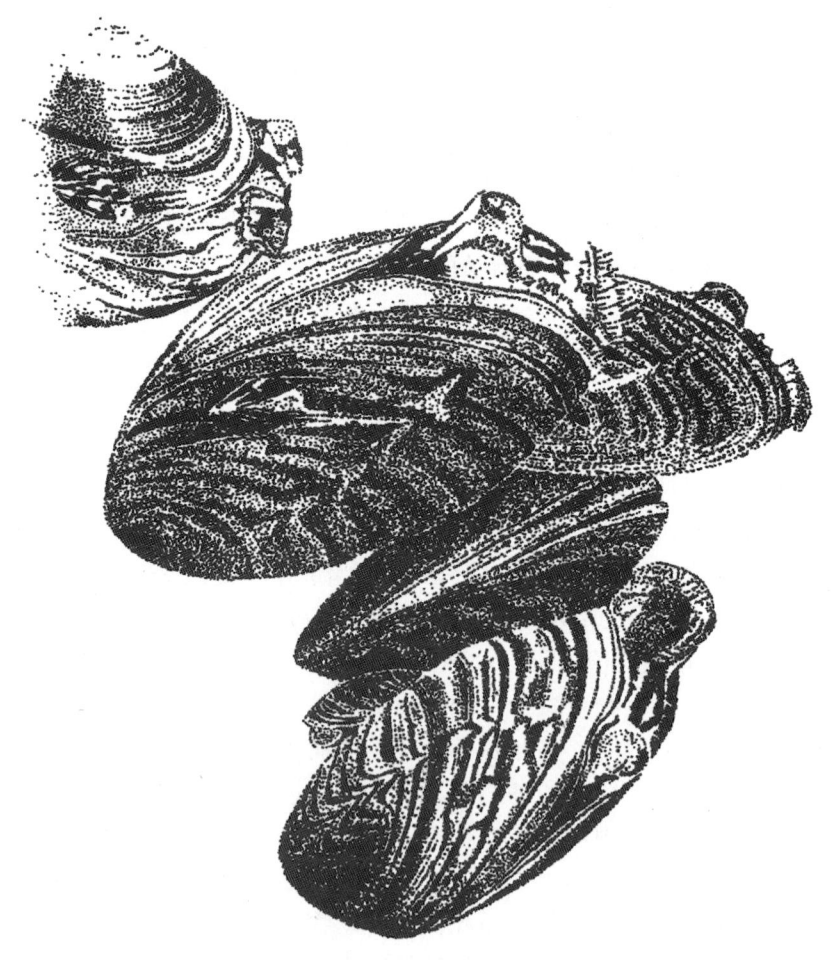

⬤ 图 3.13　斑马纹贻贝（*Dreissena polymorpha*）可以大规模地在杆子、岩石、船只和其他坚硬的基质上定居。这种物种是迅速传播的入侵者，它们的过滤作用使美国一些湖泊的水质得到了显著的净化。

3.1.7 化感作用

长期以来，大型水生植物一直被认为可以通过分泌抑制浮游植物生长的化学物质来抑制浮游植物（Hutchinson，1975）。这种称为化感作用的化学抑制过程，在某些植被中发挥了重要作用（Rice，1974）。并且它似乎也是解释水生植被密集的湖泊中浮游植物生长明显减少的一个可能原因。尤其，相关的调查多以轮藻属（*Chara*）为研究对象。这种大型植物的群落通常被非常清澈的水包围。此外，这种植物有一种刺鼻的气味，表明它们可能会分泌出可疑的物质。

事实上，从轮藻和其他一些植物中分离出来的化合物在实验室中已经证明其可以抑制天然浮游植物聚集和附生硅藻的光合作用（Anthoni 等，1980；Wium-Andersen 等，1982；Wium-Andersen 等，1987）。在野外是否会发生这些影响一直是一个备受争议的话题。例如，Forsberg 等（1990）发现，在一些轮藻占优的湖泊中，浮游植物生物量并不低于其总磷浓度的预期值，意味着化感作用显然不会抑制这些湖泊中藻类的生长。显然，要对浮游植物产生影响，化感物质必须自然地释放到周围的水中，并且要足够稳定，能在水中停留一段时间。这在实际情况中似乎不太容易证实。

用完整的植株或天然沉水植被群中的水进行的实验比用植物提取物更有说服力。为了排除大型植物消耗营养物质减少藻类生长的可能性，在这些实验中，会人为向水体中增加营养盐。从所观测到的大多数情况来看，其对浮游植物生长的影响并不显著。例如，与很少或没有植被的池塘水相比，来自轮藻占优的池塘的水似乎只有绿藻门的栅藻（*Scenedesmus*）的生物量减少了 10%～15%（Hootsmans 和 Breukelaar，1990）。而使用完整金鱼藻属（*Ceratophyllum*）植株的实验显示，其对天然浮游植物群落的总生物量几乎没有影响（Jasser，1995）。值得注意的是，生物测定甚至证明了穗状狐尾藻（*Myriophyllum spicatum*）生长早期的分泌物（非营养物）对藻类生长有积极影响（Godmaire 和 Planas，1983）。

尽管水体化感作用研究的总体结果比较模棱两可，但仍有一些研究表明，蓝细菌对大型植物分泌物的化感作用比其他藻类敏感得多。例如，土库曼斯坦的工作人员在研究金鱼藻属和狐尾藻属（*Myriophyllum*）对蓝藻门鱼腥藻（*Anabaena*）和项圈藻（*Anabaenopsis*）培养物的影响时观测到，在这些大型植物存在的情况下，藻类密度下降了近 90%（Kogan 和 Chinnova，1972）。此外，德国的研究表明，沉水植物穗状狐尾藻（*Myriophyllum spicatum*）向周围的水中释放多酚，可以强烈抑制蓝细菌的生长，但对绿藻和硅藻的影响要小得多（Gross 和 Sutfeld，1994）。这种对化感物质敏感性的差异表明，大型植物的分泌物可能在蓝细菌和其他藻类之间的竞争平衡中起着重要作用。事实上，波兰最近的实验也证明了这一点（Jasser，1995）。在野外将富含蓝细菌的天然浮游植物聚集体与完整的金鱼藻（*Ceratophyllum demersum*）一起在袋子中培养，经观测发现，虽然藻类总生物量没有受到显著影响，但蓝细菌多度大大降低，绿藻成为优势种。另外4种植物的提取物也出现了大致一样的结果。

因此，尽管在自然情况下水生植物释放化感物质并未被证明会显著减少浮游植物的总生物量，但它很可能是阻止蓝细菌在水生植被丰富的湖泊中占优的重要因素。蓝细菌和其他藻类之间的竞争机制将在下一节做进一步讨论。

不仅仅是大型植物会产生化感物质。例如，蓝藻门的鱼腥藻属（*Anabaena*）已被证明可以释放抑制硅藻生长的热敏感物质（Keating，1977，1978）。此外，鱼腥藻培养物的过滤液也会减少沉水植物角果藻（*Zanichellia palustris*）的产氧能力（Van Vierssen 和 Prins，1985）。

3.2 藻类和蓝细菌之间的竞争

当对浅水湖泊浮游植物群落进行描述时，大多数学者可能会将叶绿素a浓度水平放在特征指标的首要位置，将蓝细菌所占百分比放在第二位。蓝细菌（cyanobacteria），也称为蓝藻、蓝绿藻（blue-green algae）。它在许多方面与其他浮游植物不同，与藻类相同的是同样属于光合自养生物。然而，蓝细菌作为原核生物，通过与藻类特征对比发现，其特征与细菌特征更接近。例如，蓝细菌没有明确的细胞核、叶绿体和细胞器。蓝藻门的很多种类可以形成大型的不易被摄食的群体，这使它们不太容易受到下行效应的影响。此外，一些藻类具有耐荫性，因此与其他藻类相比可以在更浑浊的水体中生长。由于蓝细菌会在水面上漂浮并形成绿色的浮渣，对动物（包括人类）产生毒害，因此在许多富营养湖泊中，蓝细菌水华是一个相当大的治理难题。

蓝藻门物种的生理、形态特征多种多样（相关资料参考Fogg等，1973；Carr和Whitton，1982）。在大多数湖泊中都可以发现非常小的球状、卵球状和杆状藻类，更明显的是较大的丝状藻类（浮丝藻属 *Planktothrix*、泽丝藻属 *Limnothrix*、颤藻属 *Oscillatoria* 和鞘丝藻属 *Lyngbya*），以及可以形成团块的群体（如微囊藻属 *Microcystis* 和束球藻属 *Gomphosphaeria*）或丝状聚集体（如鱼腥藻属 *Anabaena* 和束丝藻属 *Aphanizomenon*）。这些群体由成百上千个细胞组成，形成肉眼可见的颗粒物存在于水体中。由于群体的形成降低了表面积与体积的比率，限制其从水中吸收营养物质的速率，从而限制了潜在的生长速率（Reynolds，1988）。然而，形成群体也有一些优点。例如，通过浮力调节的群体垂直迁移可能比密度相当的单个细胞更快（Reynolds，1975）。重要的是，聚集往往会减少滤食损失，因为大多数植食性浮游动物都不能有效滤食藻类群体（Lampert，1987b），这表明群体可以在高牧食压力下适应生存。然而在热带地区，面对其他滤食动物，形成群体的同时增加了脆弱性。几种丽鱼科鱼类（罗非鱼属 *Tilapia*）专门以蓝细菌群体为食（Moriarty，1973）。众所周知，火烈鸟补充蛋白质的主要来源就是螺旋藻（*Spirulina*）和微囊藻群体（Fogg等，1973）。

蓝藻门的一些种类具有能够利用大气中 N_2 作为氮源的特征。在许多物种中，通常由被称为异形胞的代谢特异化厚壁细胞来实现 N_2 的固定。显然，在氮是限制因素的湖泊中，固氮能力可能是一种优势。事实上，一些分析表明，在低氮磷比下，固氮蓝细菌更占优势（Schindler，1977；Smith，1983）。但在浅水湖泊中没有发现这种模式（Jensen 等，1994）。

蓝细菌另外一个与其他门类藻类的区别是很多种类都具有气囊，气囊使蓝细菌具有在水体中上下浮动的能力（Fogg 等，1973）。光合作用时，蓝细菌会积累糖类，随着相对密度的增加在水体中下沉。在深水水体黑暗的环境中，蓝细菌由于呼吸作用而消化碳水化合物，并重新漂浮起来。在相对低扰动（或瞬时性低扰动）的湖泊中，浮力调节作用可以帮助像微囊藻这样的藻类优化其在水柱中的位置。在热分层的情况下，蓝细菌从非扰动的下层水体（湖下层，hypolimnion）上浮到光照条件更好的混合水层（湖上层，epilimnion）。在平静温暖的天气里，藻类群体可以大量漂浮到表面，受表面张力的影响形成明显的浮渣层（Ibelings 等，1991；Ibelings，1992）。当这种漂浮的藻类聚集在岸边时，往往会给人们带来困扰。然而，在混合良好的浅水湖泊中，微囊藻水华并不常见。

浅水湖泊中最常见的有害藻类主要是丝状蓝细菌，最重要的种类是泽丝藻属、浮丝藻属（原颤藻属）、鱼腥藻属、束丝藻属和在低纬度高 pH 湖泊中生长的螺旋藻。尤其是阿氏浮丝藻（*Planktothrix agardhii*）（原阿氏颤藻 *Oscillatoria agardhii*）在夏季成为浮游植物优势种，尽管这些种类也有伪空泡，但它们的形态不允许其跟微囊藻的球状蓝细菌门个体一样快速调整在水柱中的位置（Ibelings，1992）。然而，其他特征使这些丝状群体在许多浑浊的浅水湖泊中也能快速繁殖和生长。当冬天不太冷时，许多湖泊甚至全年都可以被这些种类控制（Berger，1975；Sas，1989）。本章节的剩余部分主要解释丝状蓝细菌占优势的影响因素，该类群的分类有点令人困惑，因为重要的颤藻属最近被拆分，该类群的物种现在可以在浮丝藻属和泽丝藻属中找到，然而，颤藻属这个名字在整个文献中都有，在本书中，用颤藻属或颤藻科的名字来表示该类群。

3.2.1　营养物质和浊度的经验关系

丝状蓝细菌占优通常与富营养化条件有关（Berger，1975；Schindler，1975；Sas，1989）。多个案例也表明，浅水湖泊在富营养状态下会演替为以丝状蓝细菌为优势种的状态，而在磷负荷减少的某些情况下，水体藻类群落组成又会演替回不以蓝藻门种类占优的状态（Sas，1989）。此外，结合不同湖泊信息的数据集发现，蓝细菌的百分比往往与总磷浓度无关。

当使用水下光强指标代替磷浓度时，可以发现更好的相关性（图3.14）（Scheffer 等，1997a）。

图3.14 中标注的点主要分布在较高或较低的颤藻多度下。事实上，颤藻科相

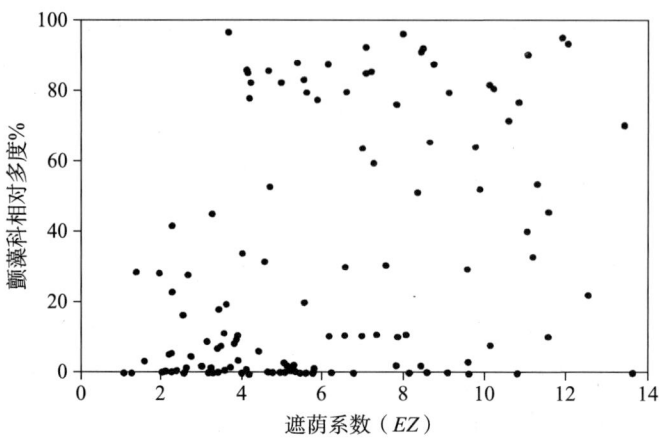

○ 图 3.14 根据荷兰 55 个浅水湖泊 （平均深度 ＜ 3 m ） 7—8 月颤藻科藻类相对多度 （生物体积百分比） 与藻类遮荫系数 （平均湖深与垂直光衰减系数乘积，*EZ* ） 绘制的散点图。其中的几个湖泊包括了不同年份的资料，整个数据集涵盖了 118 个湖年。引自 Scheffer 等 （1997a ）的研究。

对多度的频数分布是双峰的 （图 3.15 ），在大多数情况下，这些蓝细菌在浮游植物群落中要么占比较少，要么明显占优，而后者的概率随着遮荫系数的增加而急剧上升。

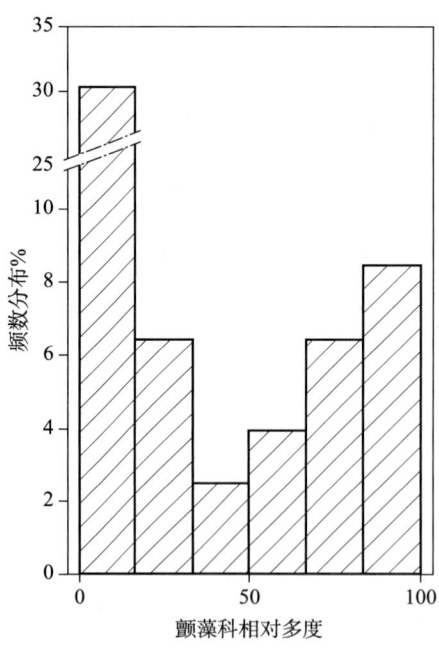

○ 图 3.15 颤藻科相对多度 （占总藻类体积的百分比） 的频数分布，与图 3.14 所示浅水湖泊数据集相同。引自 Scheffer 等 （1997a ）的研究。

这些模式表明，在富营养状况下，是低光照水平而不是高营养利用率本身导致了颤藻科的优势，如果这确实是颤藻占优与富营养之间的主要因果关系，那么这些蓝细菌在营养盐浓度降低时的消失应该发生在相应的光遮荫系数水平，而不是不同湖泊中相应的营养盐水平。事实上，这种模式已经在一些以颤藻为主的湖泊研究中得到详尽描述。在 Schlachtensee 湖和 Veluwemeer 湖，由于入湖负荷的减少，磷浓度逐渐下降，蓝细菌 （浮丝藻） 的百分比急剧下降。在 Veluwemeer 湖，蓝细菌消失的磷浓度比深约 3 倍的 Schlachtensee 湖低得多，然而，两个湖泊中蓝细菌衰减的光照条件 （表示为比率 $Z_{eu} : Z_{mix}$） 实际上基本相同 （图 3.16 ）。

这些湖泊的突变过程是用颤藻占优与其他藻类组合之间的过渡来表征的 （Sas，

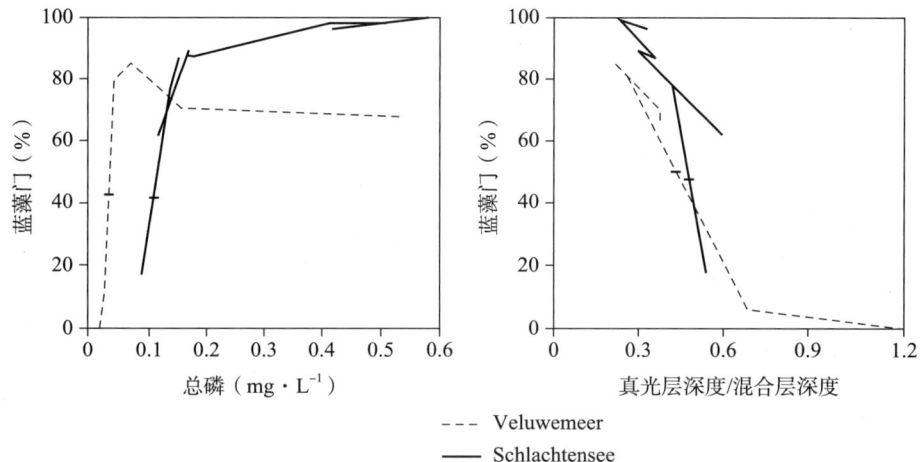

○ 图 3.16 Schlachtensee 湖和 Veluwemeer 湖两个湖泊营养盐水平降低导致蓝细菌（以阿氏浮丝藻 *Planktothrix agardhii* 为优势种）减少。在较浅的 Veluwemeer 湖，浮丝藻的衰减发生在更低的总磷浓度（左图），但两个湖随水下光照条件（真光层深度与混合层深度之比，$Z_{eu} : Z_{mix}$）变化大致相同（右图）。重绘自 Mur 等（1993）的研究。

1989）。热带湖泊中的突变也得到了很好的记录。这里涉及的物种是螺旋藻（*Spirulina platensis*），另一个代表类群是颤藻科藻类。准确的数据很缺乏，但其中一些湖泊实际上是不同状态的反复切换。Melack（1980）描述了这些模式，注意到群落的相对稳定状态演替持续了 10 个世代以上，表明它们代表了不间断的平衡状态。

对图 3.14 和图 3.15 所示的荷兰湖泊数据集的进一步分析揭示了另一个重要的模式。颤藻科占优的湖泊较之相同营养水平下颤藻科藻类很少的湖泊遮荫系数更高（图 3.17），这种差异在总磷浓度小于 0.3 mg · L^{-1} 的湖泊中尤为明显（图 3.17b）。这表明颤藻的优势不仅是对遮荫条件的适应，而且还促进了这种条件的发生。显然，这听起来像是鸡生蛋还是蛋生鸡的问题，仅仅从相关性是无法推断出因果关系的。在产生相同的模式下，湖泊之间其他的不同因素可能以同样的方式影响遮荫条件和蓝细菌。因此，看到那些在蓝细菌和其他藻类交替占优的湖泊也往往表现出相同的模式，这可以给我们提供更多的信息（图 3.18）。

例如，在 Ijsselmeer 湖，过去 20 年中丝状蓝细菌一直很罕见，然而在 1976 年和 1989 年的夏季，藻类群落主要由阿氏浮丝藻（*Planktothrix agardhii*）组成，两个夏季的叶绿素 a 浓度都异常高；荷兰的另一个湖泊 Eemmeer，通常以浮丝藻属占优，然而在 1991 年，蓝细菌的密度在夏季的大部分时间都很低，这与叶绿素 a 的下降相吻合。

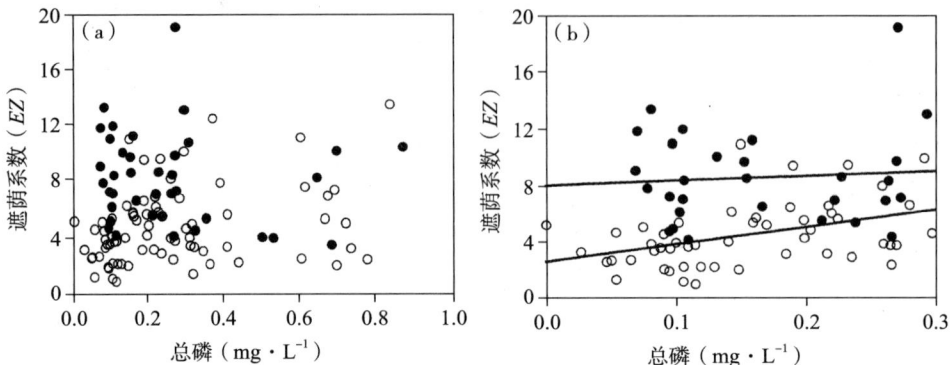

○ 图 3.17   遮荫系数（*EZ*）与总磷浓度的函数关系，实心点表示颤藻科占总体藻类体积高于 50% 的湖泊，空心点表示颤藻科占藻类体积低于 50% 的湖泊。a 图描述了图 3.14 中所有数据集，b 图代表总磷浓度低于 0.3 mg · L^{-1} 的湖泊子集以及依据数据拟合成的两条回归线，较高的回归线表示颤藻科为优势种的主要湖泊（实点），较低的回归线表示其他湖泊。引自 Scheffer 等（1997a）的研究。

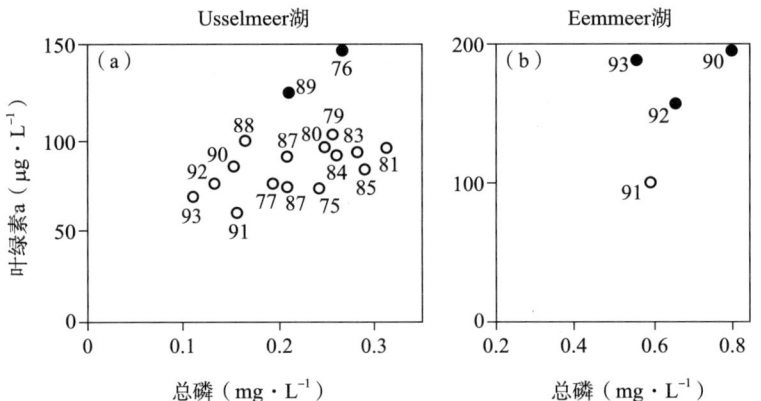

○ 图 3.18   两个富营养浅水湖泊不同年份夏季平均叶绿素 a 浓度与总磷浓度的关系图，其中蓝细菌占优的年份用实心点表示。叶绿素是富营养湖泊主要的光衰减组分，其浓度越高，表明湖泊遮荫度越高。引自 Scheffer 等（1997a）的研究。

3.2.2   迟滞现象的含义

野外观测数据中的模式研究结果表明，水下光的遮荫条件促进了颤藻科占优势（图 3.14），但颤藻科的藻类也促进了遮荫状况（图 3.17 和图 3.18），这意味着遮荫对颤藻水华的繁殖过程存在一个正反馈效应。通过建立一个基于经验推导的简单图形模型（图 3.19），可以更清楚地看到这一结果。

如前所述，藻类在混合均匀的湖泊中所经历的遮荫条件取决于深度和垂直光衰减系数。然而，该模型描述了一个假定的湖泊，其深度是固定的，因此遮荫条

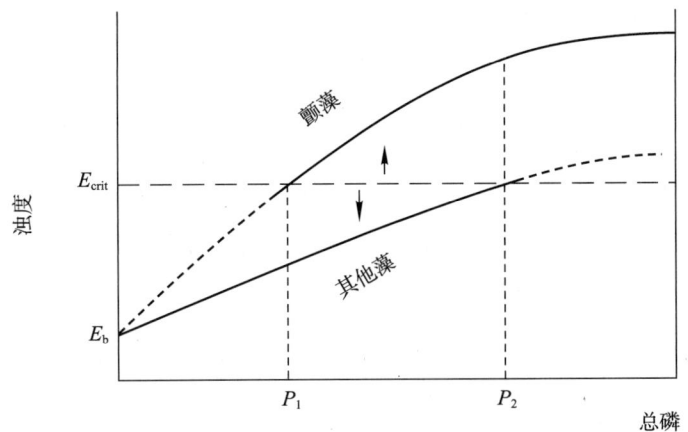

○ 图3.19 根据野外观测到的模式推断出的浅水湖泊藻类群落平衡状态广义图（解释见正文）。引自Scheffer等（1997a）的研究。

件仅取决于浊度（E）。从背景浊度（E_b）开始，浊度随着磷浓度的增加而增加，当光照受到限制时，在高磷浓度下趋于平稳（图3.19下部的曲线）。然而，当蓝细菌占优势时，相同的营养浓度下，浊度更高（参见图3.17）。因此，对于颤藻属占优的情况，应适用单独的浊度-营养盐关系（图3.19上部的曲线）。

野外观测所总结的模式进一步表明，颤藻科群落中占优势的概率在很大程度上取决于水下光的遮荫水平。由于许多其他因素可能会对蓝细菌占优的概率产生影响，如果在所有情况下对遮荫条件的反应都是相同的，将会是一个新奇的发现。然而，对于给定的混合均匀的湖泊，最简单的假设是存在一个单一的临界遮荫水平，并转化为临界浊度 E_{crit}（由于深度固定），超过该浊度，蓝细菌将占优势（图3.19水平线）。在这个临界遮荫水平以上，颤藻科占优势；在该浊度以下，其他藻类占优势。这意味着水平线以下，蓝细菌浊度-营养物的响应关系无意义；临界水平以上，其他藻类的浊度-营养物响应关系无意义。忽略了这些不相关的（虚线）部分，这两条曲线与水平线的中间部分结合，形成一条稳定状态的S形曲线，这就是所谓灾变系统的典型特征。该图表明，在较低的总磷水平下，只有非蓝细菌状态是可能的；而在非常高的总磷水平上，只有蓝细菌占优势的状态存在。然而，在一系列中等营养水平（$P_1 < P < P_2$）上，这两种状态都是可能的。因此，群落倾向于处于在这两种状态中的任何一种状态，取决于初始状态下的浊度是高于抑或是低于临界值（E_{crit}）。

这个图形模型表明，浑浊度对营养水平变化的反应应该是不连续的（"灾变式的"），而不是平滑的。当从低总磷水平开始时，湖泊的营养负荷会缓慢增加，浊度也会逐渐增加。当达到临界总磷值（P_2）时，这种平滑的响应结束，因为在该水平以上，只有蓝细菌占主导地位的状态存在。当通过这个"断点"时，系统将在颤藻属占优的上分支跃迁到更高的浊度。如果从这一点开始，总磷浓度逐渐降低，藻类群落将停留在以蓝细菌为主的分支上，直至达到更低的临界营养盐浓度（P_1），然后跳回到较低的分支。还可推断，颤藻属藻类不会轻易从高背景浊度的湖泊中消失（E_b）。

具有多稳态的系统在外部条件发生变化的情况下仍具有保持相同状态的趋势被称为迟滞现象（hysteresis）。该术语在更广泛的意义上也用于表示一个系统具有随着一系列条件变化下的多种稳态。

3.2.3 解释竞争机制

用野外数据模式中推断出来的迟滞效应可以从蓝细菌和其他藻类的生理学差异来理解。用前一节中扩展的藻类生长模型来证明（公式16）。为了使它成为一个竞争模型，我们对每种藻类类型进行了方程拟合，其中一个与实验室测量的绿藻参数值（G）拟合，另一个与典型丝状蓝细菌代表阿氏浮丝藻（*Planktothrix agardhii*）的生理值（B）拟合：

$$\frac{dG}{dt} = r_g G \frac{h_{s_g}}{h_{s_g} + DE} \frac{P_f}{h_{p_g} + P_f} - (l_g + f) G \qquad (17)$$

$$\frac{dB}{dt} = r_b B \frac{h_{s_b}}{h_{s_b} + DE} \frac{P_f}{h_{p_b} + P_f} - (l_b + f) B \qquad (18)$$

其中浑浊度（E）取决于两组的生物量及其特定的光衰减系数（e_g和e_b）：

$$E = e_g G + e_b B \qquad (19)$$

有效活性磷（P_f）取决于总磷库（P）和两个群体的磷浓度（P_g和P_b）：

$$P_f = P - (p_g G + p_b B) \qquad (20)$$

除了由于两组的呼吸、沉降损失和其他死亡原因造成的具体损失率外（l_g和l_b），该模型还具有由于湖泊冲刷造成的损失率 f，这两个物种的冲刷损失率相同。需要注意的是，本模型未明确考虑背景浊度。然而，它的潜在影响可以很容易地从前面的分析中推断出来，这将在下一节中指出。

该模型解释了蓝细菌区别于其他藻类的4个重要不同点：它们的最大总生产力（r）较低；较低的损失率（l）；较高的耐遮荫性（h_s）；单位生物量引起的浊度（e）高于其他藻类。因此：

$$r_b < r_g \quad l_b < l_g \quad h_{s_b} < h_{s_g} \quad e_b < e_g \qquad (21)$$

用实验室研究结果（表3.1）估算的确切参数值建模并生成模型图。

这个系统产生迟滞效应的结论已经可以从参数之间的定性差异中推导出来（Scheffer等，1997a）。

研究竞争模型的传统方法是绘制每一个物种的种群零增长曲线（dG/dt = 0 和

表 3.1 丝状蓝细菌与其他藻类竞争模型用于生成图 3.20～图3.23 的参数纬度和取值（公式 17 和 18）。这些值的推导和来源可以在 Scheffer 等（1997a）的文献中找到（需注意，在该论文中，藻类多度是用磷的克数来表示，而不用生物量来表示，在 3 m 水深范围内，用浊度敏感性 q，不用阴影耐受度 h_s）。

	绿藻	丝状蓝细菌	量纲
最大总生产力	$r_g = 1.2$	$r_b = 0.6$	d^{-1}
损失率	$l_g = 0.12$	$l_b = 0.06$	d^{-1}
特殊光衰减系数	$e_g = 0.5$	$e_b = 1.0$	$m^2 \cdot mg^{-1}$
耐荫性	$h_{sg} = 1.5$	$h_{sb} = 3$	

$dB/dt = 0$）（图 3.20）。

这些所谓的等斜线将状态空间中种群增加的区域与种群减少的区域分开。根据定义，这两个物种等斜线的交点是平衡的，因为这两个种群的生长都为零。等斜线与其他物种为零的轴交点（图 3.20 中的 G^* 和 B^*）也是平衡的，因为种群增长为零无法生长。这代表了某种退化的情况，因此这些交集被称为微弱平衡（trivial equilibria）。如果等斜线不相交，也就是说，如果一个物种完全高于另一个物种，那么等斜线最高的物种获胜，系统最终将处于竞争物种消失的微弱平衡状态。如果等斜线相交，系统的性质取决于相交处平衡的稳定性。

如果它是稳定的，并且没有其他交集，则微弱平衡都是不稳定的。因此，交叉点是唯一稳定的平衡点。任何从这两个物种开始的模拟都将以这种稳定共存的状态结束。在我们的模型中（图 3.20），交叉点总是一个不稳定的平衡。如上所述，这可以从不等式中得以验证。因这种模式生成的临近轨迹图像特点，人们将这种特殊类型的不稳定平衡称为"鞍"（saddle）。鞍排斥微弱平衡方向上的轨迹，

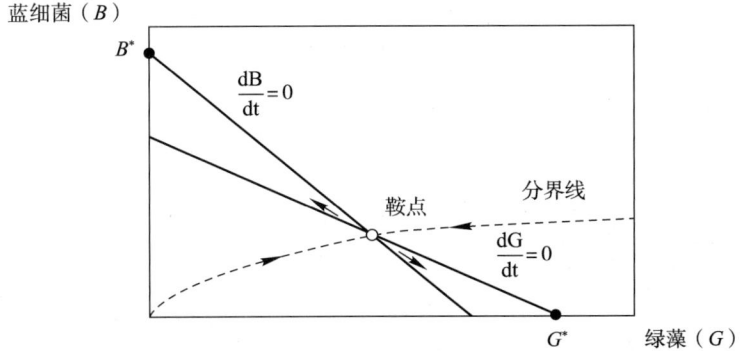

○ 图 3.20 蓝细菌（dB/dt = 0）和其他浮游植物（dG/dt = 0）的等斜线图（见正文），箭头指示相应点处模拟运行的变化方向，从虚线分界线上方开始的模拟最终以蓝细菌占优的稳定状态（B^*）结束，而从分界线下方开始的模拟最终处于由其他藻类占优的状态（G^*）。

但又从垂直方向吸引它们。鞍点位于"分界线"上，这是一条从原点开始并区分两个微弱平衡吸引域的曲线，在这种情况下是稳定的。从分界线上方的初始状态开始的模拟总是以蓝细菌单一占优（B^*）结束，而从分界线下方开始的轨迹则最终导致另一个微弱平衡（G^*）的结果。

显然，等斜线和平衡点的位置取决于控制参数的取值。通过调节营养盐水平（P）和冲刷率（f），可以使两条等分线中的任何一条完全高于另一条。正如所解释的，这些情况下只有一个稳定的（微弱）平衡存在。逐渐改变其中一个控制变量的值，可以使鞍向这两个平衡点中的任何一个方向移动。由于分界线沿同一方向移动，该平衡的吸引力区域逐渐减小，直到鞍与平衡碰撞并使其不稳定。事实上，当鞍从正象限移动到负浓度的蓝细菌时，则不再具有生物学意义。鞍与稳定平衡的碰撞就是所谓"分岔"的一个例子。当控制变量变化，平衡相遇并改变其性质时，就会发生分岔。如果像这种情况一样，其中一个平衡通过轴（导致一个物种灭绝），则分岔被称为跨临界。分岔总是标志着系统稳定性特征的变化。因此，跟踪参数值的出现是分析系统行为的一种非常有用的技术，稍后会做详细分析。

控制变量对等斜线和平衡的影响可以通过将控制变量作为等斜线图的额外维度来说明（图 3.21）。在鞍面存在的营养值范围内（$P_1 < P < P_2$），两个微弱平衡（G^* 和 B^*）作为多稳态出现。

用二维图来描绘更容易理解。其中两个藻类组合在一个变量中，并且模型的平衡显示为控制变量的函数。在我们的例子中，总浑浊度（E）是一个有趣的状态变量，它将两个藻类群体的密度整合在一起。图 3.22a 显示了竞争模型预测的平衡浊度与总营养浓度（P）的函数关系。这两个分支线对应于稳定（微弱）平衡。

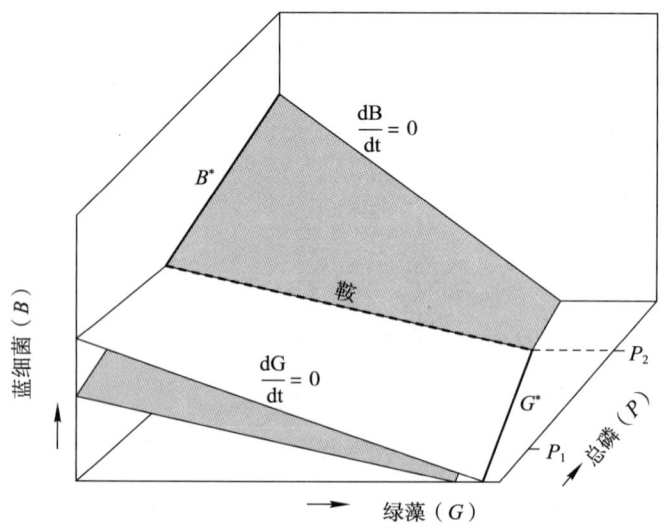

○ 图 3.21　湖泊总磷浓度对等斜线的影响，该等斜线用于分析蓝细菌（B）和其他浮游植物（G）的竞争（图 3.20）（见正文），磷浓度介于 P_1 和 P_2 之间时存在两种多稳态。

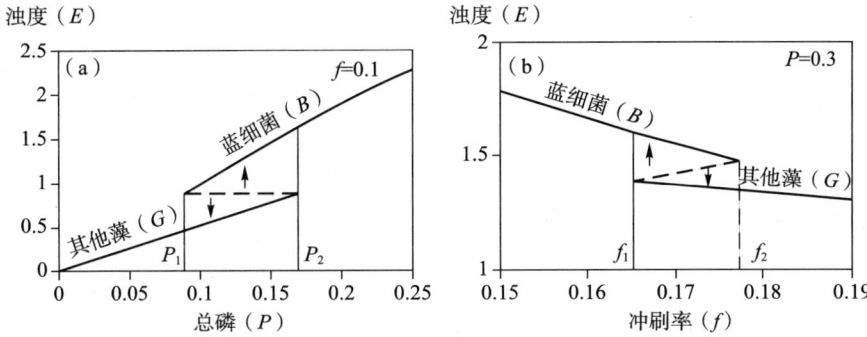

○ 图 3.22 在总磷（P）和冲刷率（f）两个控制参数下，浊度（E）响应的滞后性。改编自 Scheffer 等（1997a）的研究。

上面的分支代表蓝细菌的单优平衡（B^*），而下面的分支代表没有蓝细菌的平衡状态（G^*）。连接两个分支的水平虚线是不稳定（鞍面）平衡。在它们共存的营养盐浓度范围内（$P_1 < P < P_2$），划定了两个稳定分支线吸引区域的边界。显然，用实验室藻类生理数据模型计算出的这张图与原位数据得出的迟滞现象的初步图像（图 3.19）非常接近。

相同的结果可以从独立的信息集（实验室和原位观测）以不同的方式推导出来，这结果无疑是鼓舞人心的。正如 Levins（1966）所说，当某件事物是"作为独立谎言的交集"出现时，我们更有可能接受它作为真理。虽然"谎言"听起来有点过于严厉，但这两种方法显然都有缺点。由于用简单的数学表示复杂的机制，模拟结果可能是过度简化的结果。此外，模型仅包含几个机制，而在原位观测中可能还有其他机制影响观察到的模式。另一方面，原位数据显示了更多因素的影响，使得模式变得混杂，使人们难以推断导致观察到的特征的机制。此外，天气变化、测量误差和湖泊之间的众多差异使数据变得杂乱，而且由于光线、温度和水文条件在一年内不断变化，野外群落从未真正处于平衡状态，这一事实使得模式变得复杂。

影响蓝细菌优势的一个重要因素是湖泊的水力停留时间。由于方程中考虑了冲刷速率，这个模型还使我们能够探索对这个因素的响应情况（图 3.22b）。迟滞现象再次出现，但情况相反。随着控制参数（f）的增加，环境对于蓝细菌变得不太有利。有趣的是，两个分支之间的灾变（在 f_1 和 f_2 处）不再像与 P 相关的迟滞（图 3.22a）那样发生于相同的浊度。这表明，冲刷的影响不能简单地解释为通过降低浊度影响竞争平衡。相反，理解冲刷效应的关键是蓝细菌具有较低的生产率（$r_b < r_g$），但通常利用较低的损失率（$l_b < l_g$）来补偿。因此，由于冲刷导致的额外损失，生长缓慢的蓝细菌比其他藻类受到更大影响。事实上，冲刷对藻类群落的影响类似于陆地植被所讨论的"扰动（disturbance）"效应。它使生长缓慢的 K 对策物种无法在与生长迅速的 r 对策物种的竞争中取胜。

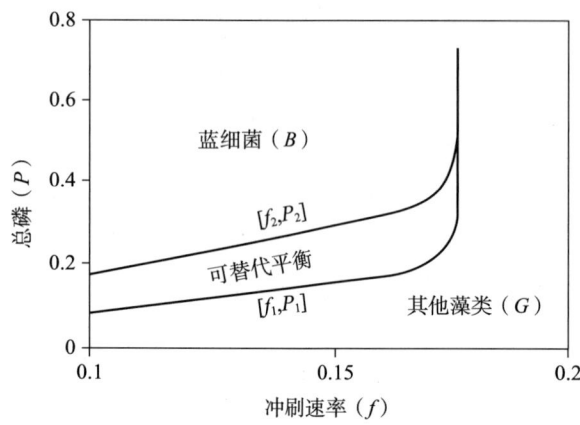

○ 图 3.23   模型分岔图，显示在不同冲刷率（f）和总磷浓度（P）组合下，呈现蓝细菌（B）或其他藻类（G）占优状态，抑或为可变平衡态。引自 Scheffer 等（1997a）的研究。

描绘营养盐（图 3.22a）和冲刷（图 3.22b）对浊度的综合影响需要一个三维图形来描述。图形的结果在参数平面上的投影更容易生成和读取（图 3.23）。

该图表中的两条线代表了灾变发生迟滞现象的边界（$[f_1, P_1]$ 和 $[f_2, P_2]$）。如前所述，稳定（微弱）平衡态与不稳定的鞍态平衡之间的相应连接被称为"分岔"，这种类型的表示法被称为分岔图。蓝细菌单优状态（B^*）在下方的分岔线之上是稳定的，而无蓝细菌的平衡态（G^*）在上方线之下是稳定的。两条线之间的区域代表两种状态作为多稳态均衡的条件。请注意，图 3.22a 和 b 分别对应于该分岔图的垂直和水平截面，并可用于理解浊度如何随着该图表中的两个参数变化。分岔图为单独的迟滞曲线添加了大量信息。例如，它表明，如果有冲刷，P 的滞后性最大，而在高磷浓度水平下，冲刷的滞后性几乎为零。

恢复策略、操纵营养盐浓度和冲刷速率均可以用该图来解释。显然，它们并不是割裂的，因为减少营养盐浓度通常要求降低来水的营养盐浓度。如果可用于冲刷湖泊的水流营养盐浓度较高，则会出现两个极端局面。根据理论预测，如果冲刷速率足够高，用高营养盐浓度水冲刷仍然有效（图 3.23）。这一观点得到了来自丹麦湖泊的数据信息支持（Jeppesen，个人交流）。在水力停留时间短于 5 天的湖泊中从未观察到蓝细菌占优势的情况，尽管这类湖泊的营养盐浓度很高。值得注意的是，冲刷效应在藻类生长速率较低的冬季会更加明显。事实上，冬季使用附近的水库区域的水进行冲刷换水可能有助于打破蓝细菌在 Veluwemeer 湖（荷兰）的主导地位（Hosper，1985；Hosper 和 Meijer，1986）。但在这种情况下因果关系较为复杂，因为冲刷还导致磷浓度大幅降低。

上述对迟滞的处理是用动力系统理论来表述的。然而，在生态学中研究竞争关系有着悠久的传统。因此，对现有理论和术语的联系进行简要说明是应当的。重要的是，我们的多稳态平衡或"不稳定共存"情况也是基于逻辑斯蒂增长方程的标准沃尔泰拉（Volterra）竞争模型中定性的可能性。在这些模型中，竞争机制没有被具体说明。相反，种间和种内竞争的强度是直接定义的。为了实现多稳态平衡，种间竞争必须强于种内竞争，通俗地说，与其他物种个体相比，最好是有同种个体在附近。显然，这与我们更具体的模型中的机制一致。蓝细菌在由其自身优势引起的浑浊环境中具有竞争优势。

我们的一般结果也类似于由蒂尔曼（Tilman）（Taylor 和 Williams，1975；Tilman，1977；Tilman，1982；Tilman，1985）发展的关于两种资源竞争的图形模

型。蒂尔曼的资源比例理论预测，如果每个物种相对较多地消耗其耐受水平最低的资源，则两个竞争物种之间的共存是不稳定的。在我们研究的情况下，竞争主要针对光和营养物质。蓝细菌在相同的营养物质水平下造成较高的浊度。在资源比例方面，这意味着它们使用相对更多的光。由于它们也是最耐荫的群体，这符合不稳定共存的资源比例要求。

3.2.4　其他机制

这个简单的模型表明，蓝细菌和其他藻类之间的竞争是对湖泊中可以观察到的迟滞现象的合理解释。然而，除了这个简单竞争模型中包含的机制之外，许多其他机制显然会在真实情况下发挥作用。

在竞争模型中没有明确考虑的一个因素是背景浊度。在浅水湖泊中，泥沙再悬浮引起的背景浊度可能很高，这可能导致湖泊在较低的营养水平下达到高浊度（图3.12）。因此，沉积物颗粒的频繁再悬浮使得湖泊变得浑浊，从而导致水下光照条件较差。即使在低营养水平下，丝状蓝细菌也能占据主导地位。在极端情况下，人们甚至可以想象背景浊度高到足以使蓝细菌在任何营养条件下都成为优势竞争对手。事实上，具有不间断混合水文环境的湖泊通常由颤藻占优（Reynolds，1993）。Reynolds（1993）将其归因于频繁的"扰动"消灭了所有其他物种，只留下耐受性强的颤藻。就像草比树更容易在频繁砍伐的牧场上生存一样。正如这里概述的那样，丝状蓝细菌实际上更像成熟森林中的树木，而不是草，它们耐低光，生长缓慢，对冲刷造成的损失敏感。它们之所以能在很多情况下存活下来，并不是因为再生速度快，而是因为相对不受牧食压力影响，并耐低光。对Loosdrecht湖藻类动态驱动因素的分析证实，耐低光是它们在风混合湖中臭名昭著的主要原因（Gons等，1991）。在这些浅水、浑浊的泥炭型湖泊中，频繁再悬浮带来的高背景浊度被认为是蓝细菌保持持续优势的主要原因。

关于蓝细菌的一个被广泛讨论的话题是其不可食性。即使是大型植食性浮游动物，在大多数情况下也无法有效摄食细丝状蓝细菌（Arnold，1971；Schindler，1971；Gliwicz和Lampert，1990）。不可食性的一个明显含义是相对于可食用藻类而言，细丝状蓝细菌的牧食死亡率会普遍较低。然而，细丝状蓝细菌、植食性浮游动物和可食用藻类之间的相互作用相当复杂。模型分析表明，根据牧食动物的选择性和营养价值，牧食可能会推动竞争平衡的两种结果，并且在某些条件下它们也可以稳定共存（Gragnani等，1997）。

实际湖泊中从未观察到单一的细丝状蓝细菌绝对占优（图3.14），显然，单优的预测是简化的结果。选择性牧食是一种可能的解释，但许多研究表明，环境的空间异质性也有助于防止竞争排斥，并且似乎合理地假设这一因素在藻类群落中也起作用。环境的时间变化也会阻止藻类群落的竞争排斥（如Padisák等，1993）。这个因素肯定与颤藻的动态变化相关。尽管这些藻类可以在富营养湖泊中全年保持优势（Sas，1989），但季节模式取决于温度条件。在丹麦，细丝状蓝细菌几乎不可能越冬（Jeppesen，个人交流），而在荷兰较为温暖的气候下，富营养浅水湖泊中，占优的阿氏浮丝藻（*P. agardhii*）只在寒冷的冬天消失（Berger，1975）。冬季显然会将系统推向低于蓝细菌占优的临界点之下。阿氏浮丝藻对寒冬的敏感性与观察结果相吻合，即该物种的生长与大多数大型藻类一样，随着温度的降低而相对下降（Reynolds，1988）。显然，蓝细菌和其他藻类之间的季节交替意味着在过渡阶段"共存"，尤其是包括过渡期在内的平均值将表明共存。

尽管野外观测模式以及模型结果均表明，营养物质通过改变遮光条件影响颤藻科和其他藻类之间的竞争，但温度和冲刷速率对竞争平衡也很重要。正如前一节中提到的，化感作用可能是影响蓝细菌优势的另一个因素。各种大型水生植物释放的物质已被证明可以抑制蓝细菌的生长，而对其他藻类的影响较小（Gross 和 Siitfeld，1994；Jasser，1995）。并且在原位袋装实验中显示，即使总藻类生物量没有受到显著影响，大型植物也倾向于导致（浮游植物群落结构）从蓝细菌占优势转向绿藻占优势（Jasser，1995）。有一些迹象表明，不同浮游植物群体之间的化感作用也可能在竞争中发挥作用。Keating（1977，1978）的实验表明，蓝细菌可以释放对硅藻有毒的化感物质。

目前的信息还不足以准确判断营养物质（遮荫条件）、冲刷速率、温度和化感物质如何相互作用并对竞争产生影响。然而，一般来说，灾变系统对所有控制变量的响应都会表现出迟滞性。此外，"阈值"的变化通常取决于其他变量的值。后者通过建立冲刷和营养物质的组合模型分析得以说明（图 3.23）。在低营养水平下，对冲刷的敏感性增加。西班牙 Albufera 湖富营养化历程提供了一个营养盐和温度的综合影响例子（Romo 和 Miracle，1994）。在 20 世纪 70 年代，富营养化导致夏季和秋季浮游植物群落以颤藻为优势，但春季绿藻和硅藻仍然占优势地位。然而，20 世纪 80 年代的持续富营养化导致颤藻属在整年内都成为优势物种，这表明当营养物质水平较高时，蓝细菌对低温环境的优势较不敏感。

总之，野外观测总结的模式和基于生理的竞争模型表明，颤藻的优势可以是浅水湖泊藻类群落的另一种稳定状态，因为这些对低光具有耐受能力的蓝细菌能够引起浊度的增加，从而进一步有利于它们的竞争优势。模型和野外观察表明，高冲刷速率降低了蓝细菌成为优势种的可能性，因为其生长速率相对较慢。此外，有证据表明，较低的冬季温度和大型水生植物释放的化感物质可以影响竞争平衡，使其他藻类处于有利地位。

3.3   多物种间的竞争与演替

在前面的章节中，浮游植物被简单地当作一个均质群体或两个竞争群体进行研究。藻类动态大多在这种高度集中的水平上进行研究。尽管通常会区分主要的分类组群，但富营养化模型和湖泊浮游植物的描述性研究往往不会深入到物种水平，除非有某些物种（如蓝细菌）占主要优势。将物种进行归类的原因是明确的，平均水平下的湖泊藻类群落由数百种不同物种组成，而物种水平上的动态变化通常非常不稳定（Cottingham，1996）。

在一篇题为"浮游生物悖论"的经典论文中，Hutchinson（1961）提请人们注意这样一个事实，即浮游植物的高度多样性是极其显著而突出的。因为在这个相对同质化的环境中，每个物种都在争夺少数有限的营养物质和光线，似乎无法为专一化的生态位提供太多空间。实际上，单一竞争模型表明，能够在平衡状态下共存的物种数量不可能大于限制性资源的总量，除非涉及额外的机制。Hutchinson已经为他的悖论提供了一个可能的解释纲要。这很重要，他认为，浮游生物群落可能根本就处于非平衡状态。

3.3.1 非平衡动力学的因果关系

尽管基于这种非平衡的论点，Hutchinson悖论似乎已经解决，但问题仍然是什么因素真正驱动了非平衡动态过程。最合理的解释是，季节交替和天气、水文条件变化等不可预测因素的持续变化（Padisak等，1993）是主要原因。

正如Sommer（1991）和Reynolds（1993）所指出的，尽管时间尺度差异很大，藻类物种的季节性演替在许多方面与陆生植被的演替相似。藻类的典型世代交替时间大约是陆生植物的千分之一。因此，夏季浮游生物动态变化可以与几个世纪以来的陆地演替相比肩。事实上，Reynolds（1993）认为，浮游生物在两个冬天之间发生的历程与温带森林中韦氏冰川期以来发生历程相当。事实上，藻类的季节性演替与陆生植物群落的演替模式有着显著的相似性。初期，演替序列的"殖民者"是生长迅速的小型物种，而在夏季演替结束时占主导地位的物种是生长缓慢但能够很好地保存生物质和营养的大型耐遮荫的藻类。在季节性演替过程中藻类群体的出现顺序取决于湖泊深度和营养状况等因素。尽管每年都会有所差异，但在大多数湖泊中，生物量和优势类群演替的总体模式或多或少是可预测的（Sommer等，1986）。

除了由温度和光照的逐渐变化所驱动的常规年周期之外，还有一个持续的与天气相关的"扰动"。炎热和暴风雨天气等气象事件会对水文、水温和养分供应产生显著影响。这种短期的突变性被认为可能阻碍了物种演替，从而阻止了一个物种在竞争中胜过其他物种。事实上，在实验室条件下，波动的营养供给足以防止平衡条件的发生从而导致竞争排斥（Sommer，1984；Sommer，1985），而且在湖泊的真实条件下，与天气因素相关的扰动被认为对保持藻类群落的多样性和动态变化很重要（Padisák等，1993）。

通常认为，在没有外界干扰的情况下，藻类演替应在一两个月内达到稳定状态。在这种情况下，大多数物种都被一个或几个优势物种所淘汰："不受扰动的演替最终应该接近竞争排斥和生态平衡"（Reynolds 等，1993）。然而，实验室研究表明，即使在没有任何外部变化的情况下，多物种浮游生物系统也会表现出不稳定的波动，并在数年内保持多样性（Kersting，1985）。更有可能的是，这些复杂的动态变化是物种之间相互作用的结果，因此被归类为"确定性混沌"（Scheffer，1991b）。因此，我们在真实的湖泊中看到的很可能是一个内在混沌系统在波动环境中的行为。可以说，最终内在混沌和环境波动的影响之间没有太大区别，因为在所有实际应用中，结果仅仅是噪声。然而，从概念上讲，内在混沌现象具有重要的理论意义：首先，混沌系统在没有任何干扰下所达到的最终状态（渐近状态）是所谓的"奇怪吸引子"。过去研究的大多数动力学系统模拟都倾向于稳定的平衡点（"点吸引子"）或规则循环（"周期吸引子"）。然而，混沌系统往往处于连续变化的状态，在这种状态下，相同的模式永远不会完全重复"奇怪吸引子"。混沌系统的第二个重要特征是初始状态的微小差异会随时间呈指数级增长。这意味着长期行为从根本上是不可预测的。即使我们确切地知道影响浮游生物群落的规则，最终结果仍然是不可预测的，因为我们永远无法准确地确定当前的状态。即使我们可以确定当前状态，最微小的干扰也会对未来长期带来巨大影响。因此，如果浮游生物系统确实是混沌系统，那么所讨论的天气影响因素往往会随着时间的推移而放大，即使在恒定的条件下，物种层面的预测能力似乎也不太可能实现。

3.3.2　期望混沌动力学的理由

"自然群落的动态变化本质上是混沌过程"这一观点主要来自多种单一模型的分析结果。已得到证明的是，混沌动态过程可以从各种营养级的相互作用中发生（图 3.24）。

尽管所有这些相互作用都是潜在的混沌种子，但每种相互作用的模型只会在有限的参数设置范围内产生混沌行为。因此，当缺乏这些相互作用产生混沌行为的驱使条件等信息时，我们并不能从这些观察中推断出太多信息。对于任何特定的模型，深入研究这方面的细节似乎都不是很有启发性。但我们可以从物理学中学习一个通用规则：包含相互作用振子的系统很容易表现出内在的混沌动力学过程（Rogers，1981）。由于浮游动物物种往往表现出强烈的种群结构周期变化，振子往往被认为在浮游生物群落中很丰富。因为不同物种之间的食物有很大的重叠性，显然，这些浮游动物振子是成对的（Brooks 和 Dodson，1965；

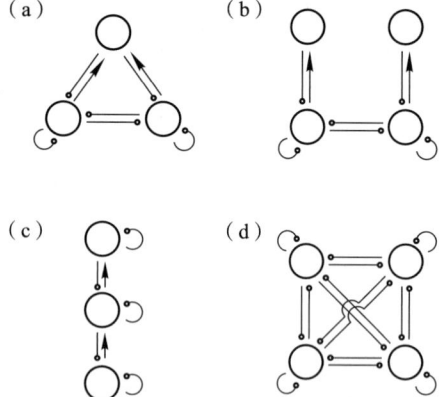

○ 图 3.24　已被证明会产生混沌行为的简单模型的相互作用结构：（a）一个消费者利用两个相互竞争的猎物；（b）两个消费者利用相互竞争的猎物；（c）食肉动物处于简单的消费者 - 食物系统之上；（d）至少 4 个相互竞争物种的网络。引自 Scheffer 等（1991b）的研究。

Demott，1982；Boersma，1995）。因此，认为浮游生物动态过程本质上是混沌过程似乎是合理的。

图 3.24 最后一个相互作用方案展示了一个额外的混沌源。即使在没有消费者的情况下，竞争物种的网络也会表现得很混乱。在这种情况下，如果要使用生物学上合理的参数设置，所需的相互作用种群的最小数量是 4 个（Ameodo 等，1982）。尽管在 4 个物种的情况下可以产生一个成熟的奇怪吸引子，但混沌行为似乎相当脆弱（Scheffer，1991b）。奇怪吸引子的吸引域是有限的，因此扰动可能很容易将系统从其混沌行为中踢出，从而在这种情况下退化为稳定的单物种状况。此外，如果修改参数，混沌行为很容易丢失。因此，在现实世界中，这样的系统似乎不太可能表现出混沌行为。然而，已经证明的是 5 个或更多物种的竞争相互作用可以导致任何类型的行为，包括混沌。如果涉及许多物种，复杂的动态过程变得更有可能（Smale，1976）。显然，水生生态系统中藻类物种数量通常要大得多，因此，即使浮游动物没有明显的影响，藻类群落也可能表现出混沌行为。

这个假设得到了小型水生模型生态系统（"微生态系统"）观察的支持，这些生态系统在实验室中保持不受干扰长达 10 年（Kersting，1985）。基本上，这些微生态系统由一个浮游植物组分、一个浮游动物组分和一个分解组分组成，通过一个连续的环形水流连接在一起。除了不可避免的少量干扰外，温度和光照保持恒定，系统保持封闭。尽管如此，这些系统通常没有达到稳定状态，而是在整个观察期间保持着不规则的动态变化（图 3.25）。

有强烈的迹象表明，在藻类组分中测量到的振子仅来自该系统的内部相互作用。系统的出水是连续的，入水的磷酸盐浓度也是连续的（Ringelberg，1977）。因此，竞争似乎是导致这个

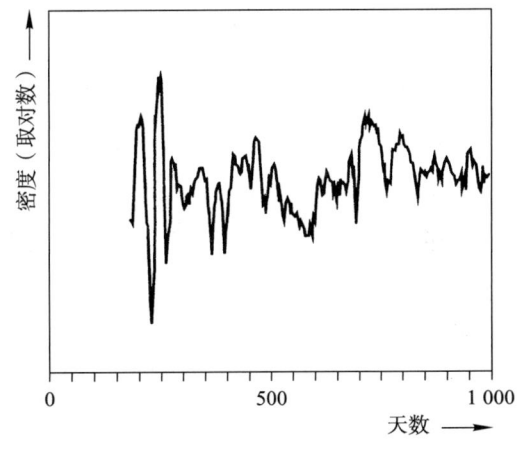

○ 图 3.25 微生态系统自养组分中总颗粒密度 1 000 天内的波动。重绘自 Ringelberg（1977）的研究。

小型多物种藻类群落波动的最可能原因。这个观点得到了一个观察的支持，即当这样的系统偶尔崩溃到一个以某一物种为主导状态时，波动就消失了（Kersting，个人交流）。在这样的稳定单优群落中，蓝细菌总是获胜者。需要注意的是，这与前一节讨论的在真实湖泊中蓝细菌占优状态往往几乎是单优群落，并且通常显示出非常稳定的季节性动态非常吻合。

总的来说，真实世界中的藻类群落很可能具有内在混沌特性。此外，它们还受到环境随机性的影响。由于混沌系统对初始条件的敏感性，后者的影响可能会被放大，而不是被群落内的相互作用所抑制。因此，藻类的动态在物种水平上通常是高度不规律的（Cottingham，1996），这种细节水平上的可预测性似乎是不可

能的。尽管如此，正如前文所述，环境因素对总藻类生物量的影响以及蓝细菌占优的预测还是相对准确的。

（黄立成、杨姣姣　译）

第 4 章
营养级联

　　鱼类资源的显著减少通常会导致以浮游植物为食的水蚤数量显著增加，而水蚤的显著增加会将浮游植物的生物量降到一个较低的水平（Shapiro 和 Wright，1984；Van Donk 等，1990；Meijer 等，1994a）。此外，食鱼性鱼类的增加会减少食浮游生物鱼类的数量，从而导致水蚤的增加和藻类生物量的减少（Benndorf 等，1988；Hambright，1994；Mittelbach 等，1995；Søndergaard 等，1997）。这种鱼类通过浮游动物对浮游植物产生的影响沿着食物链的营养级向下传导，因此这种相互作用被称为营养级联作用（Carpenter 等，1985）。由于浮游植物水华是富营养化的主要问题之一，利用这种营养级联作用机制似乎是提高富营养化控制效果的明确途径。这个想法很简单：通过减少食浮游生物鱼类的数量，浮游植物将被增多的溞属（*Daphnia*）生物种群所摄食。

　　由 Hairston、Smith 和 Slobodkin（HSS）（Hairston 等，1960）设计的营养级联黑白版本，产生了一种漫画式的世界图景，尽管这一模型具有夸张的特征，但在早期阶段却为我们打开了眼界：在没有消费者的情况下，植物将变得丰富，世界将呈现绿色。引入不受控制的食草动物会导致植物生物量不断减少，形成一个沙漠般的世界。进一步引入不受控制的食肉动物，将控制食草动物，并使世界再次变绿（图 4.1）。

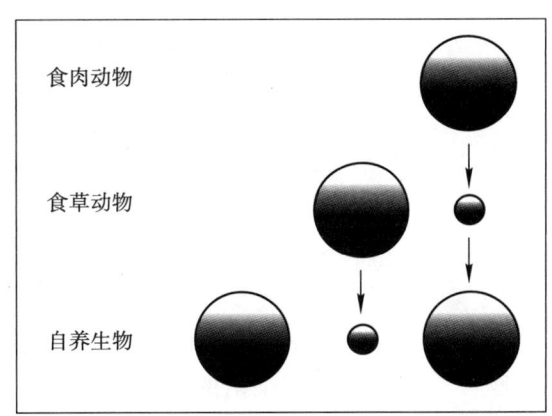

◐ 图 4.1 HSS 假说所建议的不同长度食物链的自上而下控制，说明初级生产者受下行控制只发生在具有奇数个环节的食物链中（见正文）。引自 Scheffer（1997）的研究。

　　这种 HSS 假说以及湖泊群落的营养级联理论引起了相当大的争论，因为许多生态学家认为下行控制潜力被大大高估了。这种相反的观点认为，大多数生物的多度是由食物的可得性决定的，而不是由捕食决定。有趣的是，这种关于下行控制重要性的争论早在一个多世纪前就已经是热门话题。意大利科学家洛伦佐·卡门莱诺（Lorenzo Camerano）在 1880 年对当时科学争议的描述以及他提出的用于解释食物链动态过程的理论，与该领域近年的发展有着惊人的相似，值得我们反思。关于上行效应和下行效应的争议，卡门莱诺写道：

　　这些天备受争议的问题之一是，对于农作物，哪些动物是有益的，哪些是有害的。众所周知，存在两类观点。其中一类观点承认鸟类的作用，因为它们可以消灭损害农作物的昆虫，并相信通过促进鸟类数量的增加，可以减少昆虫的数量和它们所造成的损害程度。然而另一类观点认为，鸟类的影响对于消灭有害的昆虫是无关紧要的，鸟类的发展不会阻止昆虫的发展。

　　属于第一类的博物学家是这样论证的：鸟类减少后，对农作物造成损害的昆虫数量会增加。同时，鸟类主要以昆虫为食，如果我们增加鸟类的数量，昆虫的数量就会减少。第二类博物学家有不同的看法：鸟类的数量很高，特别是在那些昆虫很多的地方。当昆虫数量减少时，鸟类的数量也会减少。昆虫数量少的地区鸟类数量也很少。一个地区昆虫的数量主要取决于该地区食物的数量。因此，他们得出结论：鸟类在消灭可能损害农作物的昆虫方面只起了很小的作用。著名的博物学家对上述任何一种理论都进行了论证。然而，支持第一种理论的博物学家人数每天都在减少，而支持第二种理论的博物学家人数却在增加。

　　卡门莱诺还提出了一些听上去很熟悉的解释，例如应用科学过于草率（一种忽视纯科学数据而急于应用的倾向），忽略了食物网络中的重要反馈（"没有考虑不同动物群之间许多非常重要的关系"）。他接着介绍了一个理解食物链动力学的理论框架，其中包含了后来生态学理论的许多关键概念。例如，消费者和食物数量处于动态平衡的观点："动植物的发育与现有食物成正比，这是大家公认的事实。由此可知，无论是食肉动物还是食草动物，任何一种物种都不能超过某个限度，一旦超过这个限度，就会破坏其自身的食物资源。被任何一种动物的过度生长所打破的平衡，都会被重新建立起来。"卡门莱诺详细解释了在一个营养水平上的扰动如何影响整个食物链，同样的观点在一个世纪后引起了如此多的争论（Hairston 等，1960），并描述了如何通过阻尼波动重新建立平衡。

　　卡门莱诺的工作直到最近才被重新发现（Jacobi 和 Cohen，见 Camerano 的参考文献）。很明显，他关于系统生态学的"先锋书信"对他那个时代的科学家没有足够的吸引力，不足以创建一个学派来保持这些思想的活力。更具影响力的研究工作是近半个世纪后阿尔弗雷德·洛特卡（Alfred J. Lotka）（1925）和维多·沃尔泰拉（Vito Volterra）（1926）提出的描述物种相互作用的简单数学模型。自从这些贡献以来，更实用的极简模型推动了对营养级相互作用产生的动力学理解。事实上，"吃与被吃"的动态结果往往相当复杂。在许多情况下，简单模型提供了一些必要的推动力，从而直观地理解消费者－食物互动的全部含义。在本章中，这些极简模型被用来解释浮游植物、浮游动物和鱼类之间相互作用的一些基本特征。由此产生的观点可以作为讨论例如体型大小的捕食关系、逃避被捕食策略等更复杂营养级关系的基础。

4.1 控制浮游植物的下行效应

4.1.1 蚌类牧食

在浅海系统中，双壳类通常是主要的滤食性动物。尽管淡水湖泊并非如此，但也有例外。例如，在新西兰的 Tuakitoto 湖，一种当地的贻贝物种（*Hyridella menziesi*）约每 32 h 过滤一次湖水，可以使浮游植物的生产量减少 90%（Ogilvie 和 Mitchell，1995）。在湖泊中密集分布双壳类滤食性动物的情况主要发生在美国的浅水水域，斑马纹贻贝（*Dreissena polymorpha* 图 3.13）在这些水域快速繁殖并占据绝对优势。尽管其他双壳类入侵者，如河蚬（*Corbicula fluminea*）已经对被入侵区域的群落产生了相当大的影响，但斑马纹贻贝入侵美洲大陆的状况是空前绝后的。Macisaac（1996）概述了入侵所带来的非生物和生物影响。

在第一次出现后不久，斑马纹贻贝这个物种便开始大范围侵染被入侵区域。例如岩石、浮标和码头等硬底层表面，以及生产生活上的重要设施，如进水口、拦污栅、蒸汽冷凝器以及仪表和发电厂的其他重要部件。

大量的斑马纹贻贝种群对藻类生物量和浅水区其他悬浮颗粒物浓度带来显著影响。斑马纹贻贝入侵湖泊或海湾后，水体透明度显著提高，叶绿素 a 浓度下降。例如，在五大湖区伊利湖西部盆地的南部，浮游植物浓度较斑马纹贻贝入侵前下降了几乎一个数量级，透明度增加了 100%（Holland，1993）。St. Clair 湖的透明度从斑马纹贻贝入侵前的 0.5～1.5 m 增加到 1990 年贻贝增多时的 1.8～2.8 m。在五大湖休伦湖的 Saginaw 湖湾，平均透明度从第一次观察到贻贝时的 1.3 m 增加到第二年的 2.7 m，此时最大贻贝密度已经增长了 5 倍（MacIsaac，1996）。

贻贝属（*Dreissena*）净化水柱的潜力已在荷兰进行了实验测试（Reeders 等，1992）。将贻贝（540 个 m^{-2}）添加到两个相邻的重度富营养化池塘中的一个，由于淤泥质的松软沉积物不利于贻贝的生存，在池塘中添加了铁丝网作为着生基质。在实验之前，池塘中没有发现贻贝，并且通常在夏季发生严重的蓝细菌水华。在随后的几年里，贻贝池塘的透明度一直高于对照池塘（图 4.2）。控制组（斑马纹贻贝）没有发生蓝细菌水华，藻类生物量也减少到对照组（空白）的一半左右。

斑马纹贻贝能够过滤不同尺寸的颗粒，但只有一部分保留下来的微粒被真正

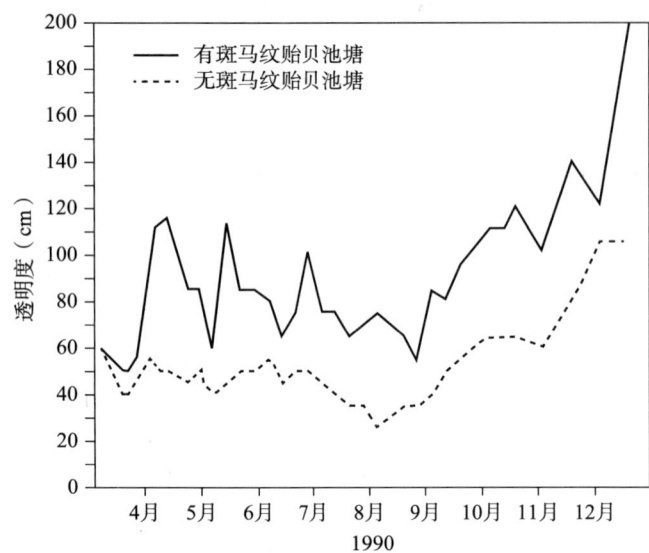

○ 图 4.2　一周年内控制组（有斑马纹贻贝）和对照组（空白）实验池塘的透明度变化。引自 Reeders 等（1992）的研究。

摄取；未被消化吸收的部分，如大型硅藻细胞和无机沉积物颗粒包裹在黏液中，作为假粪颗粒被排出。贻贝引起的 Erie 湖西部的变化表明，所有主要的浮游植物类群，包括大型群体，同样容易受到贻贝属过滤影响（Nicholls 和 Hopkins，1993）。即使是小型浮游动物（包括贻贝的幼体）也会被贻贝吞食（MacIsaac 等，1991）。事实上，在贻贝入侵后，轮虫和小型桡足类的密度均有下降趋势（MacIsaac，1996）。然而，由于贻贝和浮游动物也存在食物的竞争关系，很难确定观察到的浮游动物数量减少是否是由贻贝摄食所致。

所有贻贝属对浮游生物带来显著影响的例子都来自混合均匀的浅水系统。在深水中，过滤的效果似乎不太可能影响整个水体的透明度。在贻贝引入增加水体透明度的案例中，大量贻贝种群过滤作用大约是第 2 类因素。虽然浮游动物的牧食可以使得透明度得到更大的提高，但斑马纹贻贝的牧食效果通常不像溞短生命周期暴发式的那样短暂。此外，由于斑马纹贻贝可以比溞过滤更大的颗粒物，人们进行了一项研究（Reeders 和 Bij de Vaate，1990），试图找到扩大斑马纹贻贝种群数量的方法，以形成一种降低浅水湖泊浊度的辅助手段。在欧洲许多浑浊的浅水湖泊实践中，可能是缺乏适宜的硬质底质，贻贝这类生物没有大量繁殖起来。在无植被覆盖的浅水湖泊中，除了石头、杆子、树干或船只等安全地点外，贻贝不断地被底质的再悬浮和沉积作用所掩埋。当湖泊由于贻贝的牧食而变得清澈时，水生植被会快速扩繁（Griffiths，1992）。由于大型植物是幼年贻贝栖息的适宜基质，并可有效防止沉积物受到波浪影响而再悬浮，这进一步提高了贻贝扩繁的可能性。由此产生的正反馈可能会促进贻贝入侵美国湖泊浅水区后所观察到的变化（MacIsaac，1996）。

几种食软体动物鱼类以斑马纹贻贝为食（French，1993），当水较浅时，潜水型水鸟会在某些情况下捕食较多数量的贻贝（Wormington 和 Leach，1992；Hamilton等，1994）。尽管如此，对斑马纹贻贝种群强有力的下行控制尚未见报道。在许多浅水湖泊中，缺乏适合栖息的基质可能是限制斑马纹贻贝扩张的主要因素。

4.1.2　溞的特殊地位

在大多数湖泊中，浮游动物是下行效应控制藻类最重要的类群，它们是由许多不同种类生物组成的类群。从个体数量来看，轮虫和桡足类等小型动物通常是最重要的，它们可以作为鱼类幼苗和肉食性浮游动物（如桡足类的剑水蚤）的食物，并以小型藻类和细菌为食。它们对微小食物颗粒的控制，导致藻类群落结构向大型浮游植物个体演替，而不是减少藻类的总生物量。虽然偶有小型浮游动物个体控制藻类生物量的报道（Jeppesen 等，1990b），但唯一能导致叶绿素浓度显著下降的浮游动物是大型枝角类动物（Brooks 和 Dodson，1965；Pace，1984）。溞属（*Daphnia*）的物种（图 4.3）以其潜在的高牧食压力而出名。它们的体型使其能够以各种各样的藻类为食，但不包括那些形成大群体的藻类。与自然界中广布种不同的是，溞的滤食效率也非常高，能将食物减少到不足以维持大多数竞争对手生存的水平（Brooks 和 Dodson，1965）。因此，当溞属的生物数量较高时，小型个体物种的密度通常会下降。由于这一机制，并可能通过机制式的干涉加强，轮虫密度有时几乎是溞种群波动的镜像（Lampert 和 Rothhaupt，1991）。

○ 图4.3 溞（*Daphnia*）是小型浮游甲壳类动物，通过过滤水以获得藻类食物，密度可以达到每升几百只，并且可以将浮游植物的数量降低至很低的水平。然而，溞也很容易受到鱼类的捕食，这解释了它们在许多情况下缺失的原因。

因此，溞是浮游动物群落中一个非常成功的竞争者。尽管如此，在许多浅水湖泊中，这种动物还是很罕见的。溞种群可能被多种因素抑制。例如，多项研究表明悬浮的黏土颗粒对溞的取食有害（Arruda 等，1983；Kirk 和 Gilbert，1990；Kirk，1991）；当以磷限制藻类为食时，它们不能很好地生长和繁殖（Hessen，1990；Sommer，1992；Sterner，1993）；溞几乎不会在咸水中大量繁殖（Bales 等，1993；Jeppesen 等，1994）。此外，大型蓝细菌群体通常不易被牧食（Arnold，1971；Schindler，l971），在它们的存在下，溞的生长速率会严重降低（Gliwicz，1990；Gliwicz 和 Lampert，1990），而蓝细菌释放出的有毒物质可以使溞的过滤速率降低 50% 或更多（Haney 等，1994）。

然而，也许溞作为一种成功的藻类控制措施，最明显的弱点是它们是食浮游生物鱼类非常优良的食物。这导致它们在许多情况下缺失，下一节将对此做进一步解释。许多研究表明，当鱼类捕食强度减小时，溞的生物量会增大，进而对藻类生物量产生较大影响。有的时候，冬季长时间的冰层覆盖会导致大量鱼类因缺氧而死亡。这种自然的冬季鱼类死亡现象通常伴随着密集的溞种群出现，它们以藻类生物为食（Schindler 和 Comita，1972；Haertel 和 Jongsma，1982；Samelle，1993）。通过捕鱼或鱼藤酮（生物杀虫剂）人工大幅度减少鱼类种群后，也观察到同样的现象（Shapiro 和 Wright，1984；Van Donk 等，1990；Meijer 等，1994a）。

　　许多湖泊春季出现的清水阶段也说明了溞将藻类生物量降至极低水平的潜力（Lampert 等，1986；Luecke 等，1990；Carpenter 等，1993；Rudstam 等，1993；Sarnelle，1993；Hanson 和 Butler，1994a；Townsend 等，1994；Jurgens 和 Stolpe，1995）。这一现象的细节后来得到了更深入的讨论，但一般情况下很容易理解。春季藻类的大量繁殖为溞提供了丰富的食物，使溞的个体生长速度和繁殖能力得以提高。它们的种群在几周内扩大到其牧食总量超过藻类产量的程度。结果，藻类群落衰减到一个较低的水平。在这个阶段，水可以非常清澈。这种过度摄食藻类的状态不会持续太久，由于食物短缺，溞个体的状况恶化，雌性溞的卵子数量减少，繁殖几乎停止，最后溞种群数量锐减，藻类群落恢复。显然，这是一个典型的捕食者 – 被捕食者循环的场景，而且在实验室种群中，这种循环往往产生一个稳定振荡（Pratt，1943）。此外，在野外环境下，有时能在夏季过程中观察到循环的正则序列；但通常情况下，以浮游生物为食的当年鱼会在春季高峰之后阻止溞的下一次暴发。

　　本文建立了一个简单的溞– 藻类关系经典模型，研究了营养水平和空间异质性等因素对溞– 藻类关系的影响，这个极简的模型将作为后续部分探索鱼类和季节性影响的基础。

4.1.3　浮游生物极简模型

　　溞不仅仅是湖沼学家研究的重要生物，也是毒理学中最重要的实验生物。因此，人们对它的生物学特征有了很多了解，并且有大量不同的模型可以用来描述它的动态过程。这些模型中最简单的是在经典富营养化模式下使用的模型（参考 Straškraba 和 Gnauck，1985 的评论）。中等复杂度的模型使用体型大小或年龄结构来考虑种群的数量结构（如 de Roos 等，1992）。最复杂的一类是生态毒理学中使用的详细模型，这些模型可以深入到个体生理学的水平（如 Kooijman，1986）。

　　为了探索溞- 藻类相互作用的一些基本性质，我们使用简单的两个捕食者 – 被捕食者模型：

$$\frac{dA}{dt} = rA\left(1 - \frac{A}{K}\right) - g_z Z \frac{A}{A + h_a} \tag{1}$$

$$\frac{dZ}{dt} = e_z g_z Z \frac{A}{A + h_a} - m_z Z \tag{2}$$

　　藻类（A）是基本的逻辑斯蒂增长模式，增加了一个额外项用于描述溞的消费量。这种消费量取决于溞（Z）的数量、最大消费率（g_z）和浮游植物的密度。后一个方程关系是一个莫诺函数，它表示固定半饱和常数（h_a）的简单饱和函数响应。浮游动物种群以一定的效率（e_z）将摄入的食物转化为生长所需能量，并以固定的速率（m_z）呼吸和死亡。

　　这种模型或类似的模型可以在大多数生态学教科书中找到。这种简单的捕食者－被捕食者模型有很长的研究历史，因此对它们的行为了解较多（Rosenzweig 和 MacArthur，1963；Rosen-zweig，1971；DeAngelis 等，1975；Murdoch 和 Oaten，1975；Scheffer，1991a）。传统的研究这类极简模型的方法是对零等斜线法（zero-isoclines）。这种等斜线公式可以简单地通过求解上述方程的零增长（dA/dt = 0 和 dZ/dt = 0）过程来求解。

藻类等斜线的计算结果则为：

$$Z^* = rA\left(1 - \frac{A}{K}\right)\frac{A + h_a}{g_z A} \tag{3}$$

第一部分实际上是藻类逻辑斯蒂生长曲线，而第二部分则是浮游动物函数响应的倒数。在图 4.4 中，藻类等斜线在任一点的高度（dA/dt = 0）可以解释为浮游动物需要消耗的数量正好是藻类生产的量，从而使藻类的种群增长动态平衡。

逻辑斯蒂生长导致等斜线隆起：在藻类密度低的情况下，种群的总生产力很低，只需要很小的牧食压力来平衡它；而在藻类密度高的情况下，由于竞争，生产力又下降了，也几乎不需要牧食来阻碍它进一步增长。函数响应（倒数）会导致等斜线不对称，左侧高于右侧。这是因为在低藻类密度下，浮游动物虽然无法像在高藻类密度下那样有效地牧食，但却有更多数量的浮游动物可以生存。

浮游动物（图 4.4 中 dZ/dt = 0）的等斜线是简单垂直的，因为 Z 从方程中被消去了：

$$A^* = \frac{h_a}{\dfrac{e_z g_z}{m_z} - 1} \tag{4}$$

从生物学的角度来看，垂直等斜线的原因是，除了通过模型中的食物，没有对高种群密度的负反馈机制。因此，只有一个固定的食物密度（A^*），在这个密度下，种群的增长刚好等于损失。

假设消费者只通过消耗食物来影响彼此，这在溞的案例中可能是接近现实的（Slobodkin，1954），但该假设不对所有的消费者都适用。消费者干扰（consumer interference）（通常称为"捕食者干扰"）可以通过合并模拟动物之间的直接交互作用（Rosenzweig，1971；Gilpin，1972）或依赖于捕食者－被捕食者函数响应（Beddington，1975；DeAngelis 等，1975；Ruxton 等，1992；Abrams 和 Roth，1994）。捕食者依赖的一个特殊情况是比率依赖型函数反应（Arditi 和 Ginzburg，1989）。虽然这个公式以一种简单的方式揭示了捕食者依赖的本质，但它的使用存在一些须重视的理论问题（Abrams 和 Roth，1994）。

如前所述，零增长的等斜线将"相平面"（图 4.4）划分为种群正增长区域和负增长区域。在这种情况下，藻类生长在等斜线上方为负，在等斜线下方为正。同样，浮游动物的生长在垂直等斜线的左侧为负，右侧为正。等斜线的交点是平衡的，因为两个种群的增长率都为零。由于在轴上，任一种群的密度为零，因此其增长率为零，所以轴也是（微弱的）等斜线，等斜线与轴的交点的起点和部分

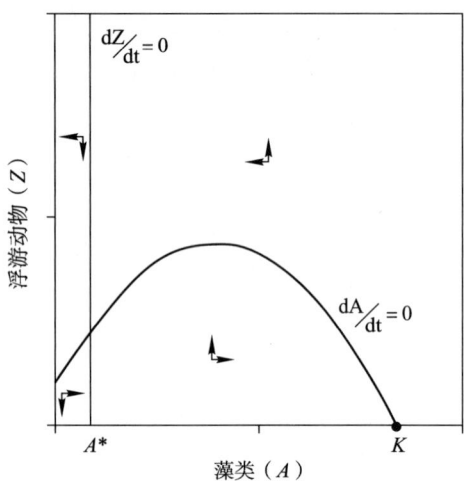

○ 图 4.4　由文中描述的模型得到（公式 4 和 5）浮游动物（dZ/dt = 0），和藻类（dA/dt = 0）零增长等斜线图。这些零增长的线将"状态空间"划分为两个种群正增长和负增长的区域（用箭头表示）。浮游动物种群的增长仅在垂直浮游动物等斜线右侧为正。在隆起的藻类等斜线下方区域，藻类种群增长是正的。等斜线的交点代表一个（不稳定的）平衡，因为两个种群的增长率都是零。

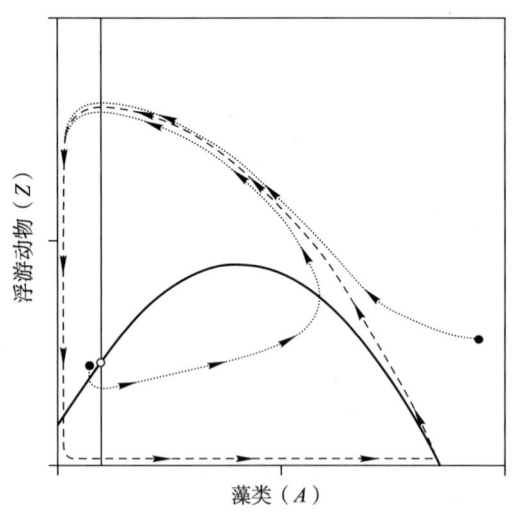

○ 图 4.5　从浮游动物和藻类密度的任何非零组合开始的模拟（点虚线）在不稳定平衡点周围收敛为一条循环路径（长虚线）。这个循环是一个称为极限环的稳定吸引子。更多解释见正文。

是（微弱的）平衡。

在这种情况下，藻类等斜线与 x 轴的交点是这样的微弱平衡点。由于没有浮游动物，仅逻辑斯蒂方程就独自确定了藻类生物量和藻类在承载能力（K）下的平衡。这个微弱的平衡是不稳定的，如果我们添加一定量浮游动物，系统将不会返回到该状态。注意，与前一章讨论的竞争模型不同，我们这里只有一个微弱平衡。浮游动物等斜线与 y 轴不相交，产生一个只有浮游动物存在的较弱平衡，因为它们需要食物来维持它们的种群。

比微弱平衡更有趣的是两条等斜线相交处的平衡。与竞争模型中的交集一样，这个交集可以是稳定的，也可以是不稳定的。在描述的情况下，交点是一个不稳定的平衡点。然而，它并不像竞争模型中那样是一个鞍点。相反，这种平衡是一个被极限环包围的排斥点。在某种意义上，这个极限环现在是系统的"平衡"，因为它吸引了所有模拟运行的轨迹（图 4.5）。

从一个接近不稳定焦点的点开始，系统会螺旋上升，直至达到极限环。从极限环外的任何一点开始，轨迹将向周期内螺旋运动。一旦进入循环，系统就会继续沿着它移动。由于振荡，称极限环为平衡是不正确的。相反，循环和更复杂的吸引结构，如环面和奇怪吸引子被称为渐近状态，因为如果模拟持续足够长的时间，系统将渐近地接近它们。

从生物学上讲，极限环上的振荡可以理解为由于浮游动物种群密度对可获得食物资源的延迟反应而导致的过度反应。从藻类处于承载能力的微弱平衡附近的循环部分开始，浮游动物生长并消耗食物到一个极低的水平，进而无法支持进一步的生长和繁殖。结果，浮游动物数量下降到足以让藻类种群再次扩大到高密度的水平，由此产生的良好的食物

条件又使浮游动物有了新的扩增，这个循环又重新开始。这确实是真实种群中可能发生的情况，尽管还有许多细节没有包含在这个极简模型中，如体型大小等级

之间的竞争和卵子产量的抑制。

　　在垂直消费者等斜线的情况下，如果生产者等斜线交点处的斜率为正，则可以证明等斜线的交点是被极限环包围的不稳定平衡（Rosenzweig 和 MacArthur，1963）。这个规则意味着，通过改变等斜线使交点移动到驼峰的右侧，可以维持平衡。这样做的一个方法是降低消费者的效率，从而使维持其种群数量（在该例子中是 A^*）所需的食物密度增加，进而将消费者等斜线向右移动。由等斜线方程（公式 5）可知，在我们的模型中，可以通过降低 g_z、e_z，或增加 h_a 或 d_z 的值来实现。然而，默认值合理地代表了溞的生物学特性，事实上，它是一个有效的消费者，可以将其食物消耗到低水平，这可能正是为什么会发生这些强烈波动的原因。因此，我们保持溞的特征参数，并探索通过改变藻类等高线将交叉移至驼峰右侧的其余可能性。

4.1.4　加富营养的悖论

　　在某些方面，营养物质对简单消费者 – 食物系统的影响是令人吃惊的。第一篇对其进行详细探讨的论文 "加富营养悖论"（Rosenzweig，1971）引起了强烈反响（McAllister 等，1972），并成为生态学理论的经典。为了在我们的模型中显示 "悖论"，我们对加富营养操纵因子 K 进行了模拟。如前面章节所述，这是在逻辑斯蒂增长方程中表示系统营养成分的合适参数。K 值减小后，隆起的峰顶部向左移动（图 4.6）。

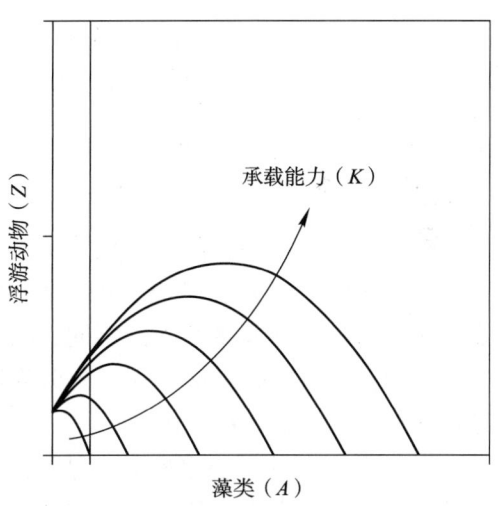

○ 图 4.6　加富营养（以藻类承载能力的增加为代表，K）对等斜线的影响。

　　当它经过浮游动物等斜线左侧时，交点变为稳定平衡，极限环消失。如果营养水平足够低，使承载力低于需要维持浮游动物的藻类密度（A^*）时，交叉点消失。因此，在这种非生产性环境中，不存在与浮游动物的平衡情况。相反，仅存在藻类（$A = K$ 和 $Z = 0$）的微弱平衡变得稳定。有人认为，由于这种效应，在一般非生产性环境中，食物链会变得更短，因为食物短缺会使较高的营养级丧失（Oksanen 等，1981）。然而，藻类的承载能力通常远远高于支持溞的临界水平。

　　垂直等斜线的一个显著的结果是，一旦浮游动物开始出现（$K > A^*$），藻类生物量就不再随着营养盐（被 K 模拟）而增加，直到极限环出现，情况变得更加复杂。这种完全由浮游动物形成的加富营养缓冲作用在自然界中通常不存在。在实践中，浮游植物和浮游动物的生物量同时随着营养物的增加而增加（Sarnelle，1992）。如前所述，捕食者随函数的响应，将使浮游动物等斜线不垂直，进而导致更多对加富营养的自然响应。然而，由于在实际中，在合理的溞密度下并没有发现干扰效应，因此模型预测和野外模式之间的偏差应归咎于其他因素。正如后面指出的，空间异质性和食浮游生物鱼类的捕食是可能的原因。

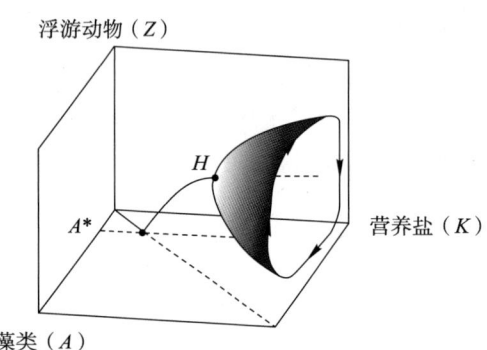

○ 图 4.7　加富营养对浮游动物 - 藻类模型平衡和极限环的影响。在霍普夫分岔点（H）中，平衡点变得不稳定，极限环在其周围演化（见正文说明）。

等斜线是发现平衡态的一种有用方法，在某些情况下，比如上面的例子，它们的形状甚至可以表明平衡态是否稳定。尽管如此，等斜线分析的可能性是有限的。例如，循环平衡的位置不能从等斜线推断出来。一个更有效更直接的方法来发现参数改变（如 K）的影响，就是直接看平衡点的变化（图 4.7）。

从一个很低的水平开始增加承载能力，只要它处于微弱平衡状态，藻类密度就等于 K。一旦达到允许浮游动物生长所需水平，增加 K 的效果就会传递到下一个营养级。浮游动物密度增加，而浮游植物密度保持恒定（A = A*），直到极限环出现。更准确地说，在那个点（H）发生的是，稳定平衡"分岔"成另外两个平衡：稳定极限环和不稳定点平衡。根据所涉及平衡点的不同，这种分岔有几种类型。这种特殊类型被称为"霍普夫分岔（Hopf bifurcation）"，尽管霍普夫以外的作者实际上在他之前就对其进行了描述（Kuznetsov，1995）。

增加 K 引起的不稳定效应，导致捕食者和被捕食者的种群都经历了一个大的周期，在这个周期中，捕食者和被捕食者的种群都经历了一个低数量的时期，这使得 Rosenzweig（1971）推断出一个悖论，即加富营养可能会对某些物种产生不利影响，因为它增加了灭绝的风险。然而，McAllister 和他的同事们（1972）立即回应说，他们在湖泊中进行的施加营养盐的实验根本没有破坏浮游生物的稳定性。事实上，再加上藻类对加富营养没有反应这一奇怪的事实，极端大幅度的极限环是模型行为与实际浮游生物动态变化最明显的偏差之一。对于合理的 K 值，循环非常贴近与相平面的两个轴移动（图 4.5），对应到浮游动物或浮游植物接近于零密度的时期。虽然溞的自然种群和实验室种群确实倾向于振荡，但它们的循环通常具有更小的振幅。此外，模型产生的模型振荡周期不切实际，几乎达到半年的时间，而真实种群的周期通常只有 20 ~ 45 天（McCauley 和 Murdoch，1987）。大周期和低频率的问题实际上是密切相关的。种群密度几乎为零的时期延长了周期（图 4.8），因为从濒临灭绝中恢复是非常缓慢的。在接下来的章节中，我们将阐述替代食物、不可食用藻类、空间异质性和鱼类的存在是如何改变上述模式的，从而描述更真实的溞动态视图。

4.1.5　稳定机制

在有关捕食者 – 被捕食者关系稳固机制的生态学文献中，空间异质性和食性转换可能是最热门的两个主题。在深水湖泊中，溞并没有真正地去主动选择转换不同的食物，因为它仅能依赖湖上层内的悬浮物。然而，在草型浅水湖泊中，有迹象表明，当浮游植

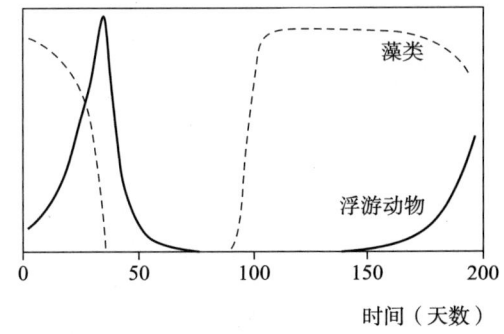

生物量

○ 图 4.8　在经典极简模型的极限环上，浮游动物和藻类种群发生的极端振荡。

物密度较低时，溞主要以堆积在底部的碎屑为食（Jeppesen 等，1996）。虽然这可能是一个相对低质量的食物来源，但它能避免种群完全崩溃，并稳定系统。不幸的是，关于溞在野外的食性选择方面的信息很少，但是作为替代食物来源的碎屑，其存在可稳定溞种群的观点似乎是合理的。

另一个潜在的稳定因素是不可食用藻类的存在，如大型蓝细菌群落。显然，要弄清相互竞争的藻类群体与牧食者之间相互作用的微妙之处是相当复杂的。然而，简单地说，不可食用藻类的存在之所以可能趋于稳定，有两个原因：（1）它们与食用藻类争夺资源，从而降低了"有效承载力"；（2）不可食用物种降低了浮游动物对食用藻类的消费效率（Gliwicz 和 Lampert，1990）。在等斜线方面，如前所述（1）将藻类等斜线隆起的顶部向左移动，（2）将垂直的浮游动物等斜线向右移动，当藻类等斜线的顶部位于浮游动物等斜顶的左侧时，振荡消失，（1）和（2）因此可以预期溞的动态将趋于稳定。不可食用藻类的潜在稳定作用已通过简单模型进行了证明（Kretzschmar 等，1993；Gragnani，1997），但尚未通过实验证明。

空间异质性是捕食者 – 被捕食者动力学稳定性研究文献中最常被提及的问题之一。许多作者使用模型揭示了生境斑块部分隔离的稳定效果（Gurney 和 Nisbet，1978；Nisbet 等，1989）。其他模型表明，当捕食者聚集在高密度斑块中时，捕食者 – 被捕食者振荡是稳定的（Hassel 和 May，1974）。在基于个体的捕食者 – 被捕食者模型中，限制个体的运动速度也可以实现稳定（De Roos 等，1991）。所有这些机制实际上都是密切相关的，捕食者集中斑块外的空间可以被认为是一个"部分避难所"，在那里部分猎物可以逃脱捕食者的捕食。正如下一节所解释的，空间异质性可能是在野外没有发现藻类和溞同时濒临灭绝的极端模式振荡的重要原因。

4.1.6　空间异质性的含义

溞在湖泊中的分布通常很不均匀，这些动物常集中形成密集的群体（Kuenne，1925；Colebrook，1960；Klemetsen，1970；Johnson 和 Chua，1973；Malone 和 McQueen，1983；Jakobsen 和 Johnsen，1987）。此外，深水湖泊浮游动物经常表现为垂直迁移，白天集中在深水层，夜间集中在表层（Gliwicz，1986；Lampert，1992；Brancelj 和 Blejec，1994）。在浅水湖泊中也发现了类似的昼夜迁移现象。白天，这些动物集中在水生植物分布区，晚上游到相邻的开阔水域（Timms 和 Moss，1984；Lauridsen 和 Buenk，1996）。

考虑到种群的饵料竞争，这种聚集实际上是不利的。事实上，浮游动物群落中的藻类密度可以大大降低（Tessier，1983；Jakobsen 和 Johnsen，1987）。研究表明，浮游动物能够主动游离食物浓度较低的区域（Cuddington 和 McCauley，1994；Neary 等，1994）。因此，可以解释为什么溞仍然聚集在一起，减少被捕食损失通常被认为是主要的驱动力。关于群体的形成，已经被广泛地讨论过（Heller 和 Milinski，1979；Jakobsen 和 Johnsen，1987；Young 等，1994）。研究表明，食浮游生物鱼类的存在推动了溞向深水区（Gliwicz，1986；Leibold，1990；Loose 和 Dawidowicz，1994）和植被区（Lauridsen 和 Lodge，1996）的迁移。

为了了解这种聚集在安全地点对溞和藻类动态的潜在影响，我们从相同模型出发。显然，包括空间动力学的细节是相当复杂的。在保持空间聚集基本特征的同时简化的一个方法是考虑溞聚集在湖泊的某个区域，该部分占总体积的一部分 q，而浮游植物在整个湖泊中均匀分布。因此我们假设了两个想象的隔离空间（图 4.9）。

第一种模式，溞捕食局部的藻类亚种群（A_1）；第二种模式，藻类种群（A_2）不被捕食。在这两个隔离空间之间，设定湖容每天的交换量 d。将它认为是在溞聚集区流动的含藻水，但它同样可以代表溞集群在湖中移动的效果。由此得到空间模型（Scheffer 和 De Boer，1995）：

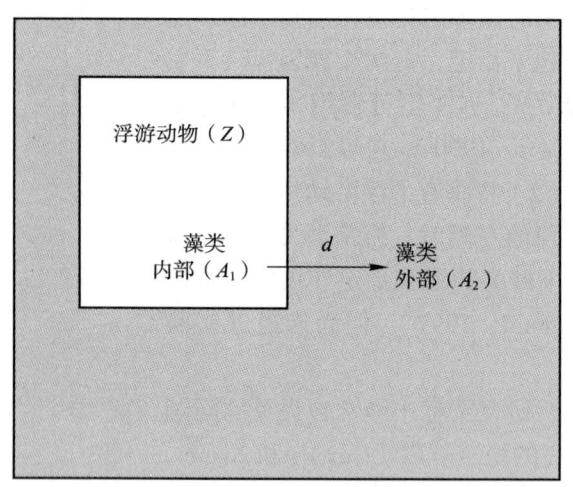

○ 图 4.9　浮游动物 – 藻类空间模型中假设的空间简化结构（第 5 章公式 3、4 和 5）。浮游动物（Z）被限制在空间的一部分，它们的藻类食物生长在浮游动物隔离区（d）的内部（A_1）和外部（A_2），并在空间的两部分之间扩散。引自 Scheffer 和 Boer（1995）的研究。

$$\frac{dA_1}{dt} = rA_1\left(1 - \frac{A_1}{K}\right) - g_zZ\frac{A_1}{A_1 + h_a} + \frac{d}{q}(A_2 - A_1)$$ （5）

$$\frac{\mathrm{d}A_2}{\mathrm{d}t} = rA_2\left(1 - \frac{A_2}{K}\right) - \frac{d}{1-q}(A_2 - A_1) \quad (6)$$

$$\frac{\mathrm{d}Z}{\mathrm{d}t} = e_z g_z Z \frac{A_1}{A_1 + h_a} - m_z Z \quad (7)$$

混合速率（d）和溞所占湖泊比例（q）对模型动力学的综合影响可在分岔图中进行总结（图4.10）。

由于该图没有描绘振荡，用另一个单独的图显示相应的动力学模式（图4.11）。

完全不混合的结果（a）是微弱的，我们只是简单地拥有未被滤食藻类的承载能力，而其他种群则如以前一样与溞以完全相同的方式振荡。轻微的混合（b）足以完全改变滤食区域的动力学。系统仍然振荡，但振幅周期的减小，结果很好地落在野外报道的范围内。在与被牧食部分的交换驱动下，未被滤食部分的藻类也表现出轻微振荡。

进一步增加混合程度会使系统完全稳定。回顾加富营养悖论中的分岔（图4.7），系统现在通过霍普夫分岔向后走，意味着极限环与不稳定点碰撞产生了稳定点平衡。

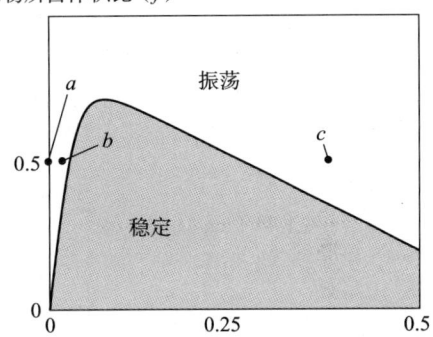

○ 图4.10　浮游动物－藻类空间模型的分岔图，显示了浮游动物所占体积比（q）和藻类在两个空间之间的扩散速率（d）对模拟行为的影响。该曲线表示霍普夫分岔，并定义了参数空间中振荡行为与平稳行为之间的边界。当滤食空间占比（q）足够小，而交换率（d）处于中等时，则存在一个稳定的平衡状态，如果浮游动物占据更大的空间，稳定就变得越来越困难。显示其行为的参数设置在图4.11 a、b和c中。引自Scheffer和De Boer（1995）的研究。

再次增加混合速率，系统通过另一个霍普夫分岔，再次振荡（c）。就如我们再次接近完全混合体积的极限情况时，这从直觉上很容易理解。这两个藻类亚种群的动态变得越来越相似，由于来自湖泊其他部分的食物源流入，其环境中的溞密度变得非常高。

生物学家通常通过在湖中的不同点取样，并取平均值来描述种群的动态。在该模型中，我们同样可以通过将藻类（A_T）和浮游动物（Z_T）的密度除以总体积的平均值来实现同样的效果：

$$A_T = qA_1 + (1-q)A_2 \qquad Z_T = qZ \quad (8)$$

这种对空间取平均种群密度的动态乍一看令人费解。溞振荡的相对振幅将保持不变：溞的总浓度降低是因为包含空白部分的平均值，但重新缩放轴线没有明显差异。然而，如果我们将未牧食部分平均，藻类波动的相对振幅会下降。尤其是当未牧食区域面积较大且受影响较小时，溞所占区域的振荡只会对整体平均藻类密度产生很小涟漪般的波动（图4.12）。由于采样误差可能远大于这个波动，野外观测将显示出一个振荡捕食者与一个稳定的猎物的虚拟情况。事实上，这种

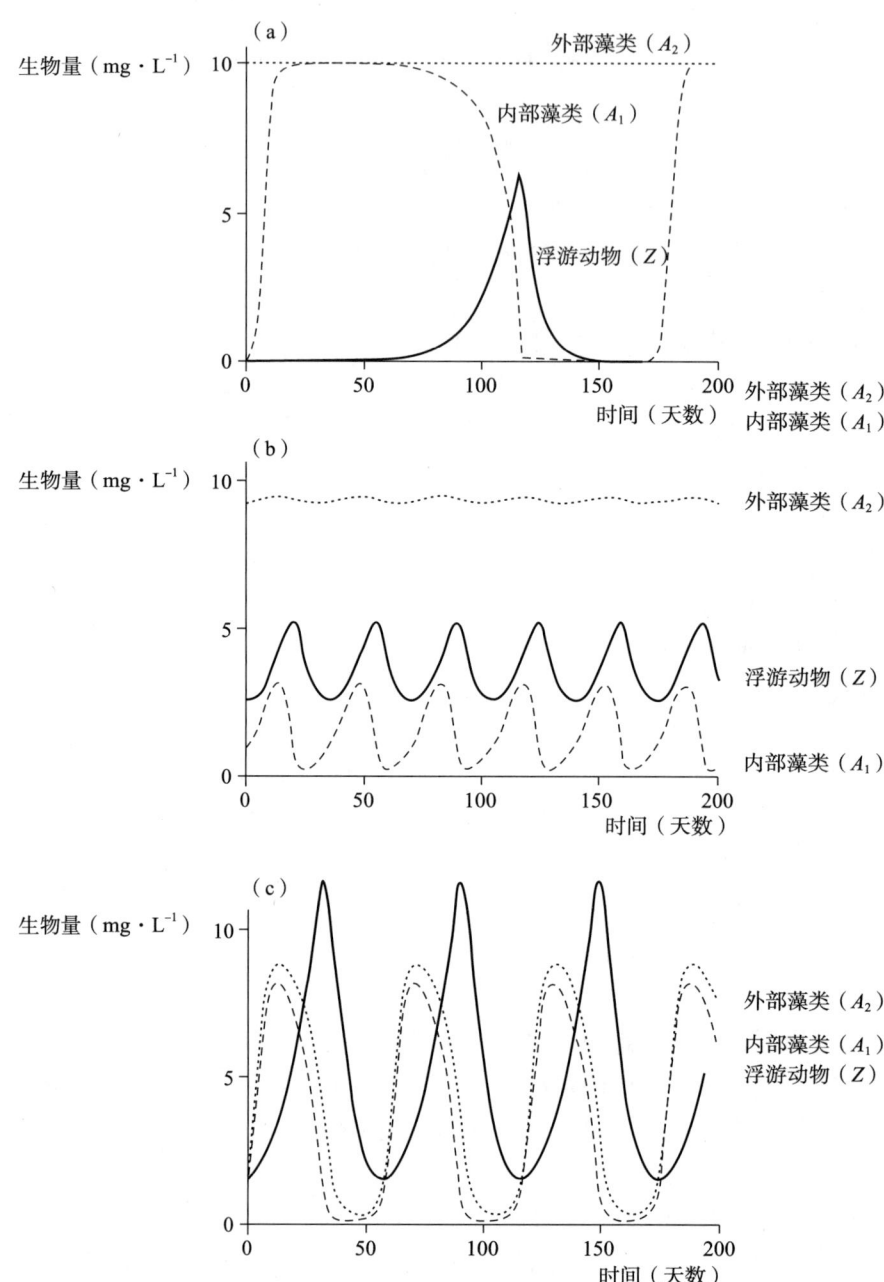

○ 图 4.11   以图 4.10 参数设置绘制的浮游生物空间模型时间图。参数设置：分图 a、b 和 c 的 $q = 0.5$，d 依次分别为 0.0、0.02 和 0.4。引自 Scheffer 和 De Boer（1995）的研究。

模式有时在溞–藻类动态中被观察到，并使水生生态学家感到困惑。McCauley 和 Murdoch（1987）发表了一篇关于溞动态变化的综述评论，他们发现了这种模式"足够奇怪"需理清其机制，但确定的是，它不是人为原因导致的。

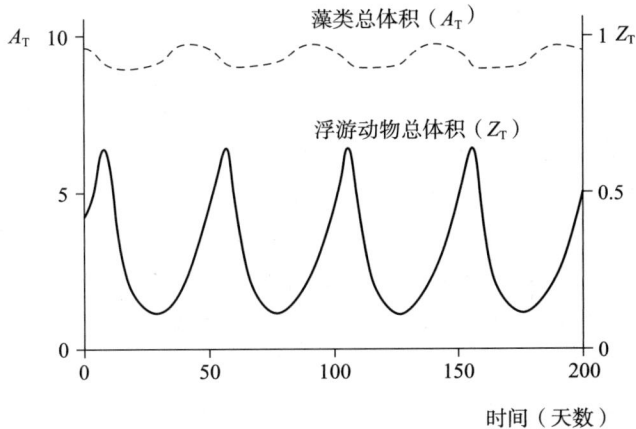

○ 图 4.12　在交换率与牧食占比较小（$d = 0.001$，$q = 0.1$）的情况下，由空间模型生成的浮游动物和藻类浓度随总体积（Z_r 和 A_r）的时间动态变化图。浮游动物在它们的藻类食物几乎保持不变的情况下振荡。摘自 Scheffer 和 De Boer（1995）。

　　事实上，上述解释得到了实验条件下观察结果的支持。McCauley 在研究溞–藻类在大型容器中的相互作用时，报告了一个在容器一侧聚集的网纹溞属（*Ceriodaphnia*）的种群振荡，而容器中其他部分的浮游植物几乎没有受到影响的现象。

　　重要的是，与忽略空间异质性的初始极简模型相比，该模型的空间平均种群密度对加富营养的响应更自然。通过绘制 A_T 和 Z_T 作为承载力 K 的函数可以看出这一点（图 4.13）。

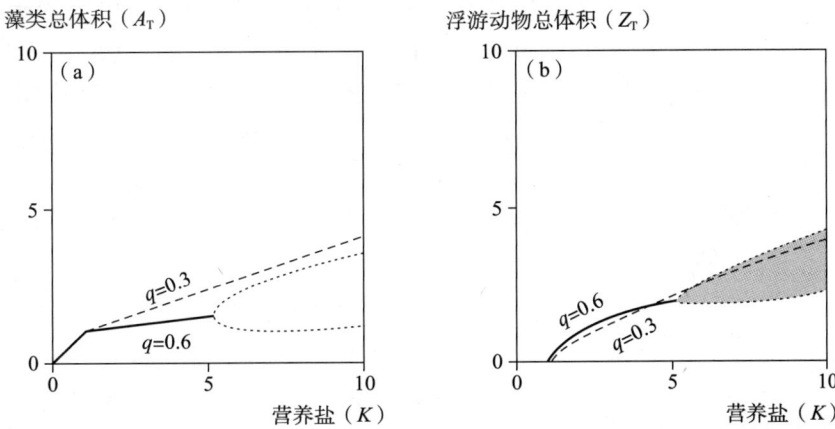

○ 图 4.13　空间浮游生物模型生成的藻类 A_T（a）和浮游动物 Z_T（b）对加富营养的空间平均平衡密度响应。对于所有图，d 值固定为 0.2，但在浮游动物分别占体积的 30% 和 60%（$q = 0.3$ 和 $q = 0.6$）的情况下，显示了响应。阴影区域表示极限环的振幅。引自 Scheffer 和 De Boer（1995）的研究。

当 K 值很低时,藻类密度太低,无法维持浮游动物的生存,藻类密度与初始模型中的承载能力相同。然而,在有溞的情况下,即超过临界分岔,藻类密度随加富营养而保持适度增长,而不是保持不变,这是经典模型所预测的。事实上,溞对浮游植物的这种"中度控制"可以在大多数实验和野外数据中观察到(Sarnelle,1992;Watson 等,1992)。

显然,经典模型产生的巨大振荡及其对加富营养的非自然响应是过度简化的结果。尽管它有助于明确地解释空间异质性,但如果我们继续增加影响因子,例如鱼,模型很容易变得相当复杂。此外,空间异质性并不是唯一的稳定力量。因此,最好对初始模型进行更一般、更简单但合理的修改,使系统稳定,而不会给公式增加太多复杂性。这可以通过多种方式来实现,以在不同程度上保持原始动态(Scheffer 和 De Boer,1995)。一个相对简单的解决方案是假设无浮游动物区域的藻类密度不受与被牧食部分交换的影响。这意味着 $A_2 = K$,因此我们得到了一个双方程模型,其中藻类生长可以写成:

$$\frac{\mathrm{d}A}{\mathrm{d}t} = rA\left(1 - \frac{A}{K}\right) - g_zZ\frac{A}{A + h_a} + i(K - A) \tag{9}$$

注意,为了进一步简化,独立参数 i 现在取代了更直接的 d/q 比值来表示未被捕食藻类进入研究区域的速率。由于双空间模型是对湖泊实际情况的抽象描述,在实践中很难确定参数 d 和 q 的值。因此,虽然这些参数有助于阐明一些一般原则,但它们的保存对进一步分析来说并不是很重要。

如果混合速率较低,上述公式可以合理地近似反映空间模型中浮游动物所在隔离空间的动态。请注意,由于该模型只研究局部动态,全湖的状况应按照前文介绍的来计算平均值,包括没有溞的部分,并假设藻类在剩余空间的承载能力。该模型通过用单一恒定的藻类流入量($\mathrm{mg} \cdot \mathrm{L}^{-1} \cdot \mathrm{d}^{-1}$)替代原有的最后一项 $i(K-A)$ 来进一步简化。这在大多数情况下都很有效(Scheffer 和 De Boer,1995)。然而,由于随后的 K 随加富营养和季节的变化而变化,因此保持完整的 $i(K-A)$ 项更为合适,以使其随环境承载能力的变化而变化。

新模型的等斜线图与经典模型不同,低藻密度下藻类等斜线急剧上升(图 4.14)。

一个小的流入项(i)足以摆脱具有接近灭绝周期的非自然大极限环。i 的增加使藻类等斜线的正斜率范围减小,直到整个等斜线的斜率为负值(图 4.14)。由于只有当藻类等斜线在交点处斜率为正时才会发生振荡,因此从藻类等斜线的变化

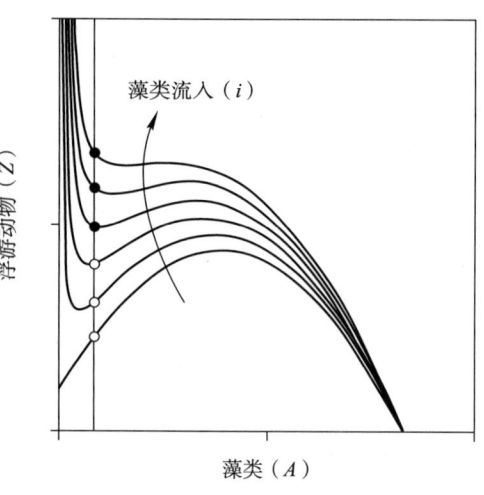

○ 图 4.14 浮游动物(垂直线)和藻类(曲线)的零增长等斜线的空间模型简化版,参数 i 的增加表示从无牧食区域输入的藻量(公式 9),空心圆表示不稳定平衡点,实心圆表示稳定平衡点。

可以看出，增加 i 会使模型趋于稳定。

如果使用 S 型或 Holling Ⅲ 型响应函数，而不是简单的饱和响应函数，则会出现非常相似的等斜线图。实际上 S 型函数响应是稳定捕食者 – 被捕食者模型的有效方法。使用 S 型响应函数描述溞的一个问题是，它们可能是从替代食物来源（如底部碎屑）中推断出来的，但从未真正测量过。即使存在食性转换，也存在一个概念上的问题，即就像上面的模型一样通过使用 S 型响应来建模。从被捕食者的角度来说，它很好地描述了当时的情况，但对于捕食者来说就不是这样了。简单地说，当溞在藻类稀少时停止进食，但是却无法得到它应该转换的替代食物。

4.2　食浮游生物鱼类的作用

4.2.1　野外和实验室结果

关于鱼类对浮游生物影响的讨论源自 20 世纪 60 年代初 Hrbáček 和他的同事（1961），他们注意到不同池塘浮游生物之间的差异取决于鱼类的存在。在有鱼的池塘中，浮游动物主要由小型个体组成，藻生物量较高。在没有鱼的池塘里，浮游植物的初级生产力较低，以溞为代表的大型植食性动物在浮游动物群体中占优。

此后不久，Brooks 和 Dodson（1965）在新英格兰的湖泊中发现了类似的鱼类和浮游生物关系，并提出了"体型 – 效率假说"来解释这种变化。与体型较小的浮游动物相比，体型较大的浮游动物对浮游植物的牧食效率要高得多。由于鱼类选择性地捕食较大的浮游动物，这导致浮游动物群落向小型动物群落转变，而小型浮游动物群落对藻类总生物量的影响很小。

虽然鱼类影响浮游动物群落的机制似乎比原先理解的更复杂，但是后来的研究工作在很大程度上还是证实了 Brooks 和 Dodson 的观点，即高密度的食浮游生物鱼类会导致浮游动物群落主要由小型的、牧食效率相对较低的牧食者组成（Shapiro 和 Wright，1984；Hambright，1994；Seda 和 Duncan，1994）。鱼类的选择性捕食不仅会使较大的浮游动物个体消失，一些溞个体也会根据鱼释放的化学信号改变它们的行为和生活史策略（Dodson，1988；Demeester 等，1995；Stirling，1995），还导致个体平均尺寸变小（Weider 和 Pijanourka，1993；Engelmayer，1995）。此外，关于大型浮游动物在某些湖泊中消失还有另外一种解释：鱼类资源量大的湖泊经常富集大型丝状蓝细菌，这类蓝细菌在某些条件下，已被证明可以抑制大型的溞属生物的生长（Hawkins 和 Lampert，1989；Gliwicz，1990；Gliwicz 和 Lampert，1990）。

显然，我们还远远没有解开导致浮游动物和藻类在鱼类存在时大小分布变化的复杂相互作用机制。如果我们只关注"下行效应"对藻类生物量的强作用力，问题就会简单得多。如前一节所讨论的，溞属的大型浮游动物实际上总是负责清洁水体。

　　尽管在简化的鱼类、大型的溞属生物和藻类的"营养级联"中下行效应显得很重要，但最终模式的细节并不总是直接明了。鱼类密度高和根本没有鱼的差别通常非常明显，这在很大程度上支持了 Hairston，Smith 和 Slobodkin（1960）"黑白图"的观点，即食草动物可以完全抑制初级生产者，除非它们自己被食肉动物抑制（图 4.1）。例如，Levitan 和他同事（1984）的研究表明，在有鱼的湖泊围隔中添加营养物质会导致浮游植物生物量的增加，这表明了藻类的"上行效应"。然而，在没有鱼的湖泊围隔中，加富营养后并没有影响浮游植物的生物量，相反在营养补充后，溞种群数量显著增加（图 4.15）。此外，在真正的湖泊中，鱼类完全死亡的影响往往是惊人的。

　　然而，比这种全有或全无实验更有趣的是探索浮游生物如何受鱼类捕食压力渐变而变化。在湖泊围隔中，受到个体生长的影响，鱼类的生物量增长缓慢，浮游动物的生物量也表现出不连续的响应（McQueen 和 Post，1988）。鱼类生物量超过约 50 kg·hm^{-2} 的临界值后，浮游动物数量会显著减少。对 Oneida 湖群落动态的长期研究也提供了证据，表明捕食压力存在一个阈值，超过这个阈值浮游动物群落就会崩溃（Mills 等，1987）。在这个系统中最重要的食浮游生物鱼类是黄金鲈（*Perca flavescens*）的当年鱼（0 岁鱼）。鲈鱼当年鱼的密度每年都有显著差异。凡是 8 月 1 日黄金鲈当年鱼密度超过 14 000 条·hm^{-2} 的年份，夏末湖泊溞种群几乎完全消失（图 4.16）。近年来，小型植食性浮游动物和浮游植物的多度有所增加。浮游动物对鱼类捕食响应的不连续性可以通过一个简单的图示模型来理解，下一节将对此进行解释。

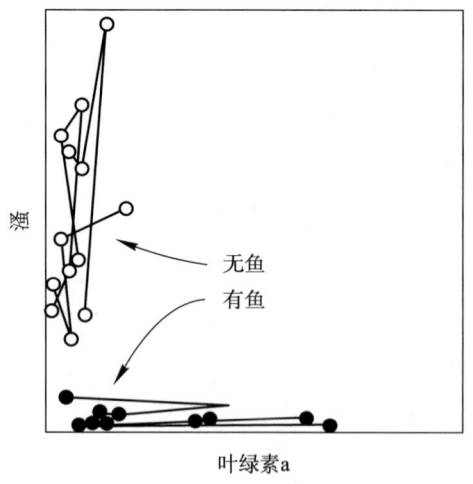

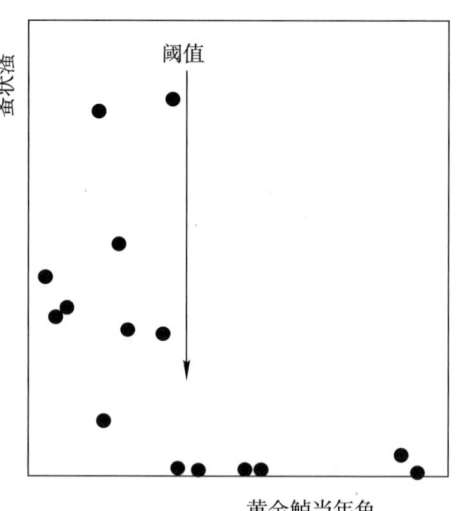

○ 图 4.15　有鱼、无鱼围隔中溞数量和叶绿素 a 浓度对添加营养物的响应。引自 Levitan 等（1984）的研究。

○ 图 4.16　15 年间每年 8 月 1 日测定的 Oneida 湖蚤状溞（*Daphnia pulex*）和黄金鲈当年鱼的数量关系。重绘自 Mills 等（1987）的研究。

4.2.2 经典消费型灾变

在"消费者-食物"这一配对关系（溞-藻类）中，消费者种群的动态变化很大程度上取决于特定食物的可获得性。然而，若考虑到鱼对溞的摄食影响，情况就有所不同。鱼类可通过摄食这一高营养食物获益，但对多数个体而言，溞仅是其食物组成的一部分。鱼类总体密度取决于整个系统的生产力，但与溞对浮游植物的动态响应不同，鱼对溞密度的响应并不直接。因此，在研究鱼类对溞动态的影响时，可不直接考虑溞对鱼类种群动态的反向作用。

一个研究得较透彻的例子是牛的放牧，在这个例子中，消费者的密度在很大程度上与食物无关。植物的动态是由放牧驱动的，而牛的密度是由人决定的。Noy-Meir（1975）使用了一种具有启发性的简单图形方法来分析这个系统中过度放牧的风险。该方法不仅有助于了解牛对草的影响，而且有助于解释鱼类对浮游动物、食鱼动物对鱼和植食鸟类对水生植物的影响。

其思路是在同一张图（图4.17）中绘制出食物种群的生产量和因摄食导致的消费损失量。

两者之间的差值可理解为食物种群的净增长。食物种群的产量与种群密度的关系显示出一个最优关系。这是逻辑斯蒂增长一节中讨论的一般种群增长特征。在低种群密度下，个体平均增长率很高，但由于只有少数可繁殖的个体，导致整体生产力仍然很低。当种群密度最高时，生产力较低，因为环境的承载能力已达到极限。消费曲线表示消费者的函数响应乘以种群密度。消费随着食物密度的增加而增加，因为食物的获取变得越来越有效率。

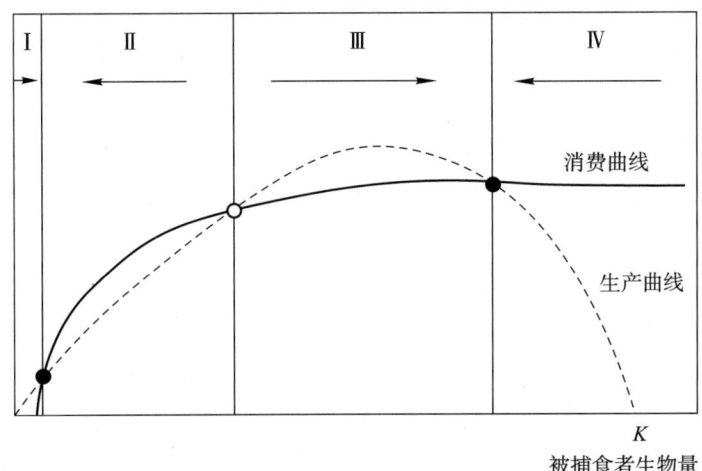

○ 图 4.17　可利用食物种群稳定性分析图解。在两条曲线的交点处，消费等于生产，食物种群数量处于平衡状态。然而，一个空心圆点上的平衡是不稳定的（更多解释见正文）。

　　对于高食物密度，消费个体的最大消费率已接近饱和。假设由于总有一部分食物是消费者无法获得的，食物群体永远不可能被完全吃掉，消费量在食物水平轴的起点要略高于零。

　　如果函数响应在足够低的食物密度下饱和，曲线可以相交于三个点，如图所示。显然，如果生产量大于消费损失量（第 I 段和第 III 段），食物数量就会增加；如果消费量超过生产量（第 II 段和第 IV 段），食物数量就会减少。三个交点都是平衡点，因为消费平衡了增长。然而中间的那个点是不稳定的。这是因为在一个小的扰动之后，系统会远离它，而不是像其他两个交点那样受扰动后仍能回到平衡状态。不稳定点表示食物密度的断点，在该断点以下，系统崩溃为过度利用状态，此时食物的生物量低，生产量非常低。

　　随着消费者数量的增加，总消费量增加，消费曲线的高度也随之增高（图 4.18）。

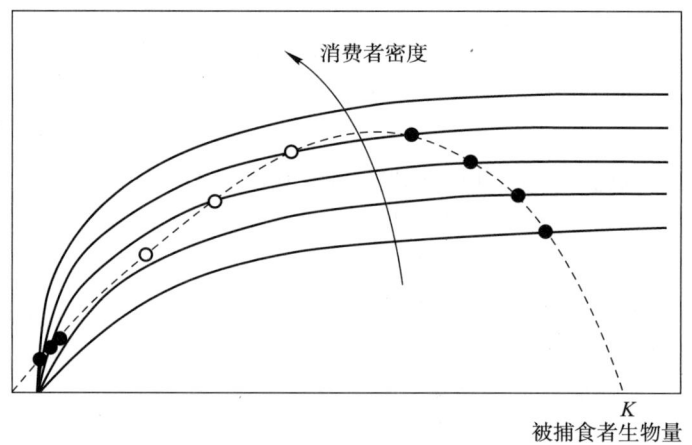

　　○ 图 4.18　随着消费者密度的增加，消费量也随之增加，这就影响了稳定和不稳定的平衡点在生产和消费曲线相交的位置（同见图 4.17）。

　　如果追踪消费者密度变化时平衡点的变化，就会发现这种构型有滞后现象，很像蓝细菌和其他藻类之间的竞争，但在这种情况下是一种完全不同的机制。从最低的消费者密度开始，只有一个平衡点。随着消费者密度的增加，这种平衡向左侧移动。随着食物密度下降，但生产力提高，直到消费曲线变得过高而无法与生产曲线相交。在这一点上，平衡达到不稳定断点并消失。最终，系统崩溃为过度利用状态。如果在这个崩溃之后，为了恢复生产状态而降低消费者密度，系统就会出现滞后。它会保持在低食物密度的过度利用平衡状态，直到消费曲线变得足够低，让左边的交叉点消失。同样，当断点与稳定状态发生冲突时，也会发生这种情况。绘制三个相对于消费者密度的平衡位置（图 4.19），可以得到一个滞后曲线，这与从蓝细菌模型（图 3.19 和 3.22）获得的解释类似，尽管涉及的过程有很大不同。

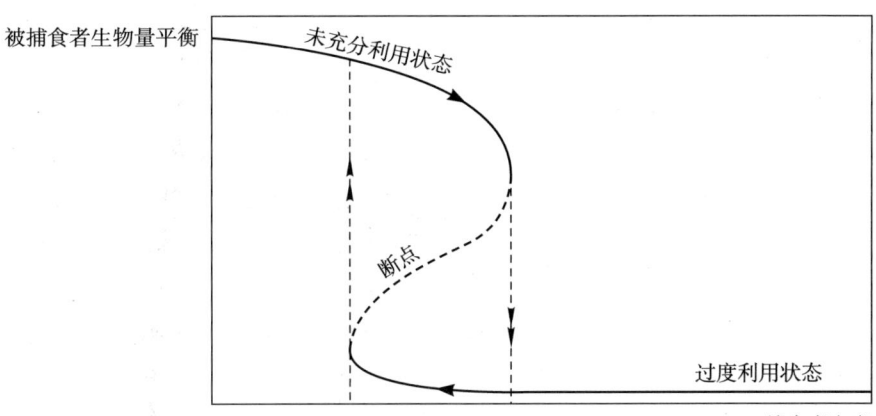

○ 图4.19 平衡状态下的食物密度是消费者密度的函数。曲线中间的虚线部分与系统的不稳定断点对应（图4.17和图4.18中的空心圆）。在消费者密度的范围内，在这个不稳定的平衡点上，系统趋向于两个多稳态平衡之一，这取决于相对于断点的食物种群的初始密度（详见进一步讨论的文本）。

　　Noy–Meir用这个模型来解释经常在干旱植被中观察到的牛过度放牧的影响。不过，原则上也适用于鱼类密度增加对溞的影响研究。事实上，溞对鱼类的响应似乎是非线性的（如图4.16所示），而且，如后面所解释的，进入过度利用状态的崩溃可能是根本原因。然而，这里的情况显然更加复杂，因为溞的动态变化也依赖于它们与浮游植物的相互作用。事实上，溞–浮游植物的循环本身就是在藻类过度利用和利用不足之间的振荡。为了更好地理解鱼类对浮游植物的级联效应，我们需要明确地考虑浮游系统的动力学。

4.2.3 食浮游生物鱼类的极简模型

　　为了探讨鱼类对溞和藻类相互动态作用的潜在影响，我们对上一节建立的浮游动物–藻类模型做了轻微修改。由于鱼类一般不吃浮游植物，所以藻类的等式保持不变。为了解释鱼类捕食对溞的影响，我们简单地在它们的生长方程中加入一个额外的损失项：

$$\frac{\mathrm{d}A}{\mathrm{d}t} = rA\left(1 - \frac{A}{K}\right) - g_z Z \frac{A}{A + h_a} + i(K - A)$$

$$\frac{\mathrm{d}Z}{\mathrm{d}t} = e_z g_z Z \frac{A}{A + h_a} - m_z Z - G_f \frac{Z^2}{Z^2 + h_z^2} \qquad (10)$$

　　浮游动物方程中新增的损失项表征了整个鱼类群落的影响。在现实中，不同类群的鱼类对溞有不同的函数响应。因此，这个损失项实际上只是一个实用的解决方案，模拟了许多不同动物在不同时刻以不同的效率捕食溞的影响。因为多数大型鱼类个体通常只在溞达到一定多度时才会选择摄食（Lammens，1985；

Lammens 等，1985），捕食压力可能会随着潘密度在部分范围内线性增加。因此，在公式中添加一个平方，整体函数响应便呈 S 型。最大消费率（G_f）是直接设定的，而不是鱼类生物量和其重量最大摄入量的产物。后者很难在整个群落中定义，因为大型动物每克体重消耗的食物比小型动物少。

需要指出的是，本模型未对鱼类进行动态模拟。虽然后文将展示鱼类捕食压力的季节性变化，但即便如此，鱼类生长模型也未与水蚤摄食量建立函数关系。这种处理具有合理性，正如前文所述，潘在多数鱼类的食物组成中占比有限。因此，鱼类总体密度主要受湖泊生产力调控，并不直接对潘密度做出响应。

浮游动物（Z）

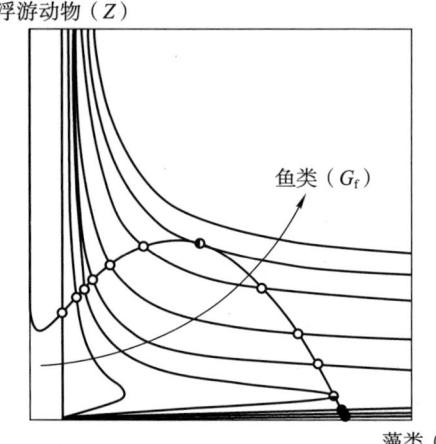

○ 图 4.20　鱼类捕食压力（G_f）增大对浮游生物模型零生长等斜线的影响。浮游动物等斜线随着鱼类密度的增加而弯曲，而藻类等斜线则不受影响。实心圆点表示稳定的平衡，空心圈点表示不稳定的平衡；半实心圆和相应的等斜线与折叠分岔（fold bifurcation）有关。引自 Scheffer 等（1997 b）的研究。

4.2.4　鱼类响应的滞后现象

研究鱼类对浮游动物 – 藻类相互作用影响的第一步，需要分析鱼类对零生长等斜线的影响。参数（G_f）用来模拟鱼类密度增加的影响。由于鱼类的影响只发生在浮游动物方程中，所以藻类等斜线仍然不受影响。然而，当鱼类数量增加时，浮游动物等斜线开始弯曲（图 4.20）。

这将导致交集（表示极限环的不稳定点）向右移动。当它被推到足够远的右边时，正如"加富营养悖论"部分所讨论的那样，它可以变得稳定。在这种情况下，相应的霍普夫分岔接近于峰值，但并不完全在峰值上，因为这种连接只对垂直的捕食者等斜线有效。除了现有平衡的变化外，在图的右下角还出现了新的交叉点，从而出现了新的平衡，在鱼的高密度情况下，藻类生物量很高，而浮游动物很少。

将鱼作为另一个额外维度添加到等斜线图中，可以获得更完整的视图（图 4.21）。这表明了交叉的位置是如何随着鱼类捕食而平稳变化的，从而形成一个连续的平衡曲线。在鱼 – 藻面或鱼 – 浮游动物面上，这条曲线呈现出 S 型（图 4.22），与简单的 Noy-Meir 模型（图 4.19）和藻类 – 蓝细菌竞争模型（图 3.22）中

浮游动物（Z）

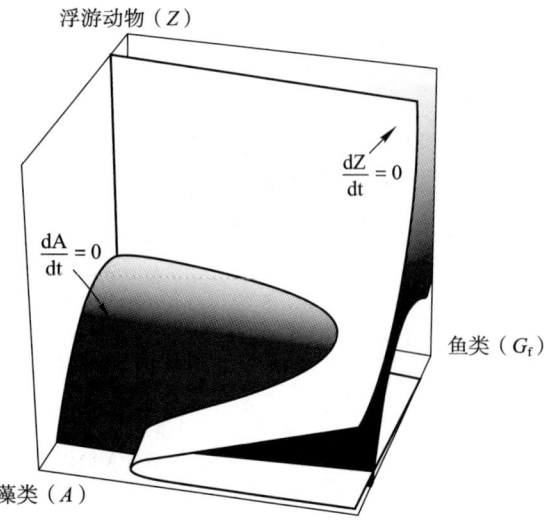

○ 图 4.21　鱼类对浮游生物模型等斜线影响的三维表征（图 4.20）。等斜线现在变成了浮游动物和藻类的零增长面。注意，表示系统平衡的交集呈 S 型。

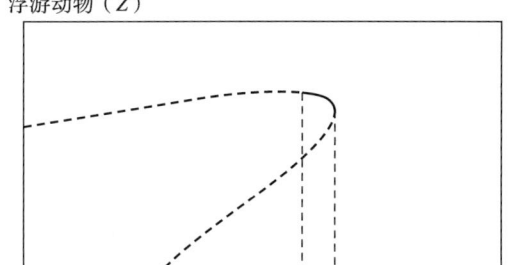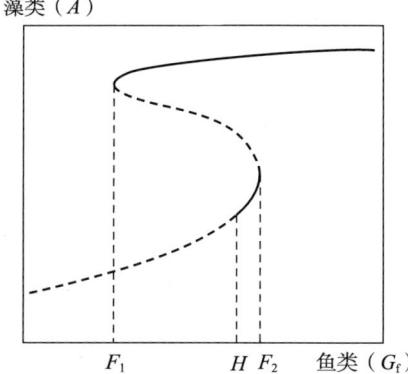

○ 图 4.22 图 4.21 中曲面 S 型相交的二维投影，由此得出的迟滞曲线显示出浮游动物和藻类在平衡状态下的密度取决于鱼的捕食压力。在两个分叉之间（$F_1 < G_f < F_2$），系统有交替平衡。曲线的虚线部分代表不稳定的平衡。平衡曲线中以浮游动物为主的分支是极限环中不稳定的点，只有一小部分经过了霍普夫分岔（H）。引自 Scheffer 等（1997b）的研究。

的 S 型相似。

在鱼类捕食压力小的情况下，浮游动物密度高，藻类密度低；而在鱼类捕食压力大的情况下，则出现高藻类生物量 – 低浮游动物数量的单一平衡。这些截然不同的状态，以鱼类密度来斡旋交替平衡状态的共存（$F_1 < G_f < F_2$）。

类似于 Noy–Meir 模型和蓝细菌模型，该系统将随着鱼类捕食压力的变化，呈现多稳态间的滞后向灾变的转变过程。然而，这里的滞后现象与以往的模型相比有一个重要的区别。在竞争模型和 Noy–Meir 模型中，滞后曲线的上、下分支是稳定的。在这里，高浮游动物 – 低藻类生物量的分支却是一个极限环的不稳定点［除了霍普夫分岔后的一小部分可以变得稳定（$H < G_f < F_2$）］。该极限环的存在对系统的定性行为有重要影响：当浮游动物和藻类的振荡大到足够超过不稳定的断点（即中间分支），它们将使系统进入稳定的藻类优势平衡点的吸引域。因此，这些振荡促使系统转变为一个由藻类主导的情况，其中浮游动物处于被鱼类过度利用的状态。正如后来所解释的，这可能就是许多湖泊在春季清水态浮游动物高峰崩溃后发生的情况。浮游动物的崩溃，是因为浮游植物被耗尽后导致的食物短缺。但是一旦浮游动物种群较少，即使在相对较低密度食浮游生物鱼类的影响下它们也可能保持在被过度利用的状态。这种消费者与食物间的动态振荡使系统容易受到第三营养级（鱼类）的过度利用，这种机制与所谓的"同宿分岔"相对应。这个现象将在下面两个技术性稍强的小节中进一步解释。

4.2.5 振荡的影响

由于等斜线对极限环的解释有限，我们使用在固定鱼类密度下的快照来阐明

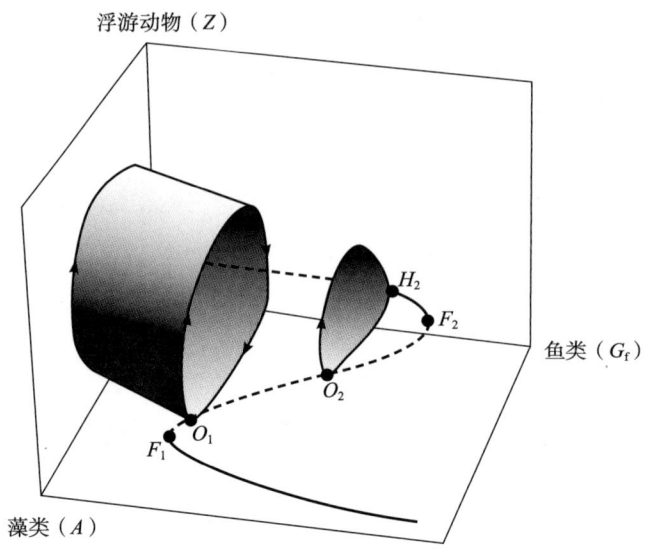

○ 图 4.23　鱼类捕食压力对系统平衡和极限环影响的示意图。两个同宿分岔（O_1 和 O_2）之间不存在极限环。在这些分岔中，极限环的稳定性由于与鞍的碰撞而被破坏，鞍的碰撞标志着稳定藻类主导的平衡吸引域的边界。引自 Scheffer 等（1997b）的研究。

与等斜线变化的关系（图 4.24），直接观察鱼类对平衡的影响，从而了解振荡平衡对滞后效应的影响（图 4.23）。对于没有鱼类的情况，我们只有原始的浮游动物 – 藻类模型，而极限环仅仅是稳定平衡点。增加鱼类数量，首先达到滞后曲线的左下拐点。由于它发生在滞后曲线的折叠点处，因此被称为折叠分岔（F_1）。如果观察等斜线，我们可以看到在弯曲的浮游动物等斜线与藻类等斜线相交之后出现了两个交点（图 4.24a）。由于一个是稳定的"节点"平衡点，而另一个是不稳定的"鞍点"，因此这种分岔有时被称为"鞍点分岔"（saddle–node bifurcation）。稳定点是一个几乎没有浮游动物但藻类密度高、接近承载能力的平衡点。值得注意的是，浮游动物并没有完全灭绝。因此，平衡状态不是仅有藻类达到承载能力的"微弱"状态。这是在藻类竞争模型中出现折叠分岔而不是"超临界"分岔的原因。显然，微弱平衡和相应的超临界分岔主要是由于过度简化。在当前模型中，鱼类的 S 型函数响应阻止了浮游动物的灭绝。简单的饱和函数响应会使藻类主导的平衡成为微弱平衡，而分岔是超临界的。

　　与竞争模型一样，鞍点是分界线的一个点，标记了新稳定平衡吸引域的边界。进一步增加鱼类数量，鞍点和节点分开，稳定的藻类主导的平衡吸引域扩大，直到鞍点与极限环（O_1）相交（图 4.24b）。这就是所谓的同宿分岔。显然，这意味着稳定极限环的终结，因为在这个分叉之后，极限环上的轨迹必然最终进入稳定浮游植物平衡的吸引区域（图 4.24c）。

　　将鱼类密度进一步增加，极限环可以通过第二个同宿分岔（O_2）重新出现。这是因为极限环在接近霍普夫分岔（H）时逐渐皱缩，并与其不稳定焦点碰撞，成为一个稳定的吸引子。随着鱼的密度增加，平衡状态的最后一个定性改变是再次发生折叠分岔（F_2）（图4.24d）。通过霍普夫分岔形成的稳定点吸引子在迟滞曲线折回的点上与鞍碰撞。

请注意，从第二个"同宿"到第二个"折叠"的部分主要是理论上的猜想，因为系统通常不会达到这类平衡状态。模拟从无鱼开始缓慢增加鱼的密度，振荡显现直至达到同宿（O_1）为止。在这种情况下，系统跳跃到唯一剩下的稳定平衡，即藻类占优的滞后曲线下分支，无论怎样增加鱼类捕食量，系统都将保持在这个状态。从这一点开始减少鱼类数量将使系统保持藻类状态直到折叠分岔（F_1）。在这一点上，它将跳回到振荡模式。只有一个扰动可能将系统带入霍普夫平衡周围的平衡态。然而，由于它们的吸引域很小，这种情况不太可能发生。因此，从实际角度来看，我们可以忽略这部分情况。

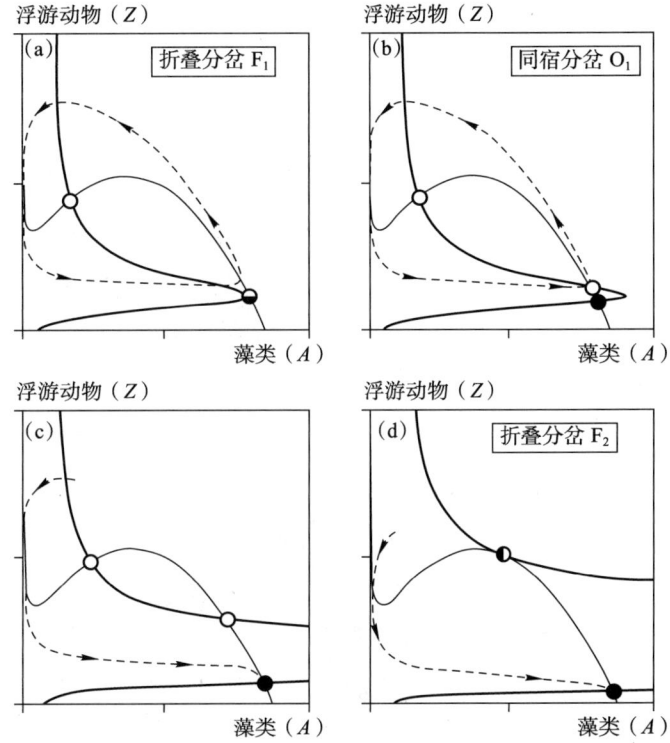

● 图4.24 对应于第一（a）和第二（d）折叠分岔，第一同宿分岔（b）和鱼类密度在两个同宿分岔范围之间（c）的轨迹和等斜线轮廓。引自 Scheffer 等（1997b）的研究。

4.2.6 潜在机制假说

以上具有5个分岔的情景是由鱼类产生影响的最复杂情景之一。可能存在的唯一分岔是鱼类低密度下的额外霍普夫分岔（图4.25a）。藻类方程中的移动项有可能导致图4.14中所示的其中一种稳定情况发生。在这种情况下，鱼类的增加最初可能会打破系统稳定，因为它使交点出现在藻类等斜线的上升部分。

然而，大多数情况下，复杂的情景将退化为更简单的情况。例如，第二个同宿（O_2）可能不存在（图4.25b）。显然，在我们的情景中，这并没有太大的区别，因为正如我们所说的，由于它们的孤立性和极小的吸引域，这些平衡点在实践中已经无关紧要。

当折叠F_1和同宿O_1重叠时（图4.25c），另一种简化出现了。这是一种所谓的鞍点同宿分岔（Kuznetsov，1995）。在这种情况下，浮游动物占优的清水态和藻类占优的浊水态是互斥的。极限环也可以保持足够小以避免触及鞍点。在这种情况下，不会发生同宿分岔（图4.25d）。最简单的情况是没有振荡（图4.25e），最

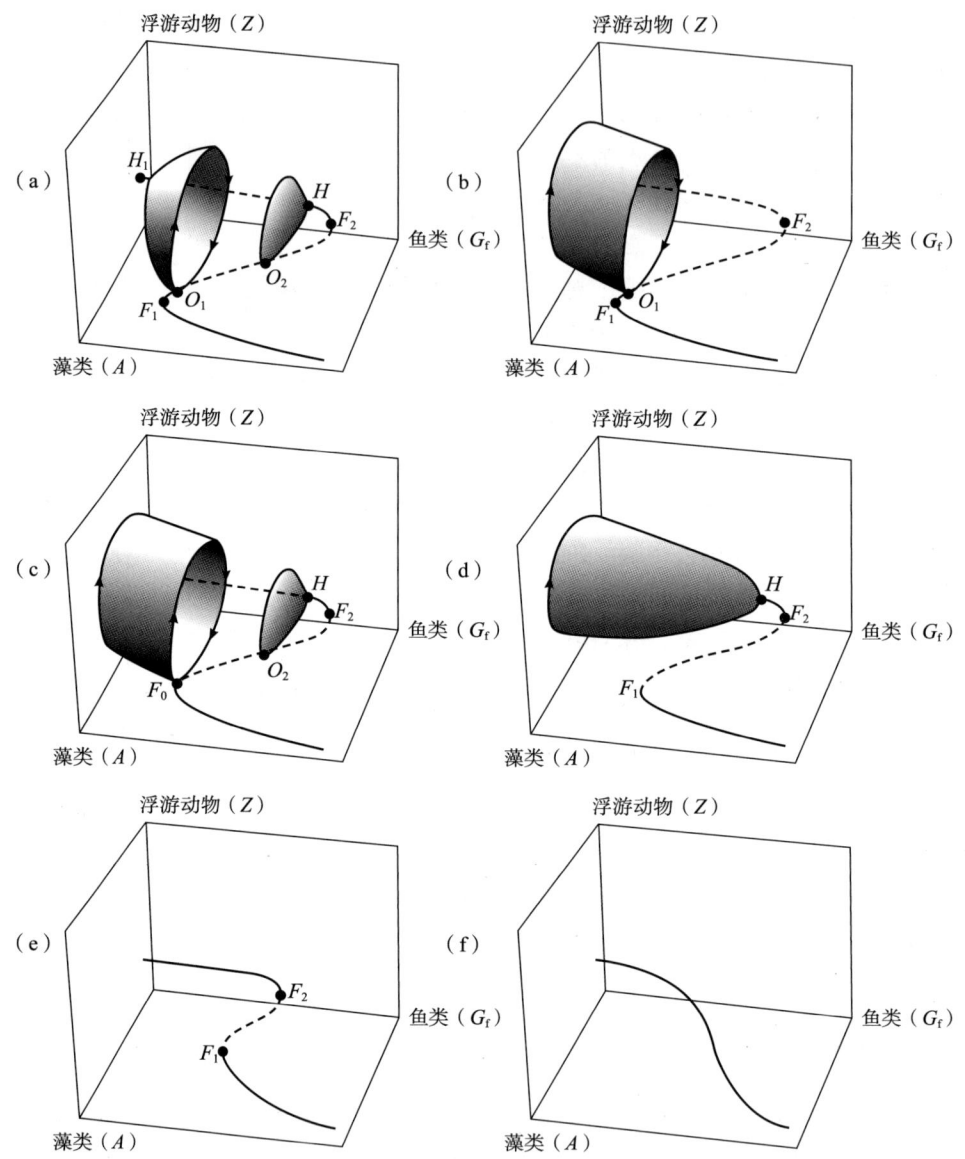

○ 图 4.25 6 个不同性质的图表，显示了系统的平衡和循环，可通过控制藻类的承载能力（K）和稳定的藻类扩散（i）流入来获得。引自 Scheffer 等（1997b）的研究。

终没有折叠（图 4.25f）。在后一种情况下，系统根本没有分岔，系统对鱼类数量的增加作出平稳响应，从以溞为主的固定状态转变为以藻类为主的状态。这些简单情况中没有或者只存在微小的振荡，很明显与相对稳定的溞－藻类基础相关。正如前一章所论述的，这种稳定性可能是由溞的空间集群分布、低营养盐浓度、可替代的碎屑食源以及不可食用藻类等因素促成的。

尽管该清单概述了在条件改变时可能发生的情况，但与参数相关的讨论仍然是暂时的。通过在双参数平面上绘制分岔发生的线，可以更系统地了解各种参数对系统行为模式的影响。我们已经使用了这种分岔分析技术来绘制蓝细菌竞争模型的行为图谱（图 3.23）和溞空间集群的稳定效应（图 4.10）。这里，我们将其用于探索营养水平变化（通过 K 表示）如何影响鱼类对系统的响应（图 4.26）。

在没有鱼类捕食压力的情况下，系统简化为最初的溞 – 浮游植物模型，该模型只有一个霍普夫分岔（H）。如果增加鱼类，该分岔将一直存在，直到它与第二折叠（F_2）和同宿分岔（O_2）相交，即所谓的 Bogdanov-Takens 点（BT）。超过这个点后，分岔不再相关，因为它们不与吸引子相关联。在参数空间中，不同分岔相交的点被称为余维二点。请注意，这些点代表比简单平衡分岔更高的层次结构级别。我们的模型还有其他 3 个余维二点：一个在 K 和 G_f 值较低时产生迟滞并出现两个折叠分岔的拐点（F^*），以及两个折叠与同宿融合的点（F_{O_1} 和 F_{O_2}）。如图所示，与鱼类密度变化相关的平衡和循环变化情景（图 4.25）代表了分岔图的水平截面。

很明显，分岔线在双参数面中的构型（图 4.26a）取决于其他参数的值。参数 i 是真正与环境有关而不与物种生理有关的参数，用它来模拟溞非均匀空间分布的稳定效应。如果稍微增加 i，同宿分岔就不再与第一个折叠相交（未制图）。进一步增加稳定因子 i 会导致霍普夫分岔不再起始于分岔图的 K 轴上（图 4.26b）。在这种情况下，如果没有鱼类，系统就不会发生振荡。但是鱼类数量的增加可能会破坏稳定，因为它会使系统穿过霍普夫分岔。该分岔图中所示的水平横截面（图 4.26b）对应于图 4.25 的 3 个左侧图。

粗略地讲，分岔图中的所有线都具有正斜率，这表明在营养丰富的系统（较高的藻类承载能力（K））中，所有分岔都出现在鱼类数量较多上。一种生物学的解释是，如果系统更加富营养，则需要更多的鱼来使溞种群失衡。然而，除此之

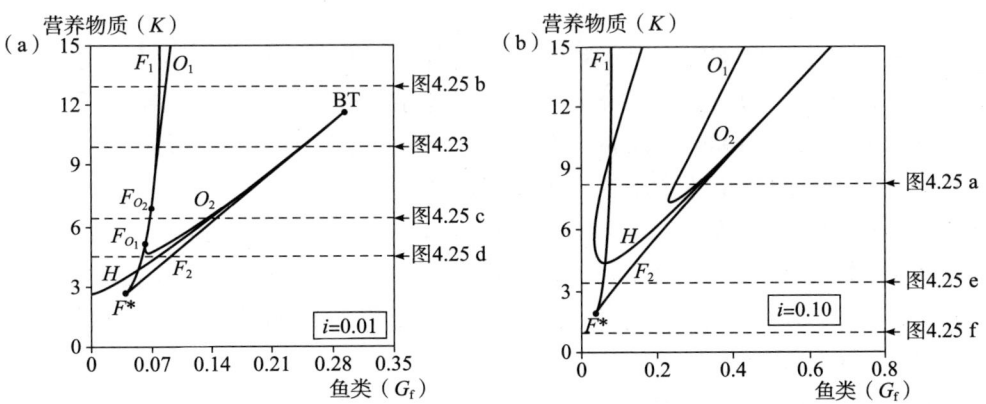

◯ 图 4.26 分岔图显示何时出现霍普夫分岔（H）、折叠分岔（F）和同宿分岔（O），这取决于鱼类的捕食能力（G_f）和藻类的承载能力（K）。图中所示的水平截面与图 4.23 和图 4.25 中的图相对应。a. 在 Bogdanov-takens 点重合之前，霍普夫分岔、同宿分岔和折叠分岔非常靠近，这表明图 4.23 和图 4.25 中 O_2 和 F_2 之间的区域实际上很小；交点表示共维 -2 分岔点。b. 较高的稳定扩散入流参数 i 的示意图。霍普夫分岔不再起始于垂直轴，这意味着在没有鱼类的情况下，没有浮游生物振荡。引自 Scheffer 等（1997b）的研究。

外，还有一个重要的复杂之处。如果 K 足够低，则系统不会随着鱼类捕食的增加而产生同宿分岔，溞种群不会失衡直至到达第二次折叠（F_2）；而如果 K 较大，则溞种群会因同宿分岔（O_1），更早失衡。

从生物学角度讲，水溞种群的振荡使其易受鱼类影响。这是因为它会周期性地使密度降到足够低的水平，以至于相对较少的鱼类就阻止了溞种群的恢复。如果没有这种振荡，则需要更强的鱼类捕食压力，使得溞种群被过度利用而崩溃。需要注意的是，一般而言，任何能够稳定水溞种群振荡的因素都将有助于防止引起溞种群失衡的同宿分岔。

这些理论图和动力学系统理论的抽象术语可能让人感觉很缥缈，不是脚踏实地的生物学的印象。然而，接下来的部分将展示这个数学世界确实反映了驱动野外浮游生物动态过程的关键机制。

4.3　浮游生物与鱼类的季节动力学

本节将讨论营养级联的季节动力学。第一部分概述了野外观察到的溞和藻类生物量的模式。之后，讲解了如何使用前面章节中提出的浮游生物极简模型分析鱼类群落季节性动态的影响，以及包含温度和光照等因素的季节循环如何改变食物链动态的最小视角。最后以综合性论述结尾，讨论在实践中如何将分析所得的营养级相互作用结果与其他影响机制进行真正融合。

4.3.1　春季清水相

湖泊浮游生物群落的季节循环中，最显著的事件之一是清水相经常发生在春季末。这种藻类生物量下降的部分原因可能是浮游植物的春季暴发耗尽了可用的营养盐（Reynolds，1984；Sommer 等，1986；Vyhnálek，1989）。然而，通常大型浮游动物对藻类的大量牧食是在春季藻华后达到高峰的，这是形成清水相的主要机理（Lampert 等，1986；Luecke 等，1990；Carpenter 等，1993；Rudstam 等，1993；Sarnelle，1993；Hanson 和 Butler，1994a；Townsend 等，1994；Jurgens 和 Stolpe，1995）。这种现象在富营养湖泊中尤为明显，短暂的清水时期与其余生长季节的浑浊状况形成了鲜明对比。

如前几节所述，溞暴发和随后的清水相可以看作是捕食者－被捕食者循环。与大多数捕食者－被捕食者的振荡不同，清水相是一个不重复的单一循环。通常，溞在春季峰值暴跌之后，除了在秋天偶尔会出现额外的高峰期外，不会在这一年的其余时间再次出现。关于溞不能从春季崩溃中恢复过来的传统解释是，不可食蓝细菌的增多，导致溞的夏季藻类食物的质量很差（Threlkeld，1985；Lampert 等，1986）。然而，随着人们对食浮游生物鱼类的功能的兴趣不断增加，越来越多的证据支持另一种解释。夏季初当年鱼（young-of-the-year）发育造成的捕食压力增加可能是夏季溞生长受到抑制的主要机制。

对 Oneida 湖食物网动态的长期研究表明，这方面的模式特别具有启发性（Mills 和 Forney，1981；Milla 和 Forney，1983）。幼龄的黄金鲈是该湖最重要的浮游动物食性鱼类。夏初季节，鲈鱼当年鱼个体生物量急剧增加，这种增加通常与溞的急剧减少相吻合（图 4.27）。

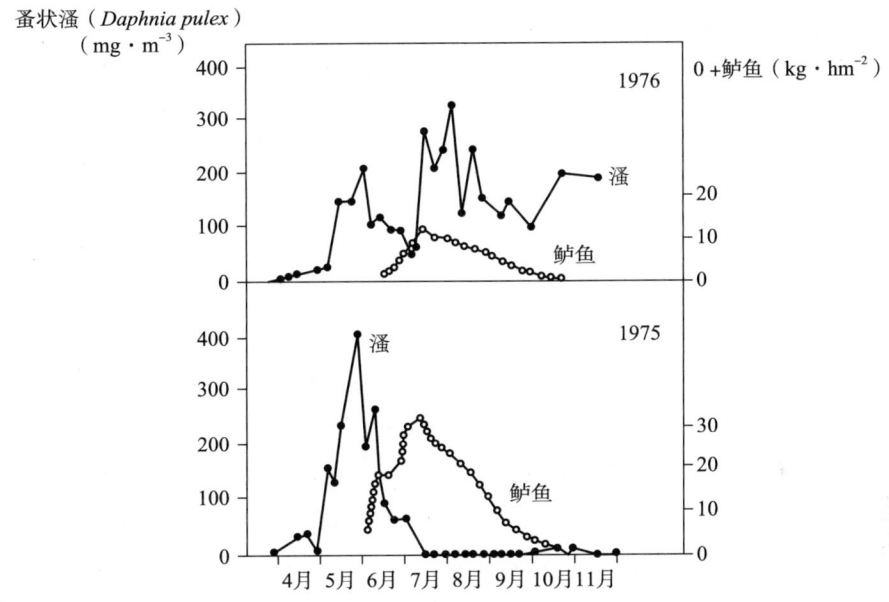

> **图 4.27** 在两个对比年中，Oneida 湖中鲈鱼当年鱼（0 岁）和蚤状溞（*Daphnia pulex*）的生物量动态比较。只有当鲈鱼幼鱼密度较低时，溞才能在春季崩溃后恢复。

鲈鱼稀少的年份，溞通常在春季急剧减少后得以恢复；而在鲈鱼较多的年份，溞在其余季节几乎没有出现。如前文所述，对多年数据的分析研究表明，存在一个明确的鲈鱼临界密度，若超过该密度，夏季溞种群将受到抑制（图 4.16）。

当年鱼生物量的增加与溞的崩溃同时发生，表明鱼类捕食压力实际上可能是造成这种崩溃的重要原因。另一方面，在藻类生物量极低的清水期，食物短缺可能是浮游动物面临的主要问题。1987 年对美国威斯康星州 Mendota 湖盔形溞（*Daphnia galeata*）动态的研究分析是一个很好的例子，揭示了这些事物之间的因果关系（Luecke 等，1990）。研究表明，在春季溞高峰期间，成年雌性溞的卵的数量急剧减少（图 4.28a）。

卵的数量是衡量生物营养状况的一个指标，因为饥饿的个体难以维持卵的产生。因此，溞卵的数量少表明在清水期食物严重短缺。七月份，溞的密度仍然很低，但剩余溞携带的卵数量又很多，这表明它们的营养状况不是限制因素。通过卵数可以估计出春季和夏季的种群潜在繁殖率。将其与该种群实际的增长率进行

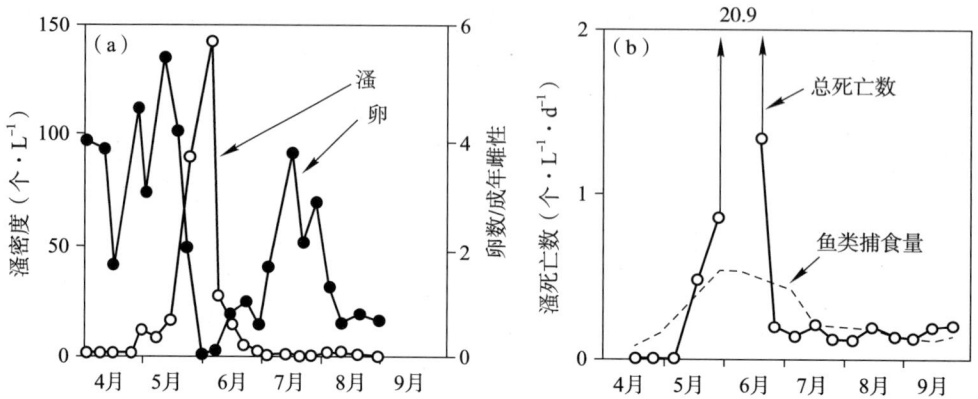

○ 图 4.28 （a）在 Mendota 湖的春季盔形溞（*Daphnia galeata*）密度高峰期间，单只成年雌性溞的卵数急剧下降，表明食物短缺。溞密度锐减后卵数又有所恢复，这表明食物短缺不是溞种群难以恢复的原因。（b）春季溞的预估死亡数量远远高于鱼类的捕食量。然而，在夏季，鱼类的捕食可以解释溞的死亡。重绘自 Luecke 等（1990）的研究。

比较，可以估算出溞的死亡率。随后，利用鱼类调查、胃肠分析和生物能流模型，重建同一时期鱼类群落对于溞的消费量。结果表明，鱼类消费量可以完全解释夏季的溞死亡率，而在春季高峰期后溞暴减时，鱼类的捕食对溞死亡率的贡献仅为 2%（图 4.28b）。因此，新呈现的解释是溞在春季高峰由于食物短缺而骤减，随后由于鱼类的捕食使种群数量保持在较低水平。荷兰 Tjeukemeer 湖已经发表了具有类似结果的分析报告（Boersma 等，1996）。

4.3.2 其他季节性情景

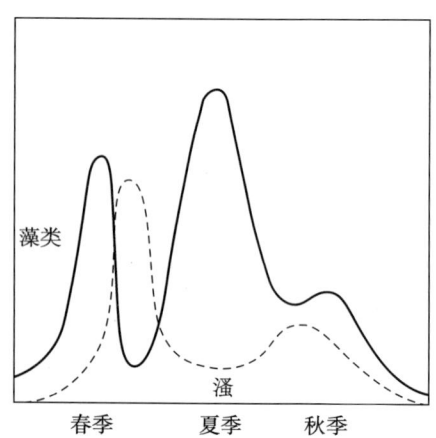

○ 图 4.29 中度富营养湖泊典型模式——大型溞春/秋季高峰以及相应藻类生物量下降的季节循环。重绘自 Sommer 等（1986）的研究。

尽管春季清水相受到了最大的关注，但春季单一的清水相只是季节性浮游生物动力学的可能情景之一。特别是，秋季对于春季模式的重复似乎在湖泊中非常常见。事实上，一个由湖泊浮游生物专家组成的国际组织（浮游生物生态学小组，PEG）将春季和秋季的高峰模式描述为富营养湖泊的典型场景（Sommer 等，1986）（图 4.29）。

也有一些案例研究表明，反复出现的溞生物量高峰会导致夏季出现多次清水相。例如，法国的 Aydat 湖在一年内发现了 3 个溞高峰和相应的清水相（Lairh 和 Ayadi，1989），德国的 Grosser Binnensee 湖在一个季节内出现了 4 个溞高峰，其中 3 个高峰形成了明显的清水相（Lampert 和 Rothhaupt，1991）。

这种溞的反复暴发很可能只在夏季浮游生物食性鱼类很少的湖泊中发生。支持这一观点的一个例子是 Bough Beech 水库的群落动态过程。这是英国东南部新建的一个水库，第一年所有的杂鱼被清除（Munro 和 Bailey，1980；Harper 和 Ferguson，1982）。鱼类种群建立缓慢，浮游生物食性的当年鱼几年以后才变得丰富。在最初的几年里，反复出现的溞高峰是浮游生物动态最显著的特征之一（图4.30），而在随后的几年中，当浮游生物食性鱼类增多时，溞数量的振幅极大减小。

尽管在许多湖泊中都出现了溞高峰和明显的清水相，但它们也可能完全不出现。特别是重度富营养湖泊，缺少浮游动物来促使清水相的出现（Gulati，1983）。的确，在许多相对较浅和富营养的荷兰湖泊中，藻类生物量或多或少地遵循着平滑的季节性模式（图4.31）。

有趣的是，有时在重度富营养湖泊中会观察到单独的清水相，这个阶段不一定发生在春季，甚至在仲夏或秋天也会发生（图4.32）。

事实上，春季清水相的时间通常变化很大。显然，每年的天气差异将影响春季事件的发生时间。另一方面，鱼类的捕食也可能起作用。据报道，在鱼类对浮游动物的捕食压力较小的年份，春季清水相出现的时间相对较早（Temte 等，1988；Vanni 等，1990；Rudstam 等，1993）。

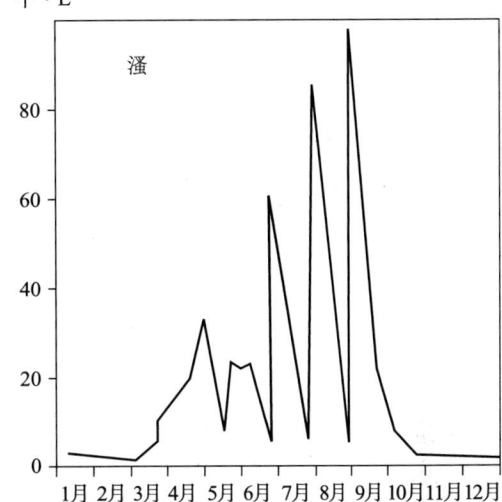

○ 图 4.30 在大型鱼类种群发育之前，英国新建水库 Bough Beech 中溞数量的峰值变化。重绘自 Harper 和 Ferguson（1982）的研究。

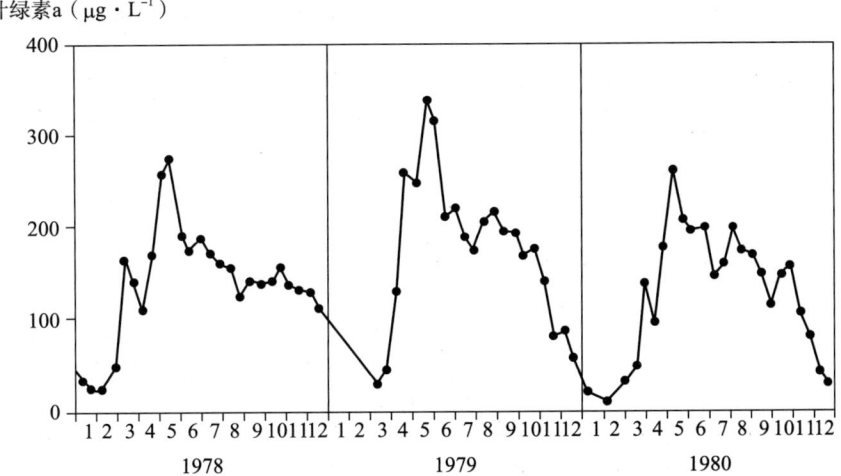

○ 图 4.31 许多重度富营养湖泊中没有明显的清水相——荷兰 Tjeukemeer 湖相继三年间叶绿素 a 浓度变化时间序列图。引自 Scheffer 等（1986）的研究。

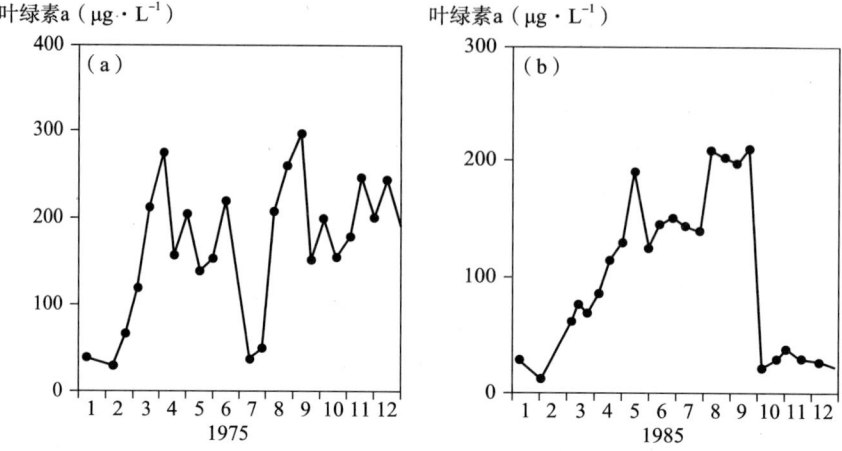

○ 图 4.32　Tjeukemeer 湖中明显的清水阶段有时发生在夏季（a）或秋季（b），而不是春季。引自 Scheffer 等（1997c）的研究。

4.3.3　多个湖泊的模式

收集多种案例可以更好地观察各种各样的季节性动态。表征清水相发生和时间的另一种方法是系统地分析大型时间序列数据。以荷兰 71 个浅水湖泊的 257 个叶绿素 a 浓度季节序列数据库中发现的模式为例，在分析年份的 4—10 月，这些湖泊至少每月例行取样一次（Scheffer，1997b）。为了检验清水相是否可以与藻类浓度的常规波动区分开，针对每种年度模式计算了藻类生物量相对最低浓度（4—10 月，最低叶绿素 a/ 平均叶绿素 a），实际上，该相对最低浓度具有明显的双峰分布（图 4.33）。

图中的主峰表明叶绿素 a 最小值通常约为平均叶绿素水平的 40%，但左侧的峰表明还有另一组情况，其中发生了叶绿素 a 下降至平均浓度约 10% 的情况。双峰模式表明，比叶绿素 a 平均浓度低 25% 的浓度代表了一种明显的现象，可以归类为清水相，以做进一步分析。在 257 个分析的叶绿素 a 时间序列中，98 个发生了如此程度的下降。

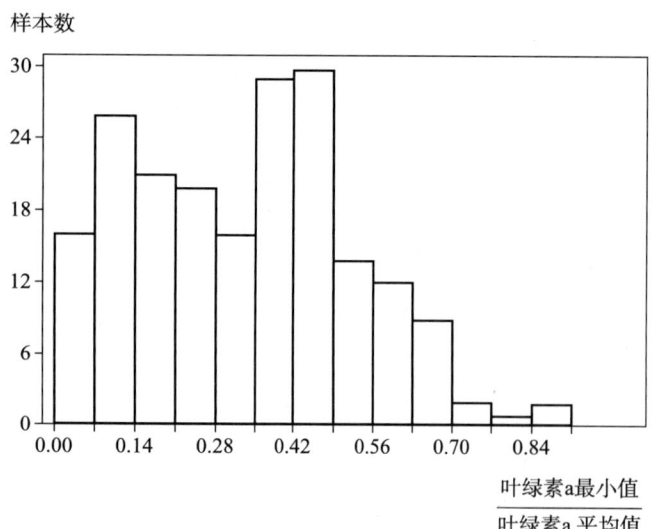

○ 图 4.33　荷兰 71 个湖泊 257 个叶绿素 a 时间序列中相对最低浓度（记录值的最小值 / 平均值）的频数分布。每个时间范围涵盖了一年中从 4 月 1 日到 11 月 1 日的时间段。引自 Scheffer 等（1997c）的研究。

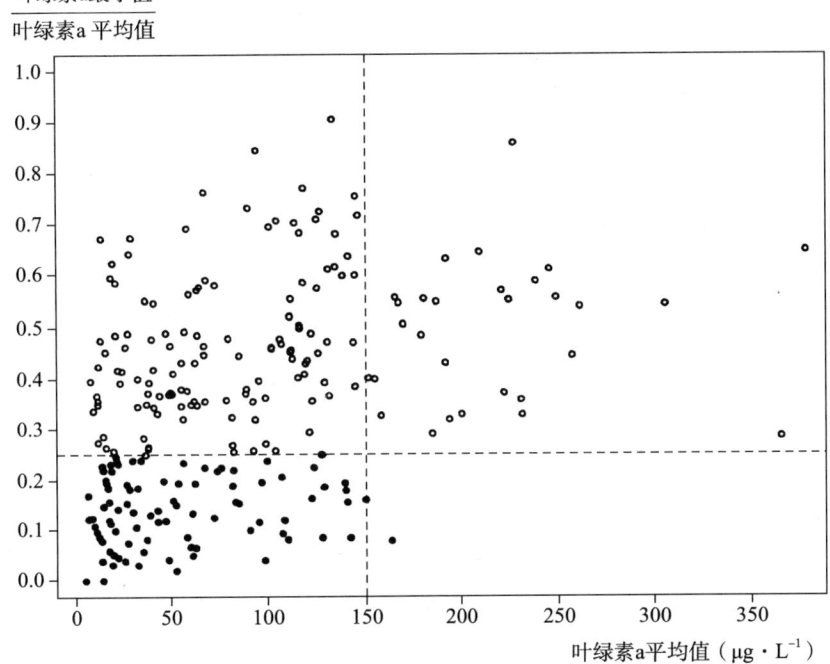

○ 图 4.34 叶绿素 a 相对最低浓度与相应时间序列平均叶绿素浓度关系
图（见图 3.14）。在叶绿素平均水平超过 150 µg·L⁻¹ 的湖泊中，几乎不
存在最低浓度低于叶绿素平均值 25%（实心圆）的情况。引自 Scheffer 等
（1997c）的研究。

叶绿素与相对最低浓度的散点图（图 4.34）显示，叶绿素平均浓度高于
150 µg·L⁻¹ 的湖泊几乎不存在清水相（Chi² P = 0.000 1）。这一结果与 Gulati（1983）
早期的分析一致，即湖泊重度富营养化情况下，几乎不存在浮游动物牧食高峰和
相应的清水相。

为了分析清水相出现的时间，整理了相对最低浓度小于 0.25 出现的日期。尽
管一年中任何时候均存在藻类生物量大幅减少的情况，但大部分清水相出现在
5 月左右，另一个峰值出现在秋季（图 4.35a）。显然，这与更详细案例描述的季
节性模式非常吻合。

由于无法获得浮游动物密度，因此分析的叶绿素数据集无法验证牧食是否真
的是藻类生物大量减少的原因。但是，丹麦的研究人员已经系统地分析了许多湖
泊中浮游动物多度的时间序列（Jeppesen 等，1996）。为了估算浮游动物对浮游植
物的潜在牧食压力，他们使用经验法则，即枝角类浮游动物每天可摄入等于其
自身体重的藻类，而桡足类浮游动物每天仅可消耗其自身体重一半的藻类。此
研究表明，在荷兰数据集中观察到的中度富营养湖泊（TP 0.05 ~ 0.10 mg·L⁻¹），
浮游动物对浮游植物的潜在牧食压力峰值恰好出现在大部分清水相的相同时期
（图 4.35b），这表明荷兰湖泊的清水相确实是食物链自上而下控制的结果。在中度

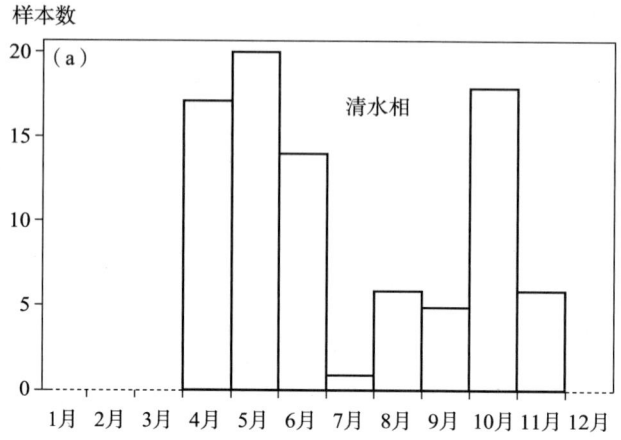

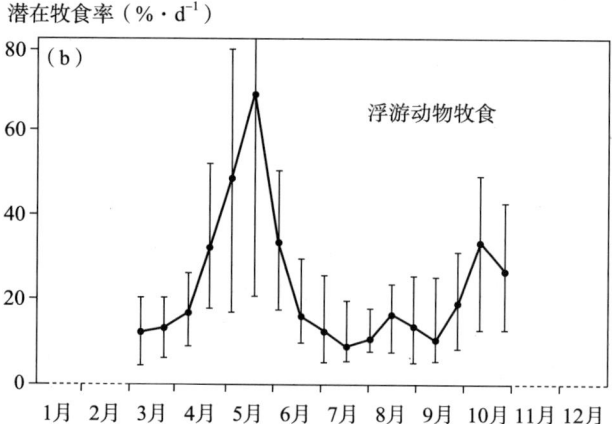

o 图 4.35 （a）叶绿素相对最低浓度降至时间序列均值（见图 3.14）25% 的时间频数分布图（图 4.34 中的实心点）。（b）丹麦中度富营养湖泊（TP 0.05~0.10 mg·L^{-1}）浮游动物对浮游植物牧食压力（每天摄入的浮游植物生物量百分比）的季节性变化。曲线表示中位数，垂直线表示 25%~75% 的百分位数。引自 Jeppesen 等（1996）的研究。

富营养湖泊中，估算的潜在牧食压力值近乎达到每天藻生物量的 100%。显然，这足以让快速增长的藻类种群被摄食。

　　有趣的是，丹麦湖泊研究的分析还表明，牧食压力随着湖泊的营养状况而有规律地发生改变。在重度富营养湖泊，全年牧食压力较低。这与荷兰的分析结果一致，表明叶绿素浓度高的湖泊通常不存在清水相（图 4.34）。

4.3.4　食浮游生物者的季节性循环

　　温带湖泊中的大多数鱼类在春天产卵。当仔鱼耗尽卵黄囊中的食物储备后，它们就会捕食小型浮游生物。起初，它们的食物大小不超过轮虫，但在几周后，这些幼鱼就长得足以食用更大的食物，而溞成为其首选食物之一。由个体生长和死亡率可以定义新种群生物量的增长函数。最初的增长非常快，但只有很小的一部分个体可以存活到第二年。因此，一年中捕食浮游动物的当年鱼生物量一般在夏季的某个时间达到最大值（图 4.27）。

尽管有些鱼类一生都以浮游生物为食，但大多数鱼类却专门以其他生物为食，如底栖无脊椎动物或鱼类。随着年龄的增长，口裂的增大允许它们食用浮游生物以外的食物。而且，随着鱼类的生长，它们在捕获浮游动物方面的效率逐渐降低。尽管如此，在溞数量非常多的时候，成年鱼类往往会转而捕食溞（Lammens，1985；Lammens 等，1996）。在重度富营养浅水湖泊中，鱼类生物量较高，对于浮游动物的捕食压力可能全年都很大（Jeppesen 等，1996）。到目前为止，可能更常见的情况是，当年鱼是最重要的浮游动物捕食者，而鱼类每年的繁殖导致了一个食浮游生物者数量的强烈循环，并在夏季达到其环境承载的最大值（Mills 和 Forney，1981；Mills 和 Forney，1983）。只有对当年鱼的捕食量非常高或鱼类产卵量减少到非常低时，浮游生物捕食者的数量才会在全年保持低位（Harper 和 Ferguson，1982；Shapiro 和 Wright，1984；Van Donk 等，1990）。

根据我们的极简模型，可以用简单的图形方式分析食浮游生物者周年变化（图 4.36）。

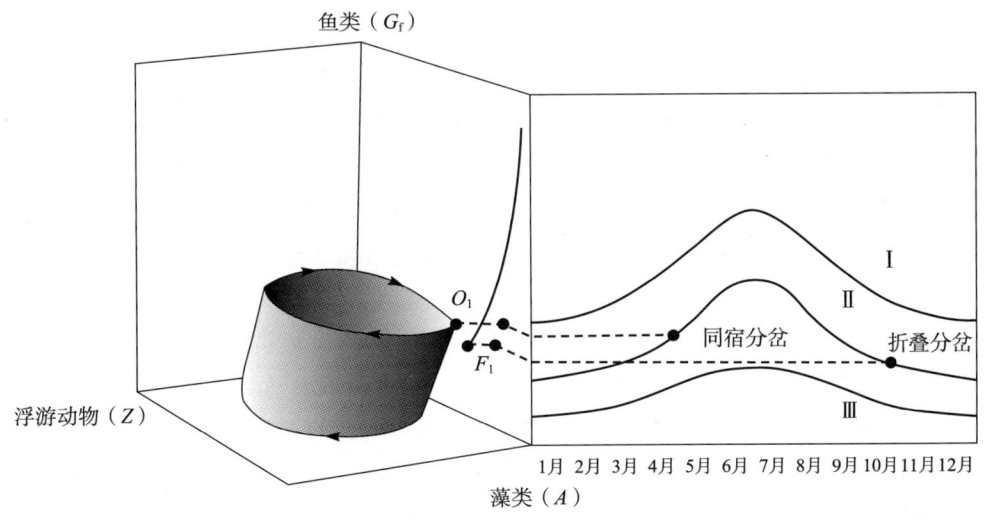

o 图 4.36　食浮游生物鱼类生物量的季节性变化（右图）会导致浮游生物系统（左图）在周期性溞高峰（左图中的圆柱）和藻类占优的稳定状态（左图中的垂直平衡线）间循环切换。具体取决于系统中的两个主要分岔是否交叉，如果食浮游生物鱼类数量很高（Ⅰ），则根本不会出现溞高峰；当食浮游生物鱼类数量保持在低水平时（Ⅲ），溞在整个夏季可以保持较多的数量。然而，中间的情况导致溞在春季通过同宿分岔而骤减，使藻类在整个夏季占主导地位。引自 Scheffer 等（1997c）的研究。

该图的左侧部分代表了浮游生物行为的典型模式，在图 4.23 和图 4.25 以及相应的文本（技术章节）中进行了更详细的描述。图 4.36 是倾斜的，因此以纵轴表示鱼类捕食。在鱼类捕食量较小时，存在浮游动物－藻类振荡（柱面），而在鱼类捕食量较高时，浮游动物被鱼类过度捕食（曲线起始于 F_1），存在以藻类占优的稳定平衡。这两种行为模式，在鱼类捕食量的小范围变动中，作为交替的"平衡"而共存。两个"分岔点"标志着从振荡状态向稳定状态（O_1，同宿分岔）的变化，反之亦然（F_1，折叠分岔）。一年中浮游生物的生长情况难以被准确掌握，如果我们假设它可以在模型中通过浮游生物消耗能力（G_f）的循环来模拟，并且在夏季达到最大值（右图），则有三种不同的情景：

　　Ⅰ 食浮游生物鱼类数量高于溞可从被过度捕食中恢复的阈值（折叠分岔，F_1）。

　　Ⅱ 食浮游生物鱼类数量的年度最小值低于这个阈值，但最大值高于溞振荡状态崩溃的阈值，即同宿分岔（O_1）。

　　Ⅲ 食浮游生物鱼类数量完全保持在溞骤减的同宿阈值（O_1）之下。

第一种情景对应于全年没有大型浮游动物且没有清水相的湖泊。第二种情景与经典的清水相情况相对应，即溞数量在春季达到高峰，但夏季溞数量降低，藻类生物量增高。第三种情景是溞整个夏季都保持振荡的情况。事实上，所有这些情况都是在湖泊中观察到的，模型结果表明，鱼类群落的差异可能是导致这种现象产生的原因。

如前所述，情景 Ⅰ 在富营养浅水湖泊中尤为常见（图 4.34），如第 4.5 节所述，由于可以底栖生物为食，鱼类种群数量可能很高。由于这些食底栖生物鱼类在有浮游动物的情况下可能转而以浮游动物为食，因此即使没有当年鱼，对溞的潜在捕食压力仍然很高（Jeppesen 等，1996）。

该模型表明，溞在清水相结束时的骤减以及随后在夏季的缺失（情景 Ⅱ）与"同宿分岔"相对应。从生物学的角度来看，这种分岔的实质是溞由于食物短缺（极限环）而骤减，这使得溞数量下降到一个足够低的水平，让相对少量的鱼即可阻止系统恢复（过度捕食的状态）。事实上，这与 Mendota 湖浮游生物动力学驱动因素分析揭示的机制完全一致（图 4.28）。

请注意，正是由于饥饿导致溞种群的骤减，使其对鱼类的捕食更为敏感。如果溞没有这种振荡，则需要更多的鱼类捕食，以使溞种群达到被过度捕食的状态，这在相应的"技术章节"（图 4.26）中有更详细的解释。这意味着，稳定溞振荡的因素将有助于防止溞骤减。如上所述，植被可能有助于稳定浅水湖泊中的溞动态，提供动物聚集的庇护所和可作为替代食源的碎屑。

有趣的是，引起著名的雪兔－猞猁周期的机制被认为与清水相出现的原因密切相关。对植被的过度啃食使雪兔的食物受到了限制，引发了雪兔种群数量的下降，从而开始了这种循环。当雪兔种群数量锐减至较低水平时，雪兔捕食者对其的影响变得越来越重要，其种群的数量基本保持不变，使野兔种群在很长一段时间内保持在较低水平（Keith，1983；Keith，1990）。

4.3.5 浮游生物的季节性建模

鱼类捕食并不是一年中唯一改变的因素。光照和温度可能是生态系统季节性周期背后最重要的驱动力，并且这两个因素都直接影响浮游植物 – 浮游动物系统。因此，目前研究春季和夏季鱼类捕食压力变化影响的方法（图 4.36）过于简单，以至于无法描述浮游生物动态的完整年度模式。季节性变化对浮游生物动态的影响可以通过周期性地改变模型所有与光照或温度有关的参数来分析。最简单的方法是使相关模型参数的值在一年中呈现正弦变化（Scheffer 等，1997c）。

在富营养湖泊中，受到光照的限制藻类生物量往往有一个上限。因此，我们假设承载能力（K）是光照的函数。与藻类、浮游动物和鱼类的代谢有关的参数（r，g，m，G_f）取决于温度。夏季湖泊的最高温度通常延后于太阳辐照最大值的出现时间。为了简单起见，我们忽略了这个相位移动和许多其他细枝末节，如温度的精确数值和生物的光依赖性，而只是通过将每个参数乘以季节影响数值（σ_t）来模拟季节的影响，季节影响数值是时间 t（天）的周期函数：

$$\sigma_{(t)} = \frac{1 - \varepsilon \cos\left(\dfrac{2\pi t}{365}\right)}{1 + \varepsilon} \tag{11}$$

其中 $t = 0$ 代表 1 月 1 日。在此公式中，每个参数的最小值（即冬季中间的值）等于其最大值（夏季）乘以（$1-\varepsilon$）/（$1=\varepsilon$）。因此，参数的夏季最大值对应于默认值，并且 e 决定了季节性变化的幅度。

除温度引起的变化外，鱼类的捕食压力（G_f）还应由于繁殖周期而显示出季节性变化。假设此周期是正弦的，并且与温度和光线的变化同步，我们可以简单地通过将 G_f 乘以额外的季节影响参数（σ）来反映该影响。因此，完整的季节性模型变为：

$$\frac{dA}{dt} = \sigma_{(t)} rA\left(1 - \frac{A}{\sigma_{(t)}K}\right) - Z\sigma_{(t)}g\frac{A}{A + h_A} + d\left(\sigma_{(t)}K - A\right) \tag{12}$$

$$\frac{dZ}{dt} = e\sigma_{(t)}gZ\frac{A}{A + h_A} mZ - \sigma_{(r)}\sigma_{(t)}G_f\frac{z^2}{z^2 + h_z^2} \tag{13}$$

一种观察季节性变化的简单方法是，使用适当的季节性参数值计算一年中每天的系统周期和平衡，并将它们组合成一张显示全年状况的图形（图 4.37）。

这个图形表明，浮游生物在春季和秋季有振荡的趋势，而在夏季藻类稳定保持着较高的生物量，在冬季也稳定保持较低藻生物量。这种不连续性表明从混沌的夏季平衡态到其他状态的转变是一个灾变过程（对应于同宿和折叠分岔）。然而，周期性驱动系统的动态行为不能从这个稳定渐近行为集合中真正推断出来。如果在同一张图中绘制真实的模拟动态（图 4.37 中的虚线），这一点将变得显而易见。所描绘的模拟路径显示经过多个模拟年后，季节性模型始终是收敛的渐近

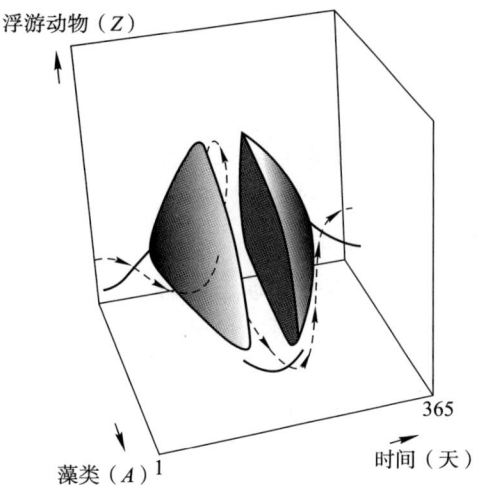

○ 图 4.37   使用适当的 σ_t 值分别计算一年中每一天（t）的循环和（或）稳定平衡，构建季节性浮游生物模型吸引子（平衡与循环）。虚线表示季节性驱动模型的真实渐近行为。引自 Scheffer 等（1997c）的研究。

行为。因此，这个季节循环是一个真正的吸引子，可以与非季节模型的稳定点和极限环相提并论。该季节性吸引子仅大致遵循人为构建的"冻结吸引子集"。这种差异是可以理解的。由于条件持续变化，种群永远没有时间达到与一年中某天的条件相对应的渐近行为。因此，只能通过分析真实的季节吸引子，才能正确地研究季节模型的行为。

4.3.6   季节对平衡和循环的意义

季节模型的吸引子可以解释为常参数模型吸引子的变形（见图 4.23）。稳定平衡点变为周期为一年的小稳定循环，同样，常参数情况下的不稳定平衡点变为不稳定循环。另一方面，对应于周期性清水状态（见图 4.23）的稳定极限环变成了所谓的"准周期性状态"。这可以解释为季节节律与生物过程（极限环）干扰的结果。这不会引起"周期性"行为（除非这些频率的比率恰好是完全有理数的，例如 1∶2、1∶3、2∶3 等）。准周期状态也称为圆环面。通过在三维空间中绘制系统的吸引子（图 4.38），就可以看出这一点：其中时间由轴 $A(0)$ 和旋转轴 $A(t)$ 之间的角度表示，旋转轴 $A(t)$ 在一年内返回 $A(0)$。在这个空间里，一年周期性的状态将通过一个单一的循环表

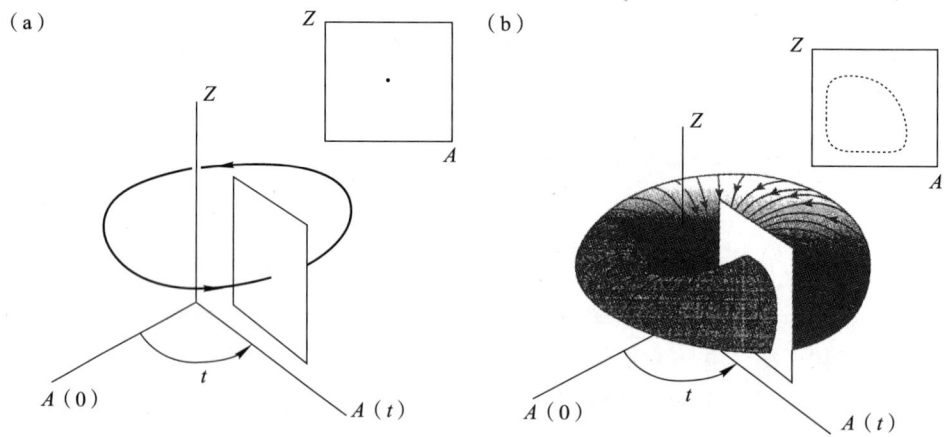

○ 图 4.38   三维状态空间中以"角度时间"（t）描述的季节扰动模式。藻类轴（$A(t)$）一年内转动 360 度，所描绘的横向框架称为庞加莱截面，它们代表每年的固定日期对藻类和浮游动物数量进行抽样的样本。一个周期为一年的规则循环（a）在庞加莱截面上显示为一个单点，而一个环面（b）由一组点组成的封闭规则曲线表示，引自 Scheffer 等（1997c）的研究。

示（图 4.38a）。准周期性状态对应于一个轨迹，它从圆环面上的初始点开始，并完全在这个甜甜圈状的结构上发展，但永远不会回到初始点，然后随着时间的推移，密集地覆盖环面（图 4.38b）。

图 4.38 还展示了两个吸引子的所谓庞加莱截面（Poincare section）。庞加莱截面是通过用平面横向切开吸引子而获得的。这相当于在连续多年的同一天对藻类和浮游动物进行采样所获得的图像。周期为一年的周期状态在庞加莱截面上呈现为一个唯一的点，而周期为两年的周期状态将产生两个点，分别在奇数年和偶数年中得到，依此类推。但是，准周期状态将生成无穷系列的数据点，这些数据点将填充闭合的规则曲线。研究庞加莱截面是区分真正的准周期状态与长周期状态或混沌状态的最好方法。无论多么复杂，周期为 n 年的周期状态在庞加莱截面中都会显示为一组 n 个周期性访问的点，而真正的混沌动力学会表现为一组无限点的集合，这些点不以简单的方式排列，而是以分形几何的模式在空间上分散。

对于特定的参数设置，循环、环面和奇怪吸引子在季节驱动模型中可以共存。例如，图 4.23（$F_1 < G_f < O_1$）中第一个折叠分岔和第一个同宿分岔之间的情况类比，其中有一个稳定的极限环和 3 个平衡点（其中一个是稳定的），是一个具有稳定圆环面（准周期清水状态）和 3 个循环周期的三维图像。3 个循环中的一个是环面内部的排斥子，而另外两个是环面外部的吸引子和鞍点循环。与常参数情形一样，所有这些吸引子、排斥子和鞍点，以及它们的稳定流形和不稳定流形，都将随着参数值的变化而平稳变化，并在分岔点偶然会发生交叉。

例如，假设鱼类捕食（G_f）减少，那么如果环面外的两个周期发生碰撞，混浊状态就会消失。这类似于常参数情况下的折叠分岔（图 4.23 中的 F_1）。此外，准周期性的清水状态也会消失。当鞍形循环与圆环面"碰撞"时，就会发生一种被称为环面破坏的分岔。这种分岔对应于常参数情形的同宿分岔（图 4.23 中的 O_1）。

接近环面破坏时，环面的性质发生变化。由于环面非常接近鞍形循环，因此环面上的轨迹在很长一段时间内与鞍形循环（常参数情况下的不稳定平衡）非常相似。因此，环面实际上由交替出现的规律清水相和没有浮游动物峰值的周期组成。如果增加鱼的捕食量（G_f），鞍形循环将进一步接近环面，浑浊水相的阶段将变得越来越长。这意味着从清水状态转变到浑浊状态的特征不是逐渐不明显的清水相，而是越来越罕见的清水相。

另一个重要现象称为锁频（frequency locking），这对于理解季节性模型很重要。当一个周期趋势的非线性系统具有一个环面时，可能发生这样的情况：对于特定的参数值，环面上存在一个吸引附近所有其他轨迹的环。这意味着系统的行为变成周期性的（在环面上），并将显示在庞加莱截面上。模拟轨迹将不再密集覆盖整个环面，因为它收敛到周期性循环的轨道上。（尽管如此，完整的环面仍然作为所谓的不变集存在，这意味着任何起始于环面上的轨迹在接近循环轨道时会保持在环面上。）值得注意的是，当参数值稍有变化时，环面上的这种周期解仍然存在。这是因为外部频率倾向于"锁定"（lock）系统，也就是说系统被迫以与强制

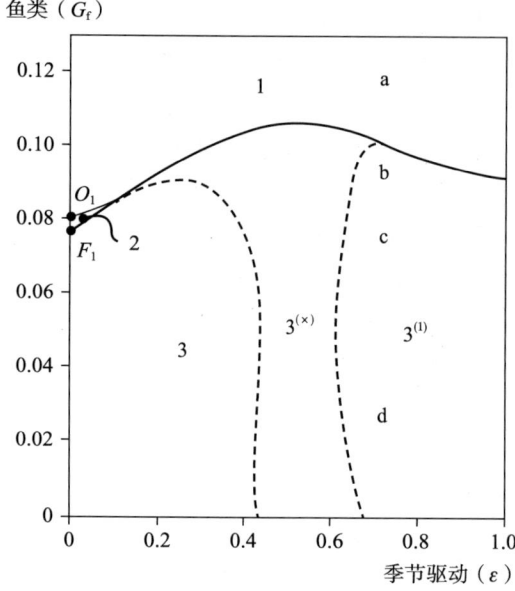

鱼类（G_f）

季节驱动（ε）

○ 图 4.39 显示季节驱动和浮游生物捕食者如何影响模型行为的分岔图。从点 O_1 和 F_1 出发的分岔边界将参数空间划分为 3 个不同的区域。在这些区域中，模型的渐近行为不同（详见正文）。在区域（1）中没有清水相，而在区域（3）中出现清水相。在区域（2）中，区域（1）和（3）的渐近行为模式共存。在虚线的左侧，区域（3）中的动态不与季节变化相吻合（见正文）；在这些曲线的右侧（区域 $3^{(1)}$），系统以一周年表现出周期性行为。标记为 a、b、c 和 d 的参数设置下的动态特性如图 4.40 所示。引自 Scheffer 等（1997c）的研究。

函数相同的周期或其整数倍周期进行周期性运行。在我们的例子中，季节可以迫使藻类和浮游动物群落以 1、2、3 年等周期表现出周期性行为，即使在没有季节影响的情况下，系统会有以其他频率循环的趋势。一般来说，当季节波动较大时，系统被锁定的参数空间区域会更大。与环面破坏和周期轨道的切向分岔一样，锁频也是系统的分岔现象，可以通过适合的软件进行检测。

从分岔图（图 4.39）可以获得季节模型行为库的最佳概述。纵轴上（$\varepsilon=0$）有两个分岔点 F_1 和 O_1，对应于图 4.23 所示的折叠分岔和同宿分岔。这些点是两个分岔边界的根，将模型在区域 1、2 和 3 中的渐近行为区分开来。上边界对应于环面破坏，正如前文所指出的，它实际上不是一条曲线，而是一个非常窄的具有复杂结构的带状区域。当从下面穿过这个带状区域时，环面通过同宿联结消失。以 F_1 为起点的边界为正切分岔曲线。

当这条曲线从上方交叉时，稳定周期轨道和鞍形周期轨道碰撞并消失。因此，区域 1 包含一个唯一的吸引子，即具有高藻类生物量的稳定季节循环（图 4.40a），对应于恒定参数情况下的"浊水平衡"。在小区域 2 中，这种浑浊状态与以清水相为特征的准周期状态共存。区域 3 的特点是存在一个环面，尽管在许多子区域中（$3^{(i)}$），

该形式被锁定为周期为 i 年的纯周期形式（见下文）。在我们的案例中，除了具有一年周期行为的区域（$3^{(1)}$）外，所有这些子区域都很小。划分区域 $3^{(1)}$ 边界的分岔线对应于环面上的正切分岔。虽然数值实验已经表明它出现在参数空间的哪个区域（$3^{(x)}$），但是由于数值问题，无法检测到确切的位置。在该参数区域（$3^{(x)}$）中，存在周期大于一年的几个分区。对于模拟温带湖泊来说，季节驱动力 $\varepsilon=0.7$ 可能是合理的（Scheffer 等，1997c），在这种情况下，浮游生物的振荡频率倾向于与季节的频率锁定，以使得相同的浮游生物动态模式每年都会重复（图 4.40）。

4.3.7 季节性浮游生物行为模型

研究季节性模型的最简单方法是模拟其在不同参数设置下的行为。鱼类的影

响（G_f）如图 4.40 所示。如果鱼类对浮游动物的捕食量很高（区域 1），则季节循环很简单（图 4.40a）。溞生物量全年较低，藻类生物量发展平稳，冬季最低，夏季最高。如果鱼类的捕食压力不那么极端，那么春季藻类大量繁殖之后会出现浮游动物高峰，这会导致出现藻类密度较低的清水相（图 4.40 的 b、c、d）。清水相之后所发生的事情取决于鱼类的捕食压力。在鱼类密度较高的情况下，春季是该季节唯一的清水期（图 4.40b）。如果食浮游生物鱼类生物量较低，第二个溞高峰会出现在夏末（图 4.40c）。在鱼类密度非常低的情况下，夏季出现的溞高峰次数最高可达到 4 次（图 4.40d）。需要注意的是，尽管鱼类的捕食压力（G_f）有决定性的影响，但是第一个清水相通常在 5 月前后发生。随着鱼类数量的增加，春季清水相往往出现得会更晚（图 4.40）。

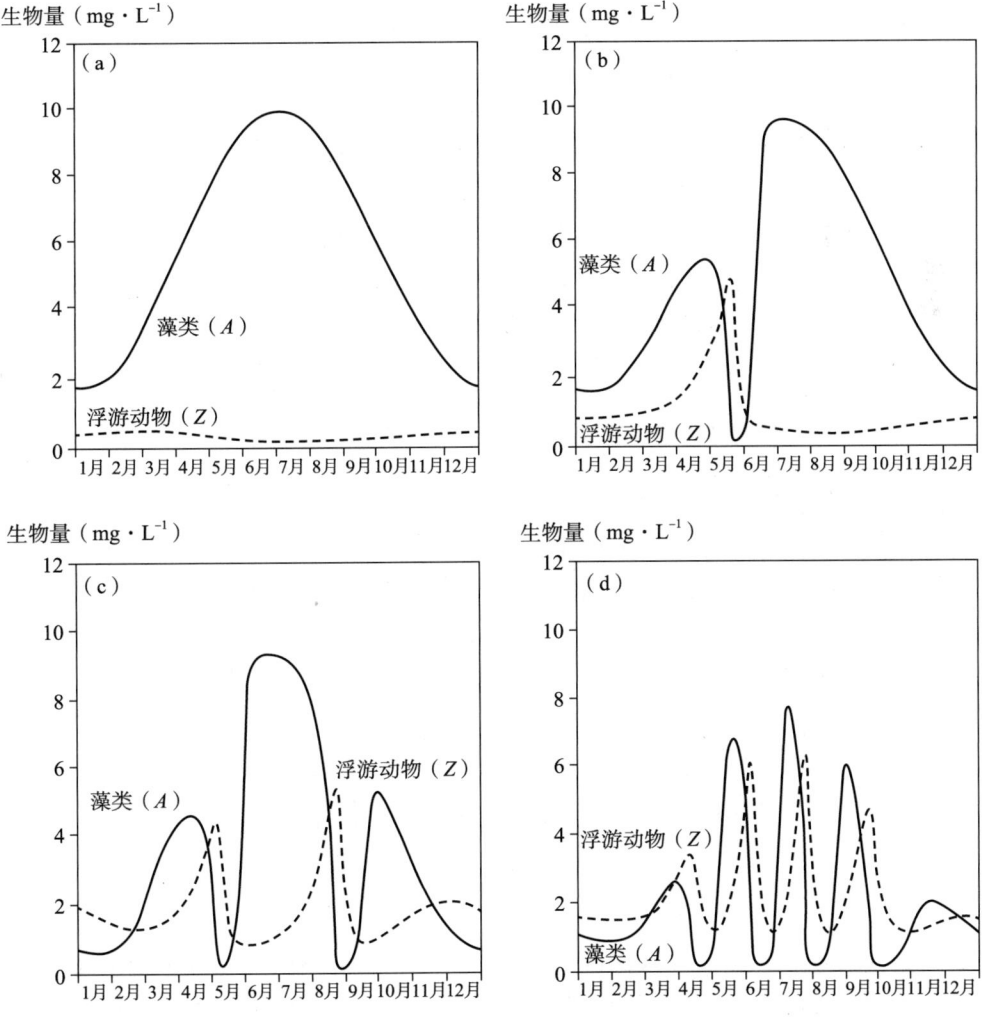

○ 图 4.40 图 4.39 中的 a、b、c、d 点对应的浮游生物模型季节性动态（$\varepsilon = 0.7$；$G_f = 0.12$、0.09、0.075 和 0.025）。引自 Scheffer 等（1997c）的研究。

　　当逐渐增加模型中的鱼类生物量，根据图4.40b到图4.40a所示的情况，可以观察到一种显著的转变。在鱼类密度的狭窄临界范围内（图4.39中区域1和3之间的边界附近）清水相消失。然而，它不是逐渐变得不明显，而是越来越罕见。在每一年中，清水相要么完全存在，要么完全消失，但随着鱼类密度的增加，情况逐渐从每年都有清水相出现转变为从不发生清水相。在这个狭窄的过渡区域中，发现具有超过一年长度的规则周期。例如，三年中可能出现两次清水相（图4.41a），或四年中可能出现两次清水相（图4.41b）。

　　但是，该参数带还包含很长的周期，从时间序列来看，可以认为在实际应用中该周期是不规则的（图4.41c）。显然，这种多年周期在自然界中很少见，因为它们仅发生在参数空间中很小的区域。然而，考虑到环境的可变性，"接近"有或没有清水相边界的湖泊行为是相当不可预测的。在指定的某一年中，它们可能出现或不出现清水相。模拟结果（图4.41）表明，在这样的湖泊中，清水相的发生时间可能相当不规律。单独的清水现象可能发生在夏天，甚至秋天。

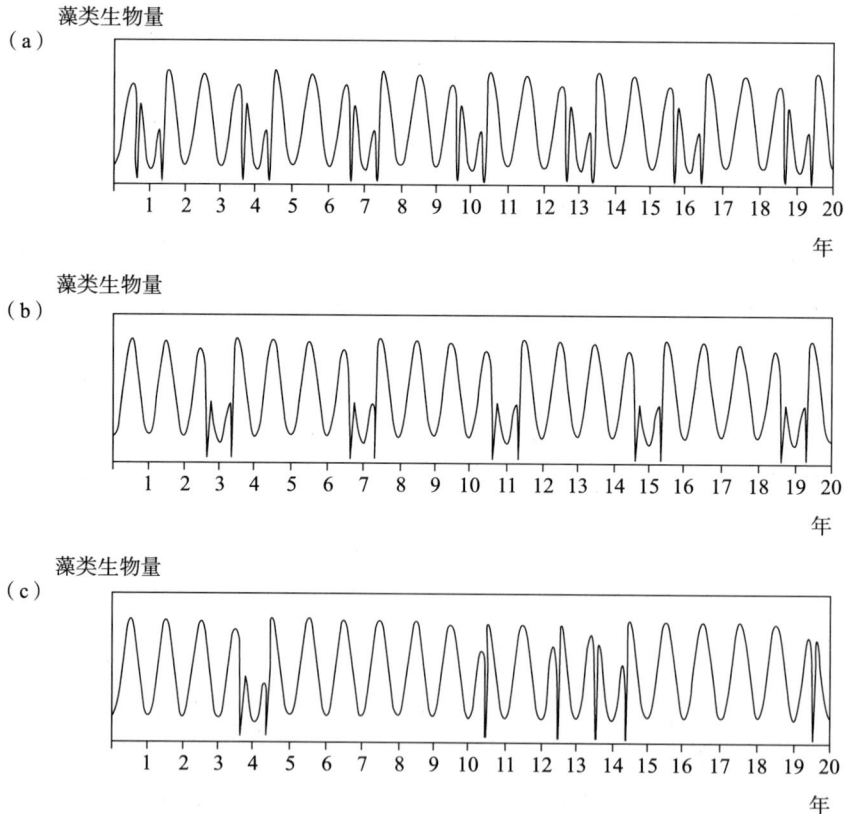

○ 图4.41　在图4.39中区域1和区域3$^{(1)}$之间的分岔窄带发生的动态模式：（a）三年中出现两次清水相（$G_f = 0.100\ 8$）；（b）每四年出现两次清水相（$G_f = 0.101\ 1$）；（C）复杂循环的一部分，其中出现的清水相似乎不规则（$G_f = 0.101\ 3$）。

当然，这个极简模型只是对现实的粗略简化。但是，目的不是要完整地表现，而是要通过模型验证，其少量因素是否可以从理论上解释野外观察到的某些行为。分析表明，在这种情况下这些因素确实足以产生一系列浮游生物动态的季节性模式，这些模式与野外观察到的模式惊人地吻合。与实际湖泊一样，一年中可能没有清水相或发生多达四次的清水相，模型仅在低鱼类密度的较小参数范围内才能预测一年中出现两个以上的溞高峰和清水相的情况。

对于大尺度的参数设置，模型预测清水相要么完全不存在（图4.40a），要么发生在春季（图4.40b），并可能在秋季重复发生（图4.40c）。事实上，在野外这三种情况似乎也是最常见的（图4.29、4.31和4.35）。模拟模式的时间也与野外观测非常吻合。在没有任何特别调整的情况下，清水相出现在5月左右（图4.40b、c、d），这与湖泊中的情况类似（图4.35）。该模型表明，春季清水相发生的时间应取决于鱼类密度，如果鱼类密度较高，清水相会较晚出现（图4.40b、c、d）。验证这一预测的适用数据很少，但在Mendota湖，鱼类和浮游生物之间的动态关系已经进行了多年的分析。研究者注意到，当食浮游生物鱼类的密度较低时，春季清水相可能会较早出现（Temte等，1988；Vanni等，1990；Rudstam等，1993）。甚至在通常不显示清水相的湖泊中（图4.41），模型预测的关于偶发性的清水相可能在夏季或秋季发生，也得到了野外数据的支持（图4.32）。

重要的是，结果相对独立于精确的模型公式。在光照和温度驱动函数之间使用更真实的时间延迟，振幅的变化几乎不会改变所产生的模式。此外，一个相似但更为复杂的模型（Doveri等，1993）所产生的动态模式与此处所示的简化模型的模式非常相似。该模型动态模拟了营养循环和当年鱼的动态变化，明确了成鱼对浮游动物的捕食作用，并且分析了不同纬度的真实温度和光照情况。

4.3.8 野外更多的运行机制

结果的稳健性表明，它们不是特定模型公式的产物。事实上，观察到的大部分溞和藻类生物量季节性动态可以简单地解释为捕食者–被捕食者相互作用，以及包括食浮游生物者在内的所有生物，在夏季加速生长、冬季减缓生长的结果。然而，尽管所生成的模式与野外观察之间的一致性非常令人鼓舞，但这并不意味着模拟的机制可以完全解释野外观察到的所有这些情景。其他机制可能会产生相同的情景，或者可能普遍有助于该情景的产生（Scheffer等，1994b）。

事实上，驱动浮游生物动态变化的机制还有很多。例如，营养物质的耗竭可能会导致春季水华的消失（Reynolds，1984；Sommer等，1986；Vyhnálek，1989）。此外，许多生物可以产生休眠结构，而这些休眠阶段的产生和出现时间通常取决于温度、光线和其他条件。例如，枝角类浮游动物往往在春季清水相结束时产生惰性休眠期（称为"卵鞍"）。这被解释为一种生存策略，以应对食物短缺的时期（Slobodkin，1954；Hutchinson，1967）或为了躲避初夏时期稚鱼的捕食

（Hairston，1987）。在春季，这些卵鞍会大量出现，使春季种群高峰发生偏移，以减少春季藻类的暴发（De Stasio，Jr，1990）。虽然这些机制明显对季节情景有很大影响，但可以说，在没有这种生物定时机制的情况下，也会产生大致相同的种群动态。这一现象表明，因食物供应和捕食风险而优化相关的繁殖时期，是一种"事后"适应，不是推动季节性模式的主要力量。

更重要的是，在水下植被丰富的湖泊中，夏季浮游生物动态通常与无植被系统中的动态变化有很大区别。如前一节所述，受到氮限制、遮光、沉降损失和化感作用等因素的影响，水生植被分布区的浮游植物生产力通常较低。因此，对浮游动物的食物状况可能不利。事实上，夏季植被茂密的湖泊，浮游植物和溞的密度通常都较低（Meijer 等，1990；Van Donk 等，1990；Van den Berg 等，1997）。此外，水生植被可以作为躲避鱼类捕食的避难所，在某些情况下，碎屑可以作为高密度溞种群夏季的替代食物源（Carvalho，1994）。下一章将详细讨论植被对浮游生物动态的影响。

（1）不可食用藻类

模型中未考虑的一个潜在重要因素是存在不可食用蓝细菌。分析表明，清水相的缺失可以解释为受到高密度食浮游生物鱼类的影响。荷兰和丹麦数据的时间序列分析表明，在藻类生物量高的重度富营养湖泊中，缺乏清水相的情况尤其常见（图 4.34、图 4.35b）。事实上，在这些湖泊中，鱼类生物量通常非常高，这很好地解释了没有清水相的原因。然而，如前一章所述，重度富营养浅水湖泊经常以蓝细菌占优。多项研究表明，这些藻类通常不易被摄食（Arnold，1971；Schindler，1971），同时在它们的存在下溞的生长会受到严重抑制（Gliwicz，1990；Gliwicz 和 Lampert，1990）。此外，蓝细菌释放的毒素已被证明可使溞的过滤率降低 50% 或更多（Haney 等，1994）。显然，蓝细菌的这种不利影响很可能直接导致了清水相的缺失。

乍一看，重度富营养湖泊浮游动物群落的结构大小似乎表明，鱼类是其中的主导因素。该群落通常以小型浮游动物占优。如前所述，这被认为是食浮游动物鱼类高捕食压力的特征。鱼类的选择性捕食会使体型较大的个体消失（Brooks 和 Dodson，1965；Shapiro 和 Wright，1984；Hambright，1994；Seda 和 Duncan，1994），溞也倾向于改变其生活史策略，在鱼类释放的化学信号刺激下体型变得更小（Weider 和 Pijanowska，1993；Engelmayer，1995）。然而，研究还表明，与溞属中的小型种类相比，其大型种类在有丝状蓝细菌时更难觅食和生长（Hawkins 和 Lampert，1989；Gliwicz，1990；Gliwicz 和 Lampert，1990）。因此，重度富营养湖泊中缺少大型的溞属生物种类的部分原因是食物状况较差。

因果关系很难解释这个情况。但对许多丹麦湖泊数据的广泛分析表明，在大多数情况下，鱼类下行控制可能是阻止大型浮游动物达到峰值并通过捕食而降低藻类生物量的主要机制（Jeppesen 等，1996）。许多丹麦重度富营养湖泊浮游动物牧食压力不高，这些湖泊主要由易于被摄食的绿藻占优。此外，在许多营养盐含量较低的丹麦湖泊中，每年盛夏期间都会发生溞减少的现象，而与是否存在蓝细菌无关。

一项有趣的研究揭示了富营养湖泊中不可食用蓝细菌和溞相互作用的复杂关系（Sarnelle，1993）。湖泊中的自然季节变化模式是，藻类的物种组成从春季水华期间的硅藻和绿藻转变为清水相期间的小型鞭毛藻类和清水相之后的丝状蓝细菌。乍一看，这似乎支持了浮游动物觅食有利于不可食用蓝细菌占据藻类群落的主导地位的观点，因为它消除了相对的可食用藻类。然而，在鱼类死亡后，溞的摄食能力能够在夏季阻止浮游植物群落向不可食用蓝细菌的演替。相反，该群落仍然以可食用的小型鞭毛藻为主。湖中的围隔研究证实了在没有鱼类捕食的情况下，溞可以抑制丝状蓝细菌的生长。因此，蓝细菌可能对溞的发育产生负面影响，但溞也同样可能抑制蓝细菌生长。

Sarnelle（1993）的观察表明，溞觅食对藻类组成的影响可能取决于牧食的强度。强烈的溞牧食似乎会导致小型鞭毛藻类占优势，而轻度的捕食可能有利于不可食用蓝细菌的占优。丹麦研究人员（Jeppesen 作为通讯作者的系列文章）的观察结果支持了这一观点。这两个截然不同的藻类群体在牧食压力下的生存机制完全不同。捕食者对大型群落的选择性觅食是一种直接机制，可能有利于蓝细菌的生长。另一方面，较大的藻类一般生长速率较低（Reynolds，1988）。因此，如果藻类种群因觅食、沉降或水体扰动而遭受破坏，这些破坏很难通过生长得到恢复。另一方面，在被大量觅食的情况下，典型的小型鞭毛藻类具有非常快的生长速率。因此，即使遭受严重的破坏也可以通过快速繁殖得到恢复。如前一章所述，这也是为什么快速生长的藻类在高冲刷率或大量沉降损失的情况下占主导地位。

有证据表明，蓝细菌和溞之间相互负作用的结果不仅取决于食浮游生物鱼类的捕食压力，而且还与蓝细菌的初始密度和状态有关。实验室研究表明，极高密度的丝状蓝细菌对溞的生长有显著的负作用，但如果丝状蓝细菌较短或正在衰退，溞能够更好地应对这种蓝细菌（Gliwicz，1990；Gliwicz 和 Lampert，1990）。在较低的丝状蓝细菌密度下，溞受到的影响较小，一些研究表明，溞在蓝细菌和绿藻混合物中培育生长甚至比单独在绿藻中培育生长得更好（Gulati，个人交流）。

（2）无脊椎动物捕食者

另一个使鱼类到藻类的直接营养级联变得更复杂的可能因素是大量的无脊椎动物捕食浮游动物，但它们本身也是鱼类的猎物。尤其著名的是捕食性薄皮溞（*Leptodora*）和糠虾（图 4.42）。

显然，由于鱼类不仅抑制溞的增长，而且也抑制无脊椎动物的生长，因此很难预测在此类浮游生物捕食者存在的情况下，鱼类密度降低会产生什么影响（图 4.43）。

鱼类资源量的减少将降低其对植食性浮游动物的直接影响，但也可能导致捕食性无脊椎动物的增加。对溞的总体预测需要详细的有关该物种的具体捕食选择和种群动态信息。Mendota 湖的薄皮溞可能是导致溞在盛夏减少的部分原因（De

● 图4.42 大量出现在一些微咸水湖泊中的糠虾（新糠虾属 *Neomysis sp.*），它们是杂食性动物，以碎屑为食，但也能捕食浮游动物。

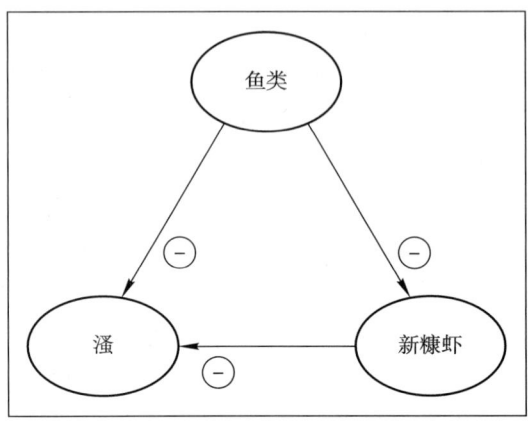

● 图4.43 当鱼类摄食溞时，同时也摄食了一种潜在的捕食浮游动物的无脊椎动物，因此鱼对溞的净效应很难清晰推演。

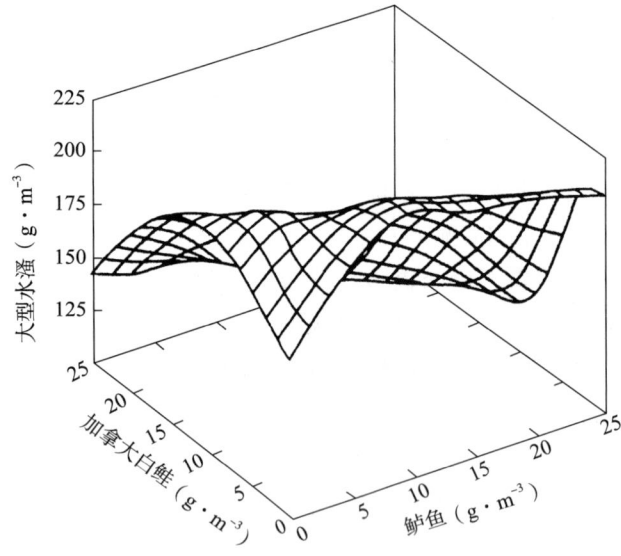

● 图4.44 Mendota 湖中两种食浮游生物鱼类（加拿大白鲑和鲈鱼）对大型溞属生物的生物量的净效应模拟。在鱼类生物量非常低的情况下，该模型预测水溞会受到无脊椎动物捕食者——薄皮溞属数量增加的抑制。由于这种无脊椎动物是鱼类偏爱的易捕食食物，它只能在鱼类密度最低的情况下生存。重绘自 Luecke 等（1996）的研究。

Stasio，Jr 等，1995）。针对这个湖泊，有人已经尝试过将食物网的信息整合到一个集成模型中（Luecke 等，1996），该模型预测，在通常情况下，两种占优势的食浮游生物鱼类物种密度降低有利于溞生物量的增加，但在鱼类密度非常低的情况下，溞生物量将受到透明薄皮溞种群数量增加的抑制（图4.44）。

事实上，由于大多数捕食性无脊椎动物的体型较小，它们对鱼类来说是非常有吸引力的食物，因此可以合理地假设这些捕食性无脊椎动物只有在食浮游生物鱼类密度非常低的情况下才能发挥重要作用。然而，即使在无鱼类的情况下，无脊椎动物对浮游动物的影响在实践中也可能并不显著（Paterson，1994）。由于像幽蚊属（*Chaoborus*）这种小型捕食性无脊椎动物只能捕食体型相对较小的浮游动物（Pastorok，1980；Luecke 和 O'Brien，1983），它们的存在往往难以控制大型植食性浮游动物的数量，而是有助于大型的溞属生物在没有鱼类的湖泊中占主导地位（Vanni，1988）。

关于无脊椎动物在降低较大体型的溞属生物物种密度方面的作用，野外实地证据虽然少，但还是有一些案例。在 Bautzen 水库（德国），食鱼性鱼类的投放导致食浮游生物鱼类数量下降（Benndorf 等，1988）。起初，溞数量增加，但在随后几年却减少，尽管这期间食浮游生物鱼类数量进一步减少。薄皮溞和幽蚊属的同时增加可能是某种程度上导致溞数量减少的原因，但这种联系尚未得到明确证明。

在 Wolderwijd 湖（Meijer 等，1994a），冬季鱼类资源量减少了 75%，直接导致了春季溞数量的高峰期和湖水比以往任何时候都清澈的清水相出现。然而，在夏季，糠虾（*Neomysis integer*）变得丰富，溞数量下降。胃容物分析表明，糠虾确实以水溞为食，生物能流计算表明，这种无脊椎动物的捕食可能抑制了溞在夏季的生长。有趣的是，Washington 湖可能发生了相反的情况（Edmondson，1991）。在这里，数十年来溞的数量较少，糠虾的数量却一直很丰富，直到 1976 年突然发生了变化。溞变得丰富，水变得清澈。这种变化背后的机制没有得到很好的记录。但由于产卵栖息地的改善，浮游生物食性的油胡瓜鱼（*Spirinchus Thaleichthys*）数量增加可能降低了糠虾的密度，使得溞能够恢复并控制浮游植物的生长。

糠虾常见于半咸水湖泊（Jeppesen 等，1994），这被认为是在半咸水湖泊中缺乏溞的一个原因（Bales 等，1993；Moss，1994）。然而，如下文（第 5.2 节）所述，高盐度和棘鱼（*Gasterosteus aculeatus* 和 *Pungitius pungitius*）的捕食作用也可能导致半咸水湖泊中溞数量较少（Jeppesen 等，1994）。

总而言之，无脊椎动物的捕食在浮游生物食物网中的作用仍有许多不确定性。在一些湖泊中，当食浮游生物鱼类密度足够低时，作为其食物的如透明薄皮溞和糠虾此类大型无脊椎动物，可通过捕食控制溞种群的数量。尤其是像河鲈（*Perea fluviatilis*）和加拿大白鲑这样的较大型的食浮游生物鱼类，更喜欢以这些相对较大的无脊椎动物为食。因此，溞对藻类的下行控制作用，可能在这类浮游生物捕食者处于中等密度下是最佳的，这时候鱼类喜食的捕食性无脊椎动物已被消灭，但鱼类对溞仍然有适度的捕食。较小的捕食性无脊椎动物，如幽蚊属，通过选择性地降低较小浮游动物的密度，促进溞向更大的体型变化。

4.4　底层的关联

4.4.1　底栖生物在浅水湖泊食物网中的重要性

底栖无脊椎动物，如摇蚊幼虫和软体动物，在浅水湖泊比在深水湖泊中更为重要。例如 Lindegaard（1994）对比两个浅水湖泊和两个深水湖泊食物网的能量流，发现浅水湖泊的底栖动物生产量占底栖动物和浮游动物总生产量的 86%，而深水湖泊中仅占一半。结合 Jeppesen 及其同事（1996）的研究结果可得出更具体的结论：随着湖泊深度的增加，浮游动物的生物量相对于底栖动物的生物量确实有系统的增加（图 4.45）。

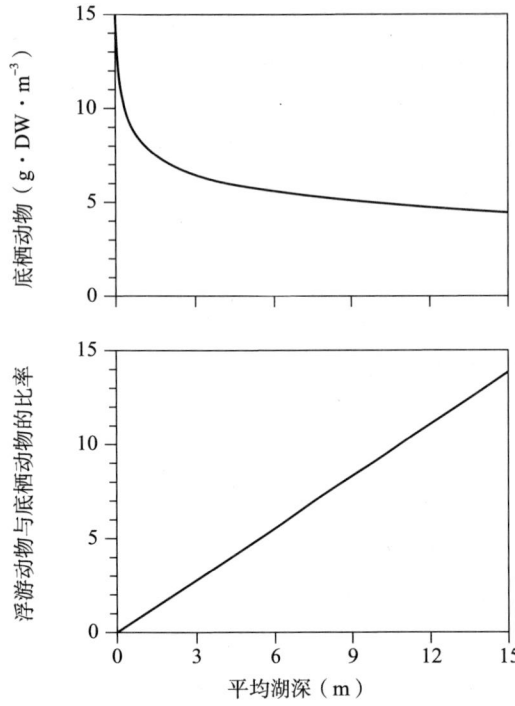

底栖动物（g·DW·m⁻³）

浮游动物与底栖动物的比率

平均湖深（m）

○ 图 4.45　回归结果显示，浅水湖泊的底栖动物生物量高于深水湖泊，而浮游动物与底栖动物生物量的比率随着湖泊深度的增加而系统性增加。引自 Jeppesen 等（1996）的研究。

浅水湖泊底栖生物较高的可利用性在鱼类群落结构上有所反映。特别是在没有植被的浊水型湖泊中，就生物量而言，食底栖生物鱼类的种群最为丰富。在小型富营养湖泊中，欧鳊（*Abramis brama*）、鲤鱼（*Cyprinus carpio*）、拟鲤（*Rutilis rutilus*）的密度达到 500 ~ 1 000 kg·hm⁻² 的情况并不罕见（Grimm 和 Backx，1990；Jeppesen 等，1990a；Meijer 等，1990）。尽管成年欧鳊主要以底栖无脊椎动物为食，但研究表明，当大型浮游动物足够丰富时，较大的欧鳊会转而以浮游动物为食（（Lammens，1985；Lammens 等，1985）。因此，在这些湖泊中，即使捕食浮游生物的当年鱼很少，但对水溞的潜在捕食压力也可能很高。如前一节所述，全年一直存在的高捕食压力会阻碍春季清水期的发生（见图 4.36 情景 I）。因此，在富营养浅水湖泊中缺乏清水相（图 4.34），实际上可以解释为这是湖泊中较高的底层生产力的间接影响。底栖动物的高生物量"提升"了鱼类的密度，导致对另一种不太重要的食物来源——浮游动物的捕食压力有所增加（Jeppesen 等，1996）。

Holt（1977）在更广泛的背景下描述了这种机制。当食源广泛的捕食者食物受限时，由于捕食者数量的增加，一种被捕食者数量的增加会导致另一种被捕食者数量的减少。由于野外观察到的这种影响看起来很像两种被捕食者之间的直接竞争，这种现象被称为"表观竞争"。

在前面提到的浅水湖泊（植被覆盖区）中，碎屑作为可替代食物来源对溞种群的支撑也可以视为一种明显的"竞争"效应，在这种情况下，碎屑对浮游植物有间接的负效应。这是溞在植被条件下多度增加的机制之一，而在缺乏植被的浅水湖泊中，与底栖生物明显的竞争促进了溞的下行控制。

4.4.2　对水底食物的竞争

在许多浅水湖泊中，密集的食底栖生物鱼类会大量地捕食底栖动物。食底栖生物鱼群个体生长很慢（或"发育不良"），通常表明它们的食物状况很差。例如，在 Hertel 湖（加拿大魁北克地区），5 种食底栖生物鱼类有 4 种生长迟缓，而 2 种非底栖食性的鱼类生长良好。这个关于鱼类种群发育不良会对底栖生物带来持续高捕食压力的观点还得到了进一步证实，即减少鱼类储量后无脊椎动物生物量的增加及鱼类个体的迅猛生长（Giles，1992）。

需要注意的是，与春季清水期溞数量急剧减少不同，由于饥饿机制，这种"发育不良"的鱼类种群不会过度利用食物进而导致种群崩溃。相反，作为食物的被捕食者刚好减少到某一水平用于维持生存，但很难承载个体发育。老龄鱼群中发育不良的情况更为明显。当年鱼（young-of-the-year）往往因过度捕食浮游生物，导致大量个体处于严重饥饿状态。有多种因素导致幼小鱼群体陷入资源过度利用循环，而体型较大的底栖食性鱼群却不会这样（Scheffer 等，1995a）。成鱼的生长速率相对较低，因此不太容易导致环境承载能力"过载"，进而引发系统崩溃。此外，幼小鱼类群体新陈代谢率更高，在饥饿时期更容易导致临界体重减轻。真正的资源过度利用没有发生的另一个重要原因是，水底食物很难像浮游类食物那样减少到很低的水平。通过实验控制或清除食底栖生物鱼类通常只会使底栖生物的生物量适度增加。例如，彻底消除 Great Linford 中严重发育不良的鱼群后，底栖摇蚊生物量增加了一倍（Giles，1992）。

因此，相较于食浮游动物鱼类对浮游动物的影响，食底栖生物鱼类对底栖生物的影响较小。尽管如此，从野生生物保护的观点来看，底栖无脊椎动物的减少通常被认为是鱼类密度过高的结果。摇蚊幼虫和其他从底栖幼虫羽化的昆虫是幼鸭的重要蛋白质来源，而鸭子的成功繁殖被认为与这种资源的获得性密切相关（Street，1977）。由此，英国"狩猎保护协会"调查研究了食底栖生物鱼类对鸭子繁殖的影响。事实上，小鸭子在砾石坑淹没区的生存模式支持了这种因果关系（Hill 等，1987）。许多鸭子在出生后的两周内就会死亡，但是那些在鱼类稀少的河流里觅食的鸭子比在鱼类密度较高的湖泊中觅食的鸭子存活得更好。在池塘的平行实验中，较高密度的鱼类导致羽化摇蚊数量的下降。在这些池塘里生长的小鸭需要比在低密度鱼池里的小鸭游更多距离，体重也增加得更少。

同时，在砂砾坑实验中通过减少食底栖生物鱼类的数量，证实了食物竞争对鸭子和鱼都同样重要这一观点（Giles，1992）。通过一次短暂的密集捕捞，大部分鱼类资源被清除。摇蚊生物量和小鸭子存活率也显著增加。在随后的季节，剩下欧鳊的平均个体重量从 1.5 kg 增加到 2.2 kg，这表明早期食物的限制，严重阻碍了鱼的生长。

一个经酸化处理的无鱼湖泊实验说明了鸭子和鱼类之间存在对无脊椎动物食物的竞争关系。以美国缅因州物理条件相同的成对池塘比较研究为例（Hunter 等，1986）。在每对池塘中，都有一个池塘因为酸化而呈无鱼状态。无鱼池塘的无脊椎动物密度比有鱼的池塘高得多。结果表明，与有鱼池塘相比，北美黑鸭（*Anas rubripes*）的小鸭子在经酸化处理过的池塘中生长速度更快，它们寻找食物和移动的时间更少，觅食和休息的时间更多。

4.4.3   螺类对周丛生物的下行控制效应

有些鱼类专门以软体动物为食。来自美洲大陆的著名例子是小冠太阳鱼（*Lepomis microlophus*）和驼背太阳鱼（*Lepomis gibbosus*）。在欧洲，丁鱥（*Tinca tinca*）可能是最主要的食软体动物者（图 4.46）。当软体动物稀少时，它们会转向捕食其他食物，但它对软体动物有强烈的偏好，并且在软体动物丰富时，几乎只以软体动物为食（Brönmark，1994）。

食软体动物鱼类对螺类密度有很大的影响（Brönmark，1988；Martin 等，1992）。众所周知，当螺类数量丰富时会降低周丛生物的密度（Brönmark，1989；Swamikannu 和 Hoagland，1989；Mulholland 等，1991；Daldorph 和 Thomas，1995），食软体动物鱼类可能会对周丛生物的生长产生间接的正效应。从鱼类到周丛生物的级联效应确实已经被证明。

例如，在美国威斯康星州两个湖泊湖滨带的网箱实验中（Brönmark 和 Weisner，1992），与没有驼背太阳鱼的对照相比，在有自然密度驼背太阳鱼的情况下，螺类生物量显著减少。由于螺类牧食压力的减小，有鱼网箱的周丛生物生物量增加。周丛生物的组成也随着捕食压力的变化发生了明显的改变。在有鱼的情况下，螺类很稀少，一些上层的大型藻类物种如硅藻和丝状藻类占优势地位。当螺类牧食加强

○ 图 4.46   丁鱥（*Tinca tinca*）常见于湖泊的植被区。它以各种大型无脊椎动物为食，但偏爱螺类。

时，小型着生藻类变得丰富。这种物种组成的转变，经常在螺类牧食影响的研究中观察到（Brönmark，1989），并且与大型食草动物对陆地植被结构的影响相当。

周丛生物成片生长会遮蔽并限制沉水植物的生长（Sand–Jensen 和 Borum，1984）。因此可以预期，螺类对周丛生物生物量的牧食控制可以间接地促进沉水植被的生长（Carpenter 和 Lodge，1986；Thomas，1987）。这种螺类的正效应已在一系列淡水大型植物实验中得到证明（Brönmark，1985；Underwood，1991；Daldorph 和 Thomas，1995）。同时咸水海藻——大叶藻（*Zostera marina*）的生长也已被证明得益于周丛生物刮食者的牧食（Hootsmans 和 Vermaat，1985；Howard 和 Short，1986）。鉴于螺类和植物生长之间的这种联系，食软体动物鱼类应该对大型沉水植物有潜在、间接的负效应。事实上，这种影响已得到了证实。在瑞典的一个浅水池塘的围隔实验中，用丁鱥来作为软体动物的捕食者（Brönmark，1994）。在丁鱥的存在下，螺类生物量减少（图 4.47a），导致周丛生物生物量增加（图 4.47b），而优势种加拿

大伊乐藻（*Elodea canadensis*）生物量显著下降（图 4.48c）。Martin 等（1992）也得到了类似的结果，他们发现清除软体动物食性的小冠太阳鱼后，沉水植被的生物量增加了。

4.5 食鱼动物

与浮游生物食性和底栖生物食性的鱼类相比，关于食鱼动物对浅水湖泊食物网的影响的研究相对较少。尽管如此，人们已经清楚地认识到，捕食是鱼类群落结构的重要结构性力量。在食鱼动物存在的情况下，被捕食的鱼类往往会改变自己的行为方式以减少被捕食的风险，这可能导致被捕食的鱼类聚集到安全的植被区域，从而增加相互的食物竞争（Werner 等，1983；Persson 等，1993）。尽管这种避免捕食的策略有助于减少损失，但已有观测发现食鱼动物对被捕食鱼群的多度和大小均有显著影响。

4.5.1 对鱼类多度和体型大小的影响

在芬兰和瑞典的湖泊中，研究者开展了广泛的食鱼动物对金鲫（*Carassius carassius*）种群的影响研究。普遍认为，在小型湖泊中鲫种群通常由许多小个体组成，而在较大的湖泊中，鲫较少但体型较大。这种差异不是湖泊本身大小所造成的，而是由于许多小型湖泊中没有食鱼动物（Tonn 等，1989；Tonn 等，1994；Brönmark 等，1995）。冬季长时间的冰层覆盖常常导致这种小型浅水水域缺氧，几乎杀死除了鲫外所有的鱼，而鲫由于具有低温下厌氧

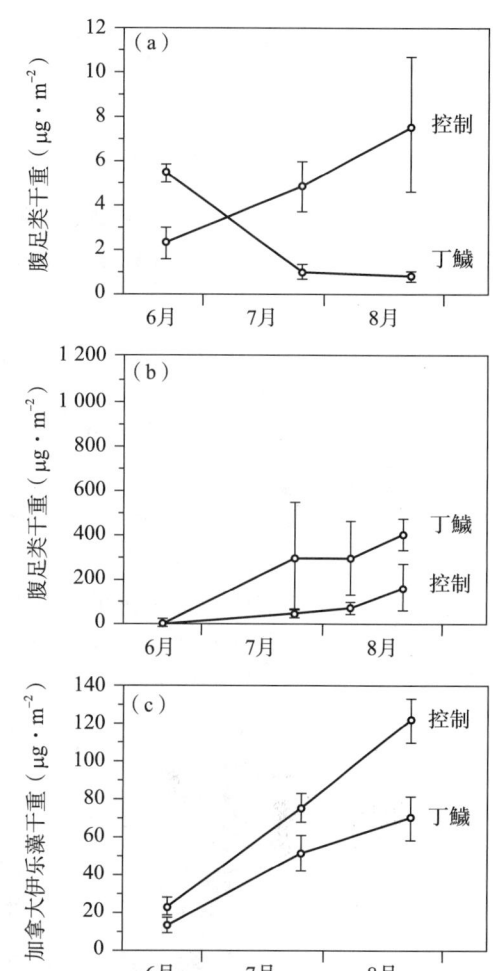

○ 图 4.47 瑞典浅水池塘，食软体动物鱼类－丁鱥的围隔实验，（a）螺类的生物量减少，（b）周丛生物的生物量增加，（c）沉水植物加拿大伊乐藻的生长减缓。误差棒表示标准误差。引自 Brönmark（1994 年）的研究。

代谢的能力而得以存活。因此，鲫通常是这些湖泊中唯一的物种。在没有捕食者的情况下，低死亡率导致种群密集，又由于食物竞争而个体很小。这些发育不良的种群与那些捕食者在冬季存活下来的湖泊中的鱼群个体形成了强烈的对比（图 4.48）。在这些湖泊中，捕食使得小型个体几乎被完全消灭，仅少数幸存下来的个体长成了大型个体。在瑞典的池塘中，有和没有食鱼动物的情况下，丁鱥种群的大小结构也存在类似的差异。然而，丁鱥的多度受鱼食性鱼类的影响较小，这表明该物种不像鲫那样容易被捕食（Brönmark 等，1995）。研究者发现，在其他物种中也发现了对捕食的敏感性情况，这些物种在缺乏食鱼动物的小池塘中会形成

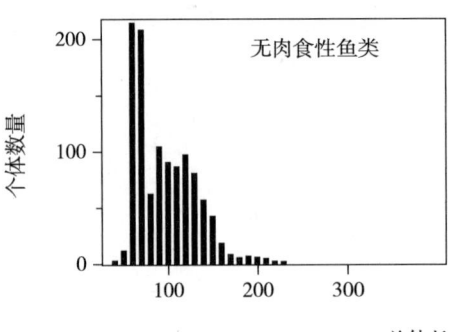
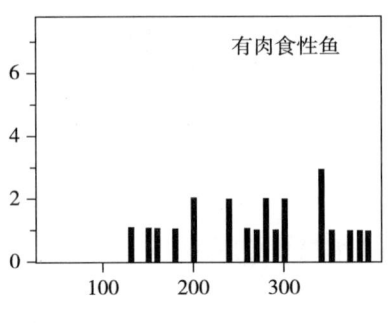

○ 图 4.48　瑞典南部池塘中金鲫（*Carassius Carassius*）的尺寸大小分布（46 个无肉食性鱼类或有肉食性鱼类池塘数据）。引自 Brönmark 等（1995）的研究。

密集的种群（Tonn 等，1990）。

　　被捕食者从较小体型向较大体型转变可能是食鱼动物最常见的影响效应。例如，瑞典南部湖泊的一项比较研究表明，拟鲤的大小随着湖中食鱼动物的占比而系统性地增加（Persson 等，1991）。对食鱼动物密度的控制实验也发现，被捕食鱼类体型有变大的趋势。例如，Hambright（1994）在一项为期三年的重复研究中，发现食鱼动物的存在导致驼背太阳鱼从较小体型向较大体型转变。在德国 Bautzen 水库的全湖案例也表明，通过限制垂钓、捕捞和多次放流人工饲养的稚鱼，梭鲈（*Zander lucioperca*）的资源量得到增加。这种操控导致了主要的被捕食者——鲈鱼总生物量减少，并增加了鲈鱼的平均个体大小（Benndorf 等，1988）。

　　多项研究表明，当存在一定密度的小型食鱼动物时，稚鱼的存活率会严重下降（He 和 Wright，1992；Prejs 等，1994 年；Berg 等，1997 年）。例如，在波兰的 Wirbel 湖，连续 3 个春季放流白斑狗鱼（*Esox lucius*）（图 4.49）的稚鱼，使其达到一个高密度状态（最高 3 000 尾·hm^{-2}）（Prejs 等，1994）。在第四年，用鱼藤酮处理杀死所有的鱼后发现，白斑狗鱼的放流使得鲤科鱼的种群增长受到强烈抑制。拟鲤和粗鳞鳊（*Blicca bjoerkna*）种群几乎均为 3 岁以上的个体。与春天相比，在秋天放流白斑狗鱼稚鱼几乎没有影响，因为只有少数白斑狗鱼能存活到第二年春天。

　　丹麦的一项研究证实了白斑狗鱼的当年鱼对鲤科鱼（以拟鲤为主）数量增加存在潜在的显著影响（Berget 等，1997）。在 Lyng 湖，连续四年春季放流不同密度人

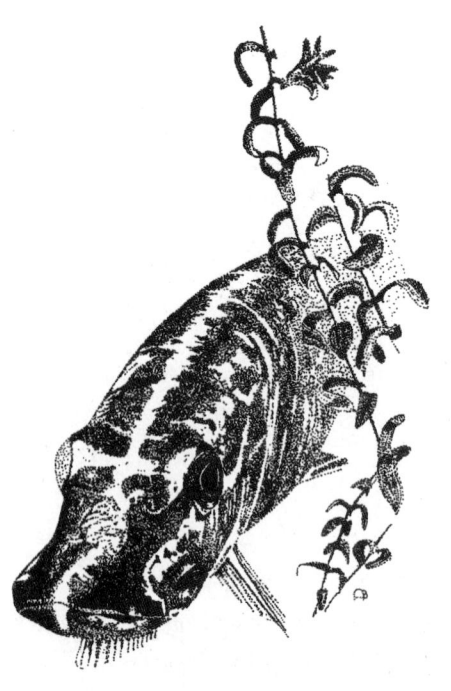

○ 图 4.49　白斑狗鱼（*Esox lucius*）是一种捕食量较大的捕食者，它通过伏击捕食，能吞食自己一半身长的鱼类。同类相食是白斑狗鱼稚鱼死亡的主要原因，它们的生存很大程度上依赖于植被所提供的避难空间的作用。

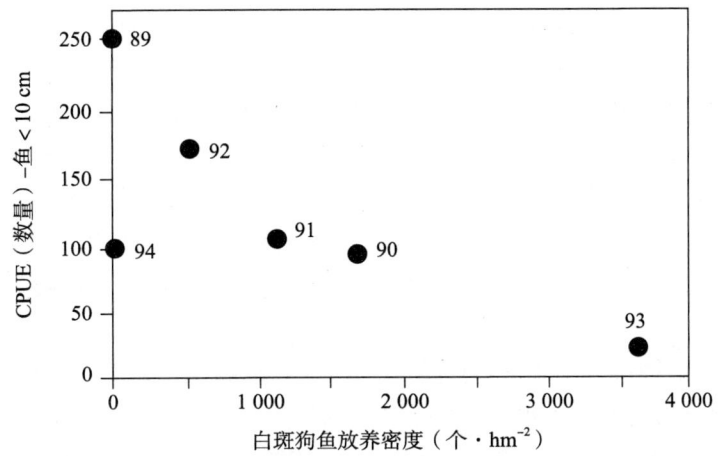

○ 图 4.50 丹麦 Lyng 湖的湖滨近岸带放流白斑狗鱼稚鱼对被捕食小鱼（长度＜10 cm）密度的影响。引自 Berg 等（1996）的研究。

工饲养白斑狗鱼稚鱼。年度秋季调查表明，随着白斑狗鱼放流量的增加，在白斑狗鱼觅食的沿岸植被区，拟鲤小鱼（＜10 cm）的数量明显减少（图 4.50）。

通过反推计算可以判断白斑狗鱼稚鱼对其猎物密度的巨大影响，即一条白斑狗鱼在第一年像往常一样长到 18 cm 需要多少食物。根据推算，一个季节每条白斑狗鱼共捕食约 600 条鲤鱼的稚鱼（Grimm，1989）。

4.5.2 营养级联效应

因为小型鱼类通常是浮游动物最大的捕食压力，食鱼动物对小型鱼类的抑制可能释放对溞的捕食压力，进而增强对浮游植物的下行控制效应。事实上，许多研究都观察到了这样的级联效应。

Carpenter 和他的同事（1987）在 Paul 湖、Peter 湖和 Tuesday 湖开展的研究，可能是第一个证实了食鱼动物到浮游植物级联效应的全湖性实验。由于在这个实验中同时操控了食鱼动物和食浮游生物鱼类，因此这种影响不能单纯归因于食鱼动物的变化。然而，后来的几项研究证实，食鱼动物种群的变化可以"级联"影响到浮游生物水平。例如，在 Hambright（1994）池塘的研究中，由于食鱼动物的存在，食小型浮游生物鱼类密度降低，导致浮游动物生物量和溞类平均体型大小的增加，从而进一步降低了叶绿素浓度。同样在丹麦的放流实验中（Berg 等，1997），白斑狗鱼稚鱼降低了食小型浮游生物鱼类密度，导致了溞的增加和叶绿素浓度的降低（Søndergaard 等，1997）。在 Bautzen 水库，梭鲈种群的增加使得溞体型大小和多度增加，并出现了前几年均不存在的春季清水期（Benndorf 等，1988）。美国密歇根（Michigan）湖重新引入鲈鱼，其作为捕食者发挥的影响特别引人注目（Mittelbach 等，1995）：食浮游生物鱼类密度的急剧下降，促进了大型的溞属生物的恢复，这些溞在八年前随着鲈鱼的灭绝曾经消失；浮游动物的生物量增加了 10 倍，水体透明度也显著增加。

虽然这种因果关系并不总是得到很好的记录（Demelo 等，1992 年），但是现有的证据能充分证明，食鱼动物减少了小型鱼类数量后，会对浮游动物和藻类生物量产生显著影响。然而，一般来说，当需要传递更多的营养级时，下行效应的影响似乎变得就不那么明显了（McQueen 等，1989）：食鱼动物对食浮游生物鱼类的影响可能很强，但对浮游动物的间接影响往往不那么明显，对藻类的级联效应可能更弱。

在底栖食物网中，也观察到这种下行营养级联在较低级上出现的"解级联"现象。如前所述，食软体动物鱼类可以降低螺类密度，导致周丛生物生物量的增加（Brönmark 和 Weisner，1992；Martin 等，1992；Brönmark，1994）。在瑞典的一个池塘里，冬季鱼类的死亡清除了食鱼动物，软体动物食性的丁鱥的数量很多，且以小型个体占优，但在食鱼动物存在的情况下，丁鱥的数量虽然少但是个体较大（Brönmark 等，1995）。这种由捕食引起的丁鱥个体由小型向大型转变并不影响螺类的生物量，尽管它导致螺类向小尺寸转变。周丛生物的生物量未受到食鱼动物的影响。

4.5.3   同类相食和竞争

食鱼动物的同类相食问题很严重。即使在同一个群体中，生长差异往往会让体型较大的个体吞食体型较小的个体（DeAngelis 等，1979）。这在白斑狗鱼群中也是存在的。例如，在波兰的白斑狗鱼放流实验中，99% 的稚鱼个体在秋季之前就已经死亡，主要原因可能是同类相食（Prejs 等，1994）。通常情况下，白斑狗鱼在夏季耗尽了它们的食物，导致在夏末和秋季出现了相互吞食的现象（Grimm，1989；Prejs 等，1994；Berg 等，1997）。在缺乏植被的情况下，白斑狗鱼的同类相食行为尤为严重。高密度的白斑狗鱼稚鱼通常仅在有植被覆盖的地方才能被发现（Hakkari 和 Bagge，1984；Wright 和 Shapiro，1990），这对它们来说是一个防止同类相食的重要避难所（Grimm，1989）。

根据观察到的高频率同类相食现象，可以推断小型食鱼动物的数量也可能被同类中体型较大的个体所抑制。以白斑狗鱼为例，在大型个体很少的年份（如冬季鱼类死亡的第二年），会发现有更多的小型个体存在（Grimm，1981a；Grimm，1981b）。食鱼动物的这种负反馈表明，对大型个体的选择性捕捞可以促进小型种群的发展。由于这些小型鱼类在捕食被捕食鱼的当年鱼时有更高的效率，这可能有助于减少浮游动物食性的鱼类。事实上，这一观点得到了证实，在荷兰的一组浅水湖泊中（Lammens 等，1997），通过密集刺网移除体长大于 60 cm 的梭鲈，梭鲈种群的总生物量没有发生变化，但出现了以小体型梭鲈为主的转变，并且小型鲤科鱼（被捕食鱼）的密度降低（图 4.51）。

在这个实验中，因果关系并没有得到很好的记录。但其中一个湖泊 14 年的时间序列记录中，小型欧鳊的存活与 2～4 岁梭鲈的多度呈负相关（Mooij 等，1996）。这表明观察到的小型欧鳊数量的减少确实是刺网捕鱼后小型梭鲈多度增加的间接影响。

有趣的是，一些食鱼动物的多度也会在生命早期阶段通过竞争被未来的被捕食鱼类控制。Persson 和同事对鲈鱼的这种"稚鱼竞争瓶颈"进行了广泛的研究（Persson，1986；Persson，1987a；Persson，1987b；Persson 和 Greenberg，1990b；Persson 和 Greenberg，1990a）。鲈鱼口裂尺寸相对较小，在个体长到足够大以捕食鱼类之前可能需要几年的时间。在这个阶段之前，它们以无脊椎动物为食，并与鲤鱼和其他鱼类竞争。在植被稀少的富营养浑浊湖泊中，鲈鱼与拟鲤、欧鳊相比是较差的竞争对手。因此很少有个体生长到足够大的尺寸，成为食鱼动物而控制鲤类数量的增长。

梭鲈稚鱼食性转变为以鱼为食的时间比鲈鱼早，但转向食鱼几乎是生存的先决条件，因为小型非食鱼个体很少能

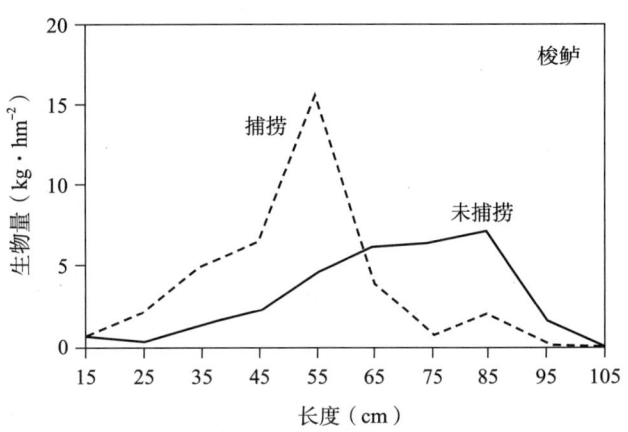

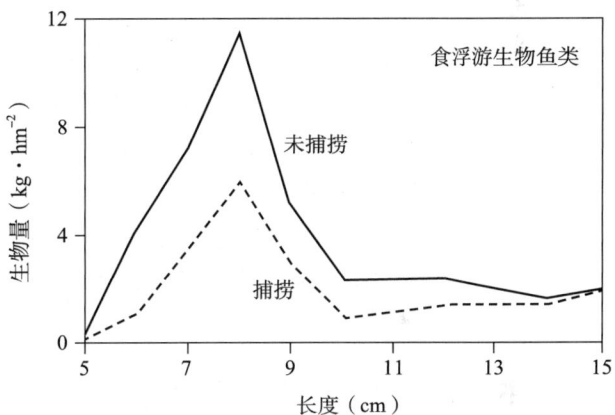

○ 图 4.51　通过密集刺网从荷兰的一组浅水湖泊中移除体长大于 60 cm 的梭鲈，导致较小体型的鱼类的占主导（上图），而湖泊中小型鲤科被捕食鱼类的密度下降（下图）可能是由于梭鲈种群变化增加捕食压力。根据 Lammens 等（1997）的数据绘制。

在冬天存活下来。在荷兰的湖泊中，当夏季温度较低时，梭鲈种群增长率特别低。这可能是因为梭鲈的生长比被捕鱼类的生长更容易受到低温的影响。因此，在温度低的夏季，由于梭鲈相较于潜在猎物个体大小不足，而不能捕食（Van Densen 和 Grimm，1988）。通过对大口黑鲈和两种鲱鱼建模，分析了潜在捕食者和被捕食者之间的温度"竞争"（Adams 和 DeAngelis，1987）。捕食者和被捕食者产卵所需的温度差异被认为对两者的生长有很大影响。当大口黑鲈产卵晚于鲱鱼时，很少有大口黑鲈个体能在第一年长得足够大变成食鱼动物以度过冬天。

4.6   普遍的模式

4.6.1   体型大小是关键因素

下行控制的效应大小主要取决于所有营养水平上被捕食者相对于捕食者的体型大小。受限于其口裂的大小，大型鲤科鱼被食鱼动物捕食的风险很小，因此，在大多数鱼类群体中当年鱼对大多数食鱼动物而言是最佳的捕食尺寸。因此，食鱼动物通常会引起被捕食物种体型由小型向大型转变。在下一个营养级水平上，大多数浮游动物都太小，无法被食浮游生物鱼类发现和有效地捕捉，但溞却能较易被捕食。因此食浮游生物鱼类通常会导致浮游动物体型从大型向小型转变。体型较大的鱼类在捕食小型猎物（如浮游动物）时效率较低，它们更喜欢捕食体型较大的无脊椎动物或鱼类。因此，当食鱼动物体型由小型向大型转变时，它们对浮游动物的捕食压力就会降低。再向下一个营养级，由于许多浮游植物细胞和群体太大，小型浮游动物无法处理，只有大型植食性浮游动物，如溞才能在更广的尺寸范围内减少浮游植物的多度。因此，当没有大型植食性浮游动物的情况下，浮游动物的牧食通常会导致浮游植物向更大尺寸的种类转变，而藻类的总生物量几乎不受影响。

因此，营养级联涉及许多捕食者 - 被捕食者的体型比例匹配。简单来说，从食鱼动物到浮游植物的营养级联包括食鱼动物对小型鱼类的控制，小型鱼小到足以控制溞，而溞大到足以控制体型较大的藻类（图 4.52）。

捕食风险很大程度取决于被捕者的体型大小，因此许多生物都发展出了面对捕食者调整自身体型大小的能力，从而使其不容易被发现或捕食。例如，金鲫（*Carassius carassius*）形体长度与食鱼动物存在与否紧密相关。较大的体型的长度可以有效降低其被受到口裂大小限制的食鱼动物吞食的风险（Brönmark 等，1993；Brönmark，1994；Nilsson 等，1995）。许多甲壳类生物和轮虫面对无脊椎动物捕食者的反应是变出刺和嵴，使自身不容易被捕食（Havel，1987）。另一方面，由于鱼的存在，溞的体型会变小，且成熟时体型也较小（Weider 和 Pijanowska，1993；Engelmayer，1995）。考虑到食浮游生物鱼类偏好捕食较大体型的浮游

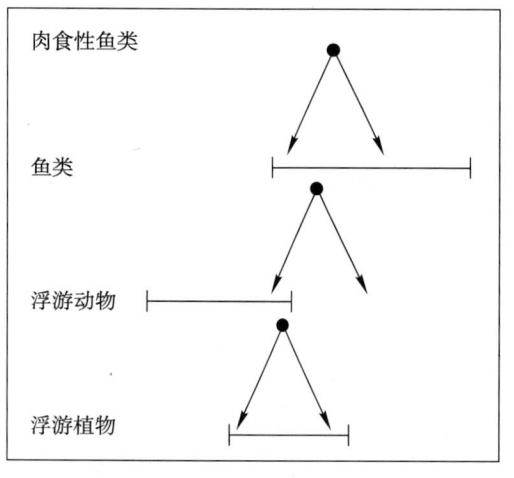

肉食性鱼类

鱼类

浮游动物

浮游植物

相对体型大小

○ 图 4.52   营养级联涉及的捕食者和被捕食者之间关键体型大小对应关系。大多数被捕食鱼类体型过大，很难被肉食性鱼类捕食；大多数浮游动物太小，不是大多数鱼类的理想食物；而大多数浮游植物只能被体型最大的植食性浮游动物个体控制。引自 Scheffer（1997）的研究。

动物，这是有道理的。再低一个营养级，绿藻门的栅藻（*Scenedesmus*）已被证明其具有更厚的细胞壁，并形成较大的群落，会降低其对于溞的可食性（Hessen 和 Van Donk，1993）。只有当捕食者存在时才会发生这些情况，而且大多数研究表明，化学物质是感知捕食者存在的主要线索。

4.6.2　躲避捕食：消耗与后果

上述身体形态和大小的改变只是水生生态系统中研究者已发现的广泛避免被捕食策略中的一小部分。一些策略，如鱼类的刺、水生甲虫和昆虫释放的刺激性味道（Scrimshaw 和 Kerfoot，1987）在进化过程中被固定下来。然而，动物常常会根据捕食风险调整它们的"生活方式"（Sih，1987b）。这是有道理的，因为大多数躲避捕食策略都意味着能量的消耗，这常常会降低寻找食物的可能性。因此，当被捕食风险降低，例如，没有捕食者，或者因为个体足够小或足够大到一定程度，显然没有必要再采取高代价的策略来避免被捕食。

迁移到更安全的地方是水生系统中最受关注和研究最充分的策略之一。如前所述，浮游动物经常聚集在被捕食风险较低的地方（Kuenne，1925；Colebrook，1960；Klemetsen，1970；Johnson 和 Chua，1973；Malone 和 McQueen，1983；Jakobsen 和 Johnsen，1987）。而在深水湖泊中，它们表现出昼夜垂直迁移，白天集中在黑暗的深水层，以避免被依靠视觉的食浮游生物鱼类捕食（Gliwicz，1986；Leibold，1990；Ringelberg，1991；Lampert，1992；Brancelj 和 Blejec，1994；Loose 和 Dawidowicz，1994；Ringelberg，1995）。就觅食可能性而言，这些都是代价高昂的躲避策略。在浮游动物群体中，藻类密度会大大降低（Tessier，1983；Jakobsen 和 Johnsen，1987），垂直迁移已被证明会导致生长和繁殖率的降低（Lampert，1987a）。

在下一章中将会详细描述，浅水湖泊大型浮游动物经常聚集在水生植被区域，只在夜间才游到邻近的开阔水域活动（Timms 和 Moss，1984；Lauridsen 和 Buenk，1996；Lauridsen 等，1996）。由于浮游植物的生物量在水生植被密集的区域通常很低，因此这种躲避策略很可能导致大型浮游动物在摄食方面需要付出更多代价。事实上，水生植被对溞有驱避影响，这种驱避只有在有鱼的情况下才会被消除（Lauridsen 和 Lodge，1996）。有趣的是，水生植被也常常是小鱼躲避食鱼动物捕食的避难所。同样的，小鱼在觅食方面也付出了代价，因为水生植被结构大大降低了觅食效率（Winfield，1987；Diehl，1988），当捕食者不在时，小鱼更喜欢在开阔水域觅食（Persson 等，1993）。

避免被捕食的消耗对野外捕食有着显著影响。重要的是，它可以在猎物种群中留下食物匮乏的记忆，因为猎物通常会为减少被捕食风险而在觅食可能性方面付出代价。因此，在被捕食风险较高的区域，尽管食物资源很充足，稚鱼和大型浮游动物仍然会表现出饥饿现象。值得注意的是，从个体状况来解释种群动态背后的驱动力往往具有很大风险。因为饥饿实际上是捕食者的间接影响。另外一种思维看待躲避捕食的意义，捕食者实际上为被捕食者的猎物创造了一个避难所。例如，当植食性浮游动物被食浮游生物鱼类驱赶到植被区时，开阔水域就是浮游植物抵御浮游动物捕食的避难所。

值得注意的是，尽管这些"躲避和寻觅"式的级联反应中涉及的机制相对复杂，但捕食的最终结果仍然与 Camerano（1880）和 HSS 团队（Hairston 等，1960）提出的简单食物链理论所预测的结果非常相似。捕食者对两个营养级以下的生物有间接的正向影响。主要差别在于，对捕食者的负向影响可能部分表现为猎物种群的食物限制。另一个重要的方面是，正如已经在一些章节讨论过的溞－藻类相互作用那样，通过聚集在避难所躲避被捕食，可以稳定捕食者－被捕食者间动态变化（Sih，1987a）。虽然区域内的食物可能会被消耗到很低的水平，但在有避难所的情况下，整个湖泊范围内食物过度利用的可能性较小：在有植被的湖泊中，溞不容易被食浮游生物鱼类消耗灭绝；但同时，稚鱼的生存概率也会增加，并且开阔水域的浮游植物不太可能被牧食消耗到春季清水期以下的状态，因为在夏季白天浮游生物食性的鱼类阻止了溞在开阔水域的活动。

4.6.3　食物网结构随加富营养的转换

一系列研究表明，鱼类资源量随着湖泊总磷浓度的增加而增加（Hanson 和 Leggett，1982；Jeppesen 等，1996）。从直觉上看这也是合理的，因为初级生产力和随后的营养级上的食物供应将随营养水平的增加而增加，直到出现其他因素（如光线）限制了初级生产力。事实上，在高总磷浓度情况下，鱼类生物量趋于稳定，磷限制不太可能发生（图 4.53）。

初级生产力在很大程度上决定了鱼类的环境承载力，这一观点得到了原位观察结果的支持：悬浮沉积物浓度高的湖泊，较之其他相同营养水平的湖泊，鱼类资源量相对较低（Lind 等，1994）。后者的一个很好的例子是 IJsselmeer 湖和 Markermeer 湖之间的差异，事实上，这两个湖是同一盆地人工分离的两个部分。在 Markermeer 湖，淤泥沉积物经常被海浪重新悬浮，受到光线的限制，藻类生物量大约只有 IJsselmeer 湖的一半。同时这两个湖的鱼类生物量之间存在着非常相似的差异（Lammens 等，1996）。

鱼类的生物量通常与底栖无脊椎动物的生物量密切相关（Hanson 和 Leggett，1982），这表明底栖生物是鱼类重要的食物来源，其在很大程度上决定了许多鱼类群落的总生物量。这在浅水湖泊中尤其明显，因为底栖生物在浅水湖泊比在深水湖泊中更为重要。如前所述，富营养湖泊中（杂食性）鱼类的增加，被认为会导致这些湖泊的浮游动物受到不均衡的高捕食压力（Jeppesen 等，1996）。

比鱼类生物量随营养盐增加更令人惊讶的是营养结构的变化。当总磷含量高于 0.1 mg·L^{-1} 时，鱼类群落中食鱼动物的比例急剧下降，同时浮游动物与浮游植物生物量的比值也急剧下降（图 4.53b，c）。这表明随着营养盐的变化，下行控制效应的作用发生了系统性转变。在低营养水平下，食鱼动物相对较多，食浮游生物鱼类相对较少，由此浮游动物有机会向下牧食藻类。在高营养盐状况下，强烈的下行控制连接已经转移了一个营养级，浮游动物对浮游植物强烈的下行控制效应几乎不存在。

　　要了解鱼类群落的变化，有必要更仔细地考虑不同生产力湖泊之间物种组成的差异。一般情况下，在贫营养湖泊中，鲑形目（Salmoniformes）是最重要的鱼类群体，而在中等营养湖泊中，鲈科鱼类占主导地位，而在富营养湖泊中，优势群体转为鲤科鱼类（Kitchell 等，1977；Leach 等，1977；Persson 等，1991）。在美洲大陆上还有另一种鱼类，即太阳鱼科（centrarchids），与鲤科鱼类相似，其数量随着富营养程度的增加而增加（Oglesby 等，1987）。

　　例如，在丹麦的一项研究中，随着营养状态的增加，鲈科鱼类向鲤科鱼类转变，食鱼动物占比大幅下降（图 4.53b）。在欧洲的湖泊中，中营养型湖泊中大部分的食鱼动物几乎全是鲈鱼，而拟鲤和欧鳊常常是最重要的鲤科鱼（Persson 等，1991）。这种变化取决于物种依赖于水的浊度和水生植被存在与否的竞争差异。正如在下一章中进一步讨论的那样，鲈鱼在植被茂密的湖中是优越的竞争对手，而繁茂的植被主要存在于富营养化程度较低的湖泊中。在浑浊的水体中，欧鳊和拟鲤是更为优越的竞争对手（Diehl，1988；Persson 等，1991）。研究发现，这些鲤科鱼类的稚鱼即使在浑浊湖泊的低光照强度下，也能以最大速率进食（Bohl，1980；Diehl，1988）（图 4.54），而成年欧鳊可以切换到不需要肉眼发现猎物的滤食模式捕捉浮游动物（Lammens 等，1985）。欧鳊和拟鲤也会在没有植被的沉积物中高效地捕食摇蚊幼虫，直到摇蚊幼虫的密度相当低为止（Diehl，1988）。结果就是，浮游动物和底栖动物被鲤科鱼类捕食减少到很低的密度，鲈鱼幼鱼无法在这些浑浊的条件下有效地觅食。鲤科鱼类造成的恶劣觅食环境，会阻止鲈鱼幼鱼成长为食鱼性的成年个体。

　　因此，在富营养浑浊湖泊中，欧鳊和拟鲤的竞争阻碍了鲈鱼稚鱼成为捕食者。另一方面，在有水生植被的清澈水域中，鲈鱼稚鱼是很好的竞争对手，许多个体可以长得足够大，成为食鱼性成熟个体（Persson，1986；Persson，1987a；

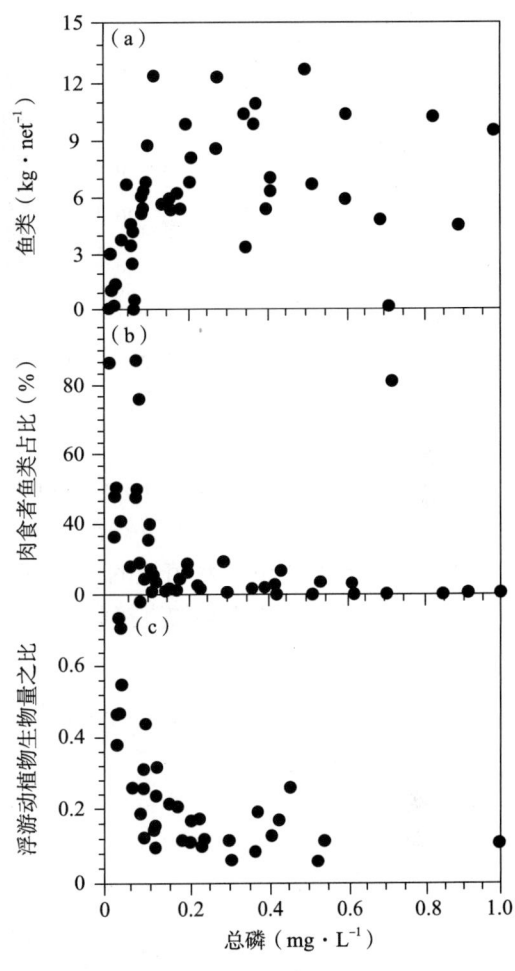

◍ 图 4.53　丹麦湖泊总磷浓度与鱼类生物量、肉食性鱼类占比、浮游动物与浮游植物生物量之比的关系图。引自 Jeppesen 等（1996）的研究。

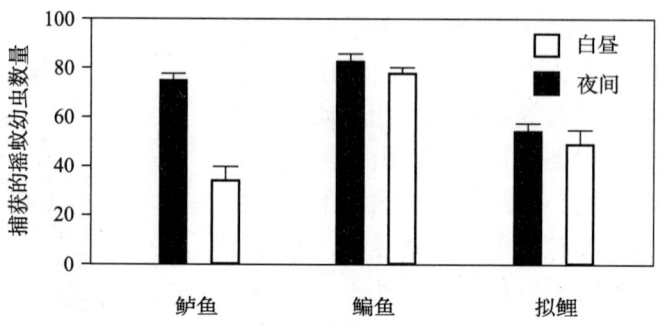

○ 图 4.54   鲈鱼、鳊鱼和拟鲤日间和夜间对摇蚊幼虫的捕获
效率。引自 Dieh（1988）的研究。

Persson，1987b；Persson 和 Greenberg，1990a；Persson 和 Greenberg，1990b）。

实际上，随着湖泊营养状况的变化，食物网结构的大部分变化可能与水体富营养化下沉水植被的消失有关，而与生产力或水体浑浊度本身无关。植被对浅水湖泊生物群落的直接和间接影响将在下一章中进一步讨论。

（杨姣姣、鲁露、朱宇、鲁斌　译）

第5章
水生植物

水生植物可以从根本上改变浅水湖泊的功能：大型植物为小型动物提供躲避大型动物捕食的场所，改变系统的营养动态，阻止沉积物的再悬浮。有水生植被分布的湖泊通常栖息着更丰富的无脊椎动物和鱼类，并且可以比没有水生植被的湖泊吸引更多的鸟类。即使对一个外行人来说，植被覆盖的浅水湖泊和没有植被覆盖的浅水湖泊之间的差别也是惊人的。虽然与陆生生态系统相比，没有真正的可比性，但就栖息地结构的差异而言，浅水湖泊是否有植被分布的区域之间的差异可以与茂密的森林和贫瘠的沙丘景观的差异相类比。本章第一部分，将总结水生植被对浅水湖泊动物区系的影响；第二部分将讨论植被对水质的影响，并回顾相关的机制；第三部分将讨论植被多度和结构的影响因素；最后一部分将讨论水生植物需要清澈的水体又提升水体清澈度的现象导致系统多稳态变化。

（1）大型水生植物的结构类型

水生植物在形态上的差异很大（图5.1），这些结构上的差异使得它们在湖泊生态系统中发挥了重要的功能作用。

在许多湖泊中，我们发现从湖岸到无植被覆盖

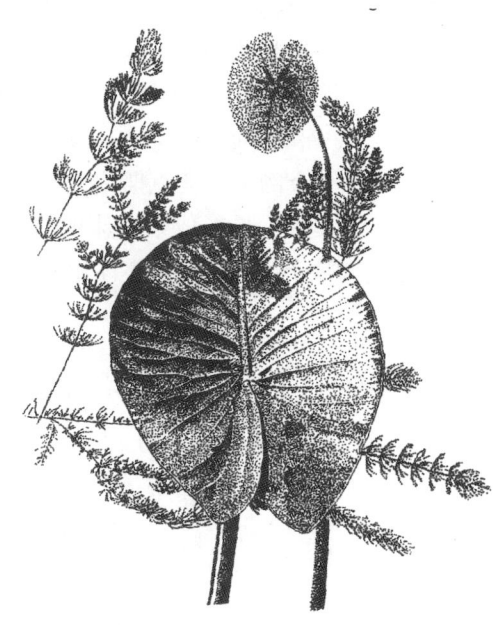

○ 图 5.1　欧亚萍蓬草（*Nuphar lutea*）的圆形叶片和金鱼藻属（*Ceratophyllum*）的细小叶片是湖泊中植物广谱形态中的两个极端。植物的生长形态在很大程度上决定了它们对波浪再悬浮的削减作用，以及为小动物提供避难所躲避捕食的效果。

的湖底，在水深梯度上有一系列的生长形态。湖岸线周围的区域被挺水植物所占据，如芦苇，它们至少有一部分的芽长在空中。这些植物可以达到很高的产量，从水中获得水分，从空气中获得碳。在这样的沼泽地带，反硝化作用可能很高。这一过程和营养物在沼生植物带生物量的积累，可以作为生物过滤器来降低水的营养盐含量（Chen 和 Barko，1988；Weisner 等，1994）。

在一些水较深且波浪不是很强烈的水域，会有浮叶植物分布，如睡莲。这些区域如果水不太浑浊的话，也会有沉水植物分布。沉水植物和漂浮植物有的有根，有的没有根。在热带，高营养盐负荷的湖泊中，漂浮植物常常堆积聚集在水面上造成很多滋扰。在温带，这种植物通常只生长在相对小而封闭的水域，如池塘和沟渠。大型丝状藻类也经常在春季时，于底质沉积物表面迅速发育，缠绕和遮蔽其他沉水植物。之后，这些藻类团块趋向于上浮，聚集形成浮藻床（"湖泛"），并在夏季逐渐腐败。所有这些群落结构类型都对湖泊的功能产生了特定的影响，在不同生长形式的植被共存的系统中，每一个群体都有自己相关的无脊椎动物群落（Dvořák 和 Best，1982；Scheffer 等，1984；Dvořák，1987）。

就大多数温带浅水湖泊而言，根生沉水植物可能是最重要的一类。它们可以大规模地在整个湖底快速扩繁，并对系统产生巨大的影响。不同类型的沉水植物在不同的条件下生长，对系统的影响也不同。至少需要区分两种生长形式：一种植物可以长得很长，并且在浅水环境下将大部分生物量贴着水面形成冠层；另一种植物则相对较矮，生产量很低，但有时也很密集。在浑浊的浅水湖中，植被主要由被子植物构成，它们以第一种类型的生长方式生长，如篦齿眼子菜（*Potamogeton pectinatus*）和黑藻属（*Hydrilla*）植物。这种植被结构季节性扩繁的一个例子是捷克斯洛伐克某鱼塘（Pokorny 等，1984），其伊乐藻属（*Elodea*）植物大量生长形成杂草床的模式。在生长季节的早期，植物的生物量在水层中相对均匀分布，但很快整体生物量增加，且大部分植物体集中地紧贴于水表面（图 5.2）。

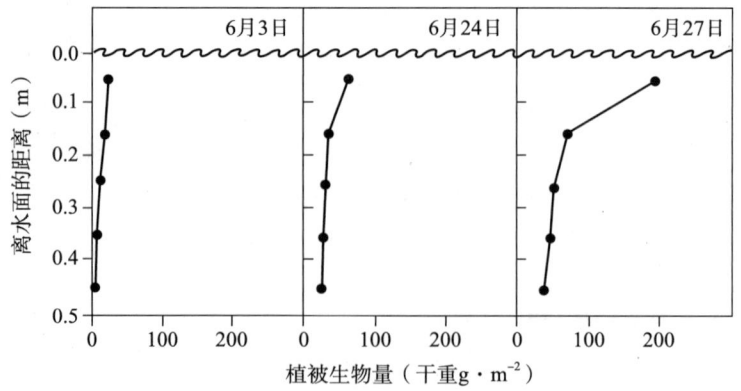

○ 图 5.2   春季至夏季伊乐藻属植被生物量深度分布变化。到 7 月底，大部分生物量都集中紧贴水表面。引自 Pokorný 等（1984）的研究。

水韭属（*Isoetes*）植物是矮生结构类型的一个极端例子，这些莲座形的植物是异常清澈水体的典型特征。另一个非常重要的矮生结构类群是轮藻门（Charophyceae）植物。它们尽管在生长形态上与高等植物相似，但轮藻门植物实际上是藻类。因此，它们在生理上与其他水生植物有很大的不同。轮藻门植物具有典型的r–选择先锋特征，生长速度快，持续产生非常小但数量很多的孢子。它们通常是第一批在新水体中定居的物种，虽然它们通常代表过渡植被阶段，但在某些情况下它们也可以形成永久性植被（Wood，1950）。

（2）植被多度的描述

在陆地植被生态学中，对某些地块的情况进行详细的描述和分析是很常见的。在物种丰富度和结构上，沉水植被的多样性通常低于陆地植被。此外，湖泊生态学家的主要兴趣往往是植物作为一个结构元素在整个湖泊的作用。因此，很常见的方式是，简单地通过估算沉水、漂浮或挺水植物占湖泊面积的百分比来描述湖泊植被特征。请注意，这一覆盖率与用于描述陆地植被区冠层密度的覆盖率有所不同。当植被非常稀疏的时候，水生植被覆盖湖泊面积百分比可能会高估了水生植被的多度。由于植被对生态系统的影响很大程度上取决于其密度，因此对后者进行一些估算是有用的。生物量是一个有效的选择。有时被用来描述湖泊中植被多度的第三种方法是被大型植物占据湖泊体积的百分比（PVI）（Canfield 等，1984）。这种评价方法认为，如果水层从上到下全部被水生植物占据，沉水植物对湖泊的影响会比沉水植物没有到达水面时更大。

5.1　植被对动物群落的影响

正如前一章所解释的那样，浅水湖泊从寡营养到富营养逐渐转变的过程中，其食物网结构会发生系统变化。富营养化鱼类群落物种组成的变化，部分可归因于水体浑浊度的增加，降低了捕食者如河鲈（*Perca fluviatilis*）和白斑狗鱼（*Esox lucius*）依靠视觉的捕食效率。然而，还有一个主要原因可能是，水生植物群落作为理想的躲避捕食场所的消失。在茂密的植被中，浮游动物和无脊椎动物不容易被捕获，除非是被一些特殊的物种（如河鲈和丁鱥 *Tinca tinca*）追捕。同样，小鱼也可以在植物中逃过较大肉食性鱼类的捕食。事实上，在湖泊中，植被分布区和无植被分布区域的食物网结果显著不同。

5.1.1　无脊椎动物

一般而言，较之非植被区，植被区无脊椎动物群落无论物种数还是总生物量均更丰富（Gilinsky，1984；Diehl，1988；Engel，1988；Hargeby 等，1994）。植被密集区与开阔水域相比，动物群落的差异尤其明显。以 Krankesjon 湖大型无脊椎动物区系研究为例（Hargeby 等，1994）。这个湖分别有无植被覆盖区、篦齿眼

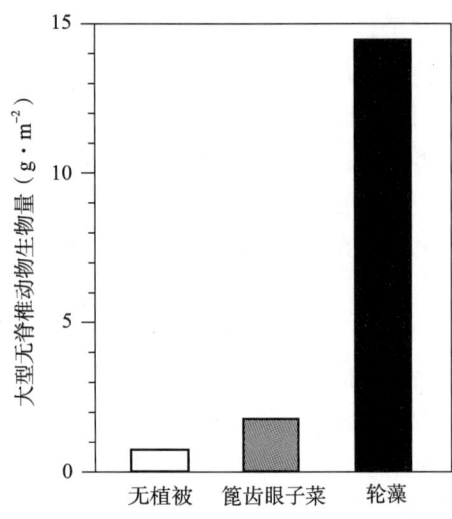

○ 图 5.3 Krankesjon 湖无植被覆盖区和轮藻植被区、篦齿眼子菜植被区中的大型无脊椎动物生物量（g 干重·m⁻²）。引自 Hargeby 等（1994）的研究。

子菜分布区和轮藻分布区。轮藻属（*Chara*）植物形成浓密而厚重的植物草甸，其单位生物量可以是篦齿眼子菜群落的 12 倍。水生植被分布区的大型无脊椎动物生物量高于无植被覆盖区，但无脊椎动物在浓密轮藻区的生物量显著高于植物稀疏的篦齿眼子菜区域（图 5.3）。

植被区无脊椎动物多样性也较高。在无植被区，摇蚊科和寡毛纲的生物量占总生物量的 74%～100%，而在植被区则发现了更丰富的无脊椎物种类群。此外，篦齿眼子菜分布区的无脊椎动物群落多样性介于非植被覆盖区和轮藻分布区之间。

有理由认为，密集的植物对无脊椎动物栖息提供了庇护，使其免于被鱼类捕食，是其群落种群丰富的重要原因之一，但其他因素也发挥了作用。这可以从以下事实看出，即使将鱼类清除出水体，大型无脊椎动物的密度和物种丰富度通常在沉水植物实验控制区中比在几乎没有植物的实验控制区更高（Gilinsky，1984；Rabe 和 Gibson，1984；Gregg 和 Rose，1985）。对于许多无脊椎动物来说，食物的可获得性是它们生活在植被区中的一个确切原因。无脊椎动物似乎很少直接消耗大量的大型植物植株，但腐烂的植物可以提供相对高质量的碎屑，这些碎屑会被等足动物、螺和昆虫幼虫等动物取食（Kornijów 等，1995）。然而，附生在大型植物表面的周丛生物层可能是无脊椎动物更重要的食物来源。这在采用稳定碳同位素方法研究佛罗里达一个湖泊植被区和无植被区湖泊食物网碳循环中得到证明（Hoyer 等，1997）。浮游植物是无植被区中最重要的碳源，而周丛生物是植被区的主要碳源。丰富的大型植物对食物网的直接贡献很微小。在以植被占优的湖泊，周丛生物是主要食物来源的观点也与大型动物区系分布依赖于可建群植物表面的观察结果相吻合（Dvořák 和 Best，1982；Dvořák，1987）。

虽然水生植被中的无脊椎动物大多以周丛生物、腐败植物为食（Engel，1988），或者捕食食草动物和腐食生物（Dvořák 和 Best，1982；Scheffer 等，1984），但也有一些物种并不真的依靠植物提供食物。以摇蚊幼虫为例，摇蚊幼虫无论在植被区还是非植被区都是湖泊沉积物表层的重要类群。尽管如此，它们的密度在植被中通常比在外部要高得多（图 5.4）。

这至少在一定程度上是动物主动选择栖息地的结果。栖息地选择已经在无捕食者的水池中进行了实验测试，其中底部区域的一半种植人工轮藻植被，另一半则没有植被（Diehl，1988）。在这两个区域投放数量相等的墨黑摇蚊（*Chironomus anthracinus*），24 h 后，在有植物的区域中发现的摇蚊幼虫数量已经是无植物区域中的两倍。躲避捕食者的追捕可能是一个重要的终极原因，因为植被是首选的栖息地，即使对于栖息于无植被区的无脊椎动物也是如此。Diehl（1988）的研究表明，不同鱼种对摇蚊的取食效率随着植被的存在而显著降低（图5.4），但轮藻对摇蚊的庇护作用明显大于篦齿眼子菜。

综上所述，较之无沉水植被分布区，沉水植被分布区的无脊椎动物密度更高，主要原因是可以获得更多更合适的食物，同时被鱼类捕食的压力更小。

5.1.2 浮游动物

如前所述，沉水植被也是溞和其他浮游桡足类（pelagic copepods）动物躲避鱼类捕食的重要场所（图5.5）。一项在 Norfolk Broads 湖的研究最早发现植被对于植食浮游动物躲避鱼类捕食的重要性。Norfolk Broads 湖区位于英国东部（Timms 和 Moss，1984），湖内有两处相连的小湖，它们的透明度差异很大。最小的一个是哈德逊湾，那里有一大片睡莲，与之相连的敞水区也很

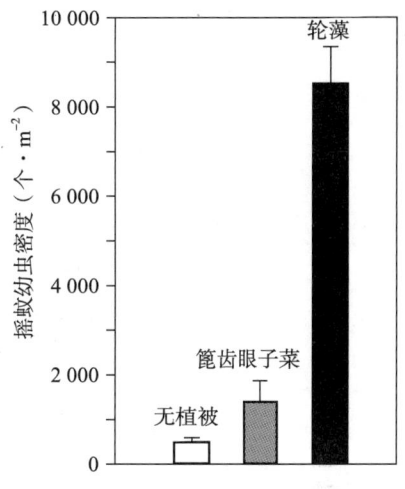

图5.4 Krankesjön 湖 无 植 被 区、篦齿眼子菜（*Potamogeton pectinatus*）植被区和绒毛轮藻（*Chara tomentosa*）植被区摇蚊幼虫密度变化。引自 Diehl（1988）的研究。

清澈。相比之下，较大的无植被覆盖的霍夫顿大区的叶绿素浓度几乎高一个数量级。两个湖的湖水都来源于上游一条营养盐丰富的河流，生物测定表明，清澈的哈德逊湾湖水足以支持藻类的快速生长。实际上，在春季和秋季，哈德逊湾浮游植物密度较高，但在夏季有睡莲存在时，浮游植物密度明显下降。在这两个湖中都有食浮游动物鱼，霍夫顿大区浮游动物群落主要由小体型的浮游动物组成，说明这个湖区鱼类的捕食压力较大。然而，哈德逊湾尽管有鱼存在，但大体型的溞属生物仍然较丰富，而且与植被区相连的敞水区，其夜间对浮游植物的牧食最为剧烈，说明大型枝角类动物将水生植被作为白天的避难场所，以逃避鱼类的捕食。

从那时起，许多研究逐步证实，在白天，浅湖中的大型浮游动物往往离开敞水区，有时会聚集在离沉积物很近的地方，但更喜欢聚集或接近沉水植物区或其他湖滨区域，如树根（Davies，1985；Vuille，1991；Paterson，1993；Lauridsen 和 Buenk，1996）。例如，在丹麦的 Væng 湖，在有大型植物和树根的狭长岸带，透明溞/盔形溞（*Daphnia hyalina/galeata*）的密度在白天高达 1 766 个·L^{-1}，在夜间下降到 638 个·L^{-1}，而在离岸带 5 m 的取样站，密度从白天的 2 个·L^{-1} 增加到夜间的 162 个·L^{-1}（Lauridsen 和 Buenk，1996）。同一作者在 Ring 湖研究了浮游动物从篦齿眼子菜群落向外迁徙的昼夜活动。大型溞（*Daphnia magna*）在植被区的密度夜间下降到白天的 1/20。有趣的是，这种明显的迁移并没有反映在临近的敞水区的密度增加上，这表明这种相对较大物种的个体迁移距离超过几米。

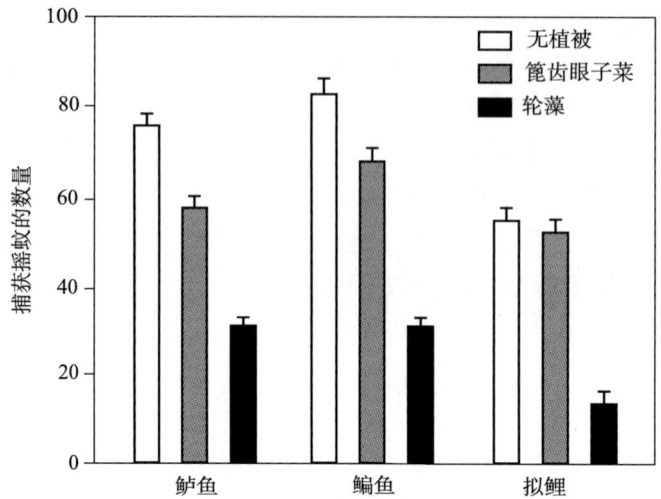

○ 图 5.5　在无植被条件下与人工构建的篦齿眼子菜（*Potamogeton pectinatus*）、绒毛轮藻（*Chara tomentosa*）群落区，鲈鱼、鳊鱼和拟鲤捕捉摇蚊幼虫的效率对比。引自 Diehl（1988）的研究。

此外，白天动物似乎更喜欢聚集在植被边缘，而不是进入植被内部（图 5.6）。这表明，大面积均匀而同质化的水生植被并不是浮游动物白天的有效避难所，因为它们的边缘相对于表面积来说很小，这一点在 Stigsholm 湖（DK）的一项研究中得到了证实。该研究将在直径为 2、10 和 25 m 的植物区中浮游动物数量的昼夜变化与敞水区的动态变化进行比较（Lauridsen 等，1996）。在 2 m 直径的植物区中网纹溞属（*Ceriodaphnia spp.*）、象鼻溞属（*Bosmina spp.*）和短尾秀体溞（*Diaphanosoma brachyurum*）出现了明显的昼夜变化，其夜间密度的下降与敞水区的镜像增加相对应（图 5.7）。

在较大面积的植被中，网纹溞属和象鼻溞属的密度相对较低，且几乎不存在昼夜变化。而晶莹仙达溞（*Sida crystallina*）、薄片宽尾溞（*Eurycercus lamellatus*）和老年低额溞（*Simocephalus velutus*）在较大面积植被中较为丰富，但在 2 m 直径植被区中较为罕见，且在开阔水域中无分布。这些枝角类动物被认为是与大型植物有关（Quade，1969；Paterson，1994），并被认为具有相当大的过滤能力，至少部分解释了植被区水体透明度的问题（Irvine 等，1990；Jeppesen 等，1996）。还有一些物种主要附着在这些植物上，因此标准的浮游生物采样技术很容易低

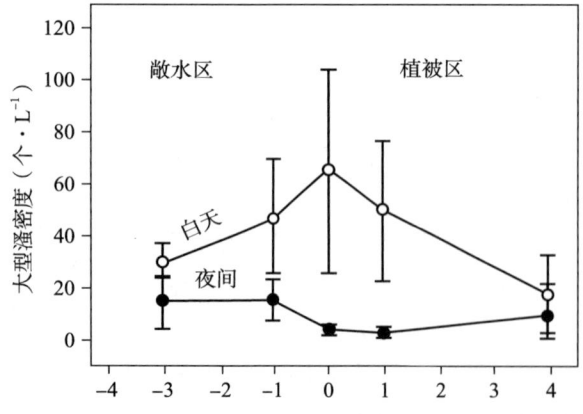

○ 图 5.6　白天（圆圈）和夜间（圆点）大型溞（*Daphnia magna*）沿篦齿眼子菜（*Potamogeton pectinatus*）群落边缘的空间梯度分布。引自 Lauridsen 和 Buenk（1996）的研究。

估它们的数量。

可见，滤食浮游植物的浮游动物在植被区中的密度较高，对浮游植物产生了较高的牧食压力，而由于遮荫、养分的获取效率低，化感物质和较高的下沉损失，浮游植物相较于大型植物的生产力就很低。因此，植被区中藻类密度非常低，且在实际情况中只有小型而快速繁殖的藻类和浮游细菌得以生存（Hasler 和 Jones，1949；Schriver 等，1995；Lauridsen 等，1996）。这也许可以解释为什么浮游动物中，像能过滤小颗粒的网纹溞属（*Ceriodaphnia*

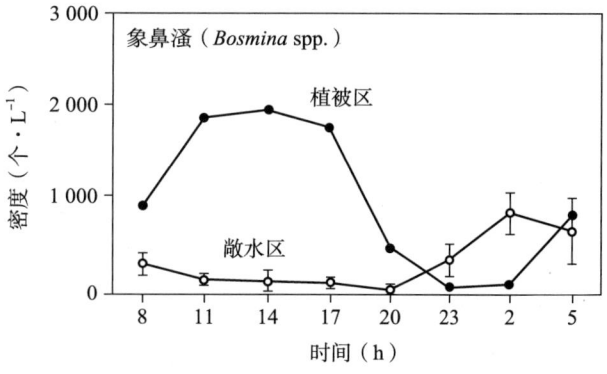

○ 图 5.7 Stigsholm 湖植被区（圆点）和敞水区（圆圈）象鼻溞属（*Bosmina*）密度的昼夜变化。引自 Lauridsen 等（1996）的研究。

spp.）和短尾秀体溞（*Diaphanosoma brachyurum*）等在较大面积的植物群落中适应性更好（Lauridsen 等，1996）。然而，一般来说，浮游植物浓度较低的沉水草床应该是一个不利于浮游动物觅食的栖息地，然而被捕食风险的降低似乎可以解释为什么这些浮游动物白天仍会聚集在植被区。捕食风险理论得到了这样一个现象的支持，即体型更大、更脆弱的物种似乎表现出更明显的迁徙性。例如，Ring 湖中大型溞（*Daphnia magna*）的日变化要比较小的透明溞/盔形溞（*D. hyalina/galeata*）更活跃（Lauridsen 和 Buenk，1996）。

实验还表明，确实是鱼类迫使枝角类进入植被区。早期 Pennak（1973）曾通过实验证明大型植物以及与大型植物接触过的水对溞有驱避作用。近期的研究再次证实了植物的驱避作用，但同时也表明它可以被与鱼类相关的刺激所掩盖（Lauridsen 和 Lodge，1996）。在部分种植有狐尾藻属（*Myriophyllum*）植物的鱼池中，大多数浮游动物停留在敞水区，而当加入鱼后，大多数浮游动物更喜欢有植物的区域。塑料植物也有同样的效果，尽管不如真的植物那样明显。这表明不仅植物的气味，植物本身结构也可以驱赶动物。另一方面，添加鱼腥味的效果和添加被关闭在笼子里的鱼效果一样强烈，这表明促使溞躲避进入植被区的主要因素是化学物质。深水湖泊中有与浅水湖泊一致的现象，深水湖泊中浮游动物昼夜迁徙会进入更深的恒温层，且这一现象得到了更好的研究（Dodson，1988；Leibold，1990；Loose 和 Dawidowicz，1994）。其中鱼的化学信号在溞体内引起光诱导反应，驱使它们在白天进入黑暗的深水躲避捕食（Ringelberg 等，1991）。

目前还不清楚沉水植物保护浮游动物不被鱼类捕食的效果如何，但几项实验表明，这种保护效果除其他因素外，还取决于鱼的种类和植被的密度。人工种植芦苇和睡莲的实验研究表明，拟鲤（*Rutilis rutilus*）稚鱼对浮游动物的摄取量随植被密度的增加而减少，而不太密集的植被反而可以增加红眼鱼（*Scardinius erythrophtalmus*）和鲈鱼的捕食效率（Winfield，1987）。相对稀疏的植被对赤睛鱼稚鱼和鲈鱼捕食效率的积极影响，部分是由于动物的活动性更高，正如 Winfield 所

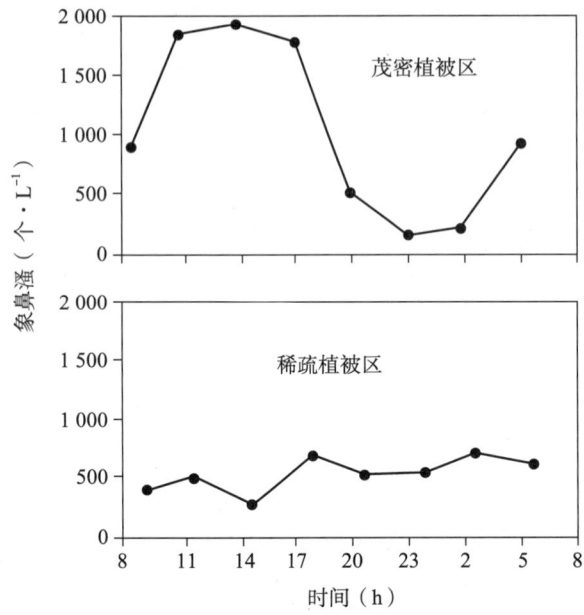

○ 图 5.8 丹麦 Stigsholm 湖茂密（PVI = 70%）和稀疏（PVI = 23%）植被区中象鼻溞（*Bosmina*）密度的日变化，显然只有茂密的植被区发挥了日间的避难所作用。引自 Jeppesen 等（1996）的研究。

指出的，还可能是由于在植被中感知较大肉食性鱼类捕食风险的能力较低。

在 Stigsholm 湖进行的实验进一步证明，作为浮游动物避难所的植被区，其有效性取决于植物密度，日间浮游动物聚集在密集的植物群落中，而不是稀疏的植物群落中（图 5.8）。

一系列不同密度的眼子菜属（*Potamogeton*）植物和浮游生物食性鱼类的围隔实验（Schriver 等，1995）证实，稀疏的植被密度几乎没有保护作用，即使是茂密的植被也不能防止溞和象鼻溞种群在鱼类密度过高时发生种群崩溃（图 5.9）。

芬兰一个湖泊的大型植物围隔实验证实，鱼类甚至可以进入密集的大型植物区域，并抑制那里的溞和象鼻溞种群（Kairesalo 等，1997）。

这些结果与 Timms 和 Moss（1984）提

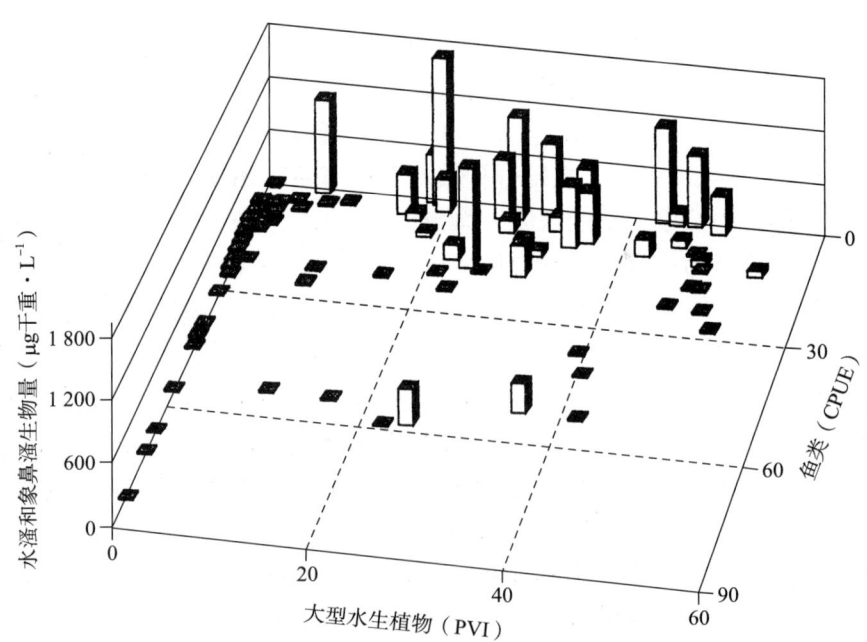

○ 图 5.9 在围隔系列实验中溞（*Daphnia*）和象鼻溞（*Bosmina*）生物量与植被密度（% PVI）、浮游生物食性鱼类密度（10 CPUE ≈ 1 条·m⁻²）关系图。茂密的植被未能阻止超过 2 条·m⁻² 鱼类捕食压力下溞和象鼻溞的种群崩溃。引自 Schriver 等（1995）的研究。

出的，即使是稀疏的莲，其水下的植株结构也可以作为一个有效的避难所有很大不同。在另一项研究中，欧亚萍蓬草（*Nuphar lutea*）植被中发现的稚鱼确实比在敞水区中更丰富（Venugopal 和 Winfield，1993）。在实际情况下，用植物来躲避鱼及其产生的浮游动物捕食压力在不同情况下有明显差异。重要的是，植被也是稚鱼躲避被捕食的避难所，植被避难所中小鱼的聚集可能会导致对浮游动物的高捕食压力。事实上，鱼类躲避被捕食的模式与浮游动物非常相似。最易受到攻击的个体（在这种情况下指体型最小的个体）比不那么容易受攻击的个体更偏爱躲入植被中（Engel，1988），当捕食者出现时即使植被庇护所的食物情况不如敞水区，仍然更多地选择躲避在植被区（Eklov 和 Persson，1995；Persson 和 Eklov，1995；Eklov 和 Persson，1996）。虽然所讨论的实验结果表明，这种级联的躲避和觅食的结果相当多变，但植被分布区中稚鱼和浮游动物均很丰富的现象表明，可利用的水生植被结构能总体性提高两个群体的生存状况。

综上所述，浮游动物为了避免被鱼类捕食，一般会在白天离开开阔水域，集中在植被区的边缘地带。然而，食浮游生物的稚鱼也会聚集在植被中，以避免自己被大鱼捕食。由于稀疏的植物区有助于一些食浮游生物的稚鱼觅食，因此其对浮游动物的保护效果很差。然而，其他与大型植物密切相关的枝角类似乎避免了被捕食，即使鱼类密度很高，它们也能在植物床中大量生存。

5.1.3 鱼类

水生植被的存在与否是影响富营养浅水湖泊鱼类群落结构的主要因素之一（Lammens，1989）。在欧洲，缺乏植被的浑浊湖泊通常以鲤科鱼类为主，如欧鳊（*Abramis brama*）、拟鲤（*Rutilus rutilus*）和鲤鱼（*Cyprinus carpio*），这些鲤科鱼类占优的群落也有相对高密度的梭鲈（*Zander lucioperca*）（Lammens，1989；Persson 等，1991）。另一方面，在有水生植被分布的湖泊生态系统中，鲈鱼和丁鱥则更为丰富，某些还有种群密度高、体型相对较小的白斑狗鱼（Grimm，1983；Kipling，1983）。由于鲈鱼和白斑狗鱼的密度相对较高，在有植物的情况下，被肉食性鱼捕食的潜在压力可能很高。但是，正如前一节所解释的，植被也为稚鱼躲避捕食提供了避难场所。

通过回顾一些小型湖泊的生物操纵过程，可以看出植被对鱼类群落结构的重要性（Meijer 等，1995）。在所有研究案例中，鱼群数量的急剧减少（"生物操纵"）使得水生植被和清水得以恢复。经生物操纵后，鱼的生物量通常在几年之内就能恢复到原来的状态，但在新的水体清澈、植物丰富的状态下，较之原来的无植被分布，一些其他物种变得更占优势。在新恢复的植被中，鱼类群落通常更加多样化。鳊鱼和鲤鱼的多度减少，部分被拟鲤和鲈鱼取代。同时，原先在无植被系统中占优的主要捕食者梭鲈的重要性也有所降低，但白斑狗鱼和鲈鱼数量的增加确保了肉食性鱼类在所有研究地点总鱼类资源量中占比增高。在植被覆盖的情况下，当年鱼（young-of-the-year）数量往往有较大增加，但这些不同鱼种的存活率及成长为较大年龄的差异较大。

人们认为水生植被系统中鱼类群落差异显著的主要原因是植被对食物获得性和捕食风险的影响。沉水植被中高密度的无脊椎动物是大多数鱼类潜在的丰富食物来源。当然，并不是所有物种都能很好地利用这种资源。像丁鱥这样的专业捕食者能捕获植被区中的各种无脊椎动物，对螺有强烈的偏好，繁茂的水草区显然是一个很好的觅食场所。对于其他物种来说，情况就不那么清楚了，但植被可能会打破竞争平衡，让适应能力稍强的物种占据优势。例如，鳊鱼和拟鲤对摇蚊的取食受到植被的强烈干扰，而鲈鱼的取食效率受到的影响较小（图 5.5）。鲈鱼在植被中捕捉溞也比鳊鱼和拟鲤更有效（Winfield，1987）。因此，在具有植被的条件下，鲈鱼丰富；而在没有植被的浑浊湖泊中，鳊鱼和拟鲤占优势。这一事实至少在一定程度上可以解释为，在植被条件下，较之于鲤科鱼类，鲈鱼捕食更有优势。虽然敞水区域是鲈鱼稚鱼的首选栖息地，但在植被覆盖的情况下，它们能更好地在与鲤科鱼类竞争中胜出（Persson 等，1993）。

此外，借植被来躲避捕食者的能力也因物种而不同（Eklov 和 Persson，1995；Persson 和 Eklov，1995；Eklov 和 Persson，1996）。人们已经注意到植被作为避难所的重要性，特别是对白斑狗鱼的当年鱼（Grimm，1983；Grimm 和 Backx，1990；Wright 和 Shapiro，1990）。同类相食是这一物种中小型个体死亡的主要原因，由于没有植被来躲避，只有少量的幸存者能活过第一年。这在一定程度上解释了有植被湖泊和无植被湖泊白斑狗鱼种群在体型大小结构上的显著差异。在植被很少或没有植被的湖泊中，白斑狗鱼种群通常由相对较大的个体组成，而植被覆盖的湖泊通常由相对较小的个体组成，密度较高。在 Great Linford 砾石坑地区邻近的 St Peters 湖和 Main 湖两个湖泊中发现了这种对比鲜明的种群（Giles，1992）。在 Main 湖未受植被保护的敞水区中，白斑狗鱼平均体型较大，而圣彼得湖的植被区则栖息着许多小型白斑狗鱼。St Peters 湖茂密的植被促进了白斑狗鱼的存活率，但显然不是大型白斑狗鱼的最佳栖息地，一般而言，白斑狗鱼的个体生长在 Main 湖更好。沉积物在受到风力再悬浮后，由于卵的淤积，其成活率很低，这也导致了未被植被覆盖的湄因湖稚鱼数量较少。事实上，除了提供不同的食物和躲避捕食，植被作为多种鱼类产卵的基质也很重要。

综上所述，植被覆盖湖泊的鱼类群落与未被植被覆盖湖泊的鱼类群落存在很大差异。这在很大程度上是由竞争平衡的变化和物种之间在利用植被作为产卵基质和躲避捕食方面的差异造成的。

5.1.4　鸟类

浅水湖泊从植被状态向无植被状态的正向或逆向转变都会表现出鸟类群落的巨大变化（Wallsten 和 Forsgren，1989；Hanson 和 Butler，1994b；Hargeby 等，

1994）。本书开篇中提到一些例子分别是 Veluwemeer 湖、Ellesmere 湖、Tåkern 湖、Krankesjön 湖、Linford 湖、Tämnaren 湖和 Christina 湖。涉及的物种因情况而异，但总的趋势通常是相同的。在植被丰富的湖泊中，大量的迁徙天鹅、白骨顶和鸭子来到这里，以植被和植被上附生的无脊椎动物为食，而像凤头䴙䴘这样的食鱼性鸟类则以鱼为食。如果植被消失，只有食鱼性鸟类仍然保持存在（图 5.10）。

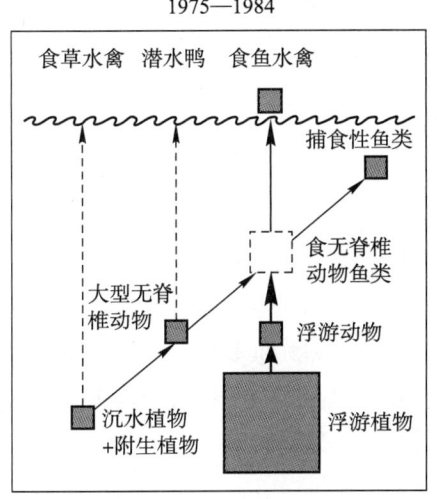
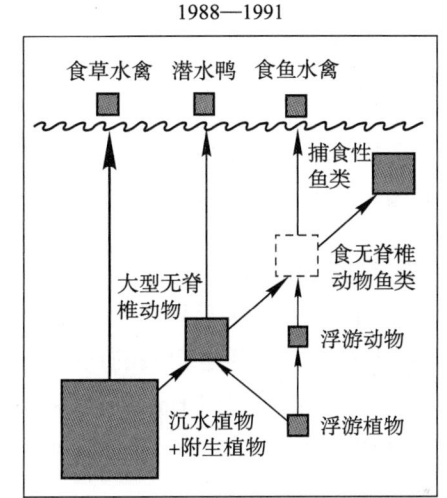

o 图 5.10 瑞典 Krankesjön 湖 1975—1984 年和 1988—1991 年由浊水态向清水态转变前后的食物网示意图。方框代表生物量大小，箭头代表能量流。食无脊椎动物鱼类的估算是不确定的（用虚线表示）。引自 Hargeby 等（1994）的研究。

在秋季和冬季，大量的候鸟会造访植被覆盖的湖泊，这是特别壮观的景象（Wallsten 和 Forsgren，1989；Hanson 和 Butler，1994b）。浅水湖泊中，以大型植物占优和以浮游植物占优之间的转换，常常会反映在鸟类多度的变化并首先被鸟类观测者注意到。Christina 湖的变化是大型植物对迁徙水鸟影响的一个很好的例子（图 1.9）。从 20 世纪 70 年代末到 80 年代末，湖中的植被一直处于衰败状态，这反映在秋季鸭子和白骨顶数量的大幅下降上，在植被丰富的年份，它们的数量可能高达 160 只·hm^{-2}。

夏季繁殖的种群从未达到如此高的密度。通常在夏天每公顷只有几只白骨顶或鸭子（Hargeby 等，1994；Perrow 等，1996；Søndergaard 等，1997）。当植被开始占优时，这些繁殖鸟类种群通常会发生变化（图 5.11）。

不仅植物，无脊椎动物也是许多物种的食物来源。无脊椎动物对保障幼鸭食物中适当的蛋白质水平特别重要（Street，1977），而小鸭的存活率已被证明会随着无脊椎动物的丰富而增加（Hunter 等，1986；Hill 等，1987）。因此，植被分布的湖泊中无脊椎动物的高密度可能是决定它们是否适合作为水鸟繁殖栖息地的主要因素。

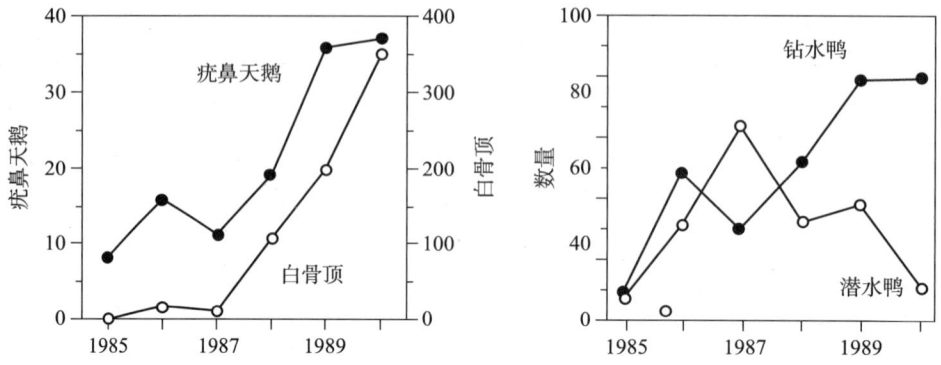

○ 图 5.11　瑞典 Krankesjön 湖，从浊水态向清水态转变期间，夏季疣鼻天鹅（*Cygnus olor*）、白骨顶（*Fulica atra*）和潜水鸭、钻水鸭的种群数量变化。引自 Hargeby 等（1994）的研究。

　　栖息鸟类群落的丰富性和多样性并不一定随着植被的覆盖而增加。佛罗里达 46 个湖泊的普查结果显示，大型植物不断地丰富，鸟类种类组成由主要为食鱼性鸟类转变为与植物群落相关的鸟类，但鸟的总数量或物种多样性并没有随植被多度而发生系统的变化（Hoyer 和 Canfield，1994）。然而，许多例子表明，在有植被和无植被的情况下，秋季迁徙水鸟可能相差两个数量级。

5.2　植被对浊度的影响

5.2.1　相关性和因果关系

　　人们很早就注意到，如果有水生植被，水的浊度就会降低。第一批发表的论文成果是关于养鱼池里的研究工作。例如，Schreiter（1928）描述了池塘的浮游植物密度在大型水生植物高密度的年份最低。后来越来越多的研究报道，在有植被存在的情况下，水的透明度明显提高。特别让人关注的是对整个湖泊的观察，它们在清澈的植被状态和浑浊的少量大型水生植物状态之间转换（见第一章）。通过对大量湖泊的透明度与大型水生植物多度之间关系的分析，证实了它们之间存在系统相关性。例如，丹麦的研究（Jeppesen 等，1990a）表明，在一系列浅水湖泊研究中，沉水植物覆盖的湖泊比类似的但缺乏茂密植被的湖泊水体透明度更高（图 5.12）。

　　丹麦的结果是基于植被存在与否的定性研究。另一个对荷兰 84 个浅水湖泊的分析，从更详实的视角对植被覆盖进行了定量研究（图 5.13）。

　　通过这些数据的插值显示叶绿素随着沉水植被总量的增加而逐渐下降。在无植被的情况下，叶绿素含量随总磷浓度的增加而增加，但在沉水植物覆盖率高的湖泊中，叶绿素含量几乎不随磷浓度的增加而增加。

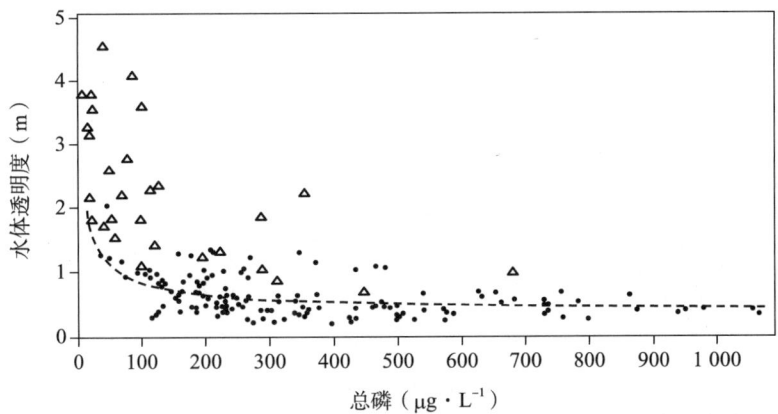

○ 图 5.12　丹麦浅水湖泊中水草繁茂湖泊（三角形）和无水草湖泊（点）夏季平均 Sd 透明度与总磷浓度的关系图。引自 Jeppesen 等（1990a）的研究。

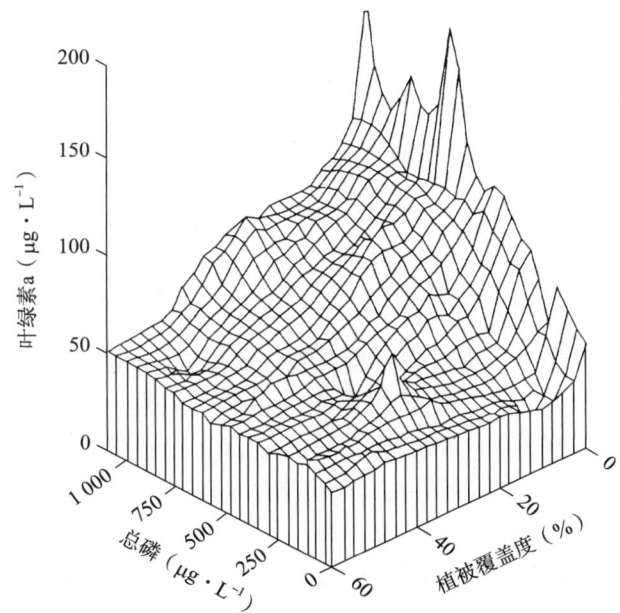

○ 图 5.13　荷兰 84 个浅水湖泊叶绿素 a 浓度与总磷浓度、沉水植物覆盖度的关系图。通过数据点做曲面插值。在沉水植物覆盖率高的湖泊中，叶绿素含量几乎不随总磷浓度的增加而增加。

　　对佛罗里达州 32 个湖泊的回归分析，得出了非常相似的模式结果（图 5.14）（Canfield 等，1984）。

　　结果表明，以大型水生植物占湖泊体积的比率作为解释变量，可显著改变总磷和总氮预测叶绿素的回归模型。通过连续两年使用除草剂和草鱼，以清除 Pearl 湖的水生植被，并用 Pearl 湖一系列数据对该模型进行验证。结果显示，除了某些

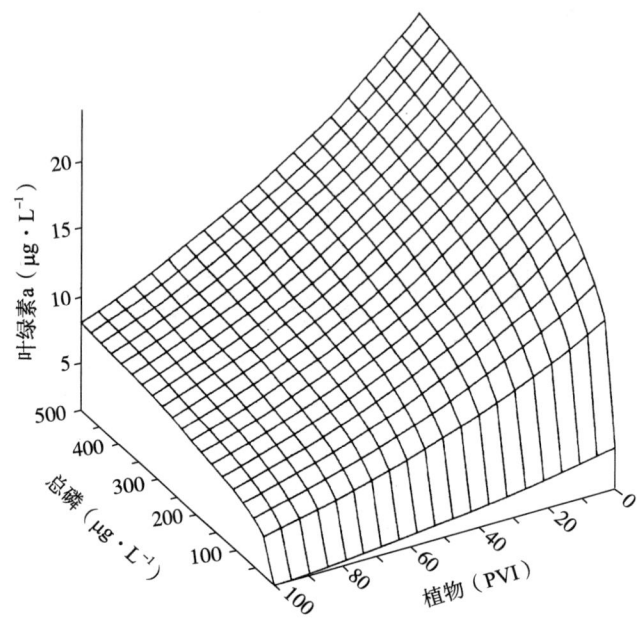

● 图 5.14　佛罗里达湖泊大型植物和总磷对叶绿素 a
浓度影响的多元回归模型（Canfield 等，1984）: log
CHLA = 1.02 log TN + 0.2 log TP − 0.005 PVI − 2.08，
其中 CHLA 为叶绿素 a 浓度（µg·L⁻¹），TN 为总氮浓
度（µg·L⁻¹），TP 为总磷浓度（µg·L⁻¹），PVI 是指大
型植物在湖泊分布总体积的百分比。该图是在总氮浓度为
740 µg·L⁻¹ 时绘制的。

藻类峰值外，回归模型可以很好地解释藻类生物量增加的现象（图 5.15）。

　　显然，从这种统计分析中无法推断出因果关系。通过多元回归分析可以将不
同湖泊营养水平偏差的影响从统计学上予以消除，但这只是部分解决方案。许多
因果图式可以潜在地解释统计关系。只有部分地区存在植被对浊度的负作用。三
种最简单的解释是（图 5.16）:

　　（1）由于未知的原因，一些湖泊植被比其他湖泊多，这些植被降低了浑浊度；

　　（2）浑浊度对植被有负向影响，其自身受其他因素调节；

　　（3）有一个因素，刺激植被生长，同时减少浑浊度。

　　显然，这些解释并不互相排斥，现在人们普遍认为，前两种解释肯定有一定
道理。实验证明，植被对浮游植物生物量的负面影响至少在一定程度上解释了透
明度与植被之间的相关性，这一重要证据早在半个世纪前就提出了。在 1945 年，
Hasler 和 Jones（1949）建立了一个实验来测试植被对浮游生物的影响。他们在一
个大的孵卵池中放置了 4 个混凝土筒仓作为围场，并在其中的 2 个密集地种植了
大型沉水植物（加拿大伊乐藻 *Elodea canadensis* 和眼子菜 *Potamogeton foliosus*），
同时保持另 2 个筒仓没有植物。第二年，这个实验又重复一次，现在把这些植物
分配给另外 2 个筒仓。所有的池塘都储存了同样数量的鱼。在这两年中，有植被

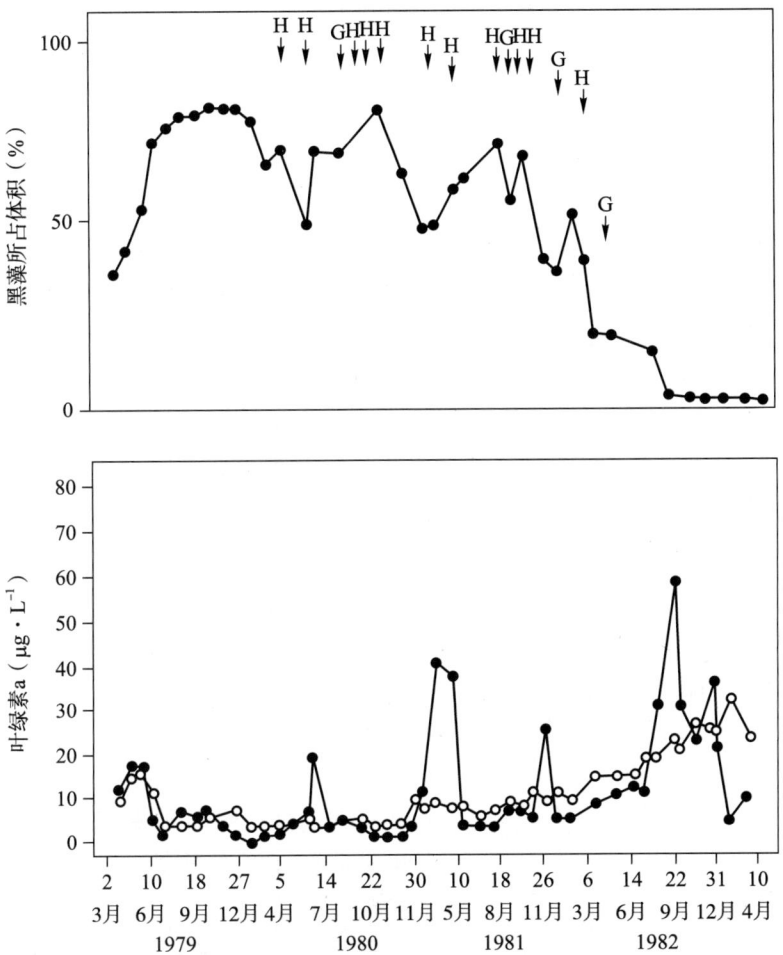

○ 图 5.15　Pearl 湖（美国佛罗里达州）经除草剂（H）和草鱼（G）处理后，水生植被（黑藻属 *Hydrilla*）减少情况（上图）；同一区间叶绿素 a 浓度增加实测值（圆点）和图 5.14 回归模型预测值（圆圈）结果比较。引自 Canfield 等（1984）的研究。

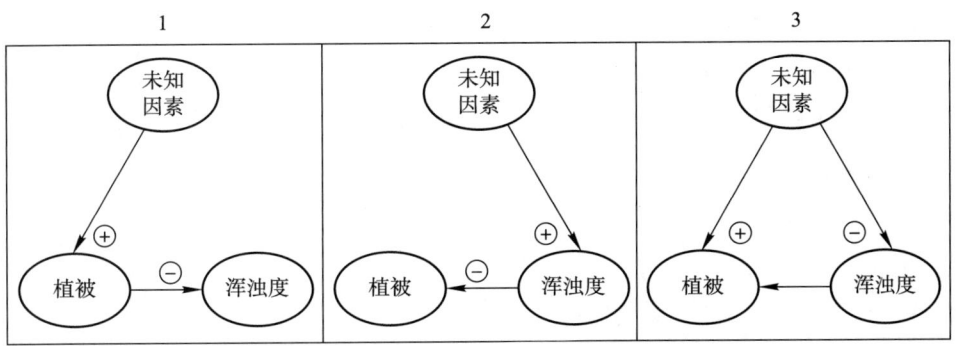

○ 图 5.16　三组因果关系用于解释原位植被与浑浊度之间的负相关关系

的筒仓浮游植物的密度远低于无植被的筒仓。因此，简单的实验表明，浮游植物丰富度与水生植被之间不仅存在负相关关系，而且存在因果关系。植被确实使浮游植物密度减少。

5.2.2　季节动态

温带地区，水生植被大多在冬季消失。因此，许多"植被分布湖泊"实际上只是在春季通过越冬组织（块茎、石芽和种子）重新发芽生长成为有植被的湖泊。到了秋天，植物停止生长，衰老，最终腐烂。

几项研究表明，这种植被变化与浮游植物的季节动态呈明显的负相关。例如，Goulder（1969）在两个英国砾石坑中观察到具有明显差异的模式（Goulder，1969）。在一个池塘中，叶绿素 a 浓度在夏季显著下降，此时出现了浓密的金鱼藻（*Ceratophyllum demersum*）植被，而在初冬大型植物消失后，浮游植物再次达到峰值（图 5.17）。

在另一个大型植物稀少的池塘中，夏季浮游植物的数量并没有减少。同样，挪威工作人员对 24 个挪威小湖泊的数据分析发现，大型植物覆盖度较低的湖泊，会使得浮游植物在整个夏季保持高生物量；而在大型植物覆盖度高的湖泊，春天的硅藻生物量会在入夏时急剧下降，而此时正是大型植物生物量快速增加的时候（Mjelde Faafeng，1997）。

对湖泊进行比较时常受到提醒：湖泊与湖泊之间通常在许多方面存在差异，所以将植被与夏季湖水清澈的原因联系起来，并不能完全令人信服。但是，有趣的是，在同一个湖内植被区和敞水区也观察到类似的季节动态差异。Veluwemeer 湖的情况就是一个很好的例子（见 1.1 节）。这个巨大的浅湖（面积 3 300 hm^2，平均深度 1.4 m）的一部分覆盖着浓密的轮藻属（*Chara*）植物。夏季，这些植被中的水是清澈的，而在没有植被的区域，水体透明度只有 0.5 m（Scheffer 等，1994b；Van den Berget 等，1997）。植被内外浑浊度的季节动态表现出明显的差异（图 5.18）。

在湖泊的两个部分，春季都会出现清水相。但在没有植被的区域，浑浊度在夏天升高；而在轮藻分布区内，水在有植被存在的整个时期均能保持清澈。只有在秋季植物衰败时，植被区域的浑浊度才会再次增加。

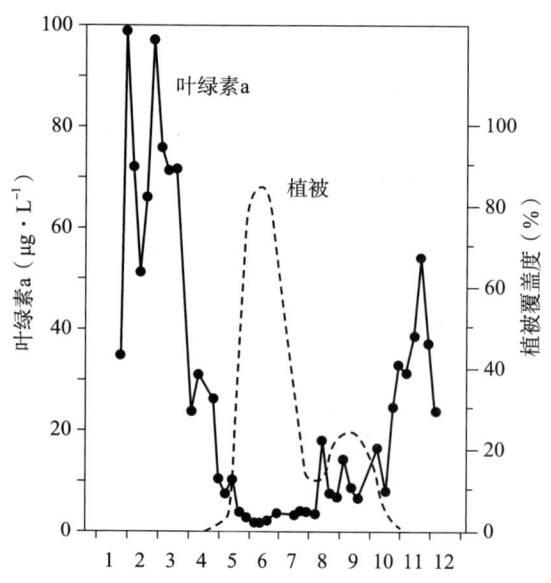

○ 图 5.17　英国某池塘叶绿素 a 浓度与沉水植物（金鱼藻 *Ceratophyllum demersum*）覆盖度的季节动态。在有植被的夏季，浮游植物的丰富度大幅减少。重绘自 Goulder（1969）的研究。

捷克斯洛伐克的一个鱼塘也出现了类似的模式（Pokornyet 等，1984）。与 Veluwemeer 湖相比，这个古老的（1513 年）浅水（平均深度 1.5 m）池塘要小得多（7 hm²）。尽管如此，在夏季，水的浑浊度在浓密的植被区（以加拿大伊乐藻 *Elodea canadensis* 为主）和无植被区之间存在明显的差异。开放水域的叶绿素浓度约为 120 μg·L⁻¹，而植被区中叶绿素含量在春季急剧下降，在一年中大部分植被期保持在 5 μg·L⁻¹ 左右。还在一个更小的尺度下观察到如下现象：在一个直径只有 8 m 的有植物的清澈池塘，其中一个直径只有 2 m 的无植物区域却密集地聚集了浮游植物并形成水华。

沉水植被的季节性变化很大程度上取决于气候。例如，在佛罗里达州温暖的冬天，沉水植物保持存活并生长。季节性也因物种而异。荷兰 Zwemlust 湖观察到，优势种的转变可能影响植被的存活时间和相关的清水状态（Van Donk 和 Gulati，1995）。在鱼类资源量减少后的最初几年，湖内主要为常绿的伊乐藻（*Elodea nuttallii*），浮游植物生物量在各季节均保持较低水平。在随后的几年里，优势转变为金鱼藻（*Cera-tophyllum demersum*）及随后的纤细眼子菜（*Potamogeton berchtoldii*）。这些生长季节较短的植物物种出现后，春季和秋季的浮游植物随之出现大量繁殖（图 1.3）。

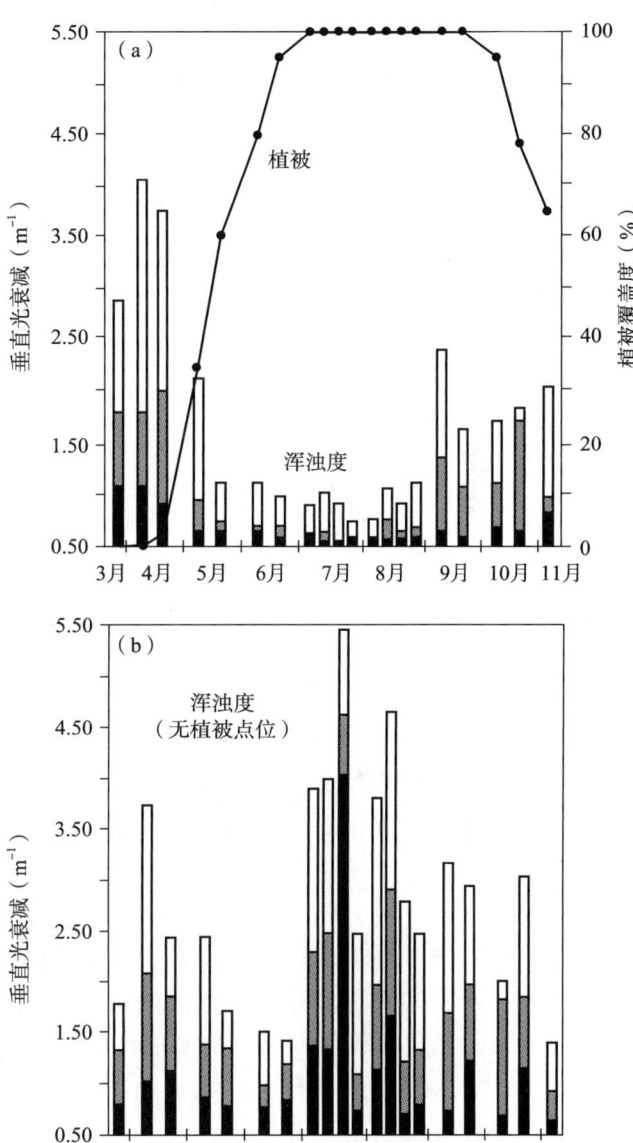

○ 图 5.18 Veluwemeer 湖轮藻分布区（a）和敞水区（b）水柱垂直光衰减系数的季节动态，并对不同悬浮物组分对垂直光衰减系数的贡献进行估算，上图的线表示该地区植被覆盖的季节变化。引自 van den Bergd 等（1997）的研究。

5.2.3 揭示机制的案例研究

如前所述，大型植物可以防止波浪再悬浮，影响水体中养分的可利用性，通过化感作用的渗出物影响藻类的生长，以及为大量的滤食性枝角类浮游动物提供庇护场所。所有这些机制均可能有助于提高植被分布区的水体透明度。然而，已有证据证明，区分植被对水体透明度影响现象中不同机制的贡献率，要比分别证明各种机制或整体影响效果证明要困难得多。本节将回顾一些案例研究，这些案例研究揭示了不同机制在对比状况下的作用。

其中一个较好的分析案例是 Zwemlust 湖的生物操纵（参见第 1 章）。通过生物测定对该湖浮游植物控制的季节性发展（图 5.19）进行了多年的系统研究（Van Donk 等，1993）。1986 年，在减少鱼类资源前，高浊度湖泊的浮游植物生长受到光照限制。1987 年早期，在清除大多数鱼类后，枝角类浮游动物的牧食在整个夏季都限制了藻类生物量的增长。在接下来的几年里，植被变得丰富，氮成为夏季浮游植物生长的主要限制因子。典型的季节性植被占主导地位的模式与前一节所述的研究报告的模式非常吻合。在这种情况下，用如下一系列机制解释这种模式：当冬季快结束时，光线不再成为限制因子，浮游植物开始不受限制地生长，而春季水华之后浮游动物开始大行牧食。到目前为止，这是典型的春季清水相情景。然而，当植被出现时，可用的氮急剧下降，生物测定表明这是浮游植物在夏季的主要限制因素。在秋季，当大型植物开始衰败时，养分的释放会导致短期内浮游植物不受限制地生长，随后是第二次浮游动物牧食。春季清水期（Meijer 等，1994a）和秋季营养物的释放导致浮游植物在生长季节结束时达到高峰（Landers，1982），这一现象可能在植被覆盖的湖泊中很常见。其他案例研究表明，夏季抑制浮游植物生长的机制可能因情况而异。

Veluwemeer 湖的研究还分析了清澈的轮藻分布区与敞水区形成鲜明对比的原因（Van den Berg 等，1997）。这个研究没有对藻类生长规律进行监测，但在某些方面详细记录了悬浮物组成和沉积速率，以便对调节过程进行推断。在这个开放的大湖，浑浊度不仅是由浮游植物引起的，而且在很大程度上是由再悬浮的无机沉积颗粒和碎屑引起的（图 5.18）。所有这些悬浮颗粒物在轮藻植被区内的浓度都比在开阔水域中低，且大颗粒悬浮物的差异更为明显。由于较大的颗粒下沉速度一般较快，这表明在没有波浪再悬浮的情况下，沉降是轮藻植被区

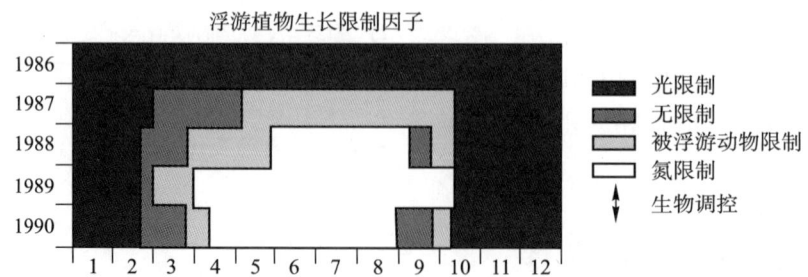

● 图 5.19　荷兰 Zwemlust 湖鱼类资源调控前（1986）后（1987—1990）浮游植物生长限制因子的季节变化，1988 年起植被变得丰富。重绘自 van Donk 等（1993）的研究。

水质清澈的一个重要原因。沉降记录证实了这一点。在开阔水域沉积的干重可达 $100 \ g \cdot m^{-2} \cdot d^{-1}$，而在轮藻植被区中心，尽管这里仍然存在一些悬浮颗粒物，但实际上没有在沉积捕获器中测量到沉积。很明显，这些残留的悬浮颗粒物很难沉积。同样的情况也出现在浮游植物组成由开阔水域向植被梯度转变的过程中（图 5.20）。在轮藻的中心，游动的鞭毛虫可以通过向上游动来防止沉降。

夏季，轮藻植被区的枝角类浮游动物密度低于开阔水域，为了了解浮游动物对浮游植物调节的潜在重要性，有必要将动物的取食量与可利用的藻类数量联系起来。估计潜在捕食压力的一种简单方法是假定枝角类每天取食浮游植物的量等于枝角类的体重（Schriver 等，1995；Jeppesen 等，1996）。结果似乎表

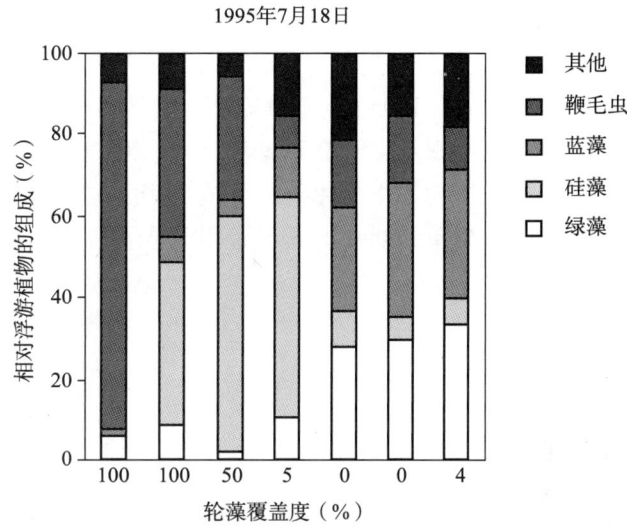

1995年7月18日

○ 图 5.20 从轮藻分布区的中心区（左）到 Veluwemeer 湖开放水域（右）的横截面上，不同浮游植物群体的相对多度（生物体积百分比 %）。样本点距横断面起点的距离（m）为：0、175、207、214、270、311 和 360。引自 van den Berg 等（1997）的研究。

明，在水生植被区，尽管溞和象鼻溞等数量相对较少，但它们的潜在日牧食量约为浮游植物总生物量的 10 倍。虽然这些动物很可能也会食用其他食物，但似乎浮游植物所承受的牧食压力已经足够大，足以抑制那些能在轮藻区域克服沉降损失的运动鞭毛虫和其他藻类数量。

清水与浊水的分界通常与轮藻植被区的边界完全重合，说明相对于植被澄清水质的过程，开阔水域与植被之间的混合是缓慢的。尽管如此，强风有时会导致浑浊的水进入植被。有趣的是，在这样的混合事件后，植被区的水在不到一天的时间里就会变清澈（Scheffer 等，1994b），这表明澄清水质的响应过程是快速的。同样，这也与沉积作用是主导过程的观点相吻合（见第二章）。轮藻植被区的水深只有 30～80 cm，浓密的轮藻冠层上方混合水层只有几分米。由于颗粒的平均沉降速度是每天 1 m 左右，所以大部分悬浮颗粒物的沉降可能会在几小时内稳定下来。正如所讨论的那样，浮游动物可以通过牧食处理剩下的未沉淀的藻类。

植被中的水体能够以多快的速度被澄清，可以通过淡水潮汐 Potomac 河（1990）的一项研究得以描述。在这里，低潮时，高密度的黑藻分布区水体叶绿素浓度至少降至敞水区的七分之一。涨潮期时这个差异就不那么明显，这表明随着潮汐半日的混合，植被中的藻类损失过程非常快，足以在几小时内澄清水质。植被区内外水中的浮游植物光合速率没有差异，这表明严重的营养限制或化感作用并不是叶绿素浓度差异的原因。这使得浮游动物捕食、沉积和植被的遮蔽作用成为可能的更重要原因。

　　丹麦的一项旨在研究植被对浮游动物庇护作用的封闭围隔研究（图 5.9）也提供了一些关于浮游动物牧食对减少植被区中浮游植物生物量的可能机制（Schriver 等，1995）。这个案例中主要的植物种类是篦齿眼子菜（*Potamogeton pectinatus*）、小眼子菜（*P. pusillus*）和线叶水马齿（*Callitriche hermaphroditica*）。围隔中浮游植物的生物体积随着植被多度的增加而减少（以占据水体的植物体积来定量），但当鱼的捕食消灭了溞和象鼻溞后，这种影响就不那么明显了（图 5.21）。

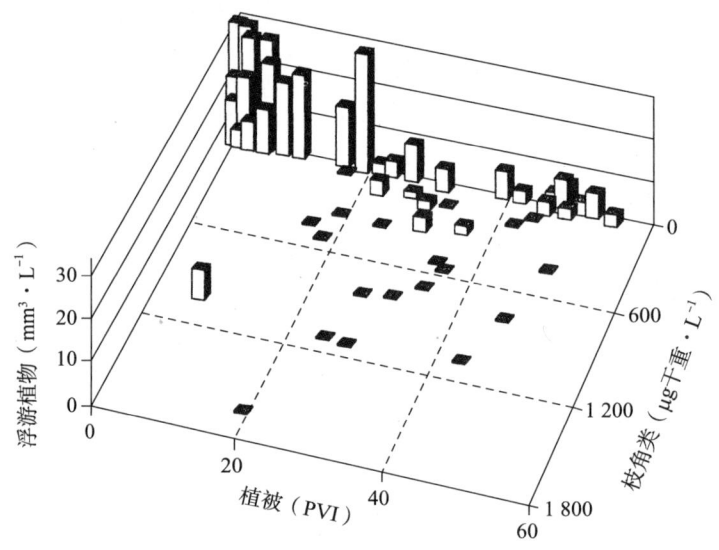

○ 图 5.21　浮游植物体积与植被密度（PVI）和浮游枝角类动物（溞和象鼻溞）生物量的关系。引自 Schriver 等（1995）的研究。

　　估算这些枝角类动物的潜在牧食压力表明，它们每日的最大摄取量是植被围隔中浮游植物可利用量的 36 倍。虽然其他食物来源（如碎屑和周丛生物）很明显地在如此高的水平上维持着枝角类的密度，但在这种条件下，对首选食物浮游植物的牧食压力显然是严峻的。然而，当这些枝角类缺失时，浮游植物的生物体积也随着植被多度的降低而减小，这一事实表明，溞和象鼻溞的牧食压力并不是造成浮游植物减少的唯一过程（图 5.21）。

　　Timms 和 Moss（1984）的研究也支持了浮游动物牧食的重要性，他们发现睡莲占主导地位的 Hudsons 湾水质清澈，但无植物的 Hoveton Great Broad 却水体浑浊，虽然两个湖接纳了相同营养盐浓度的水源。生物测定排除了营养限制的可能性，大量的与大型水生植物相关的浮游枝角类牧食可能是 Hudsons 湾叶绿素浓度较邻近 Hoveton Great Broad 低 10% 的原因。

5.2.4　有普适的模式吗？

从这些案例研究中得出的结论是，大型水生植物对水体透明度的各种影响机制因不同情形而异。本节总结了遮荫、减少营养盐的可利用性、分泌化感物质、减弱再悬浮、强化牧食效应的证据，并展示了如何利用前面几节中提出的浮游生物相互作用理论来理解这些机制的相互作用。

（1）遮荫

尽管大型植物的遮荫作用在降低浮游植物生产力方面的作用很少被提及，但正如 Wetzel（1975）在他的湖沼学教科书中所述，这可能至少部分解释了植被区藻类多度的减少。植被中的光衰减在其他因素中也与植物生物量有关。Ikusima（1970）测量了不同植物类型的具体光衰减系数，结果显示约为 $0.001\ \mathrm{m^2\,g^{-1}}$。对于生物量为 $500\ \mathrm{g\,m^{-2}}$ 的沉水植被区，这意味着即使在清澈的水体中，进入水体的光只有不到 1% 会达到底部（$I_D/I_0 = e^{-0.001*500} = 0.006\ 7$）。浮游植物所经历的遮荫程度，取决于沉水植物在垂直方向的生物量分布，但显然这不是一个先验的可忽略的因素。例如，对密集的伊乐藻属（*Elodea*）植物层中垂直光衰减测量的表明，在水柱上层 20 cm 范围内，辐照度即可减少 95% 以上（Pokorný 等，1984）。

（2）营养限制

大型植物的吸收作用可能会减少水柱中的有效磷浓度（Kufel 和 Ozimek，1994），但大多数研究表明，正磷酸盐水平并没有改变，甚至还有所增加（Moss 等，1990；Van Donk 等，1993；Perrow 等，1994；Van den Berg 等，1997）。相反的是，经常有研究发现植被分布区的水柱中无机氮浓度很低（Goulder，1969；Van Donk 等，1993），氮作为藻类生长限制因素的重要性已经在生物观测实验中得到证实（Van Donk 等，1993）。植被区的低营养盐水平可能是由于植物吸收，但也可能是由于周丛生物的吸收和反硝化作用。尽管如此，对于解释大型植被区观察到的藻类密度降低现象，各项研究结果已将营养限制这一因素排除在外（Pokorný 等，1984；Timms 和 Moss，1984；Jones，1990；Schriver 等，1995）。

（3）化感作用

很少有研究证明，在自然环境下，大型植物对浮游植物具有实际的化感作用。但迄今为止的结果表明，蓝细菌对化感作用的渗出物具有较高的敏感性（见第三章）。事实上在植被区，蓝细菌在浮游植物群落中所占比率往往较低（Hasler 和 Jones，1949；Timms 和 Moss，1984；Schriver 等，1995；Van den Berg 等，1997），但至少有一项研究表明，这是由于浮游动物的牧食压力而不是植物的化感作用造成的（Schriver 等，1995）。

（4）防止再悬浮

虽然有多项研究探讨了大型植被对沉积物再悬浮这一循环过程的改变，但只有 Veluwemeer 湖（Van den Berg 等，1997）的研究明确指出了植被澄清水体这种机制的重要性。事实上，在浅水区稠密的轮藻中估算的下沉损失超过 100% d^{-1}，不太可能由藻类生长来进行补偿，因此只有具游泳能力或有浮力的藻类能存活。虽然藻类在轮藻区的潜在下沉损失可能是极其严重的，但是许多研究表明，存在植被结构的情况下，再悬浮减少了（Jackson 和 Starrett，1959；Dieter，1990；James 和 Barko，1990；Petticrew 和 Kalff，1992）。如前所述，由于在浅水区中的快速沉降损失，非生命的悬浮颗粒和大多数浮游植物群体的出现严重依赖于再悬浮。具有活动能力的藻类不受高密度植被沉降损失的影响，但其能否建立起高生物量则取决于其他因素。注意其中一个因素是水在植被区的停留时间。在某些情况下，停留时间可能长到足以使浮游植物颗粒沉降，但又短到无法形成另一种浮游植物群落。Potomac 河潮汐区域植被中水的澄清可以代表这种情况。

（5）浮游动物牧食

多项研究表明，植被区中浮游动物的数量能够控制稀疏的浮游植物种群（Timms 和 Moss，1984；Schriver 等，1995；Van den Berg 等，1997）。然而，即使在相对繁茂的植被中，枝角类浮游动物也有可能因鱼类捕食而灭绝（Schriver 等，1995；Kairesalo 等，1997）；即使缺乏明显的溞和象鼻溞种群，植被区中浮游植物密度也可以减少（Schriver 等，1995）。与大型植物相关的枝角类可能在减少藻类生物量方面发挥作用。这些动物似乎不太容易受到鱼类的捕食（Kairesalo 等，1997），它们的密度在标准的采样方法中可能会被低估。尽管如此，很明显，牧食只是故事的一部分，至少在某些情况下，其他因素可能对控制浮游植物更重要（Van Donk 等，1993；Moore 等，1994）。

（6）各种因素如何综合作用？

这一综述给我们留下了一个相当笼统的结论，即观察到的与植被相关的透明度增加是由各种因素造成的，实际的多种效益的综合作用又因情况而异。然而，在使用前几章提出的藻类生长和牧食控制的基本理论时，可以进一步说明植被区维持清水状态是各种机制之间相互作用的产物。

重要的是，牧食与其他因素的不同之处在于，它可能导致一种多稳态的转变，在这种稳定状态中藻类被过度利用，即使是在相对较少的牧食压力下也能保持极低的密度。这种对浮游植物的过度利用也发生在春季的清水期，通常会因为食物短缺而导致溞种群崩溃。在植被区中，当浮游植物密度非常稀疏时，较高的枝角类密度仍然存在，这说明还有其他食物来源承载了水蚤和与植物伴生的枝角类的生存，因此滤食性浮游动物的动态变化相对独立于浮游植物。如前一章所述，通过在同一图表中绘制食物（被食者）密度的消费和生产函数，可以探索特定牧食者密度对食物的影响（图 4.17）。当生产等于消费时，系统处于平衡状态。可能出现三种这样的平衡，一个相对较高（"未充分利用"）的食物密度，另一个相对较低（"过度利用"）的食物密度，以及一个代表系统断点的不稳定的食物密度。消费者密度的增加会导致高食物密度即未充分利用平衡状态的消失，不可避免地导致食物种群的崩溃（图 4.18 和 4.19）。然而，请注意，食物种群崩溃所需的临界消费者密度大小取决于食物的生产力。在图示模型（图4.17）项中，食物种群的承载能力（K）越大，生产曲线的上顶端越高，消费者密度越高，且不会崩溃。

在植被中，营养限制、遮荫和化感物质往往会降低藻类的生产力。因此，图形模型的一般结论适用于牧食和其他减少水生植被中浮游植物生物量机制间的相互作用：当植被中浮游植物的潜在生长能力降低时，即使是相对低密度的滤食性生物也足以使浮游植物进入过度利用状态。

利用上一章建立的浮游动物控制藻类生长的极简模型，可以更全面地反映植被区中牧食和各种生产力降低因子对浮游植物平衡生物量的综合影响：

$$\frac{dA}{dt} = rA\left(1 - \frac{A}{K}\right) - g_z Z \frac{A}{A + h_a} + i\left(K - A\right) \tag{1}$$

假设浮游动物密度不直接依赖于植被区的浮游植物生物量（由于还存在替代食物源），则通过求解 $dA/dt = 0$ 的方程，可以得到浮游植物生物量作为浮游动物生物量与藻类承载力（K）的函数。浮游植物的平衡生物量与 K 值、浮游动物密度的关系图总结了植被区牧食和生产力下降假说的综合效应（图5.22）。

即使在没有浮游动物的情况下，植被也会减少浮游植物的生物量，但只有在牧食导致浮游植物被过度利用时，才会出现藻类生物量极低的情况。当植被繁茂时，遮荫、养分限制等因素对潜在藻类生长的抑制作用较强，浮游植物进入被过度牧食状态所需的浮游动物密度阈值较低。图4.19所示的灾变折叠以牧食动物过度利用为特征，但当藻类生产量极低时，灾变折叠变得不那么明显，最终消失。

从某种程度上说，寻找植被区中控制藻类生物量的"主导因素"常常让人困惑，且对于植被中调节浮游植物密度错综复杂的机制而言，它过于粗略和简化。但利用这个极简模型有助于"通过树木看到森林"。总而言之，在植被分布区有多种因素会降低浮游植物的生产力，但浮游动物牧食往往会最终"完成任务"，将藻类生物量推至一个极低的过度利用水平。

5.2.5 咸水湖是个例外

有趣的是，咸水浅湖一般都是浑浊的，即使它们同时被浓密的植被覆盖（Bales等，1993；Jeppesen等，1994；Moss，1994；Jeppesen等，1997）。丹麦的一项调查证实，淡水浅湖清澈度和沉水植被之间的关联性特征（图5.12）未在咸水湖泊系统中得以表现（图5.23）。

荷兰 Volkerak-Zoommeer 湖的变化（5 000 hm²，平均深度5 m）支持了这样一种观点，即咸水湖的浊度与盐度有因果关系。由于与 Oosterschelde 的海洋潮汐分离后经河水冲洗，这个湖大约在一年的时间里从咸水变为淡水。尽管输入的营养盐负荷很高，当变成淡水湖泊后湖泊透明度显著增加，大型沉水植物大量扩繁（Schutten等，1994）。潘的牧食是控制这个湖泊藻类生物量的主要因素。后来，淡水鱼的建群改变了这种情况，使之成为一个更典型的富营养湖泊（Ligtvoet

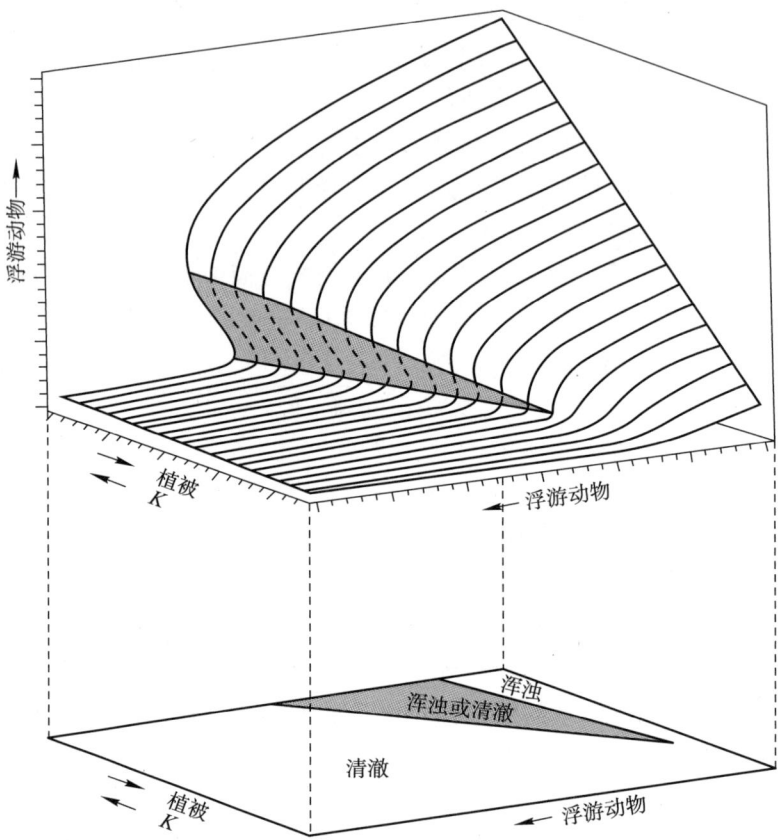

○ 图 5.22　极简模型（公式 1）预测的浮游动物生物量和藻类环境承载
力（K）对浮游植物平衡生物量的影响。由于藻类环境承载能力（K）随
着植被生物量增加而减少，左下轴可以解释为代表植被的影响。在水平
面（底部）上的投影显示，在高植被密度情况下，只需要较少的浮游动
物数量即可以使浮游植物被过度利用，实现清澈水质的目的。

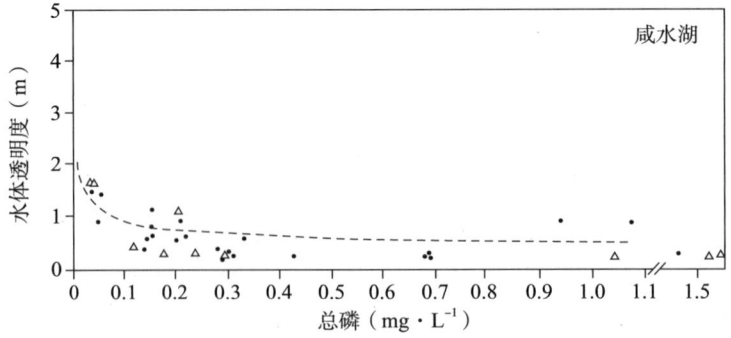

○ 图 5.23　丹麦咸水湖泊总磷浓度与透明度的关系，包含存在大量
水生植被（三角形）和不存在水生植被（圆点）两种情况。与淡水
湖不同（图 5.13），在咸水环境中，是否有植被分布对水的透明度
没有影响。引自 Jeppesen 等（1997）的研究。

和 Grimm，1992；Ligtvoet 和 de Jong，1995）。鲈鱼是第一个扩张的物种，它以糠虾和溞为食，生长极其迅速（Houthuijzen 等，1993）。只是在第 5 年，当第一代入侵的拟鲤稚鱼成年后，鲤科鱼苗才开始大量繁殖。在那一年，蚤状溞（*D. pulex*）被较小的盔形溞（*D. galeata*）替代，透明度从 3 m 降到 1 m。在外源高营养负荷输入的情况下，湖泊的清水态可能只是暂时的，但水体淡水化后溞大量繁殖并澄清水质的情形表明，咸水态浑浊的原因可能是缺少浮游植物牧食者造成的。

一项对丹麦湖泊为期 4 年的研究支持了这一观点，期间该湖泊在微咸水（1‰~3‰,）和超微咸水（0.5‰~1‰）之间转换（Jeppesen 等，1997）。与淡水年份相比，盐度较高的年份叶绿素 a 浓度高得多，透明度则更低（图 5.24）。

早期的浮游动物组成缺乏完整的记录，但是 1995 年从浑浊到清澈的转变似乎与溞数量的大量增加有关，正如在荷兰 Volkerak-Zoommeer 湖所观察到的那样。有趣的是，尽管相对恒定的外部负荷，总磷水平在浑浊年份也会升高（图 5.24）。这与第 3 章的观点一致，即总磷浓度可能部分是由浮游植物的高生物量造成的，尽管其相关性背后的因果关系通常是反过来解释的。咸水沉积物中硫化物的形成（含硫量高于淡水）可能是磷浓度升高的另一种解释，因为硫与 Fe(Ⅱ) 生成不溶的 FeS 而从孔隙水中析出后，被除去的铁变得无法固定磷（见第 2 章）。

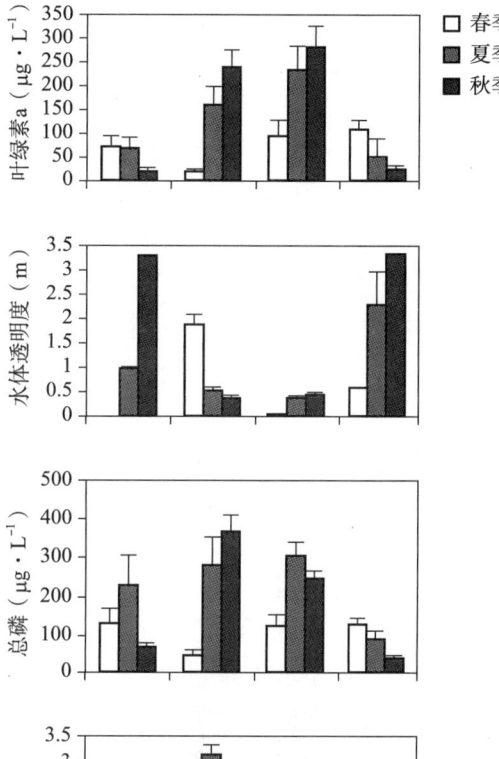

○ 图 5.24 在盐度较高的年份，丹麦沿海的浅水湖泊叶绿素 a 和总磷的浓度较高，而透明度较低。引自 Jeppesen 等（1997）的研究。

比较研究大量咸水湖和淡水湖的浮游动物群落证实，盐度高于 2‰~4‰时通常不存在大量的溞种群（Jeppesen 等，1994；Moss，1994）。相反，在这些情况下，浮游动物主要是由低效率的滤食者组成，如桡足类动物（真宽水蚤 *Eurytemora* spp. 和纺锤水蚤 *Acartia* spp.）和轮虫（Jeppesen 等，1994）。如大家所知的，溞对盐度相当不耐受，这可能是它们在咸水环境中缺失的主要原因。另一种可能的解释是，在咸水湖中，浮游动物被捕食的概率可能很高（Jeppesen 等，1997）。鱼类群落通常以刺鱼（三刺鱼 *Gasterosteus aculeatus* 和九刺鱼 *Pungitius pungitius*）为主。这些动物在夏天可以产卵好几次，导致食浮游动物的稚鱼数量不断增加。由于刺鱼能进入植被区，淡水湖中沉水植物对浮游动物的庇护作用，对抵挡刺鱼的捕食效果可能不是很好。

新糠虾属（*Neomysis*）是大多数咸水湖食物网的另一重要组成部分，这可能是由于其本身对盐度的适应。但 Wolderwijd 湖鱼类种群数量大幅减少后新糠虾的暴发（Meijer 等，1994a）表明它们在淡水中也表现良好。咸水湖泊中虾类丰富的重要原因可能是缺乏较大体型的浮游生物食性鱼类对这种体型较大的无脊椎动物进行捕食。新糠虾是一种杂食动物，以碎屑、周丛生物和底栖型藻类为食，但它们也以相对较大的浮游动物为食（Chigbu 和 Sibley，1994），这可能是咸水湖泊中溞种群的另一个压力因素。此外，由于这些虾主要在底部觅食，其排泄物代表了从沉积物向水柱营养盐的净流出，因此总磷水平可能在糠虾（*Neomysis integer*）存在时升高（Jeppesen 等，1997）。这一机制在底栖生物食性鱼类中得到了更广泛的研究（第 2.3 节）。

因此，溞的捕食压力和新糠虾的营养再生可能部分地解释了咸水湖泊浑浊的原因。然而，溞对盐度降低的反应比食物网中其他生物要快，这一事实表明，盐度本身是它们未在咸水中分布，以及缺乏相应的下行效应控制浮游植物的主要原因。

值得注意的是，咸水湖泊的观察结果似乎也同时表明，水生植被中枝角类对洁净水质起到了至关重要的作用。在这个推理中需要注意的是，咸水湖中的植被通常以篦齿眼子菜（*Potamogeton pectinatus*）为主，该物种也与淡水湖中的浑浊环境共存。例如，在 Krankesjön 湖和 Veluwemeer 湖，只有当轮藻群落替代了篦齿眼子菜时水才会变得清澈。还不清楚为什么篦齿眼子菜对水质清澈的影响那么小，可能只是由于它提供躲避捕食的避难所不是很理想，同时也可能是相较于其他沉水植物，其冠篷结构及较低的生物量对养分、光照和再悬浮的影响很小。

5.3　植被丰富度的调控

浅水湖泊中的植被动态可能相当不稳定，并且在许多研究案例中其驱动力尚未明确。事实上，我们预测植被发育的能力仍然相当差（Scheffer，1991c）。尽管如此，一些主要驱动力已经得到证明。光限制通常被认为是浑浊湖泊沉水植物发育不良的主要原因。然而，其他因素也会影响植被的发育。在某些情况下被鸟类和鱼类取食很重要，不稳固而松散的沉积物可能会增加动物或波浪将沉水植物连根拔起的可能性。本节阐述了这些影响因素和其他与调节浅水湖泊植被发育相关的实例证据。

5.3.1　浑浊度和水深

过去的大部分研究工作都集中在解释水生植物在深水湖泊沿岸带随水深梯度的分布规律。Hutchinson（1975）的专著和 Spence（1982）的一篇综述性文章对这项工作进行了概述。Spence 在总结他的综述时提出了光照、基质和波浪作用影响湖泊中大型植物分布的假设。在湖滨岸带的浅水端，沉积物贫瘠和波浪作用会损害沉水植物，使其生长受到限制；而在深水端，光照则成为限制因子。

许多研究证实，大型植物生长的最大深度与水的透明度呈正相关（Canfield等，1985；Chambers 和 Kalff，1985b；Vant 等，1986；Skubinna 等，1995）。当然，其他因素可能也会影响沉水植物生长的最大深度，其中一些因素实际上与深度本身有关，如水温和沉积物组分，但是，如果我们只关注光的影响的话，这种预期关系可以从理论上推导出来。如第 2.1 节所述，光强（I）根据光在水下的垂直衰减系数（E）随深度（z）呈指数下降：

$$I_z = I_0 e^{-Ez} \tag{2}$$

如果我们假设湖底存在允许植被存活所需的临界光照水平（I_{crit}），则最大存活深度（Z_{max}）将为：

$$Z_{max} = \frac{\ln\left(\dfrac{I_0}{I_{crit}}\right)}{E} \tag{3}$$

其中（I_0/I_{crit}）是一个常数，取决于每日辐射和植被所需的临界光量。因此，最大定植深度应与衰减系数成反比。的确，这种与垂直衰减系数的简单反比关系可以很好地描述实际情况（图 5.25）（Spence，1982；Vant 等，1986）。

许多湖泊，没有光衰减系数的测量数据。赛氏透明度盘便于操作，所以测量数据相对丰富。如第 2.1 节所述，透明度（S_d）与光衰减系数近似成反比：

$$S_d = \frac{c_p}{E} \tag{4}$$

式中，c_p 是 Poole-Atkins 系数。尽管这种关系可能不准确（见第 2 章），但表明 Z_{max} 和透明度之间存在线性关系：

$$Z_{max} = c_p S_d \tag{5}$$

其中 c_z 是一个常数，取决于 Poole-Atkins 系数、入射光强（I_0）和植被生长所需的临界光照水平（I_{crit}）。尽管某些数据集确实很好地证实了这种线性关系，但回归线往往与 y 轴相交（图 5.26），这表明即使在极度浑浊的条件下，沉水植物也可以在浅滩生长。

可以用以下公式表示：

$$z_{max} = z_c + c_z S_d \tag{6}$$

式中 z_c 是指即使在最浑浊的条件下，沉水植物也能繁殖的最大深度。

对这种现象的简单解释是，不是到达底部的光起作用，而是到达植被冠层的光起作用。这意味着浅水湖泊中浑浊度对植物生长的影响应主要取决于植物的生长方式。生长在底部的植物，如轮藻类，比那些高大且大部分叶子生长在水面下的植物更依赖于清澈的水体。事实上，冠层型植物如篦齿眼子菜（*Potamogeton pectinatus*）和黑藻（*Hydrilla verticillata*），通常在浑浊浅水区的植被中为优势物种，并且随着营养水平的提高，冠层型植物会系统增加（Chambers，1987；Moss，

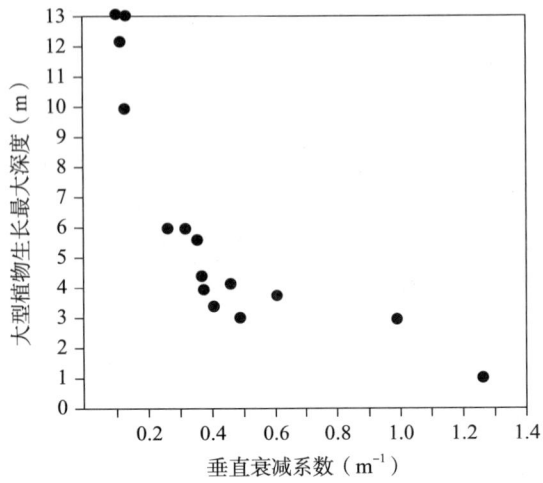

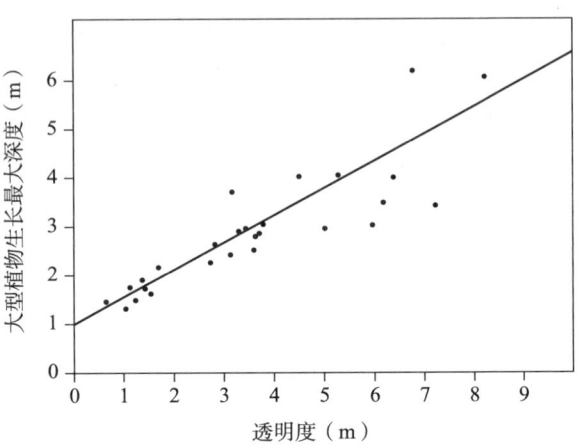

○ 图 5.25   英国 15 个湖泊中大型植物出现的最大深度（Z_{max}）与可用于光合作用的穿透力最强颜色的垂直衰减系数（E_{min}）之间的关系。重绘自 Spence（1982）的研究。

○ 图 5.26   芬兰 27 个湖泊中大型植物生长最大深度与透明度的线性关系。重绘自 Hutchinson（1975）的研究。

1988）。此外，一些植物应对低光照条件的表现是尽量将芽伸长（Barko 和 Smart，1981；Tanner 等，1993）。也有观点认为，到达底部的光线仍然至关重要，因为植物在春天通常是从沉积物表面开始生长。然而，许多植物在浑浊湖泊中以地下结构的形式越冬。这类植物通过块茎和根茎储存足够的能量，即使在低光照水平下也能保障植物春季的早期生长（Hodgson，1966）。一旦生长到水体的上层，这些植物就可免受浑浊的影响。嫩芽水平伸展，并且光合作用主要局限于上层水体。

正是植物的这种形态特征使其能够在高度浑浊的浅水中持久生存，这一观点也与过去几十年来在 Veluwemeer 湖观察到的主要生长模式变化相符（见第 1 章）。在湖水清澈的早期，低矮的轮藻群落覆盖了大片湖底。然而，随着浊度的增加，轮藻消失，冠层形成以篦齿眼子菜为优势种的群落。随着透明度的提高，轮藻再次取代篦齿眼子菜为优势群落。Swedish 湖泊也发现了类似的模式（Blindow，1992b）。

令人惊讶的是，理论上轮藻是非常耐低光的植物，并且在深水湖中，它们通常比被子植物分布得更深（Hutchinson，1975；Spence，1982）。它们在浑浊湖泊中消失一直被认为是高磷水平的毒性作用（Forsberg，1964；Forsberg，1965）。然而，最大生长深度与透明度之间的回归关系认为，由于其底部生长模式使得光限制了其在浑浊浅水湖泊中的生存（图 5.27）。被子植物与纵轴较高的相交点在轮藻分布特征中不存在。

在实践中，简单的 z_{max} 回归模型不能很好地描述浑浊浅水湖泊中植被对透明度变化的响应。证实这一点的一组有用数据是 Randmeren 湖泊 20 年期间绘制的一系列植被图。从 20 世纪 70 年代初，由于富营养化，湖泊中过多的植被已给管理带来很大的困扰，因此从那时起每年都要例行绘制植被分布图。不久之后，持续的富营养使植被减少到只分布有稀疏的篦齿眼子菜。然而，绘制植被图一直得到延续，并涵盖了 20 世纪 80 年代后期开始的水质改善和植被恢复。由于该时期的湖泊深度图、沉积物特征图、水质数据以及鱼类和鸟类多度数据均可查询，利用这些数据可对植被影响进行统计分析（Scheffer 等，1992）。为此，地图表面的 5% 以 50 m×50 m 的地块进行随机取样。对这些样地中植物的存在情况进行评分，并将其与环境因素联系起来。

　　正如预想的那样，分析表明，浊度和深度是影响植被多度的最重要因素。然而，尽管大多数植物群落生长于 1 m 以下的水域，但植被出现频度几乎逐渐随深度增加而减少，并且没有观察到水深的最大限制值（图 5.28）。

　　尽管透明度小于 0.5 m，但水深到 3 m 的区域也依然存活着健康的植物。模型模拟（Scheffer 等，1993a）表明，这可以通过在较浅地点植物传播体扩散来解释（图 5.29）。

　　繁殖体扩散对植物分布巨大潜在的影响在陆生植物生态学中也有报道。例如，一项对沙丘中一年生美洲海滩芥（*Cakile edentula*）种群调控的研究表明，种子向陆地的迁移使该物种在原本无法生存的地区维持了大量种群（Watkinson，1985；Watkinson 和 Davy，1985）。显然，在将植被分布与当地环境条件联系起来时需要注意高产植物种子雨的多样性变化。

　　这些观察结果还表明，一株植物即使能够在一个地点生长，但当地条件并不一定足以使这株有生命力的植物在那

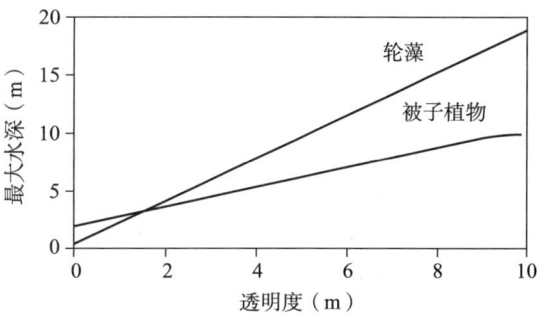

◯ 图 5.27　轮藻、被子植物生长的透明度与最大水深关系示意图。引自 Blindow（1992a）的研究。

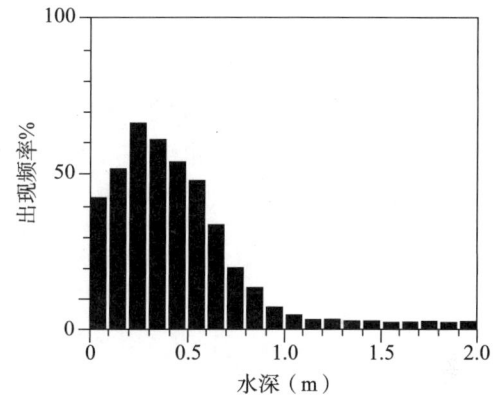

◯ 图 5.28　在 Randmeren 湖 0.25 hm² 样地上篦齿眼子菜（*P. pectinatus*）在不同水深的频度。引自 Scheffer 等（1992）的研究。

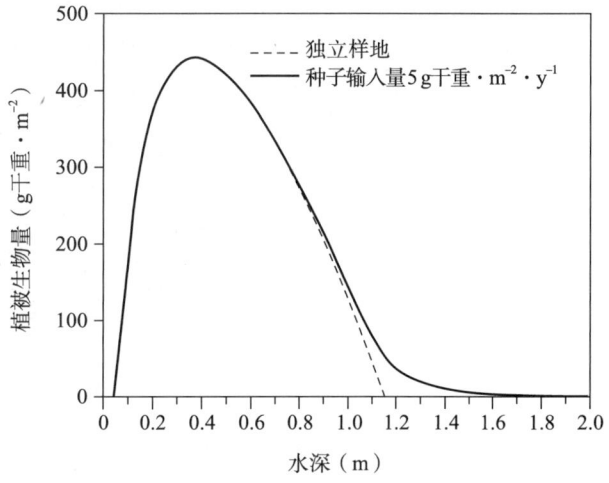

◯ 图 5.29　在一定水深范围内模拟输入种子或其他繁殖体对沉水植被平衡生物量的影响。引自 Scheffer 等（1993a）的研究。

里长期存活。净光合作用正是种群持续生存的必要条件，但不是充分条件。在没有繁殖体输入的情况下，只有当生长足以平衡生长季节中的各种损失（如冬季生物量损失、被牧食损失和波浪破坏损失）时，植物才会持续繁衍（Scheffer等，1993a）。事实上，有研究表明较深湖泊中大型植物生长的极限深度处的光照水平通常约为表面光照的 10% ~ 20%（Chambers 和 Kalff，1985b；Vant 等，1986a），这比单个植物的光补偿点高。此外，Golubi 引用 Hutchinson（1975a）的一项研究表明，Yugoslavian 湖的轮藻和狐尾藻属的光补偿点深度分别为湖中实际最大生长深度的 1.6 ~ 4.7 倍。

5.3.2   周丛生物

篦齿眼子菜（*Potamogeton pectinatus*）以冠蓬形式漂浮在水面上似乎是适应浑浊水体弱光环境的一种有效方式。Randmeren 湖的研究表明，即使在非常浑浊的条件下，植物也会在大约 1 m 深的地方生长。然而，即使在浅水区，该物种的多度也会随着浊度的增加而减少（图 5.30）。

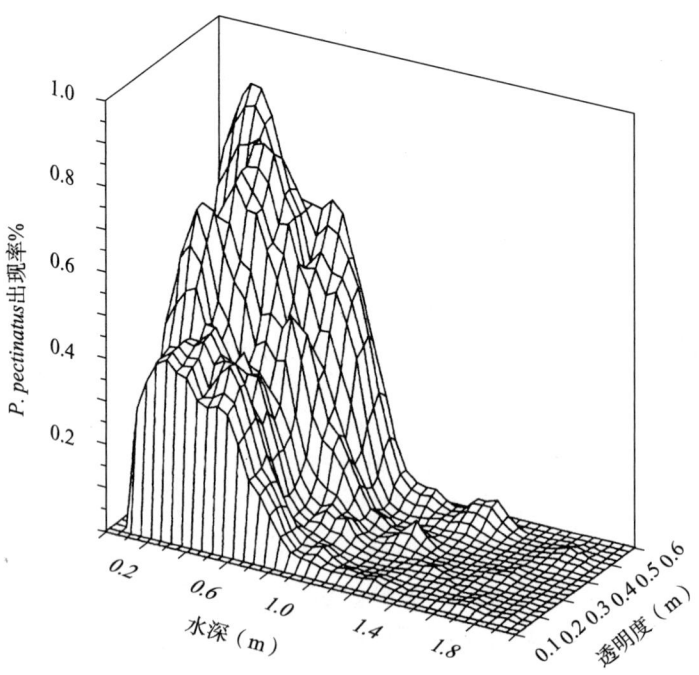

◦ 图 5.30   Randrneren 湖中篦齿眼子菜（*P. pectinatus*）的出现频率与水深和透明度的函数关系。函数响应表面为 0.25 hm^2 样地 20 年来植物"有—无"数据进行插值作图。浑浊条件下植被较少，但植被分布的深度范围在很大程度上与浑浊无关。引自 Scheffer 等（1992a）的研究。

　　显然，这种减少并不一定意味着直接的因果关系。这种相关性可能还有更多的间接原因（图 5.16）。浑浊度随着营养负荷的增加而增加，但其他可能影响沉水植物性能的因素也会增加，如鱼类密度和附着在沉水植物上的周丛生物。为了验证光线是否会限制 Randmeren 湖中水生植物的生长，在一个大型水草池的实验样地上安装了不同密度的遮荫布，以控制光照（Van Dijk 和 Van Vierssen，1991；Van Dijk 等，1992）。即使是中等的遮荫也会抑制生长，这表明植物在实验场确实受到光照限制（图 5.31）。

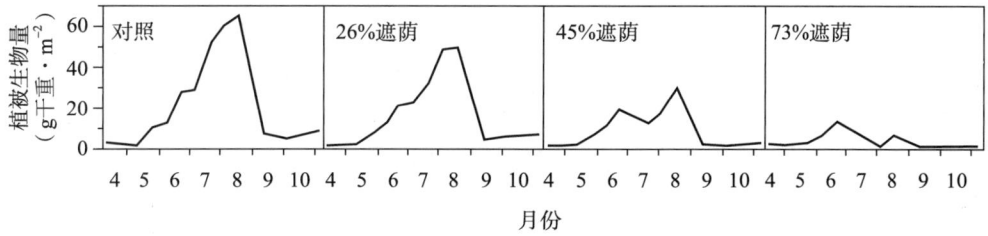

○ 图 5.31　Veluwemer 湖人工遮荫条件下篦齿眼子菜（*P. pectinatus*）植被的季节生物量变化。引自 van Dijk 和 van Vierssen（1991a）的研究。

　　然而，该实验也证明附着在植物上的周丛生物是光衰减的主要原因（Van Dijk，1993）。由于周丛生物和浑浊度都会随着营养水平的增加而增加，水草随浑浊度增加而减少，至少可能部分是受周丛生物的影响。

　　事实上，周丛生物覆盖可能是许多富营养湖泊中限制沉水植物的一个主要问题，因为它可以将到达的光线减少 80%，并限制碳和其他营养物质在水和植物之间交换（Sand-Jensen 和 Borum，1984）。许多实验的结果还表明使用牧食者刮食覆盖的周丛生物，大大促进了植物生长，这些结果也从侧面证明周丛生物对大型植物生长总体呈负面影响（Bronmark，1985；Hootsmans 和 Vermaat，1985；Howard 和 Short，1986；Underwood，1991；Daldorph 和 Thomas，1995）。有研究者认为尽管许多微咸水湖泊的浑浊度很高，但通过糠虾去除周丛生物也是有助于沉水植物大量生长的方法（Bales 等，1993）。

　　周丛生物不仅仅是一层藻类。它可以是一个由藻类、细菌和原生动物组成的复杂群落。此外，大量的沉积物也可能被包裹其中。在 Veluwemeer 湖，沉积的淤泥、黏土颗粒和碎屑是组成周丛生物层的大部分物质（Van Dijk，1993）。周丛生物对植物造成的遮光影响在实践中很难估算，因为植物顶部的周丛生物通常比老枝条部分少很多。这仅仅是因为周丛生物层需要一些时间才能形成。因此，植物可以通过保持较高的生长速度来尽量减少周丛生物的附着影响。这意味着正向反馈。植物快速生长，其速度会大于周丛生物的形成速度，而生长缓慢的植物表层富集周丛生物会进一步降低其生长速度。

5.3.3 温度

像所有生物过程一样，低温下沉水植物的生长会减慢。一些实验研究表明，在实际范围内，温度条件对各种沉水植物的生长影响至少与光照条件一样显著（Barko 和 Smart，1981；Barko 等，1982；Spencer，1986）。这表明在相对寒冷的年份，植被发育可能受限。

事实上，一些观察结果也验证了这一观点。例如，一项深入研究发现，荷兰 Vechten 湖在 1979 年由于受到冬季严寒的影响，金鱼藻属（*Ceratophyllum*）植被春季的生长发育受到延迟，最终导致夏季生物量极低（Best 和 Dassen，1987）。在 Randmeren 湖区连续 20 年的观察数据中也发现了温度对植被分布的影响。其 6 个小湖泊的植被多度与春季水温呈正相关（Scheffer 等，1992）。这种影响不是由温度和光照之间的相关性造成的，因为在这组数据中，辐照量和温度并不相关，而且平均而言，温暖的年份水体更浑浊。由于温度影响湖泊中的所有生物，因此不能确定植物生物量与温度的相关性是否是由温度对植物生长的直接影响而造成的。然而，生长模型的模拟证实（Scheffer 等，1993a），在这些湖泊中观察到的温度变化确实会对植物生物量产生相当大的影响。

5.3.4 基质和营养盐

就养分的吸收和限制而言，沉水植物与陆生植物有很大不同。首先，在水生环境中碳限制的重要性相对更高。受到水的 pH 影响，CO_2 浓度可以很低。事实上，许多沉水植物能够利用碳酸氢根作为替代碳源来弥补这一点（Hutchinson，1975）。然而，重要的是，CO_2 在水中的扩散速度要比在空气中慢得多。这导致水中植物周围的碳浓度在高吸收期间大幅降低。水的运动可以减少由此产生的 CO_2 枯竭边际，并已被证明能增强光合作用（Wetzel，1975）。此外，许多沉水植物精细的分化叶片结构有助于碳交换，使植物减少对水运动的依赖，这一点可以通过对同株异型叶植物的分化叶片和未分化叶片的对比实验予以说明（Hutchinson，1975）。尽管如此，碳限制在自然界中还是很常见的（Van Wijk，1989；Vadstrup 和 Madsen，1995）。

与陆生植物的另一个不同之处是，大多数沉水植物可以通过其枝条和根系同时吸收各种营养物质。就养分而言，这使得它们比陆生植物对基质的依赖程度较低。尽管如此，湖内分布的沉水植物通常与基质变化相关。在营养相对贫乏的加拿大湖泊中，黏土上的植被生物量高于沙地上的植被生物量（Anderson 和 Kalff，1987；Anderson 和 Kalff，1988）。对这种相关性的解释很难，因为大量的植物区中黏土颗粒的沉积作用也很强（Petticrew 和 Kalff，1992）。然而，原位盆栽实验证实，植物在营养丰富的黏土上生长得比在沙土上更好（Chambers 和 Kalff，

1985a）。在富营养湖泊中，通过枝条吸收养分将有助于防止养分短缺，而土壤肥力可能不那么重要，尽管在重度富营养化的荷兰 Vreng 湖已经证明了植物与土壤肥力的某些关系（Lauridsen 等，1993）。在实践中，光往往是影响分布的主要限制因素，从而掩盖了土壤成分对湖内植物分布的影响（Scheffer 等，1992）。

　　然而，养分含量并不是植物基质的唯一重要因素。在高有机质含量土壤中，硫化物等有毒物质可能会阻碍植被的发育（Moss 等，1990；Smolders 和 Roelofs，1993；Smolders 和 Roelofs，1995）。此外，非常松散的沉积物很容易受到波浪作用而将植物连根拔起。由于这通常与高浊度同时发生，因此很难推断出没有植物的主要原因。例如，在 Breukeleveen 湖，厚而松散的泥炭沉积物几乎每天都因为波浪作用再悬浮，很难想象有任何植物可以在那定植。湖泊透明度也很低（约 0.4 m），部分原因也是再悬浮。在围隔中，沉水植物生长良好，这表明沉积物的化学成分并不是它们在湖中消失的原因（Van Donk 等，1994b）。波浪的活动在这里被阻挡，这表明不稳定的沉积物与波浪共同作用对植物生长带来干扰。同时，在没有再悬浮的情况下，浊度降低，这显然有助于改善植物生长的条件。

　　松散沉积物使得植物很容易被鸟类和鱼类在取食时连根拔起，所造成的影响远大于其实际食用消耗的部分。例如，在 Væng 湖用盆栽植物进行的实验表明，种植在淤泥中的大型植物易被白骨顶取食时连根拔出，而种植在砂质土中的大型植物仅仅被截断取食一小部分（Lauridsen 等，1993）。

5.3.5　波浪作用

　　即使沉积物质地足够牢固可以防止植物被连根拔起，但波浪的作用对浅水湖泊中暴露在风场影响下的植物来说也是一个重要因素。例如，沉水植物的季节周期可能因暴露程度而有所不同。在风场影响明显的 Randmeren 大湖，植被的整个地上部分都被秋季的第一场风暴卷走。Van Wijk（1988）比较了 Randmeren 和几个对比鲜明湖泊的篦齿眼子菜生命周期，发现暴露在 Randmeren 湖区的植物生长季节比其他任何研究案例都短。在小水体中，这种物种甚至可以是多年生的。有趣的是，秋季植被消亡的时间还证明与 Randmeren 地区的富营养化程度有关。在条件较好的早期，生长季节较长。当处于持续的富营养化时期，受影响较小的湖泊植被在夏季生长的时间更长（Leentvaar，1966）。同样在原位的遮荫实验中，强遮荫地区在生长季末期地上生物量消亡得更早（Van Dijk 和 Van Vierssen，1991）。因此，波浪的作用似乎缩短了沉水植被在风场暴露区域的季节生长周期，加上光限制，这种作用就更明显。

　　虽然植被多度和物种丰富度在避风区更好（Spence，1982），但在浅水湖泊未必如此。在 Randmeren 地区，尽管植被生长时长受到波浪作用的限制，但夏季沉水植物的存在与风场暴露程度呈正相关（图 5.32）。

　　显然，与风场暴露有关的积极影响超过了波浪损伤的影响。一个可能的积极

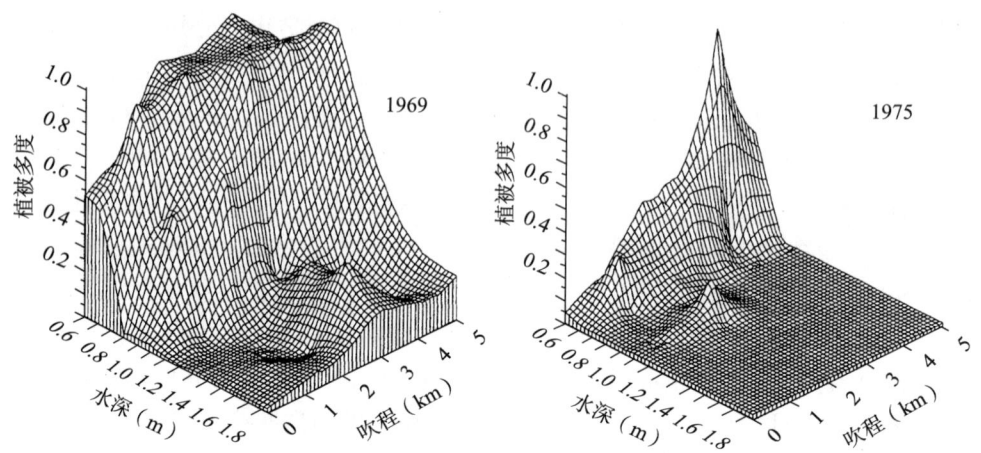

○ 图 5.32　较好年（1969 年）和较差年（1975 年）Veluwe 湖沉水植被的多度与水深和风场暴露度（相对于常年风向的吹程）有关。曲面为 0.25 hm² 样地"有－无"数据进行的插值作图。引自 Scheffer 等（1994a）的研究。

影响是，波浪清除了植物上的部分周丛生物层，而在避风区，悬浮固体在植被上的沉积会增加周丛生物层。事实上，在 Krankesjon 湖，植被多度在避风区减少，周丛生物层的生物量与波浪作用成反比（Weisner 等，1997）。此外，由波浪引起的水运动可以通过改善水和植物之间的碳交换来增强光合作用。另一个更明显的波浪对植被间接影响是鸟类可能更喜欢取食避风区的植被（Lauridsen 等，1994；Weisner 等，1997）。显然，波浪对浅水湖泊中的植被影响很大，但涉及几种不同的机制，无法事先预测净效应。

5.3.6　鸟类

长期以来，人们一直认为植食性生物对沉水植物的取食可以忽略不计，但事实并非如此。虽然在以植被为主的湖泊中，大型植物对整个食物网的贡献可能很小（Hoyer 等，1997），但各种鸟类、鱼类和无脊椎动物的食物链中都包括大型水生植物，一些研究报告称，由于植食生物的取食，植被减少了 50% 以上（Lodge，1991）。很少有无脊椎动物大量消耗完整的大型植物（Kornijów 等，1995），尽管有迹象表明植食性生物在水生态系统的影响并不比陆生植物低（Jacobsen 和 Sand-Jensen，1992），但脊椎动物对沉水植物的潜在影响可能要大得多。

鸟类对水生植被的取食已经得到了特别的关注。白骨顶和天鹅是夏季湖泊中最常见的食草动物。在苏格兰（Jupp 和 Spence，1977）、丹麦（Lauridsen 等，1993）和荷兰（Van Wijk，1988）的湖泊，在鸟类以植物为食的围隔实验中，得出了相似的最大牧食影响估计。在所有情况下，纱网保护的植物地上部分的生物量为未保护区的 5～7 倍。一种比较认同的解释是鸟类倾向于截断植株，使枝条在整个夏天相对较短（Jupp 和 Spence，1977；Søndergaard 等，1997）。事实上，在有大量白骨顶取食时，原本以高大植物为主的植被看起来就像修剪整齐的草地。在不太坚硬的土壤中，单株植物可能被鸟连根拔起（Lauridsen 等，1993；Van Dank 等，1994b）。这种"故意破坏"导致的损坏超过鸟类实际的消费量。然而，大量研究表明，鸟类取食效应引起的植物生物量减少量通常小于围隔实验生物量减少的 80%（Kiørboe，1980；Mitchell，1989；Van Dank 等，1994b；Woolhead，1994；Perrow 等，1996；Søndergaard 等，1997）。

鸟类取食有很强的季节性差异（Søndergaard 等，1997）。春季，对大型植物的消费量较低，因为领地行为使鸟类密度保持在较低的水平，这一季节的首选食物是丝状大型藻类和无脊椎动物而非植物（Perrow 等，1996）。夏季，取食转向大型植物，鸟类密度增加，导致水生植被被取食压力增加（Perrow 等，1996），对植物的影响变得很明显（Søndergaard 等，1997）。秋季，由于迁徙鸟类的到来，许多湖泊的鸟类数量激增。

鸟类密度大于 100 只·hm^{-2} 的情况并不常见（Hanson 和 Butler，1994b；Van Donk 等，1994b），而夏季通常低于 10 只·hm^{-2}（Van Donk 等，1994b；Perrow 等，1996；Søndergaard 等，1997）。秋冬季节高密度水鸟种群对残留嫩芽和冬芽的消耗可能会对来年的植被生长产生影响。围隔实验表明，在 Randmeren 越冬的比尤伊克天鹅（*Cygnus columbianus*）可以在几周内将篦齿眼子菜的块茎量减少到其初始生物量的 5% 以下（M. van Eerden 和 M. Scheffer，未发表数据）。由于其他实验已经证明，这些植被的夏季生物量与春季初始块茎密度密切相关（Van Dijk 等，1992），水鸟在 Randmeren 冬季块茎的消耗很可能导致篦齿眼子菜处于稀疏状态（约 50 g·m^{-2}）。

5.3.7　鱼类

有些鱼可以消耗大量的植物。红眼鱼（*Scardinus erythrophtalmus*）和拟鲤（*Rutilus rutilus*）是杂食动物，大型植物是它们食谱中的一类。研究报道并没有发现这些动物会显著减少植物总生物量。然而，它们可能通过选择性地取食某些大型植物从而影响植物群落组成的整体状况。例如，在 Zwemlust 湖，研究人员认为这些鱼类的取食作用导致了从以伊乐藻属为主的植被向以钙质较多的金鱼藻属为主植被的转变（Van Donk 等，1994b）。一种生命力更强的食草型鱼类是草鱼（*Ctenopharyngodon idella*）。这种外来物种经常被引入欧洲和美洲的湖泊，以减轻沉水植物疯长的情况（Shireman 等，1985；Santha 等，1991）。这些鱼类会将湖泊中的沉水植物全部取食完，导致藻类大量繁殖，湖泊浊度增加，并加剧沉积物再悬浮（Small，Jr. 等，1985）。只有通过循序渐进的捕捞和重新放流来谨慎管理草鱼数量，植被数量平衡才能恢复到理想的水平（Shireman 等，1985）。

即使植物没有被摄食，底栖觅食型鱼类（如欧鳊、拟鲤和鲤鱼）对沉积物的扰动也可能是抑制植物定植建群的重要因素。如前所述，这些动物在浅水湖泊中的数量可能非常高，沉积物表面通常布满了它们觅食活动留下的小坑。一些观察结果表明，欧鳊会影响植被生长。例如，为了研究欧鳊对底栖动物的影响，科学家们在 Maarseveen 湖的铁丝笼中培育植物，铁丝笼放置在贫瘠的沙质沉积物上，植物也能快速生长（Ten Winkel 和 Meulemans，1984）。遗憾的是，围栏不能把鸟和鱼排除在外。因此，从这样的研究中很难说这两个群体中哪一个影响更大。

以鲤鱼为例，许多实验研究都明确证明了它的有害影响（Threinen 和 Helm，1954；Tryon，1954；King 和 Hunt，1967；Crivelli，1983）。事实上，这种以垂钓运动为目的引进鲤鱼很可能是西欧许多湖泊植被消失的原因。一个多世纪前鲤鱼被引入美国，人们早已注意到其对植被、相关水禽及观赏性鱼类的破坏性影响（Cahn，1929）。经多次去除鲤鱼和其他鱼类（coarse fish）的生物操纵实验，植被得以恢复并提高了水体透明度（Rose 和 Moen，1952；Cahoon，1953；Threinen 和 Helm，1954）。鉴于鲤鱼的破坏性影响，它们甚至被称为湖泊最讨厌的动物（Threinen 和 Helm，1954）。King 和 Hunt（1967）发现，虽然轮藻被鲤鱼吃掉，但被连根拔起的眼子菜属水草受到损害更大。引起沉积物再悬浮可能是鲤鱼和其他食底栖生物鱼类影响植被生长的另一重要方式。这不仅会导致浑浊度升高，悬浮的沉积物再次沉降时也会覆盖植物。这个影响程度可通过对 Threinen 和 Helm（1954）的观察来说明。他们发现铁丝网围封对促进植被生长几乎没有帮助，这可能是由于围封区在两个月内沉积了高达 20 cm 的沉积物。由于在进行实验的避风区域波浪作用较小，鲤鱼被认为是扰动沉积物的主要因素。

5.4　草 - 藻转化平衡

在第 1 章中提出的案例表明，许多浅水湖泊可以在清水的植被状态和高浓度浮游植物和其他悬浮固体的浑浊状态之间随意切换。这一节解释了如何从这些状态代表交替平衡这一事实来解释这些引人关注的转换原理，这一假设在过去十年中被广泛讨论（Timms 和 Moss，1984；Hosper，1989；Scheffer，1989；Jeppesen 等，1990；Scheffer，1990；Blindow 等，1993；Scheffer 等，1993；Moss，1995；Blindow 等，1996；Moss 等，1996）。

5.4.1　稳定机制

前几节已经指出，植被可以提高水体的透明度，但光照限制也是富营养湖泊中沉水植物生长面临的主要问题之一。这意味着在沉水植物生长过程中是一个正反馈过程：植物生长起来—水变得清澈—植物进一步长得更好。图 5.33 总结了所涉及的主要机制。评估所描述交互整体效果的一种简单方法是沿着方案的路径加上符号。在这个示意图中，当走通所有描绘的路线，浑浊度提高了浑浊度，植被增长了植被。

虽然植被–浑浊度反馈可能是导致浅水湖泊迟滞效应的主要机制，但其他因素也很重要。如下文所述，无植被湖泊往往保持无植被状态，不仅仅是因为它们浑浊，而且还因为波浪和底栖鱼类对沉积物的扰动阻止了植物定居，而取食作用可能阻止植被恢复。另一方面，植被系统倾向于保持植被，因为由此产生的水体透明度促进了植物生长，但也因为沉积物稳定，鱼类群落更倾向于食鱼鱼类，并且总体植被生产力高到足以维持大量食草动物而不会崩溃。

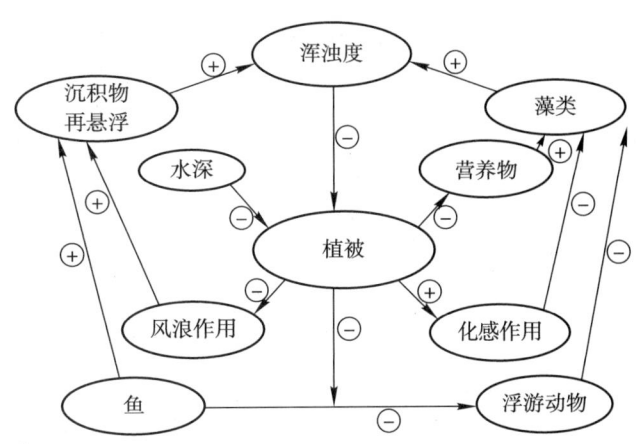

○ 图 5.33　导致植被占优状态和浑浊状态的交替平衡反馈图。图中每条路线的定性影响以沿路径的符号来表示。这表明植被占优和浑浊状态都是自我强化的过程（Scheffer 等，1993b）。

稳定机制的存在倾向于将系统保持在以植被为主或以浮游植物为主的状态，这表明存在多稳态的可能性。然而，在数学模型中，只有在有限的参数设置范围内才会出现交替平衡，同样地，实际情况通常只在有限的条件下才具有这些特性。事实上，在深水湖泊中，假设的植被稳定状态似乎不太可能存在，在深水湖泊中，可以定植植被的狭长岸带对浑浊度的影响比全湖分布植被的浅水湖泊要小。此外，在浅水湖泊中，多稳态的存在将被限制在中等营养范围内。因为贫营养湖泊很少浑浊，而且非常高的营养负荷通常排除了植被占优。因此，证明稳定机制本身不足以得出湖泊具有多稳态的结论。接下来的章节讨论了营养负荷和湖泊深度等因素对交替平衡潜力的影响，并说明了在实践中如何从湖泊的动态过程中推断出迟滞现象的存在。

5.4.2　一个简单的图示模型

一个简单的图示模型就足以大致阐明营养负荷和水位如何影响生态系统的稳定性。该模型基于 3 个假设：

（1）浑浊度随营养水平的增加而增加；

（2）植被有助于降低浑浊度；

（3）当超过临界浊度时，植被完全消失。

后者是一种相当粗糙的过度简化，将在下一节中详细介绍。然而，当前的假设是一个很好的起点，因为它们有助于直观地解释迟滞的主要原因。根据前两种假设，以营养盐水平可以绘制两条不同的浑浊度平衡函数（图 5.34）：一种是大型

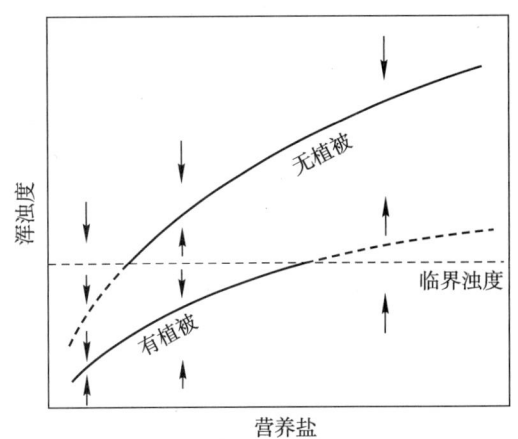

○ 图 5.34　超过临界浊度时，沉水植被消失形成的交替浑浊平衡（详见正文），箭头指示未处于两种多稳态时的变化方向。引自 Scheffer 等（1993b）的研究。

植物占优势的情况，另一种是没有植物的情况。在临界浑浊度以上，将不存在大型植物，在这种情况下，上部平衡线具有相关性，在该浊度以下，适用下部的平衡曲线。由此生成的图像类似于早期蓝细菌和绿藻之间竞争（图3.19 和图3.22）以及几种捕食者 - 猎物相互作用（图4.19 和图4.22）得出的滞后曲线。

在中等营养水平范围内，存在着两种交替平衡：一种是有大型植物的平衡，另一种是没有植被的更浑浊的平衡。较低的营养水平上，只有大型植物占优的平衡存在，而在最高的营养水平上，只有无植被的平衡存在。

从图5.34 可以看出富营养化过程。从低营养水平逐渐开始的加富营养将导致系统沿着较低的平衡曲线进行，直达临界浊度，大型植物消失。在上部曲线，会出现一个更浑浊的平衡跃迁。为了通过营养管理恢复大型植物的优势状态，必须将营养水平降低到藻类生物量足够低的值，从而再次达到大型植物的临界浊度。

在某些情况下，例如当风浪引起底泥再悬浮的高背景浊度时（非藻类引起的浊度变化），或当沉积物含有大量缓释磷，这可能非常困难。在这种情况下，一次扰动如生物操纵，可暂时将浑浊度降低至低于大型植物建群所需阈值水平，可能导致永久性转变为清水和植被占优的稳定状态。这将在 6.1 节中进一步讨论。

需要注意，在多稳态营养水平范围的极端情况下，两条平衡线中的任一平衡线都接近代表系统断点的临界浊度。这对应于稳定性的降低。在边缘附近，一个小干扰足以使系统越过临界线，并导致切换到另一个平衡。

湖泊水位是影响水生植物优势度的另一个重要控制变量。由于湖泊较浅时植被可以耐受较高的浑浊度，因此在较浅的湖泊中，图中的水平断点线将处于较高的临界浊度处。从图示模型中可以看出，在已接近断点的湖泊中，水位变化引起的临界浊度的微小变化可以导致从一种状态切换到另一种状态。这与几个湖泊的观测结果一致（Wallsten 和 Forsgren，1989；Blindow 等，1993；Sanger，1994）。

注意，蓝细菌占优和其他浮游植物占优之间的转换也发生在临界浊度（图3.19），并且在这个高度抽象的水平上，所涉及的调节机制实际上是相似的。简而言之，蓝细菌使水体变得浑浊，以获得自身的竞争优势；水生植物使水体变得清澈，以获得自身的竞争优势。当将两个图示模型结合在一起时，根据浑浊度增加的顺序，出现了三种交替平衡（图5.35）：一种以水生植被为主，一种

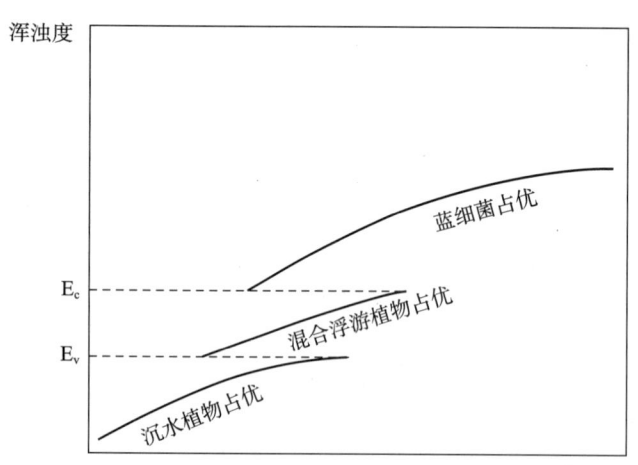

○ 图5.35　结合蓝细菌竞争分析（图3.19）和植被 - 浑浊度图解模型（图5.34）的结果可以得出，在一定条件下，浅水湖泊可能具有三种交替平衡：一种以大型水生植物占优，一种以多样性较好的浮游植物群落占优，另一种以蓝藻占优（详见正文）。

以绿藻和硅藻组合为主，另一种以蓝细菌为主。

系统对营养负荷变化的响应取决于植被消失（E_v）和蓝细菌占优势（E_c）的临界浊度水平。如果两个临界水平接近，中间稳定分支较小，当没有植被时，系统倾向于以蓝细菌占优。注意，如果完全处于营养负荷范围内，且蓝细菌占主导地位，植被状态也稳定，则最终到达中间分支的概率尤其小。在这种情况下，只有适当的扰动才有可能使系统到达中间分支。在 E_c 低于 E_v 的极端情况下，完全不存在由蓝细菌以外的藻类占优的中间分支。

不可能找到普遍适用的 E_c 和 E_v 值，因为两者都取决于除光可用性以外的各种其他因素。尽管如此，关于他们的相对重要性还是有一些要说明的。两者都与湖的深度（D）成反比。就丝状蓝细菌而言，荷兰湖泊的临界遮荫系数（ED）水平似乎在 4～10（图 3.14 和图 3.17）。对于沉水植物而言，最大适宜深度似乎表明遮荫系数（ED）在 1～3（图 5.25）。然而，在浅水中，后者的值可能更高，因为植物可以通过生长到水面来获取光照。这表明，在非常浅的湖泊中，滞后的中间分支非常小，可能只存在蓝细菌占优和植被占优的两种多稳态，而在一些较深的湖泊中，其他藻类占优是第三种多稳态。

5.4.3 植被与浑浊度间复杂的相互作用

要么植被繁茂要么植被匮乏的假设过于简单。为了更谨慎地研究，我们需要更具体地说明植被对浑浊度的影响，反之亦然。

（1）浑浊度对植被的影响

实际情况中，浑浊度对植被多度的影响在很大程度上取决于湖泊的形状。最简单的方法是使用最大定植深度（z_{max}）随透明度线性增加（图 5.27），并与光衰减系数成反比的规则（图 5.25）。这些关系不足以解释篦齿眼子菜等冠层植物在浅水区的分布。即使在浑浊度很高的情况下，这种植物也能生长在水深约 1 m 的地方。然而，它们在浅水中的多度随着营养水平的增加而减少，而对于浑浊度的积极影响，稀疏的水草实际上并不相关。大多数研究表明，生长密集的水草丛才会对浑浊度产生显著影响，如 Veluwemeer 和 Krankesjön 密集生长的轮藻。如前所述，后者对水体浑浊度的变化反应更强烈（见图 5.27）。因此，作为第一近似值，我们忽略了浑水中植被变化的微妙性，并作出简化假设，即湖泊深度超过植物最大定植深度（z_{max}）时几乎无植物生长，而所有较浅的区域都被大型植物完全覆盖。

现在可以很容易地推导出在湖底完全平坦的湖泊中浑浊度增加对植被的影响（图 5.36）。

只要浑浊度足够低，使得植物最大定植深度 z_{max} 超过水深，湖泊的植被覆盖率就能达到 100%；一旦植物最大定植深度 z_{max} 小于湖深时，植被完全消失。另一种简化的极端情况是湖泊呈 "V" 型剖面。只要 z_{max} 超过最大湖深，这里的植被就不会受到影响；一旦 z_{max} 小于最大湖深时，植被分布占湖泊面积的百分比则随透

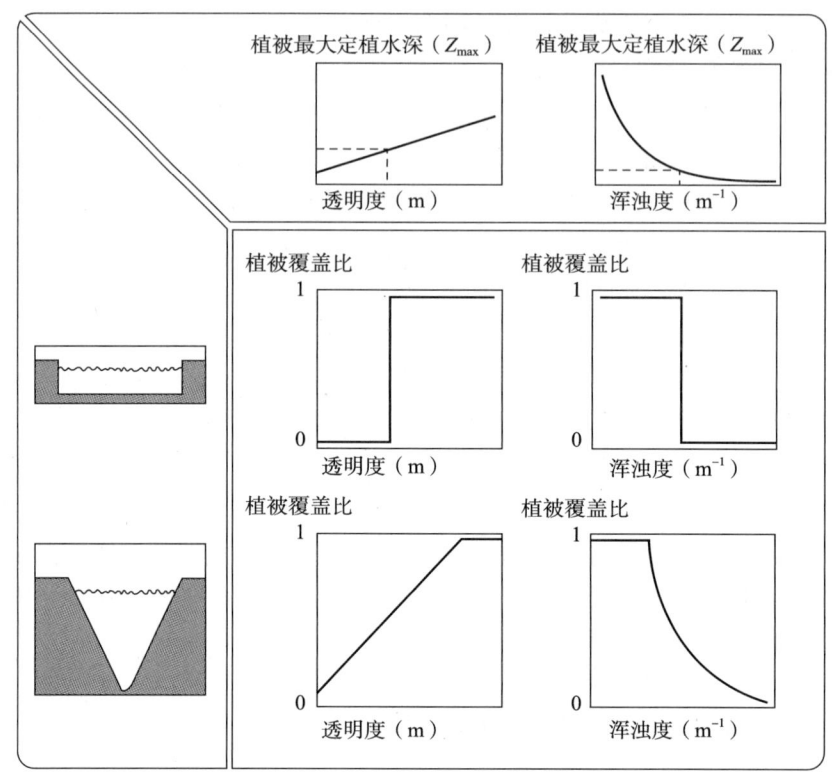

○ 图 5.36   在假设的完全平坦底部和"∨"型底部剖面湖泊中（见左部两图），水生植被覆盖面积占比对透明度、浑浊度（垂直光衰减）变化的响应示意图。根据经验公式得出的透明度和浑浊度对植物最大定植深度（z_{max}）影响（见上部两图）进行了预测（详见正文）。

明度的降低呈线性下降，随浑浊度的增加呈指数下降。

尽管许多浅水湖泊类似于图中所画的平底型湖泊，但实际湖泊的深度剖面通常是大面积的相同深度区域与逐渐下降的斜坡相结合。因此，随着浑浊度增加植被多度下降的过程是两种简化模式的结合。此外，我们还须考虑，随着浑浊度的增加，植被多度在某一区域变得太深而不适合植被生长（根据 z_{max} 阈值推算）之前就已经下降了。同样地，植被也会经常在低于理论阈值以下存活。放宽极端阈值假设并考虑实际的湖泊形状，植被多度对浑浊度的总体响应呈"S"型曲线（图 5.37）。

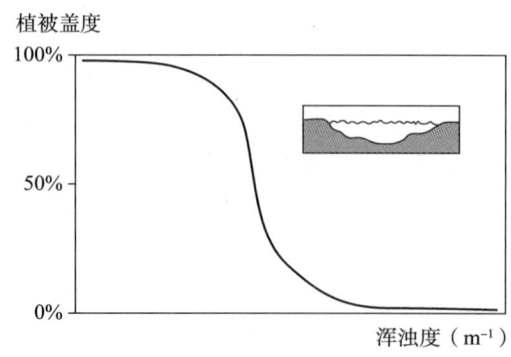

○ 图 5.37   浅水湖泊植被多度平衡对浑浊度的一般响应

在浑浊度非常高的范围，几乎不存在沉水植物。在浑浊度非常低的范

围，整个湖泊将被植物占据。在这两个极端之间有一个浑浊度范围，在此范围上
植被对浑浊度的反应相对强烈。如果湖底较平坦，在这个范围内的响应更明显。
显然，湖泊越浅，植被对变化反应相对剧烈的临界浊度越高。

（2）植被对浑浊度的影响

如前所述，植被降低浑浊度的一系列机制尚未完全清楚。各种研究表明，沉
降、营养物、限制、化感物质和牧食作用都能发挥作用，但这些机制的相对重要
性似乎因情况而异。就目前的研究目的而言，我们可以避开过多的细节，只描述
植被对透明度的总体影响。

大多数关于植被对水透明度影响的案例研究报告表明，植被使水体中悬浮物
浓度或浊度降低了约 90%（表 5.1）。

表 5.1　植被对悬浮物浓度和透明度的影响

优势物种	对照组	植被组	削减比例	植物生物量（g·m^{-2}）
1. W Chl 加拿大伊乐藻 *Elodea canadensis*	120	5	96%	450
2. W Chl 欧亚萍蓬草 *Nuphar lutea*	100	10	90%	?
3. W Chl 黑藻 *Hydrilla verticillata*	140	20	86%	180
4. E Org 加拿大伊乐藻 *Elodea canadensis*	62	8	87%	828
5. E Vol 篦齿眼子菜 *Potamogeton pectinatus*	25?	2.5?	90%?	53
6. W K$_d$ 粗糙轮藻 *Chara aspera*	4	0.4	90%	500
7. S JTU 绒毛轮藻 *Chara tomentosa*	30	4	86%	500

来源：1（Pokorný 等，1984）；2（Timms 和 Moss，1984）；3（Jones，1990）[*]；4（Hasler
和 Jones，1949）；5（Schriver 等，1995）；6（Van den Berg 等，1997）；7（Hargeby 等，
1994）。

单位：Chl- 叶绿素 a（μg·L^{-1}）；org- 有机体（10^5 L^{-1}）；Vol- 浮游植物体积（mm^3·L^{-1}）；
K$_d$- 垂直衰减系数（m^{-1}）；JTU- 烛光浊度（JTU）。

类型：W- 湖内相对独立区；E- 围隔实验；S- 湖泊敞水区。

然而，这些研究都是针对湖泊植被茂密的局部情况或转向完全以植被占优
湖泊的影响。沉水植物的局部分布对整个湖泊浑浊度的影响不能简单地从这种
最大效应推断出来。在某些情况下，植物分布区对整个湖泊的水体有净化作用
（Timms 和 Moss，1984）。特别是分散的小植物分布区可能作用更明显（Jeppesen
等，1996；Lauridsen 等，1996）。另一方面，大型密集的植被分布区可能与湖泊其
他部分的水体交换相对较少，而只产生局部影响（Pokorny 等，1984；Scheffer 等，
1994b；Van den Berg 等，1997）。美国佛罗里达州与荷兰系列湖泊的研究结果表明
叶绿素 a 浓度随着植被多度呈凹槽形下降（图 5.13 和图 5.14），总浊度可能也会
遵循同样的定性模式。因此，我们最佳的推测是，在没有植被的情况下，浑浊度
将从初始值 E_0 呈凹形下降，当湖泊完全被茂密的沉水植被覆盖时，浑浊度将下降

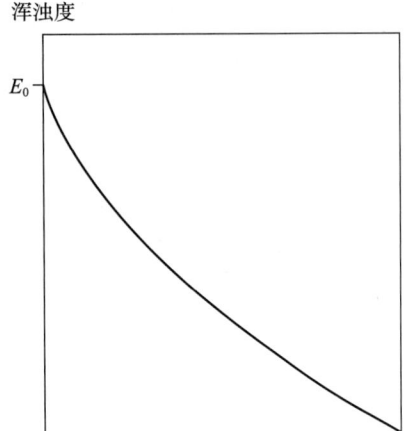

○ 图 5.38　平衡浊度对植被多度的一般响应

到该值的 10% 左右（图 5.38）。

无植被状态下的浑浊度 E_0 取决于营养盐水平和沉积物再悬浮，而植被的影响则取决于植被的类型和密度，也取决于湖泊的深度。在浅水系统中，更有可能是整个水柱被植物填充，从而产生更明显的植被效应。

5.4.4　迟滞现象的含义

这些关系（图 5.37 和图 5.38）表示浑浊度对植被多度假定的影响，反之亦然。这听起来像是"先有鸡还是先有蛋"的问题，但这两种不同的关系可以很好地界定，仔细观察就会发现，"先有鸡还是先有蛋"正是问题的有趣之处。更准确地说，图 5.37 给出了平衡浊度作为植被多度的函数关系，而图 5.38 则描述了平衡植被多度作为浑浊度的函数关系。从建模的项来看，这些关系描述了浑浊度和植被的零变化等斜线（$dV/dt = 0$ 和 $dE/dt = 0$）。

为了研究给定的湖泊中植被和浑浊度的动态相互作用结果，我们把两条等斜线画在一起（图 5.39）。

请注意，为了使坐标轴相对应，植被等斜线与图 5.37 中的植被等斜线是相对翻转的。该组合图中的交点是整个系统的平衡点，因为这些点是植被和浑浊度变化均为零的点。由于有等斜线公式，但没有实际的生长方程，不能做模拟来检验平衡的稳定性。然而，如果浑浊度低于其零生长等斜线（$dV/dt = 0$），植被应该增加，如果浑浊度高于该平衡线，植被应该减少。同样，浑浊度等斜线（$dE/dt = 0$）

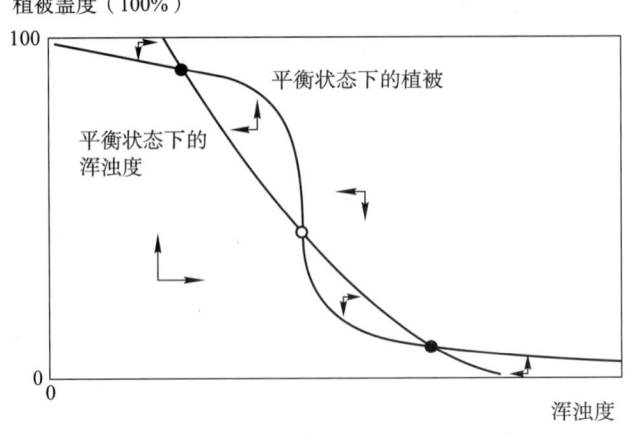

○ 图 5.39　结合图 5.37 和图 5.38 中的平衡线得出浑浊度（$dE/dt = 0$）和植被（$dV/dt = 0$）等斜线。交叉点为平衡点，但中间点（空心点）不稳定（详见正文）。

将状态空间划分为浑浊度增大的区域和浑浊度减小的区域。这种定性的信息可以用矢量来表示,这些矢量给出了每个区域内植被和浑浊度的变化方向(图5.39)。从这些矢量可以看出,上下交点吸引来自各个方向的轨迹,而中间交点只吸引来自两侧的轨迹,并在两个垂直方向上产生排斥。因此这一点是一个不稳定的平衡点。这个鞍点与蓝细菌和藻类竞争模型中的鞍点类似。同样,它位于一条称为"分界线"的直线上,将清澈和浑浊的吸引域分开。根据定义,原点是分界线的另一个点,但由于没有指定生长方程,因此不能构造完整的分界线。

上方的交叉点代表植被占优的清水状态,下方的稳定交叉点代表植被稀少的浑浊状态。这些交替稳态存在的条件取决于这两条等斜线的形状和位置。当浑浊度等斜线($dE/dt = 0$)向右移动时,随着湖泊营养负荷的增加,鞍点和植被占优平衡点会一起移动,直至最终消失。另一方面,当浑浊度等斜线向较低值移动时,则会通过与不稳定鞍碰撞,导致浑浊度平衡点消失。在交点绘制植被密度或浑浊度与营养负荷的关系(水平移动浑浊度等斜线),出现了常见的"S"型滞后曲线,中间部分代表系统的断点(图5.40a)。

这一定性结果也可通过更简单的图形方法得出(图5.34),但现在可以看到,迟滞现象并不一定总是出现。只有当等斜线(图5.39)相交不止一点时,才会出现交替平衡状态,而这种情况只会发生在植被等斜线的中间部分相对于浑浊度等斜线的坡度足够陡时。如上所述,植被对浊度的响应斜率取决于湖底的平坦程度,而浑浊度等斜线的斜率取决于植被对浑浊度的影响。在植被随浑浊度增加而逐渐减少,且植被对浑浊度影响较小的湖泊中,不太可能出现多重交叉,因此不

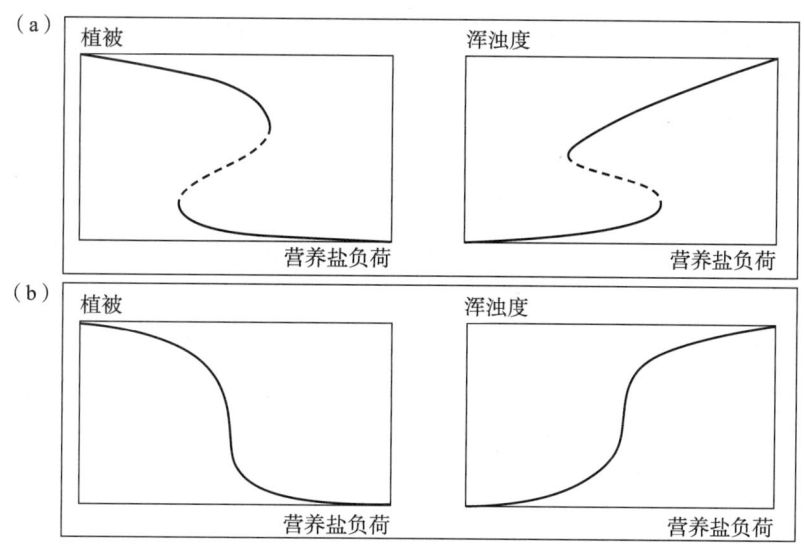

○ 图5.40 由图示等斜线模型(图5.39)得出的营养盐负荷对平衡植被多度和浑浊度的可能影响。多稳态可能出现(a),但可能不会出现其他(b)稳态。

太可能出现迟滞现象。然而，即使没有迟滞，系统的响应仍然倾向于不连续（图 5.40b）。因此，当湖泊接近临界条件范围时，营养盐负荷或水深等控制变量的微小变化也可能会产生很大的影响。

5.4.5　极简数学模型

为了进一步探索这些观点，用简单的公式可以很方便地描述经验推导关系。用逆 Monod 函数来描述植被对浑浊度（E）的影响：

$$E = E_0 \frac{h_{\mathrm{v}}}{h_{\mathrm{v}} + V} \tag{7}$$

其中 V 是湖泊植被覆盖的面积，h_{v} 是与无植被系统（E_0）相比，使浑浊度降低 50% 所需的植被覆盖率。用希尔（Hill）方程描述植被随浑浊度变化的 S 型衰减：

$$V = \frac{h_{\mathrm{E}}^{p}}{E^{p} + h_{\mathrm{E}}^{p}} \tag{8}$$

其中，幂（p）决定植被多度对浑浊度响应的斜率，半饱和常数（h_{E}）表示湖泊 50% 被植被覆盖时的浑浊度。显然，这些公式只是对真实关系的一种无意义的表述，通过将事物转化成这种简单的形式牺牲了很多细节。尽管如此，极简模型还是突出迟滞效应某些方面特征的有用工具。

该模型只有 4 个参数。由于该模型描述的是高集成度的系统，参数值无法像其他一些模型那样从生物的生理结构中推导出来。不过，每个参数都有明确的定性解释。总之：

E_0 表示没有植被时湖水的浑浊度。这取决于浮游植物的生物量，因此也取决于营养盐水平。此外，还有与营养盐水平无关的背景浊度，主要由悬浮沉积物的浓度决定。

h_{v} 表示浑浊度降低 50% 所需要的植被多度。该参数值越小表明植被对浑浊度的影响越大。在深水中，这种影响可能会小一些，因为在深水中只有一小部分的水体被植物填充，再悬浮的影响也不那么显著。这种影响还取决于植被的类型和密度，如 Veluwemeer 湖的情况所示，那里的轮藻群落使水变清澈，但稀疏的篦齿眼子菜几乎发挥受到任何影响。

p 表示植被多度对浑浊度响应的斜率。如前所述，如果一个湖的深度剖面看起来是平坦的，那么这个值就会很高。

h_{E} 表示有一半被植被覆盖的湖区浑浊度。该参数值随湖泊平均深度的增加而降低。

前两个参数影响浑浊度等斜线，后两个参数决定植被等斜线的形状（图 5.41）。

虽然可以通过叠加这些图形和跟踪交叉点来观察参数对平衡的影响，但探索参数对系统平衡影响更简单方法是直接观察平衡浊度或植被多度拥有一个或多个

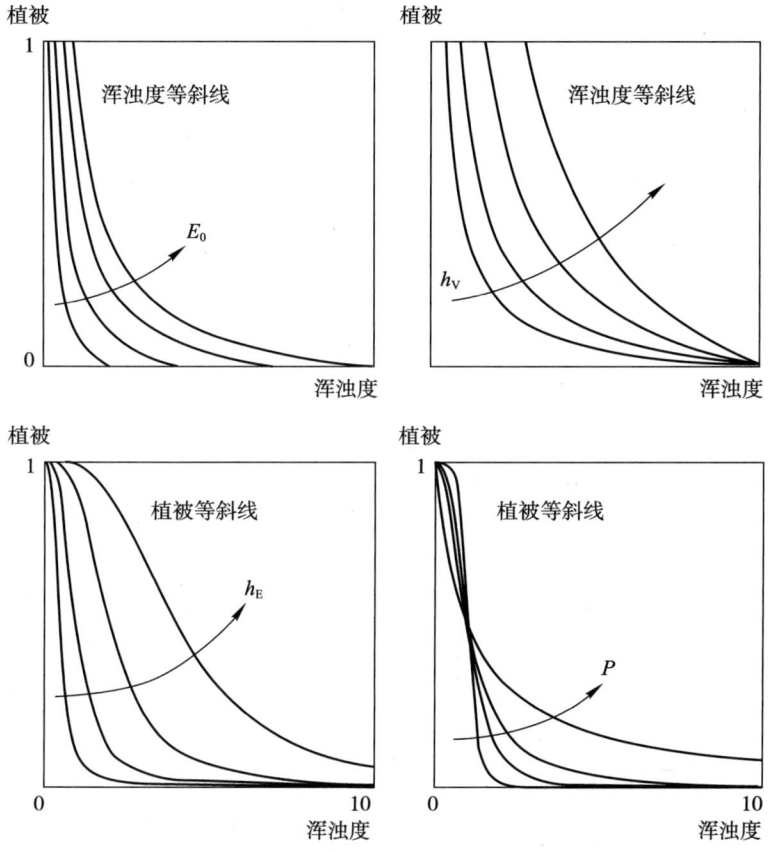

○ 图 5.41 植被－浑浊度相互作用极简数学模型中参数 E_0、h_v、h_E 和 p 的变化导致浑浊度（$dE/dt=0$ 上图）和植被（$dV/dt=0$ 下图）等斜线的不同形状（公式 7 和 8）（详见正文）。

参数的函数关系。为了得到这些函数，将 V 代入第一个等式，或者将 E 代入第二个等式：

$$E^* = \frac{E_0 h_v}{h_v + \dfrac{h_E^p}{E^{*p} + h_E^p}} \tag{9}$$

$$V^* = \frac{h_E^p}{\left(\dfrac{E_0 h_v}{h_v + V^*}\right)^p + h_E^p} \tag{10}$$

这些公式看起来很复杂，但现在可以用合适的软件来绘制它们，以了解平衡点对参数的依赖。

如果我们将所有参数固定为默认值，并将浑浊度和植被覆盖度作为 E_0 的函数来研究系统对营养盐水平的响应，其出现的折线表明迟滞现象的存在（图 5.42）。

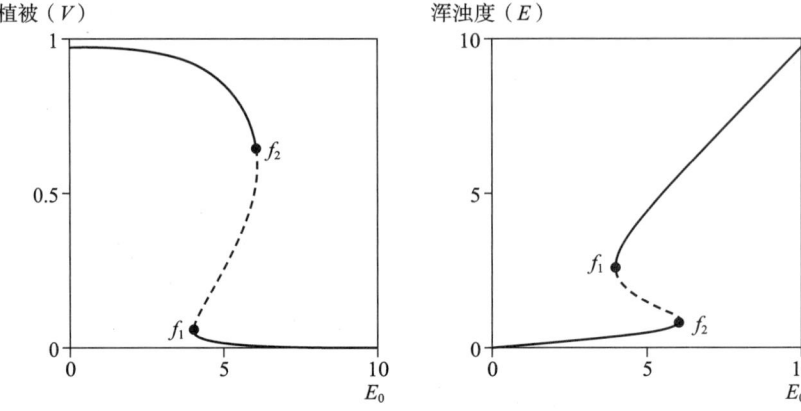

● 图 5.42　根据植被 − 浑浊度相互作用极简数学模型（公式 7 和 8）计算得出的植被多度（V）和浑浊度（E）的突变折点滞后现象，以响应取决于营养盐负荷的无植被水体的浑浊度（E₀）（见正文）。

　　这种解释与前面迟滞现象的推导相似。上下分支代表稳定平衡，中间部分是不稳定的鞍点平衡，标志着稳定状态吸引域的边界。两个拐点（f_1 和 f_2）是鞍点与任一稳定平衡碰撞的折叠分岔。对于中间营养盐水平，系统有两个交替平衡态，一个是植被丰富的清澈平衡态，另一个是植被稀少的浑浊平衡态。

　　如简化图形模型所示（图 5.34），从左侧贫营养向右侧重度富营养的缓慢移动过程，可以观察到迟滞现象。在基础浑浊度（E_0）较低的左侧，只有一种平衡状态，即以植被占优的清澈状态。随着营养盐负荷的增加，湖水在到达点 f_2 之前趋向于保持清澈。进一步的营养盐汇入将导致湖水向浑浊状态的突变。随后浑浊度的降低不会有太大影响，因为系统始终处于浑浊状态。只有当营养盐减少到足以达到左侧折叠分岔点（f_1）时，另一个突变才会使湖泊恢复到清澈的状态。

　　探索这种迟滞如何受到模型其他参数影响，可将这些参数作为一个额外的维度添加到滞后曲线上（图 5.43）。由此得到的三维图表明，随着 h_E 和 p 的增加，浊水态和清水态作为交替平衡存在的范围增大。回顾对这些参数的解释，该模型证实了先前的结论，即迟滞现象在深度剖面平坦的浅水湖泊中最为明显。高植被影响（低 h_v）也会增强迟滞作用。在浅水区域，大型植物的这种相对影响可能更大，因为在没有植被的情况下，风的再悬浮作用会导致水体浊度上升。所有这些理论结果都得出了相同的普遍结论：浅水区更容易出现植被 − 浊度反馈的迟滞现象。

　　事实上，这个模型中甚至没有考虑深水湖。模型中植被最大覆盖率为 100%，出现在浑浊度为零时。然而，即使在非常清澈的水体里，大型水生植物也不能完全在深水湖中生长。显然，植被 − 浊度的反馈不太可能在深湖中造成迟滞现象，因为深水湖中大型水生植物只占据湖泊总表面和总体积的一小部分。

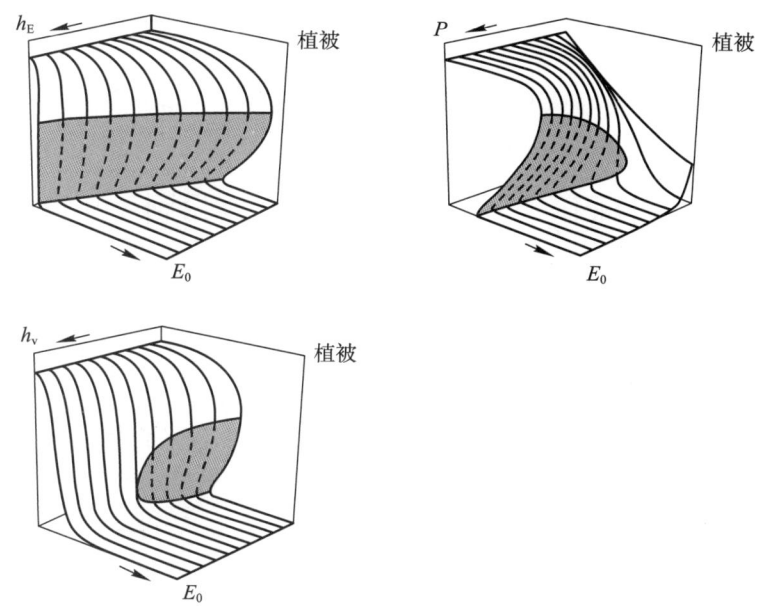

○ 图 5.43 图 5.42 灾变折叠的三维展示，植被（V）相对于 E_0 的滞后性随着湖泊深度（h_E）、深度剖面（p）和植被对浑浊度的影响（h_v）相关参数的变化而变得不明显或消失。

5.4.6 植被机理模型的预测

上述模型是基于浑浊度对植被多度影响的整体简化假设。第一个图形模型（图 5.34）假设沉水植物在超过临界浊度时完全消失。随后的图形模型及其对应的数学模型更贴合实际情况。它们假设植被多度对浑浊度的反应是平滑的"S"型曲线，而不是突变式的。使用"S"型曲线的两个原因是，给定地点的植被生物量不是浑浊度的急剧阶跃函数，以及湖泊的深度不是均匀的，使得较浅的水域即使在高浊度情况下也有植被定植。虽然这些极简模型背后的推理是合理的，但方法仍然只是定性推理。

另一种检测交替平衡潜力的方法是使用机理模型模拟沉水植物的动力学过程。在过去的几十年中，虽然已建立了几种大型沉水植物生长模型（Titus 等，1975；Best，1982；Wortelboer，1990；Hootsmans，1991），但大多都没有考虑会导致多稳态的植被对减少浑浊度的正反馈作用。这里介绍 MEGAPLANT 模型（Scheffer 等，1993）的优化版本——CHARISMA 模型，这个模型包含了上述的"反馈"以模拟荷兰湖泊中观察到的轮藻生长过程。

尽管该模型相对简单，但它比所提出的极简模型考虑得更多，模型的框架是季节周期性的（图 5.44）。

冬季，模拟的植被以芽或越冬组织的形式存活。这些结构可以是种子、块茎、石芽等，并以它们的个体重量为特征。在模型中，生长开始于春季的某一天。此

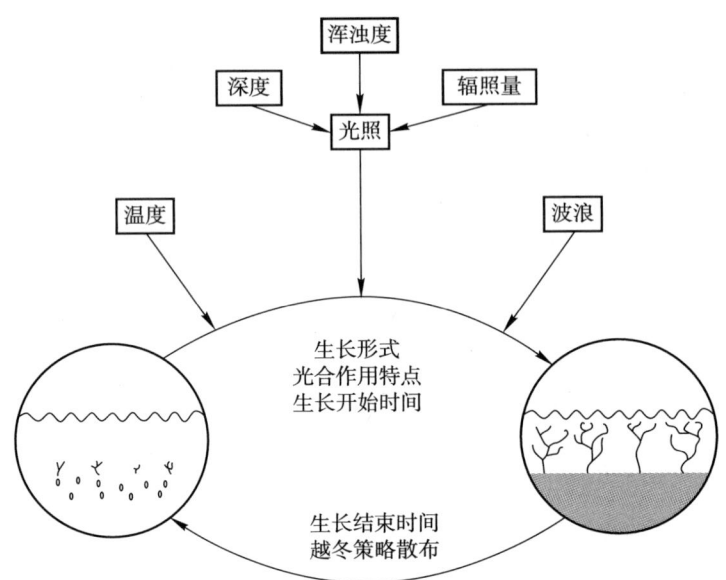

○ 图 5.44 在 MEGAPLANT 模拟模型中，考虑了主要环境因素（外圈）和植物特性（内圈）的季节周期。引自 Scheffer 等（1993a）的研究。

时，每个越冬组织将开始每日以其剩余生物量百分比的量化形式转化为芽生长。在生长季节结束时，一部分植被生物量会转化为越冬组织，剩余的嫩枝则会消失，但也可选择让部分植被保持常绿状态。生长依赖于光合作用和呼吸作用，这两种作用都与温度有关。植物特定位置的光合作用也取决于原位的光照和从组织到植物顶部的距离。后者随着组织老化，植物活性降低。模型中的日辐照度和温度遵循全年的正弦波。光线遵循每日循环，并根据朗伯－比尔（Lambert–Beer）定律（2.1 节）在水柱中衰减。此外，原位光也会受到自遮荫的影响。植物生长达到最大长度为止。在此之后，整个长度轴上的植被生物量呈比例增加。当植物生长触及水面，嫩芽就在水面下蔓延生长，形成一个冠层。在整个生长期，由于波浪作用或拥挤效应等因素，植物会发生死亡。

作为植被－浊度反馈分析的第一步，不考虑植被对浑浊度的影响，而是计算浑浊度对夏季水深 1 m 处植被的影响（图 5.45，上图）。

生成这幅图的数值过程是从 0 到 8 逐步增加水的浑浊度（E）。每间隔几年模拟一次植被生长发育情况，直到夏季生物量稳定为止。随后绘制平衡生物量，并将其作为下一个浑浊度模拟的起点。当以相反的方向将浑浊度从 8 逐步降低到 0 时，该分析给出了相同的结果。这一结果与植被在临界浊度时相对急剧下降的观点一致。请注意，这些模拟给出了 1 m 湖深处的生物量。如前所述，湖泊的深度剖面将影响总植被面积对浑浊度的响应（如极简模型中描述）。后者可能比这里描述的局部生物量响应更平缓。

为了检验植被－浑浊度反馈是否会引起交替平衡，将模型扩展到包括植被对浑浊度的影响。假设有植被水体的浑浊度（E）与无植被水体的浑浊度（E_0）成正比，并随着植被生物量（B，g 无灰干重 $\cdot$ m^{-2}）的下降而减少，与前文模型假设的植被盖度影响类似：

$$E = E_0 \frac{h_B}{h_B + B} \tag{11}$$

半饱和常数 h_B 设置为 150 g $\cdot$ m^{-2}，这与轮藻植被的数据非常吻合（Van den Berg 等，1997）。这意味着每生长 500 g $\cdot$ m^{-2} 密度的植被，浑浊度就降低 77%。如前所述，在各种密集的植被中实测所得浑浊度削减率最高可达 90%，因此这里使用的设定可视为对植被影响的保守估计。

当对这个版本的模型开展重复的平衡分析时，似乎随着浊度的增加，植被系统的崩溃发生在更高的阈值上（见图 5.45 下图 I）。显然，这是植被对浑浊度产生影响的结果。通过保持植被分布区内的水体清澈，即使在无植被水体浑浊度（水平轴上显示的 E_0）很高的情况下，植被也可以存活。然而，在这个相反的过程中，植被生物量会遵循不同的路径（II）。随着浑浊度的降低，直至临界浊度之后植被才能恢复，与未考虑植被对浑浊度影响模拟的恢复点相同（图 5.45 上图）。原因很简单：在恢复定植阶段，植物生物量不足以引起浑浊度的显著降低。因此，大型植物保持水体清澈的能力有助于植物的生存，但不足以在整个湖泊中扩繁。因此，在一定范围内，植被和无植被两种状态都是稳定的。与之前的滞后模型一样，虚线（III）表示植被恢复的阈值生物量。低于这一阈值，植被无法通过影响浑浊度来防止因光照限制而死亡。超过这个阈值生物量，系统将发展为明显的植被占优状态。这里的阈值是通过系统数值实验求得的近似值。

该模型还可用于研究模拟植被对水位变化的响应。如极简模型所预测的那样，这里也观察到了与浑浊度的响应非常相似的迟滞现象（图 5.46）。当水位上升超过临界水平时，植被就会消失；而植被再次

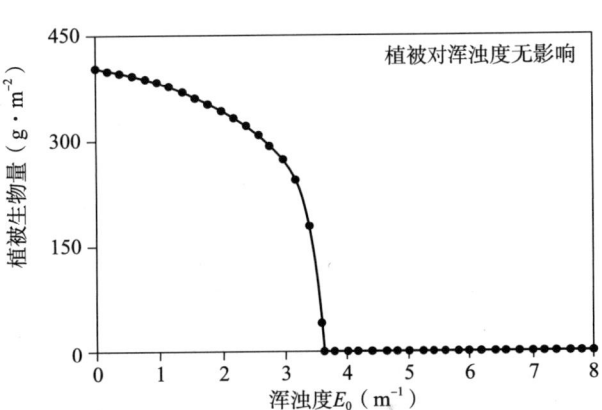

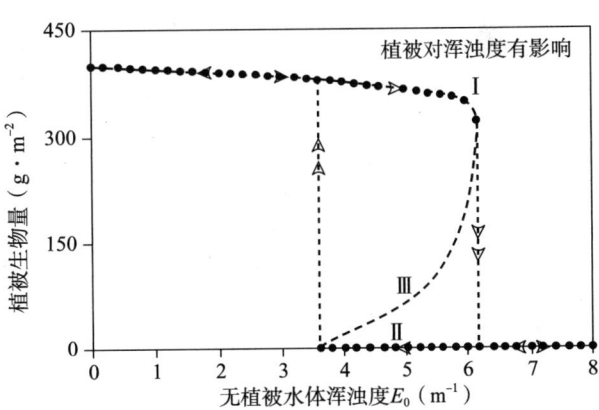

○ 图 5.45 MEGAPLANT 模型计算的浑浊度对轮藻植物夏季生物量的影响（详见正文）。上图：如果植物不影响浑浊度，植被生物量在临界浊度阈值处减少；随着浑浊度降低，植物在相同的阈值水平上重新出现。下图：如果假设植物可以降低局部浑浊度，则由于局部条件的增强，在较高的外部浊度（E_0）时，植被才发生死亡。然而，逆向的恢复过程所需的阈值浊度仍与不考虑植被对浑浊度影响的情形相同（左图）。在这种情况下，模型平衡形成一个突变折叠，其中有两个稳定分支（I 和 II）和一个代表植被生物量临界"断点"（III）的不稳定分支。

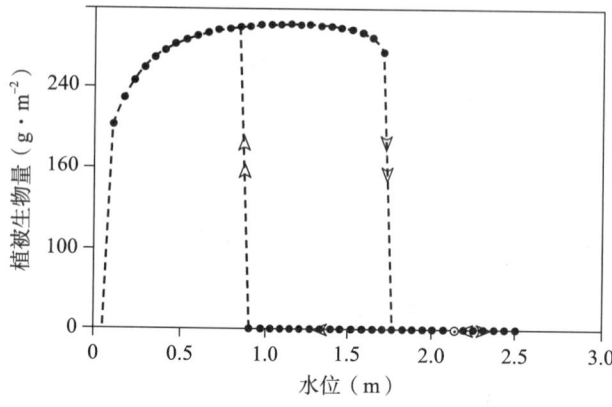

○ 图 5.46   根据 MEGAPLANT 模型计算的轮藻生物量对水位的响应（如图 4.45 的下图所示）表现出与浑浊度类似的滞后现象。

建群时所需水位要下降到远低于原植被崩溃的临界水平。

如最后一章所述，在实践中，模型模拟尚未成为预测特定种群或群落发展的可靠工具。水生植被模型似乎也不例外，因为许多方面都没有考虑到。例如底泥再悬浮、藻类生长对水深变化的响应，以及底栖鱼类的扰动影响。此外，许多参数值也无法通过实验研究进行很好的估算。不过，利用模型模拟可以更好地了解影响植被动态不同过程的重要性。重要的是，当复杂模型和简单模型都产生相同结果时，意味着这些结果不受极简模型中的某些极端简化或复杂模型的特别细节所左右。再次使用 Levins（1966）的说法，当"若干独立的谎言交集"时，我们更可能将其视为真相。

5.4.7   季节性的影响

在大型浅水湖泊中，温带水生植被地上生物量尽管在冬季完全消失，但却通常能够维持清澈状态的现象乍一看很令人惊讶。事实上，在没有植物的情况下，浑浊度通常会恢复到高值（图 5.18）。由于在交替平衡的范围内，只有在初始生物量足够高的情况下才能达到植被占优的状态，因此可以推断蓄积能量于越冬结构（如种子、孢子、根茎或块茎）是成功恢复繁茂植被所必需的。当越冬组织的生物量低于某个阈值时，春季植被就会过于稀疏，无法充分澄清水体，以防止因水体遮荫作用而导致植被灭绝。

CHARISMA 模型包含了季节性，这为进一步探讨植被季节性占优稳态的理论影响提供了可能性。模型将粗糙轮藻（*Chara aspera*）作为模拟对象，以其 25%的无灰干重存储到孢子和"鳞茎"的球状结构中。在模型中，只需减少这种存储量，就能检验出其对植被存活的重要性。事实上，存储于越冬结构的比例减少为原来的 1/4，已经大大降低了植被保持优势的潜力（图 5.47）。

显然，对地下越冬组织的投入决定了地上生物量在冬季的生存机会。有些种类的沉水植物比其他种类更容易保持冬季的常绿状态，但实际上枝条的越冬情况也因避风状况和气候条件的不同而有很大差异。在（亚）热带地区，如冬天非常温暖的美国佛罗里达州，植物通常全年都存活，因为它们可以在冬季保持生长。在温带地区，冬季常绿植物主要生长在避风湖湾或冰面下。在植物更有可能保持冬季常绿的情况下，可以预见的是植物在越冬组织上投入会相对更少。一项对波罗的海篦齿眼子菜（*Potamogeton pectinatus*）生命周期的变化研究很好地证实了这一点（Kautsky，1987）。迎风区域的种群将生物量投入到块茎中的比例是避风湖湾的 4 倍，湖湾因为对风浪的遮挡而有更多的嫩枝存活过冬。

有些种类如加拿大伊乐藻（*Elodea canadensis*）在冬季不能产生特殊的越冬器官，完全依赖于枝条或断枝存活。这是一个致命弱点，这可以解释单一物种的伊乐藻植被中为什么经常出现完全消亡的现象。当波浪的作用或越冬的白骨顶和其他鸟类过多消耗了地上枝条，春季植被生长的潜力会大大降低。这可能会使湖泊进入浑浊状态，或为其他大型植物在湖中建群创造条件。

越冬生物量对于植被在浊水多稳态下保持优势至关重要，这一观察结果强

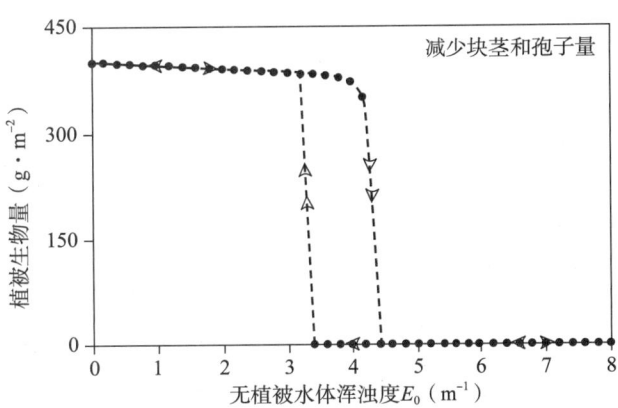

○ 图 5.47　从 MEGAPLANT 模型计算的轮藻生物量对浑浊度的响应如图 5.45 下图所示，但将块茎和孢子等越冬结构的存储量减少为正常值的 25%，这就缩小了滞后曲线稳定上分支的范围，表明在地上生物量季节性消失的湖泊中，存活组织的大量投入对维持植被占优状态至关重要。

调了这样一个事实，即温带地区的冬季不应被简单地看为生态系统的"重置"。藻类、植物和浮游动物的越冬密度似乎作用不大，但可能对春季湖泊的发展至关重要。问题是，尽管许多种群的生物量在冬季会变小，但它们可能或多或少地按夏季生物量的一定占比过冬，而不是重置到一个统一的低标准水平。冬季是"减少"而不是重置种群，群落对冬天来临前的情况保持记忆。这不仅适用于 CHARISMA 中假设的植被生物量，而且适用于与植被条件相关的整个群落。鉴于溞个体和卵鞍的越冬种群相对较高，而丝状蓝细菌越冬的概率较低，这意味着在植被占优的湖泊中更有利于在春季进入清水期。此外，较高的食鱼动物 / 食浮游生物者占比可能会使溞增加。因此，虽然越冬植物组织对于来年夏季重建清水草型稳态很重要，但食物网结构也可能有利于来年植被重新占据优势地位。

5.4.8　影响迟滞现象的其他机制

植被－浊度的反馈机制可能是浅水湖泊中观测到迟滞现象的重要原因。另一方面，浑浊度也可能不是沉水植物在某些浅水湖泊无法定植的唯一原因。

例如，鸟类的食草行为可能不利于稀疏植被的扩繁。这种机制会阻碍某些湖泊植被的恢复，虽然其透明度因营养负荷减轻或鱼群减少已经得以提升。如上所述，自然界中的食草动物如白骨顶和拟鲤，数量通常不足以消灭现有植被。然而，如前面部分所解释的，即使消费者密度较低，也足以阻止处于过度开发状态的被食者种群逃脱这种状态（图 4.17，图 4.18 和图 4.19）。这被认为可以解释大型植物在丹麦的 Vreng 湖重新建群发生迟滞现象的原因（Lauridsen 等，1993；

Lauridsen 等，1994）。虽然生态修复工作提高了水体透明度，但沉水植被仅在湖泊的迎风面有明显的恢复。由于大多数白骨顶出现在避风区，因此人们怀疑鸟类的牧食会使这些地区的植被下降。事实上，围隔实验表明，如果将食草动物驱逐在外，植被就能在这里很好地生长。模拟证实，一般的白骨顶密度足以抑制植被的恢复（Scheffer 等，1993a）。

　　有植被湖泊和无植被湖泊中鱼类群落的差异也被认为对维持当地条件方面发挥了重要作用。大型食底栖生物鲤科鱼类（如欧鳊和拟鲤）往往主要分布于无植被的湖泊中，在这里由于沉积物不断受到鱼类觅食活动的干扰，植物定植相对困难。相反，有植被的湖泊中很少分布有这类食底栖生物鱼类，反而鲈鱼或白斑狗鱼等食鱼动物的密度相对较高。食鱼动物通过控制当年鱼的密度，从而提高枝角类的存活率，提高水体透明度并稳定植被状态。

　　在湖泊的迎风区，如果沉积物松软而不稳固，植物先锋种可能很难定植，这会进一步强化无植被状态的稳定性。如果沉积物的表层经常发生再悬浮，很难想象小型植物可以成功建群。已重建的植被会减弱波浪的干扰作用，并使沉积物固结，有利于植物进一步建群。事实上，即使植被 - 浊度反馈不存在，这种机制也可能导致其他稳定状态。图形模型有助于了解这一点（图 5.48）。

　　我们假设植被按逻辑斯蒂增长曲线规律增长，这意味着由于竞争增加，相对生长率随植被密度的增加而呈线性下降（图 5.48a）。现在将沉积物的不稳定性作为额外的调节机制来研究死亡率。由于植被可以稳固沉积物，侵蚀死亡率会随着植被密度的增加而降低。然而，侵蚀死亡率的下降曲线将是凹形的，因为即使在植被密度非常高的情况下，侵蚀死亡率也不会变为负值（图 5.48b）。如果将生长和死亡绘制在同一幅图中，因为这两个过程正好相互抵消，二者的交点代表植被的平衡点（图 5.48c）。在所描述的情况中，左边的交点表示一个不稳定的断点。

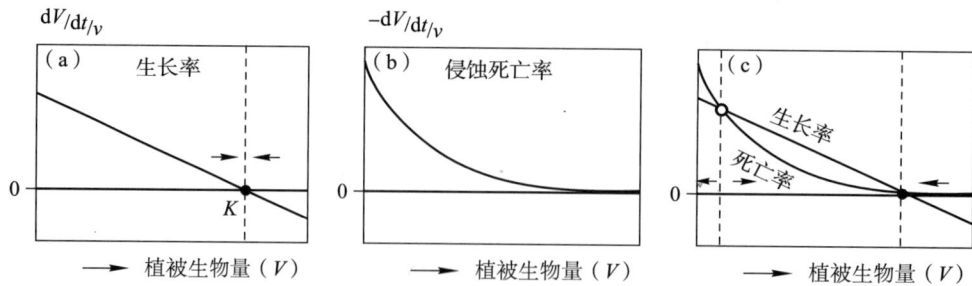

○ 图 5.48 （a）由于植被逻辑斯蒂增长过程中的竞争作用，相对生长率（dV/dt/v）随植被生物量（V）的增加而线性下降。在环境承载力（K）处，净生长为零，生物量因此稳定。（b）植物相对侵蚀死亡率（–dV/dt/v）随着植被生物量的增加而趋近于零，其中植物相对侵蚀死亡率受波浪或动物将植物连根拔起影响，植被生物量的增加则归因于沉积物固结、波浪作用的减轻及排除底栖鱼类。（c）在两个交叉点上生长率和死亡率达到平衡。左边的点（空心点）表示一个不稳定的交叉点：在此生物量阈值以下，植被会因为死亡率超过生长率而减少到零；而在此阈值以上，植被生物量会增加，直至达到稳定的交叉点（实心点）。

只有当植被密度高于这个阈值时，生长才会超过侵蚀死亡率。因此有两种可选的稳定状态：一种是没有植被，另一种是植被的生物量接近承载力（另一个交点）。只有在满足以下两个条件时，才会出现这种多稳态：在植被密度很低的情况下，侵蚀死亡率必须高到超过最大生长率；随着植被密度的增加，死亡率的下降幅度必须大于竞争导致的生长率下降幅度。

在实践中，植被对浑浊度的影响也将发挥作用，这些机制的结合将增加多稳态的发生概率。要了解这一点，考虑加入植被－浊度反馈，会改变逻辑斯蒂曲线增长方式。随着植被生物量的增加，生长速率不再呈线性下降，而是呈驼峰状变化（图 5.49a）。

在植被密度非常低的情况下，浑浊度可能非常高，以至于植被增长为负值。只有当生物量超过临界阈值时，才能充分降低浑浊度，使植物正增长至其环境承载力。这代表系统具有多稳态的情况。然而，即使在没有植物的情况下，浑浊度不会阻碍生长并导致另一种无植被的替代平衡，但只要植被能提高水体透明度，相对生长曲线将保持凸形（图 5.49b）。现在侵蚀死亡率与植被－浑浊度反馈的结合仍然可能导致交替平衡（图 5.49c），即使每种机制单独作用都不足以产生这种效果：如果因高浊度幼苗生长缓慢，中度的侵蚀死亡率都会阻止植物建群。

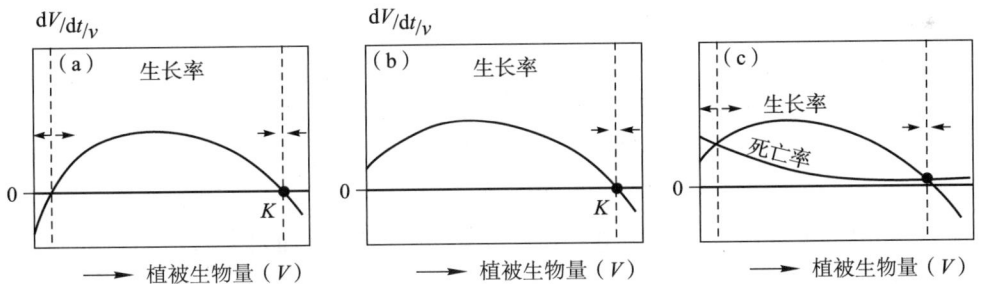

○ 图 5.49 （a）由于植被可降低浑浊度，在有多稳态的情况下，植被的相对生长率（dV/dt/v）是生物量（V）的函数。低于临界阈值（空心点）时，植被生物量太低，无法使水体变得清澈，从而导致植被死亡；超过该阈值时，植被将稳定在环境承载力处（K）。（b）如果无植被状态下的浑浊度降低到允许植物生长以下，则提高水体透明度的情况不会导致多稳态。然而，与简单逻辑斯蒂增长不同（图 5.48），相对增长率相对于生物量的函数关系，会趋向于驼峰形。（c）在这种情况下即使是相对较低的侵蚀死亡率（见图 5.48）也可能导致多稳态。

综上所述，浅水湖泊的植被－浊度反馈倾向于引起多稳态，但其他机制也可能是造成这种迟滞的重要原因。无植被的湖泊倾向于保持无植被状态，不仅因为水体浑浊，还因为波浪和底栖食性鱼类对沉积物的扰动阻碍了植物的定植，而且食草动物的牧食也可能阻止植被恢复。另一方面，有植被的湖泊倾向于保持植被状态，这不仅仅是因为水体清澈，还因为沉积物更稳固，鱼类群落更倾向于食鱼性，并且总体较高的大型植物生产力足以维持大量植食性鱼类的生存。

5.4.9　迟滞的特征

尽管有大量证据表明，在水生植被发育过程中存在正反馈机制，但我们对系统功能的定量认识仍然相对薄弱。显然，我们还远远不能将所讨论的机制结合在一起，建立一个能够预测给定湖泊是否具有清水和浊水的多稳态平衡及其出现条件的机制模型。

因此，要想知道迟滞现象在实际湖泊中是否重要，最好的办法就是能否在野外找到特定的预测模式。系统对控制变量的迟滞性响应，及折叠分岔处的灾变，是具有多稳态平衡的明显特征。理论上，控制变量逐渐增加然后突然减少的实验显然是检验这一点的最佳方法。除了调整控制变量外，还可以对干扰系统状态。小幅度干扰后，系统将恢复到初始状态。然而，如果控制变量的值仍处于多平衡态的范围内，那么足够大的干扰就会使系统进入另一种稳定状态。

对真实湖泊进行此类控制实验的可能性是有限的，但我们也可以利用自然实验。一个迟滞系统对多变环境的反应带来这样一种预期，即在长时间序列中采样的状态应属于两个对立的群组，因为对立的稳定状态应比不稳定的瞬态出现得更频繁。同样，在任何给定时刻，可比较的湖泊组应具有双峰状态分布。

归纳起来，有 4 种类型的指示性观测结果（图 5.50）：

a. 对营养盐负荷或水位等控制因子（C）缓慢增加的反应应该是不连续的。当超过临界值 C 时，系统会切换到另一种状态。

b. 随后控制变量的减小应导致逆向转变，并发生在比正向转变更低的阈值 C 上。

c. 如果控制变量在多衡态平衡的变化范畴，则可以通过干扰将系统从一个稳定状态带到另一个稳定状态。

d. 系统状态的分布应该是双峰的。

重要的是需要意识到，这些观察结果中的大多数都不足以对迟滞的真实性做出肯定的诊断。因此，我们要进行进一步的仔细研究：

a. 此外，在没有真正迟滞的情况下，系统对营养水平变化的响应也可能看起来不连续。在我们的极简模型中，当真正的折叠消失后，平衡曲线仍为 "S" 型（图 5.40 和图 5.43）。因此，在营养盐变化的"临界范围"内，即使没有迟滞现象，植被和浑浊度的反应也最为剧烈，通常极为敏感。因此，不连续响应不一定意味着迟滞。

b. 第二个观察结果（图 5.50b）也不一定意味着存在多稳态。这可能仅仅是因为系统对恢复措施的响应缓慢。例如，从沉积物缓释层释放的磷会导致湖泊水体浓度对外部负荷减少的响应延迟几十年。虽然这种行为可以称为迟滞，但它不是动态系统理论意义上的迟滞，而是多重平衡。

c. 干扰响应（图 5.50c）可能更具参考价值。尽管如此，在解释这些观察结果时还是有一些需要注意的地方。首先，如果在干扰后系统恢复到其原始状态，我们就不能否定系统具有迟滞的假设。可能是干扰太小，也可能是系统不在多稳态平衡的范围内。其次，如果系统似乎停留在一个新的状态，我们需要等待足够长的时间才能判断新的状态是否真的稳定。遗憾的是，很难界定多长时间才算足够长。Connell 和 Sousa（1983）建议等待的时间至少与最长寿物种的寿命一样长。考虑到淡水鱼类的平均寿命，等待时间应在 5～10 年。然而，在实践中，可能很难将真正具有多稳态状态与系统不具有迟滞而仅在营养水平或其他控制变量的小临界范围内显示陡峭响应的情况区分开来（图 5.40）。在临界范围附近对这种系统进行干扰，往往会导致系统非常缓慢地恢复到原始状态，因为在平衡曲线的陡峭部分附近，变化率趋近于零。

　　d. 双峰模式（图 5.50d）可以在一个湖泊的时间序列、一个湖泊的空间梯度分布或一组类似湖泊的信息中进行检验。同样，不具有迟滞但在控制变量的狭小范围（图 5.40）内响应剧烈的湖泊，也倾向于显示系统状态分布的双峰性。另一需要注意的是，双峰性可能是由未知控制因子的双峰性引起的。当然，没有办法真正排除这种可能性。不过，作为初步迹象，这种信息观察可能是有用的，因为相对较低质量的系统状态数据就足够了。

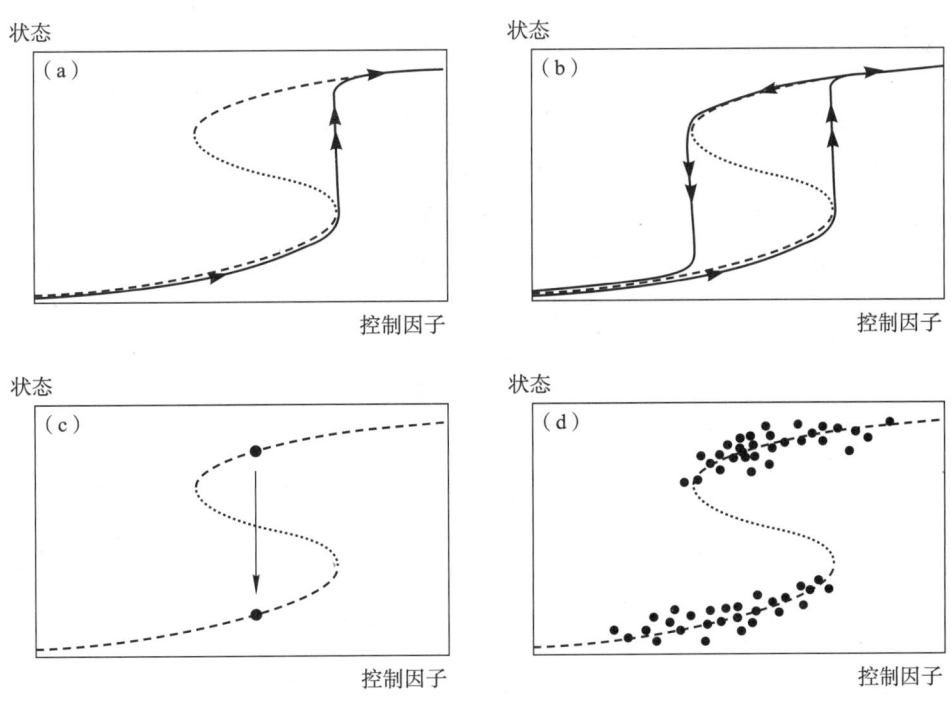

○ 图 5.50　表明系统可能有多稳态的 4 种观察类型：（a）缓慢增加控制因子（C）如营养负荷或水位，系统的响应是不连续的。当超过临界值 C 时，系统会切换到另一种状态。（b）随后减少控制变量会导致系统转换回来，并发生在比正向转变更低的临界值 C 处。（c）如果控制变量在多稳态平衡的变化范畴内，则可以通过干扰将系统从一个稳定状态带到另一个稳定状态。（d）系统状态的分布是双峰的。

5.4.10　野外证据综述

（1）不连续反应（图 5.50a）

在 19 个世纪，由于营养盐浓度逐渐增加，许多浅水湖泊从清澈、植被繁茂的状态转变为浑浊、无植被的状态。遗憾的是，记录这种时间序列变化的良好数据很少。然而，有许多信息表明，在许多湖泊的富营养化过程中，从有植被状态到非植被状态的变化是突然发生的。最初，营养负荷的主要显著影响是大型植物生物量的缓慢增加和向冠层生长形式的转变，但当大型植物开始减少时，向浑浊状态的完全转变可能会相当快。同样，对 Krankesjön 湖、Tåkern 湖、Rice 湖和 Tämnaren 湖（第 1 章）的研究表明，相对较小的水位变化也会导致系统状态的剧烈快速反应（Wallsten 和 Forsgren，1989；Blindow 等，1993；Sanger，1994）。因此，当条件超过某些临界阈值时，浅水湖泊生态系统的反应尤其强烈，这似乎是事实。

（2）迟滞响应（图 5.50b）

如前所述，对环境因素微小变化作出较大反应并不一定意味着存在多稳态平衡。要揭示迟滞现象还需要其他更多信息。在 Rice 湖案例中（第 1.3 节），水位已恢复到原始状态，但并未导致植被恢复，湖泊仍然浑浊，这表明在这种情况下，两种状态的存在确实是多稳态平衡。

许多浅水湖泊营养盐负荷已经减少，它们曾因富营养化而失去水生植被。事实上，浅水湖泊对营养负荷减少的响应是出了名的缓慢。然而，很难区分造成这种延迟的机制。显然，沉积物中缓释层的磷释放是延迟响应的一个重要原因。另一方面，本章讨论的反馈机制可能在许多情况下发挥作用。波浪再悬浮和藻类生长导致的高浑浊度、风对沉积物的扰动和底栖生物食性鸟类以及食草动物的过度牧食，均会阻止植被的定植。尽管如此，生物操纵有时能使这类湖泊恢复持久、可能稳定的清澈状态，这说明仅靠内源磷负荷不足以解释延迟响应。

（3）干扰（图 5.50c）

生物操纵实验为研究浅水湖泊群落对干扰的响应提供了绝佳的条件。在浅水湖泊中，生物操纵后透明度最初会增加，随后几年沉水植被大量扩繁（Meijer 等，1990；Søndergaard 等，1990；Van Dank 等，1990）。几年后，鱼类资源量稳定到一个新的状态，但鱼类群落的恢复通常不会导致系统回到浑浊状态（Meijer 等，1994a）。对一些生物操纵的浅水湖泊在由浑浊变为清澈后进行长时间的监测发现，虽然有些湖泊又恢复到浑浊状态，但也有一些湖泊保持了长达 10 年之久的清澈状态。然而，不能排除其中一些湖泊处于缓慢的过渡阶段而不是稳定的植被占优状态的可能性（Van Donk，个人交流；Meijer，个人交流），因为仍能观察到系统的再次变化。

在一些湖泊中，扰动引起的清澈水体向浑浊水体转变的结果持续了很长时间。

Ellesmere 湖在 1968 年的一场暴风雨中植被消失，Apopka 湖在 1947 年被飓风摧毁了植被，此后至今没有恢复（第 1.2 节）。显然，在这之前发生过许多风暴影响事件，而这些早期的扰动并没有引起转换。这表明，富营养化或其他条件的变化降低了这些湖泊维持清澈状态的稳定性。

（4）对比状态（图 5.50d）

在第 1 章中，几乎所有的例子都说明了许多浅水湖泊往往呈现出强烈的对比状态。英国 Great Linford 砂砾石复合坑（第 1.4 节）就是一组表现出双峰状态浅水湖泊的很好例子。这两个湖泊有相同的水文和形状，表明在历史上（干挖或湿挖）导致它们处于两种截然不同的状态。生物操纵使其中一个浑浊湖泊转变为长时间植被占优的清澈状态，这进一步支持了这些湖泊具有多稳态的观点。

另一个状态截然不同的类似湖泊的例子是 Hudsons Bay 和 Hoveton Broad。虽然这只是一对湖泊，但这个案例却很有参考价值，因为这两个湖泊的水质完全相同。这两个湖泊的水源都来自同一条河流，富含营养物质，停留时间很短。Tåkern 湖、Krankesjön 湖和 Tomahawk Lagoon 湖也是很好的例子，这些湖泊由于微小或未知的环境变化而在截然不同的状态之间反复切换。Veluwemeer 的轮藻分布区水体清澈的情况很有趣，因为它结合了空间和时间两个方面。从时间上看，整个湖浑浊了多年。但最近，对枝轮藻（*Chara contraria*）已经在大部分湖里定植下来，湖水也变清了，但只在轮藻区，这表明是植被本身而不是其他变化因素提高了湖水的透明度。

总之，许多野外研究揭示了浅水湖泊动态过程中迟滞现象的特征。尽管所涉及的机制往往没有得到很好的论证，而且有几个案例可以在不涉及真正的多稳态情形下得到解释，但大量的观察表明，迟滞是浅水湖泊生态系统的一个共同特性。

（潘珉、曹光秀　译）

第 6 章

生态系统管理

在该书中介绍的大部分工作都是出于寻找修复浅水湖泊的方法。但本书的重点是揭示机制,而不是直接应用于湖泊管理。本章从应用的角度对主要观点进行了回顾,但并不作为湖泊修复的实践性指南。目前已有若干此类指南包含材料、成本和立法等方面信息,如 Cooke 及他的合作者(1993)所著的关于水库和湖泊管理的优秀通论著作。荷兰(Hosper 等,1992)和英国(Moss 等,1996)出版了更多直接针对浅水湖泊问题的修复指南。

以下各节简要总结了多稳态对管理的影响,以及改变湖泊稳态可以采用的具体措施。

6.1 多稳态的含义

如前一章所述,在大多数浅水湖泊中,植被占优的清澈状态和浑浊的非植被状态在一定的营养水平范围内很可能是一组多稳态平衡。在浑浊状态下,浮游植物往往以蓝细菌为主,鱼类群落主要由底栖食性和浮游生物食性种群组成,并且还存在一个相对较小的由食鱼和杂食性鸟类组成的群落。在植被丰富的清澈状态下,鱼类群落则更加多样,大量的植食性和杂食性水鸟来访湖泊。这些具有多稳态特征倾向的情形对管理具有重要启示,因为系统对措施的响应方式与非迟滞系统大不相同,为了阐明这一点,以下各节从管理的视角简要回顾了迟滞现象的基本特性。

6.1.1 稳定性特征

尽管引起交替平衡的机制和结果模式的细节可能相当复杂，但稳定性特征总体可以用一种简单直观的方式来概括，即"稳定性景观图"或"杯中弹子模型"（图6.1）。

系统就像一个球，倾向于下坡移动并在最深处稳定下来即达到一个平衡，曲面的坡度决定了球体移动的方向和速度，这种稳定性景观可以通过系统的数学模型来计算，例如，使用状态变量（如浊度）的导数作为稳定性景观中的山坡斜率。如图所示，它们对应于第5章中常见的"S"型滞后曲线的横截面。在山顶处和山谷最深处斜率为零，对应于零的导数，因此达到平衡。然而，只有稳定景观的山谷能够代表稳定的平衡，山顶则是不稳定的平衡，标志着稳定平衡吸引域界限的断点。

关于湖泊对管理的响应，区分扰动和影响稳定性特征的措施很重要。就稳定性景观而言（图6.1），扰动会移动球体，但不会改变丘陵和山谷的格局，如鱼类的死亡、除草剂介入和强风暴。如果只有一个稳定状态（谷），扰动的影响则是暂时的，因为系统将始终再次稳定到相同的状态。然而，如果存在两种多稳态（两个山谷），若扰动足够强，足以使球体越过断点（山顶），系统便可能会转换到另一个稳态。在 Apopka 湖和 Ellesmere 湖（第1.2节）曾经观测到一次强风暴事件造成植被永久性损失，以及在 Zwemlust 湖和 Linford 湖（第1.4、1.5节）观测到的鱼类资源急剧减少的情况下，植被占优状态的逆转，都说明了这种可能性。相反，外部条件因素的变化，如营养负荷（如 Veluwemeer，第1.1章）或湖泊平均水位（如 Tämnaren 湖，第1.3节）将改变稳定性景观特征（图6.1），这也可能导致转换，但就湖泊对管理的响应而言，其影响与扰动截然不同。

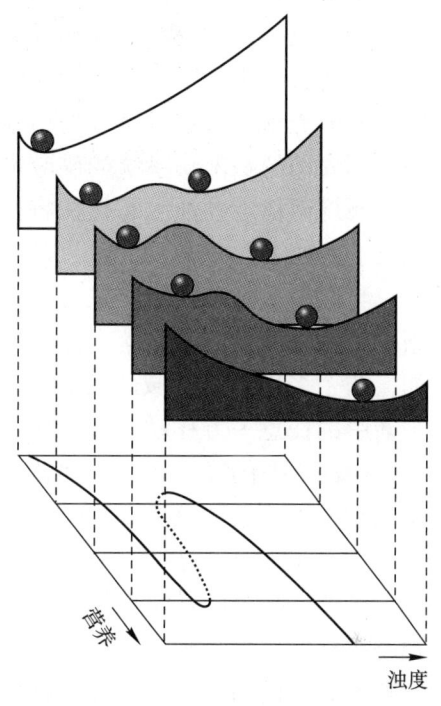

○ 图6.1 "杯中弹子模型"表现了5种不同营养负荷水平下的稳定性景观。最小值对应稳定的平衡点，顶点对应不稳定的断点（见正文）。改编自 Scheffer（1990）的研究。

6.1.2 富营养化与生态修复

营养负荷的变化可能是导致浅水湖泊稳定性特征发生变化的一个主要原因

（图 6.1）。在低营养水平下，系统有一个全局稳定的平衡即清水稳态。营养水平的增加逐渐改变了稳定性景观的形态，为另一种浊水稳态创造可能。然而，如果没有发生重大扰动，系统将保持当前状态，对加富营养的响应微弱。如果营养水平进一步升高，清水态的稳定性降低，此时轻微的干扰足以使系统向浊水态转换。在更高的营养水平下，清水稳态消失，这必然导致不可逆地向浊水态的跃迁。通过降低营养水平来修复系统的措施能再次改变生态系统的稳定性，但即使营养水平回到先前的状况，系统的反应也可能很小，甚至重新出现了另一种清水态的平衡，而局部稳定的浊水态往往将持续下去。只有营养盐水平的大幅削减，才足以使当下的浊水态变得不稳定，从而转换到清水态。

　　当两种多稳态同时存在时，它们发生的可能性并不相等。在具有随机事件频繁发生的环境中，最终落入任意一个平衡点的概率取决于系统的稳定性特征，例如，两个多稳态吸引域的大小。当营养水平变化时，断点（山顶）处球体向稳定平衡中的任意一方移动，这意味着植被状态的吸引域大小随营养水平的增加而减小，而浊水态的吸引域大小随营养水平的增加而增加。在较低的营养浓度下，对于扰动植被状态应该更为稳健，而当营养负荷较高时，系统更有可能稳定在浊水状态。因此，如果营养负荷较低，扰动型措施更有可能形成植被丰富的清水态。

　　显然，系统的稳定性特征对于管理措施干预的预期效果至关重要。在两种多稳态存在的条件范围内，诸如营养负荷和湖泊深度等调节因素的变化对系统可能影响不大。而另一方面，在这种情况下，一次经过特殊设计的扰动，就足以让浑浊的湖泊得以修复，并产生持久的结果。遗憾的是，我们很难先验地确定在实践中是否可能有另一种稳定状态。然而，如果一个清水态系统由于富营养化而变得浑浊，那么营养水平肯定已经过高，无法实现足够稳定的清水态平衡。因此，在这样的系统中，若不降低营养水平，就永远无法建立稳定的清澈状态。如果转向浊水态是由于大的干扰，如鲤鱼（*Cyprinus carpio*）的放流或植被的完全移除，那么情况就不同了，这使得在当前营养负荷下存在两种多稳态，并且转换是被迫发生的。显然，在没有此类迹象的情况下，采取扰动措施（如生物操纵）之前，应先降低营养负荷或调整水位，以便有可能获得不需要持续维护的稳定清水状态。

　　如果湖泊较深且深度剖面不均匀，则迟滞现象不太明显或不存在（第 5 章）。显然，在完全迟滞的极端和平稳响应的深湖之间存在多种情况（图 6.2）。很重要的一点是，没有真正迟滞的湖泊仍然倾向于在一个狭窄的条件范围内做出强烈的反应，而在这个临界范围之外则响应非常惰性（图 5.40b）。

　　因此，在太深而无法存在多稳态的湖泊中，减少营养物负荷可能对其影响不大，直至达到临界浓度范围时才会出现更强烈的反应。

　　需要注意的是，在讨论与营养盐有关的迟滞性时，区分湖泊的营养盐负荷和营养盐浓度非常重要。稳定性特征的变化是与外部营养负荷的函数关系，而湖泊营养浓度是一个系统特性，受系统生物结构的强烈影响。例如，外部氮负荷保持不变的情况下，植物优势常常会导致氮浓度的大幅下降。

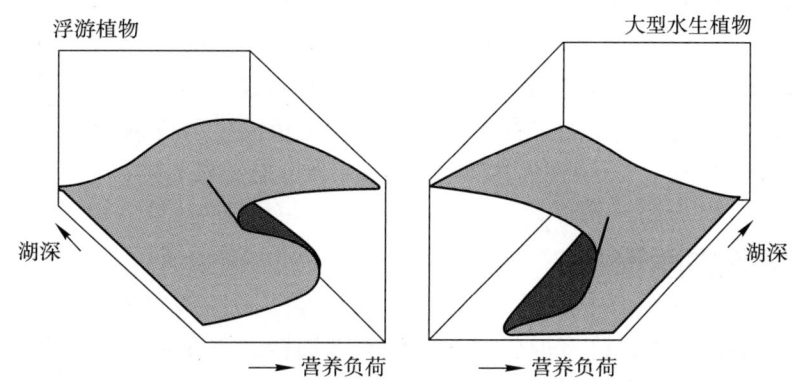

○ 图 6.2 与浅水湖泊相比，深水湖泊不太可能出现迟滞现象，但在完全迟滞的极端和平稳响应的深湖之间存在连续的可能性。

6.1.3 连续和非均质湖泊

在实践中，湖泊通常不是我们想象中的孤立均质系统。许多湖泊通过溪流或水渠相连，大型湖泊可能有浅层和深层区域，它们的行为可能非常不同。一些案例研究表明，清澈和浑浊状态可以在开放连接的区域中共存。考虑到管理的可能性，了解相互关联的潜在迟滞系统如何相互影响是有价值的。此类空间主题的研究，可通过两个或者多个扩散连接的系统模型展开，或更复杂的迁移规律来进行理论探索。然而，一个思维实验足以理解行为的可能范围。假设两个相连的湖泊，它们在植被方面都有迟滞现象，除了平均深度其他方面都一样，较浅的水清澈、植被繁茂，而较深的水浑浊、几乎无植被。由于具有连通性，一方面，用极小的交换水流连接湖泊会导致清澈湖泊的浊度略有增加，而浑浊湖泊中的浊度有所降低，但不会改变现存情况。另一方面，极强的交换水流则把两个湖泊变成一个完全混合的系统，由于深度的差异，子流域内的植被多度可能仍然存在差异。然而，在这种假设的极端混合情况下，两个湖泊的浑浊度将相等。中度混合的结果更加复杂，因为有许多可能性，根据可能的情况，两个湖泊中的任何一个都可能经历灾变或不断向另一个过渡的状态。显然，水的交换将使整个系统的最终状态更趋向于向更大、更稳定的子系统状态发展。

虽然水流会将大部分悬浮颗粒被动地从一个地方迁移到另一个地方，但大多数动物会主动选择栖息地，这种栖息地选择可能会放大植被区和非植被区之间的差异。食底栖生物鱼类，如欧鳊（*Abramis brama*），更喜欢开阔水域，它们的活动进一步降低了沉水植物定植建群的可能性。另一方面，像白骨顶这样的食草动物会被吸引到植被丰富的区域，它们会对植物造成相当大的损害。鲤鱼和草鱼一旦进入，就会系统地破坏沉水植物床。值得注意的是，植被区域可以作为浮游动物和小型鱼类的日间避难所，改变整个系统中的捕食者 – 被捕食者关系。悬浮物和动物在植被和非植被子系统之间移动的最终结果很难先验推断出来。然而，在实践中，如 Van den Berg 等（1997）和 Pokorný（1984）以及 Timms 和 Moss（1984）的研究所示，清澈状态和浑浊状态在开放连接区域中共存的可能性显然很大。但是，如下文所述，如果在植物尚未成功定植的生物操纵初期，没有阻止相邻水体的鱼类再次迁入，则生物操纵成功的机会可能受限。

6.2　营养物质管理

营养负荷被认为是许多原先清澈的浅水湖泊转向浑浊并失去沉水植被的主要原因。因此削减营养负荷成为恢复清水草型最合理的第一步。两个主要问题解释了为什么在不采取额外措施的情况下，这种方法的效果往往有限。首先，随着多年的高营养负荷汇入，大部分的磷通常积累在沉积物中并且释放出来，来自该大型储磷库的磷可使水体中的磷保持多年的有效供应（第 2.3 节）。其次，有几种反馈机制可以稳定浑浊态，阻止沉水植物回归定植建群（第 5 章）。清澈和浑浊状态可能是交替平衡的，这意味着修复过程所需的营养水平可能远低于湖泊从清澈转换为浑浊时的营养水平。有些湖泊甚至不可能通过营养物质管理来实现生态修复，因为波浪和鱼类对沉积物的再悬浮机制有时会造成很高的背景浊度，从而不太可能对营养物质削减做出响应。此外，鸟类和鱼类的活动以及波浪对不稳固沉积物的扰动可能会阻止植物定植建群。综上，尽管仅通过减少营养负荷的方法很难修复一些浅水湖泊，但如前一节所述，这通常是修复策略中的必要部分。

6.2.1　营养负荷如何影响系统

高营养水平下导致植被状态失稳的机制尚不完全清楚，高营养负荷下水体浑浊程度的增加可能是重要因素之一。由于多种因素的综合作用，植被状态中的浮游植物生物量保持在较低水平。植物遮荫作用和由于水生植物吸收以及反硝化作用增强造成的营养物质的减少，都倾向于降低藻类的生产力。较低的生产力使得枝角类更可能将浮游植物群落推向过度利用的状态（第 5 章）。显然，高营养负荷减少了营养限制的可能性，从而削弱了大型植物限制藻类生产力的潜力。因此，需要更多的牧食者来控制藻类生长。然而，鱼类对浮游动物的捕食压力往往随着浅水湖泊加富营养而增加，因为底栖生物的急剧增加比浮游生物的生产力更快地提高了鱼类的总生物量（第 4.5 节）。因此，即使在植被系统中，加富营养也会导致浮游植物生物量增加，因为它减少了营养限制的机会，同时潜在性地增加了捕食者对浮游动物的捕食压力。

随着营养负荷的增加，周丛生物的生长可能是削弱大型植物功能发挥的另一个主要因素（Phillips 等，1978）。螺类可以控制周丛生物的生长，但这只有在鱼类对螺类的捕食量不太高的情况下才有效（第 4.5 节）。当营养负荷过高时，与浮游植物所述的基本相同的因素也可能会降低对周丛生物的控制力度。由于此类富营养化替代食物来源的增加，以螺类为食的鱼类如丁鳎（*Tinca tinca*）和拟鲤（*Rutilus rutilus*），以及以摇蚊等其他底栖生物为食的鱼类的生物量可能会大幅增加，而与此同时，周丛藻类的营养条件得到提升，使得下行效应的条件可能不太充分。

出人意料的是，非常高的营养浓度并不一定会导致浑浊状态。例如在清澈、植被繁茂的英国 Little Mere 所观察到的情形（Carvalho，1994）。污水的大量排放可能会造成大多数鱼类死亡，使大量溞的密集种群能够控制浮游植物。当鸟类在栖息地点或繁殖地密集聚集产生的鸟粪造成当地高营养盐负荷时，有时可能会出现类似的情况。鸟类的捕鱼行为可能造成这些地区的鱼类灭绝。阿姆斯特丹动物园 "Artis" 就是一个极端的例子，那里的一个小型鸟类公园的池塘因为大型溞（*Daphnia magna*）的高密度，经常是浑浊的。此外，非常小和浅的池塘或沟渠即使营养水平非常高，也通常是清澈而有植被的。

值得关注的是，由于氮通常是植被主导系统中浮游植物的限制性营养元素（第 2 章），因此在破坏浅水湖泊植被清澈状态方面，氮负荷可能比磷负荷更重要，尽管迄今为止没有研究证明这一点。

6.2.2 削减营养物的不同方法

湖泊管理中，降低入流水中的营养物浓度是一种常见手段，仅就这一主题出版了系列书籍。沉积物中内源磷作用的消除时间很难估计，但多项研究表明可能需要许多年（第 2.3 节）。

在某些情况下，可以用相对清洁的水冲刷湖泊，例如，将湖泊与附近的河流相连接。一些湖泊从这种方法中受益（Cooke 等，1993）。当来水的营养盐浓度低于湖水时，简单的 "稀释" 已经能够降低水体中的浓度。此外，当入流水的浮游植物浓度较低时，湖泊中藻细胞的净损失可能有助于降低叶绿素浓度。值得关注的是，冲刷可加快沉积物储磷库的洗刷速度（第 2.3 节），并可能有助于打破蓝细菌的优势（第 3.2 节）。在 Veluwemer 湖，用富含钙和碳酸盐的水冲刷也阻止了沉积物中磷的释放（第 1.1 节）。

解决问题的另一种方法是尝试使磷析出沉淀（不是将磷从湖中带走），让其无法被藻类利用。添加铁可能有助于将更多的磷固定在沉积物中，如荷兰的小沃格伦桑湖（Boers 等，1993）。在沉积物表层 20 cm 处注入 $FeCl_3$ 溶液，在几个月内使得沉积物中的磷释放减少了 1/3。但可能受风的再悬浮和较短的水力滞留时间影响，其效果持续时间不长。除铁外，铝和钙也被用于固定湖泊中的磷，并取得了不同程度的效果（Cooke 等，1993）。清除沉积物是从系统中取出磷资源库的另一种方法，详见 6.5.2 节。

6.3　生物操纵

生物操纵已被证明是让浑浊的浅水湖转换为另一种清澈状态的最成功措施之一。20 世纪 50 年代早期，移除鲤鱼被用作恢复湖泊其他物种群落的一种方法（Rose 和 Moen，1952；Cahoon，1953；Threinen 和 Helm，1954）。但生物操纵的广泛应用是最近十年才出现的。鱼类操纵可能会影响大多数湖泊中的浮游生物多度，但这种方法在浅水湖泊中尤其有效，因为在浅水湖泊，如果达到多稳态，单一鱼类的减少可以产生长期、持久的结果。虽然有许多较为成功的生物操纵例子，但也有收效甚微或效果不明显、不持久的情况。在接下来的章节中，将简要回顾成功的生物操纵工作方式，以及可能失败的主要原因。有关该主题的文献呈指数增长，但作为起点，对浅水湖工作感兴趣的读者可以参考 1989 年关于该主题的会议记录（Gulati 等，1990），以便进行早期的案例研究，以及阅读一些湖泊的长期响应研究（Meijer 等，1994a）和评估成功概率的初步"测试"（Hosper 和 Meijer，1993）。

6.3.1　作为休克疗法的生物操纵

通过生物操纵将浅水湖转换为清澈状态的基本场景很简单：鱼类资源的急剧减少使得湖水清澈，使大型沉水植物能够在湖中定植建群，从而保持湖水清澈。可行的方法很多，但最常见的策略是在秋季和早春之间将 75% 或更多的鱼类捕获，或通过施用鱼藤酮杀死大部分鱼类。通常情况下，随后会引入食鱼鱼类，以减缓自然种群的增长速度。在大型湖泊中，这种休克疗法可行性不强。在这种情况下，持续的渔业压力仍可能导致藻类生物量减少（Lammens 等，1997），但这种方法相关经验很少。此外，单独大量放流白斑狗鱼稚鱼（*Esox lucius*）会导致叶绿素水平降低（Prejs 等，1994；Søndergaard 等，1997）。在这里，将重点关注大规模削减鱼资源量的策略。

清除鱼类后水体初期变得清澈的过程有两种截然不同的机制在发挥作用。首先，鳊鱼和鲤鱼等底栖食性鱼类对沉积物再悬浮作用降低。当底栖食性鱼种在鱼类资源中占优时，大部分浊度通常由沉积物再悬浮造成（第 2.2 节），在这种情况下，由于悬浮沉积物颗粒的沉降，水体几乎可以在鱼类被清除后立即清澈。另一个主要效应是营养级联效应，清除鱼类降低了其对浮游动物的捕食压力，导致浮游植物受到下行效应的控制。在富营养浅水湖泊中，由于常年受到杂食性鱼类对大型浮游动物的捕食压力影响，往往不存在春季清水相（第 4.5 节）。冬季鱼类生物量的急剧减少使藻生物量在春季达到峰值，并通过牧食将浮游植物的量控制至非常低的水平。除再悬浮和食浮游生物者的减少外，鱼类的清除可能意味着从沉积物到水体营养通量的减少（第 2.3 节）。

春季良好的水下光照条件和几乎没有底栖鱼类对沉积物的扰动，有利于大型沉水植物的扩繁。通常，轮藻或其他沉水植物在生物操纵后的第一个夏天会形成繁茂的植被（如 Bleiswijkse Zoom 湖），当然还存在几年后植被才覆盖湖底的大部分区域（如 Zwemlust 湖）或很大程度上仍无法重建植被（如 Norfolk Broads）等其他情况。

鱼类群落在生物操纵后往往有快速恢复的趋势（Meijer 等，1995）。保留下来的个体在春季产卵，当产卵量较小时，当年鱼初夏再次大量出现。如果植被扩繁足够快，系统可能会保持清澈，但食浮游生物鱼类可能会严重威胁到夏季清水态的维持。放流高密度的白斑狗鱼稚鱼（第 4.6 节）将有助于控制这种食浮游生物鱼类的种群增长，使植被有更多时间恢复和使清澈状态保持稳定。

6.3.2　成功的条件

为了使上述生物操纵方案取得成功，需采取 4 个基本步骤：

（1）鱼类资源量必须得到大幅削减；

（2）鱼类的减少必须使水体变清澈；

（3）沉水植物必须成功扩繁；

（4）植被必须稳定清水状态。

迄今为止的实践经验已经总结了影响这 4 个步骤的一些主要风险因素：

影响步骤（1）的主要风险因素有以下几个方面。对荷兰案例研究的回顾表明，鱼类清除量少于 75% 的湖泊没有一个解决了水体浑浊的问题（Hosper 和 Meijer，1993）。使用鱼藤酮是去除鱼类的一种简单方法，但在许多国家不允许使用这种方法。如果湖中有许多树干或其他障碍物，会阻碍围网和拖网的有效使用，用网捕鱼的有效性可能不高。大幅削减鱼类的另一个先决条件是湖泊可以与邻近没有采取控鱼措施的水域隔离开，且这些水域没有被人为操纵。如果不能隔离，鱼类再迁入可以迅速补偿人工捕鱼的成效。

影响步骤（2）的主要风险因素有以下几个方面。尽管到目前为止，所有鱼类资源急剧减少的浅水湖泊都已解决水体浑浊问题，但仍有一些因素可能会阻止这种措施带来的影响。松软的有机沉积物或黏土颗粒受风的再悬浮可能是一些迎风湖区浑浊的主要原因（第 2 章）。在这种情况下，生物操纵不会导致清水态似乎是合乎逻辑的，除非采取额外措施减少再悬浮问题。但也有风浪再悬浮明显的湖泊在生物操纵后仍然转换为清水草型的案例（Little Wall 湖；Linford Main 湖）。

营养级联路线可能行不通。这可能是因为溞受鱼类以外的因素控制，如高盐度、杀虫剂或无脊椎动物捕食者。另一备受关注的问题是许多蓝细菌的不可食用性和毒性。实验室研究证明，高密度并形成长丝状的颤藻属（*Oscillatoria*）藻类会抑制溞在实验室中的生长（第 4.4 节）。由于这类蓝细菌在冬季不太冷的情况下可以全年占优势（第 3.2 节），即使溞从鱼类捕食压力中得以释放，这种藻类占优的情况仍可阻止春季清水相的出现。在缺乏鱼类的湖泊细网围隔中进行溞动态实验，可帮助评估生物操纵后营养级联途径发挥作用的可能性（Moss等，1991）。

影响步骤（3）的主要风险因素有以下几个方面。水质清澈并不总会使沉水植物强劲扩繁。在较深的区域光照仍然可能成为限制，事实上，在修复的湖泊中这些地点植被通常最后建群。显然，如果大部分湖区较浅，更有利于沉水植物快速建群。尽管如此，在水质清澈的情况下，即使在浅滩地区，植被也可能多年不见。在实践中很难找到形成这种现象的原因。一般来说，缺乏繁殖体可能是总体恢复缓慢的部分原因。但在孤立的新挖池塘轮藻和其他植物能够快速定植建群现象，使人们很难相信缺乏繁殖体可以解释在某些情况下观察到的延迟几年建群的现象。水鸟在阻止植被扩繁发育中的影响仍有争议（第5.3节），尽管在Vareng湖，研究发现水鸟牧食在受保护地点植被修复的延迟方面有着重要影响（Lauridsen等，1994）。在松软的有机沉积物上，植被发育通常非常差，人们怀疑硫化物和其他成分的毒性是其中一个因素（Moss等，1990；Smolders和Roelofs，1993；Smolders和Roeloffs，1995）。然而，在泥炭质的Norfolk湖区，这一点并没有得到实验证实。在这些湖泊中，沉积物本身不稳定的物理特性似乎更可能是植物定植的问题（Schutten，个人交流）。这也使得植被更容易被鸟类破坏，因为植物容易被完全地连根拔起，而在坚实的沉积物中，它们往往只被取食部分枝条（第5.3节）。

影响步骤（4）的主要风险因素有以下几个方面。要使一连串的生物操纵方案取得成功，最后一个薄弱环节是即使沉水植物可能会扩繁，但从长远来看，还无法阻止其回到浑浊状态。如前几节反复指出的，在高营养盐水平下，植被占优的清水态可能性稳步降低。对许多丹麦湖泊状态的分析表明，植被占优的清水态在总磷浓度超过 0.1 mg·L^{-1} 后不太可能保持稳定（Jeppesen等，1990a）。然而，对营养负荷的耐受程度可能取决于许多其他因素。例如，小型的 Zwemlust 湖（1.5 hm^2），尽管初始总磷水平为 1 mg·L^{-1}，在其生物操纵后的 10 年间一直保持植被占优。对小型湖泊开展生态捕捞实现稳定清水态似乎比大型湖泊效果更好。第5章广泛论述了在高营养水平下植被占优清水态被打破的机制，并在前面的部分进行了总结。

6.4　水文调节

6.4.1　水位调控

浅水湖泊的水位有时很容易调控，但这种调控在实践中并不总是可行的，因为它们可能会影响观光或农业利益。然而，水位调控的潜在影响可能很大。

如前一章所述，水位升高可能瓦解植被占优的状态，而水位降低则可能导致状态逆转。事实上，据相关报道，水位的变化导致了从植被状态到非植被状态以及相反过程的几次惊人转变（第 1 章）。基本的解释是浅水促进了水下的植被生长，因为它允许更多的光线穿透水体到达植物体。虽然这听起来很直观，但仍然有一些注意事项。当水变浅时，由于风浪造成的沉积物再悬浮和浮游植物量的局部增加，水体浊度会趋于增加。

在浮游植物受光限制的情况下，水位的降低往往使得浮游植物密度补偿性增加，使得到达湖底的光照水平维持不变（第 3.1 节）。乍一看似乎表明水位变化不会影响大型植物的光照条件，然而，对于沉水植物而言，在植物冠层处的光更为重要，而不是湖底的光照条件（第 5.3 节）。由于在较浅的水域中，光随深度的变化梯度更陡，因此如果到达湖底的光照条件保持不变，则沉积物表层之上 0.3 m 固定高度处的光将随着水深的减少而增加。因此，尽管藻类生物量可能增加，但降低水位将有利于改善沉水植被冠层水平的光照条件。

此外，伴随平均深度的减小，沉积物受风浪再悬浮的影响将增加（第 2.2 节）。事实上，已经观察到降低水位会导致 Chapala 湖（Lind 等，1994）和一个新西兰浅水湖（Stuart Mitchell，个人交流）风浪再悬浮程度加剧。然而，在光限制的情况下，浮游植物的响应会使到达水体底部的光线保持不变。这意味着随着水位的下降，沉水植物的光照条件得到普遍改善。

关于水位的调控还应注意的是极浅的水体可能不利于植物生长。事实上，Krankesjön 湖和 Tåkern 湖的动态变化表明，过低的水位可能会破坏植被占优势地位的状态（Blindow 等，1993）。因此，这样就会引出一个适合植被发育最佳水位的问题。如前所述，最佳深度将取决于各种因素，如浊度、风浪暴露情况和植物类型。然而，从第 1 章中回顾的案例看，最佳深度似乎一般小于 1 m。例如，当平均湖深从 1 米增加到 1.5 米时，Tämnaren 湖植被消失（Wallsten 和 Forsgren，1989），而 Veluwemeer 湖的沉水植物在 0.3 ~ 1 m 的深度范围内最为丰富（Scheffer 等，1992；Van den Berg 等，1997）。即使在只有 10 cm 深的水层中，小池塘也可以短暂的有茂盛的轮藻植被。

实际情况下，水位很少在一年内保持恒定。许多沼生植物发芽依赖于裸露的潮湿土壤，因此出现一些水位的波动，将增强大多数浅水湖泊湖滨区挺水植物的多样性（Coops，1996）。此外，过于强烈的水位波动对浅水区带来的干涸问题，会对浅水区的沉水植物不利。事实上，美国经常用暂时性的降低水位来控制水库中有害的沉水植物（Cooke 等，1993）。显然，水位的波动对浑浊水体中的植被尤其成问题，因为在浑浊水中的浅水区是唯一适合植被生长的区域。在清澈的深湖中，沉水植物的深度分布范围更大，因此不太可能因水位的适度变化而灭绝。因此，尽管水位的一些波动刺激了不同垂直植物区物种多样化发展，但在浑浊浅水湖泊中，水位保持相对恒定时沉水植被最有可能得到发展。

在热带的津巴布韦 Kariba 水库，恒定的水位被认为促进了从令人讨厌的漂浮植物占优向以沉水植物占优的转变（Marshall，1983；Ramberg，1987）。同时漂浮植物消失及沉水植物扩繁可能还与水体养分减少有关，而漂浮植物无法从土壤获得养分有关。

6.4.2   水位的消落

完全消落是水位管理的一种极端形式。它经常被用于鱼塘和水库,但将这种方法应用于天然湖泊的经验较少。一方面由于长时间的水位下降通常会导致大多数沉水植物物种消亡,水位消落常常被植被丰富的湖泊当作其控制水生植物的一种方法(Cooke 等,1993)。另一方面,在沉积物再悬浮是主要问题的无植被浑浊湖泊中,似乎有理由预计水位下降可能会促进湖体向以植被为主的清澈状态转变。目前还没有相关案例研究,但潜在的情况似乎很容易理解。当沉积物变干、固结并被陆地植被覆盖时,湖泊再次充满水后,沉积物的再悬浮就不太可能了。已经发育的水生植物将在最浅的区域存活,随后沉水植被在湖底其他部分的逐渐建群,将有助于稳定湖泊的清澈状态。

降低水位也有利于其他可能改善湖泊条件的措施。例如,可以用推土机和铲运机相对容易地从干燥的湖泊中清除沉积物。更为重要的是部分水面降低的方式可以更容易地消除鱼类。如前所述,随着鱼类种群被移除百分比的增加,通过生物操纵将湖泊从浑浊状态转变为稳定清澈状态的可能性将随之大大增加。在 Zwemlust 湖(第1章),部分水被排出以更有效地移除鱼类,以这种方式实现的鱼类资源量削减导致了该湖向植物占优状态的惊人转变。

对于周期性经历自然水位消落的暂时性池塘,当它们干涸时通常没有鱼。当它们蓄满水时,在干旱期生存下来的轮藻或其他植物可能会快速生长。这样的系统还可能会出现密集的发挥滤水作用的大型枝角类种群。

6.4.3   冲刷

正如营养物管理一节所述,用相对清洁的水冲洗湖泊可以降低其营养水平,但也可能有助于以更直接的方式去除群体蓝细菌。这是因为这些藻类的生长速度相对较慢,较快的冲刷速率导致种群损失的相对影响较大。简单地说,如果冲刷造成的损失率超过生长率,则可以从湖泊中消除藻类群体(第3.1节)。极端的冲洗速率如每天取代约三分之一的湖容量可能会消灭所有浮游植物,生长缓慢的物种在更低的冲洗速率下可能便被冲走。由于冬季浮游植物的生长速度非常低,因此在这个季节冲刷可能特别有效。事实上,冬季冲刷可能是 Veluwemeer 湖蓝细菌密度下降的一个重要原因(第1章)。在蓝细菌与其他藻类的竞争平衡已经接近转变的情况下,如降低湖泊中的营养水平,在实践中即使轻微增加水力冲洗率也可能导致蓝细菌消失(第3.2节)。

6.5 其他措施

6.5.1 大麦秸秆

向池塘中添加大麦秸秆可导致浮游植物生物量显著减少。这一现象众所周知，园艺品商店甚至为此出售包装稻草。关于这种秸秆效应的研究相对较少，但现有的研究证实了强烈的整体效应，并给出了一些有关机制的指示（Gibson 等，1990；Welch 等，1990；Everall 和 Lees，1996）。例如，最近的一项案例研究（Everall 和 Lees，1996）表明，在英国的一个小型水库中添加大麦秸秆（$50 \text{ g} \cdot \text{m}^{-3}$）导致夏季叶绿素浓度从约 $100 \text{ mg} \cdot \text{L}^{-1}$ 降低到约 $20 \text{ mg} \cdot \text{L}^{-1}$，在添加秸秆后，前几年发生的蓝细菌水华在接下来的夏季没有出现。这些变化在相邻对照组中没有发生。

有人认为，是在分解秸秆上生长的细菌从水中吸收营养物质导致浮游植物生物量因营养限制而减少（Wingfield 等，1985）。另一种解释是，由分解秸秆释放的植物性毒素实现的藻类控制（Gibson 等，1990；Pillinger 等，1994）。上述水库的研究（Everall 和 Lees，1996）发现，有效营养物质没有显著下降的同时，杀藻剂、植物性毒素和未经鉴定的或未知有机物组成的"混合物"在稻草附近的浓度达到 $0.48 \sim 4.31 \text{ mg} \cdot \text{L}^{-1}$。虽然有毒物质可能是藻类减少的主要原因，但添加稻草后轮虫密度也增加了，这些动物的牧食作用加上潘的适度春季高峰可能有助于减少藻类生物量。

尽管所需的大量稻草使这种方法对大型湖泊不太可行，但它可能有助于清理池塘。秸秆还可以促使大型无脊椎动物种群的扩繁（Everall 和 Lees，1996）。由于无脊椎动物是幼鸭食谱的重要组成部分（第 4.5 节），添加秸秆已被推广为一种使无植被砾石坑更适合鸭类繁殖的方法（Street，1978）。

6.5.2 疏浚

厚而松散的沉积物再悬浮和沉积物中的磷释放是造成许多浅水湖泊浑浊的原因，目前已提出了几种解决沉积物问题的方法。清除积聚沉积物是最直接的方法，多年来已应用于许多湖泊。尽管在湖泊水位下降后也可以用推土机进行挖掘，但直接疏浚仍然是最常见的沉积物移除方法。

目前，已经发展出了许多不同的疏浚类型和方法。部分疏浚技术的问题是它们会造成相当大的再悬浮，并伴随着浑浊物和营养物质释放等问题，有时还会产生有毒物质。另一个困难是许多浅水湖泊的沉积层结构松散，通常这些物质几乎表现为流体状。结果，局部去除导致了剩余其他物质的扩散。浅水湖泊松散的沉积物在水平方向强烈再分配也可以为我们所利用。沉积物倾向于在波浪无法产生再悬浮作用的较深位置积聚（第2.2节）。当在一个浅水湖泊中挖掘一个较深区域时，聚积在那里的沉积物可以相对有效地被挖掘出来。

浅水湖泊沉积物疏浚研究得最全面的案例可能是瑞典Trummen湖（Andersson，1988）。疏浚将湖泊的平均深度从1.1 m增加到1.75 m，最终使得沉积物向水体的磷释放大幅减少。此后，还有许多沉积物去除案例得以发表（Cooke等，1993）。

6.5.3　围隔和人工庇护所

许多实验表明，植被在消除了鸟类、鱼类并抑制波浪作用的围隔中扩繁是可能的。一种让整个湖泊转变为清澈状态的潜在策略是在湖泊中建造许多这样的封闭围隔让植物生长（Jeppesen和Moss，个人交流）。由此产生的植被斑块可作为浮游动物抵御鱼类捕食的庇护所，减少再悬浮并增强反硝化作用，有助于降低整个湖泊的浊度，并可能最终使其转向以植被为主的清澈状态。虽然这个想法看起来很简单和直接，但迄今为止还没有一个湖泊通过这种技术得到修复。

另一种可选择的方法是引入人工水草，以其结构作为浮游动物抵御鱼类捕食的庇护所（Irvine等，1990）。尽管塑料植物或植物仿生结构确实起到了抵御捕食者的庇护所作用，并成功地应用于各种实验（Winfield，1987；Irvine等，1990；Persson，1993），但这种方法似乎不太可能扩大到足以在真实湖泊中诱导其向清水状态转变。

6.5.4　处理植物滋扰

当营养水平较低时，湖泊可能有清澈的水质和稀疏的植被，但这种情况在富营养浅水湖泊中并不常见。这些湖泊往往要么浑浊，植被很少；要么清澈，有丰富的水下植被（第5章）。虽然蓝绿藻和其他藻类的大量繁殖和高浊度通常令人感到厌恶，但是密集的水草对划船和钓鱼的游客来说也是一个麻烦的问题。控制水草是许多研究的主题，大量的期刊、会议和书籍都致力于此。读完这本书后我们就会明白，完全消除富营养浅水湖泊中的沉水植物，通常会导致水体浑浊和蓝细菌占优。如果要避免这种情况，控制植物最好限于某些区域。

控制植被最简单的方法可能是在湖中的一些地方收割引起滋扰的植物。收割植物并移除的好处是输出营养物质。在欧洲，沟渠和运河中收割植物很常见，但在湖泊中大规模收割却很少见。美国市场上有几种有效的收割机器，可以在从几cm到大约2 m的水深范围内收割和收集植物（Cooke等，1993）。Cooke对美国工作的综述表明，根据涉及的物种和条件，植物的再生速度可能相当快，常常需要在生长季后期再次重复这个工作。

另一种防止植物在某些地区生长的方法是用植物枝条无法穿透的薄膜覆盖底部，并减少到达沉积物的光线。好几种材料可以在美国商业市场上获取，并在野外进行过测试（Cooke等，1993）。可能出现的一个问题是某些类型的覆盖膜会捕捉到沉积物中释放的气泡并发生"膨胀"。此外，新的沉淀物可能会汇集到覆盖膜之上，并再次被植物占据。当覆盖层用于大型浅水湖泊时，后者可能是一个主要问题，因为在一年中的非植被期，沉积物的再悬浮和重新分配非常重要。由于覆盖膜相对昂贵，对其使用仅受限于小规模应用。

虽然许多浅水湖泊完全被沉水植物所覆盖，但其他具有深层区域的湖泊仍未被占据。例如，在Veluwemer湖，大型植物主要局限分布于1 m以下的区域，而在过去20年中，深度从2 m到4 m的大片区域几乎没有植物。在某些情况下，控制湖泊的水位使更深的区域没有植物，而在较浅的区域才有植被分布。此外，疏浚可充分增加有限区域（如航道）的水深，以防止植被分布引起滋扰。

有些种类的沉水植物往往较其他物种带来更多滋扰和麻烦。在浅水区形成冠层的物种如篦齿眼子菜（*Potamogeton pectinatus*）和黑藻属（*Hydrilla*）植物，它们的大量分布使得几乎无法乘船、游泳或捕鱼，而紧贴在沉积物上地毯型的轮藻不会对水上娱乐活动造成太大影响。在美国，相对较新的入侵者穗状狐尾藻（*Myriophyllum spicatum*）可达到极高的生物量并在湖泊中形成强烈的滋扰，而此前的本地物种植被并未造成此类问题。显然，寻找一些管理策略，以刺激那些不会到达水面的物种占优势将是很有用的措施。在Veluwemeer、Krankesjön和Tåkern等大型浅水湖泊中，当水位和营养负荷不太高时，轮藻似乎形成了一种稳定的植被，超过了篦齿眼子菜。然而，总的来说，目前对决定沉水植被物种组成因素的了解仍然太少，无法提出有效的管理方法。

草鱼（*Ctenopharyngodon idella*）对沉水植物的生物防治已应用于许多湖泊。在实践中，未观察到这种动物对植被实现适度的且目标可达的控制。各种实验表明，在低密度下，它们的影响可以忽略不计，而在稍高的密度下，则会完全消除植被（Small, Jr.等，1985）。佛罗里达州许多湖泊的经验证实了这一点（Mark V. Hoyer，个人交流）。只有通过有序地捕获和重新放流来非常小心地管理鱼群，草鱼才能将植被数量平衡到所需水平，但这需要对植被和鱼进行密切监测。在这种方法中，可以使用模型模拟来帮助指导鱼类管理策略（Shireman等，1985）。

6.6　选择修复措施

在充分考虑湖泊的基本特征后，能够合理地选择湖泊生态修复的最有效措施。通常人们会对不同措施进行组合，这显然不利于科学解释单独措施的效果，但如果将几种措施结合起来，改善湖泊的可能性往往会更高。例如，如前几节所述，在单独实施营养盐控制和生物操纵都不成功的情况下，将它们进行整合可能是修复重度富营养浑浊湖泊的好方法。

对湖泊维持浑浊和植被恢复受阻的主导力量进行诊断，有助于选择最佳的管理方案。如第2.1节所述，评估浮游植物和悬浮沉积物对浑浊度的贡献已经可以从透明度和叶绿素浓度的组合中大致地进行推断。浮游植物浓度较低而悬浮沉积物导致较高浊度的湖泊，不太可能仅因营养物质的减少而变得清澈。在受风场影响较小的小型湖泊中，高浓度的悬浮沉积物可能是底栖鱼类扰动造成的，生物操纵可能会产生很好的效果。此外，对于已引入鲤科鱼类的湖泊，消除这些鱼类可能是改善水透明度和植被发育的先决条件。在选择修复措施时，若浮游植物是造成高浊度的主要因素，降低营养水平往往是优先事项。对于可在冬季保持常绿的丝状蓝细菌占优且密集的情况，尽管生物操纵这种下行控制措施可能不一定奏效，但在小型湖泊中的应用往往能够有助于恢复水体的清澈状态。处在该情况时，冲刷可能有助于打破蓝细菌占优的情形。

在实践中，往往需要的是务实，因为不同措施的可行性和成本在很大程度上取决于具体情况。在某些情况下，对营养物质输入的转移可能是减少湖泊营养负荷的简单方法，而在其他情况下，用附近溪流的清水冲洗可能相对容易实现削减负荷。同样，水位通常很难控制，但在部分情况下却可以轻松做出调整。在小型孤立的湖泊和池塘中生物操纵很容易实现，但在大型而相通的系统中却并不容易。重要的是，使用湖泊和邻近土地的利益相关方可能会使某些目的难以实现。渔民并不总是认可实施生物操纵，农民可能担心水位的下降会导致农田灌溉水供应不足。

因此，可以根据湖泊的具体问题（如再悬浮、蓝细菌）和潜在解决方案的可行性，从管理选项列表中合理选择可能成功的措施。为了投入资金来实施这些措施，对成本和预期结果有一个精准的了解是非常有用的。这样通常可以对投入成本做出合理的估算。然而正如下一章所述，准确预测生态系统的响应仍然是一个出了名的难题。

（张志中　译）

第 7 章
知识的局限性

7.1 预测机理模型存在的问题

翻阅本书的各个章节，我们可能会得到这样的印象：人们已对浅水湖泊生态系统的功能了解很多。我们急切地盼望将所有这些知识结合到一个大的模型模拟中，该模型能够准确反映真实湖泊的功能并可用于预测系统对不同管理情景的响应。事实上，对于许多物理和化学方面的问题，模型模拟已被证明是预测系统行为的有用工具，20 世纪 70 年代初，人们对构建此类模型模拟详细预测整个生态系统动态的可能性持非常乐观的态度。所有相关的生物学和技术的子课题专家形成小组开展合作，形成了尽可能多的整合现有知识模型的局面。作为国际生物计划的一部分，构建的模型 CLEAN（Bloomfield 等，1974）就是一个应用这种方法的例子。该模型用 28 个微分方程阐释了包含如鱼类、藻类、浮游动物、大型水生植物、无脊椎动物和营养物质等各种组分。这种建模方法的想法是在建模过程中可以识别缺失的信息，并在额外的实验研究后进行补充。然而，后者被证明是"不可能完成的任务"。在复杂的模型中，参数的数量非常大，而且即使很多参数是可测量的，也无法在合理的时间内确定。

常用的解决方案是将模型预测结果与现场数据拟合以估计其余参数值，即所谓的"调优"。为达到此目的，可使用一系列复杂的数值技术，并且通常可以轻松获得较好的拟合结果。然而，这种成功是虚幻的，问题在于某些系统行为往往可以从许多不同的参数设置中产生。Simons 和 Lam（1980）很好地说明了这一现象，他们表明即使是相对简单的浮游植物 – 营养模型，也可以通过完全不同的参数设置和模型产生相同的模式。因此，对复杂生态模型的调优很容易因为错误的原因而碰巧导致较好的结果。良好的拟合不能保证参数值或模型结构的真实性。事实上，像模型验证和核验这样的术语所承诺的比自然系统模型所能实现的要多（Oreskes 等，1994）。基本上，模型模拟具有与统计输入输出模型相同的问题。模型背后假设的因果关系不一定是正确而真实的，因此对新情况的外推很容易导致无意义的预测。

模型模拟最有用的方面可能是它们可以帮助分析不同机制对系统行为的贡献，并生成可以指导实验研究的假设。这要求模型足够清晰，以便研究这个问题的非建模人员同样能够理解。在实践中，模型在研究团队中的激励作用是例外，而不是规则。主要的问题可能是若生态模型模拟没有保持真正的简单，局外人仍然很难理解控制生态学模拟行为的机制。

本书中使用的极简模型非常的简单，可能确实有助于深入了解生态反馈机制的复杂影响。然而，此类模型与大型模型模拟的不同之处在于它们并不试图包括所有重要的定量指标。因此，它们可用于研究孤立机制的特性，但不能定量地了解在该领域中运行的不同机制的相对重要性。正如导言以及不同章节中的许多例子所示，实际模型通常由一系列同时运行的机制来解释，而不是由单一主导力来解释。为了帮助定量揭示这些机制之间的相互作用，模型需要更加复杂，这必然会失去部分清晰度。

一项有助于将定量建模与生物学的清晰表述联系起来的相对较新的发展使用的是基于个体的模型。单个动物或植物是此类模型中的基本单元。与传统的模型模拟相比，基于个体的模型有几个优点（Huston 等，1988；Hogeweg 和 Hesper，1990；DeAngelis 和 Gross，1992）。个体被视为自然单位，而不是隐含地假设在总体水平上进行的信息处理，这更现实、更直观。此外，模拟行为通常对过程公式的变化表现很稳健。也许最重要的是模型中所需的参数（如移动速度、日进食量等）以及预测变量（如个体数量、饮食和条件）通常是由实验生物学家测量的类型。这有助于建模者和实验者之间的沟通，从而利用这些模型作为启发和指导研究的工具。

对种群个体进行建模的一个明显缺点是需要花费太多的计算时间来模拟大多数种群的真实数量，虽然有几种方法可以解决这个问题（DeAngelis 和 Rose，1992；Scheffer 等，1995b）。更严重的问题是由这些模型产生的复杂模式的范围几乎和在自然界中观察到的一样令人困惑。因此，知识的局限性造成难以彻底地开展研究，而且通常不如一些传统的强调生态机制后果的极简模型那么吸引人。虽然简单的微分方程模型可以处理个体大小变化对种群动态影响的某些方面（Scheffer 等，1995a），但当个体大小在竞争或捕食者－猎物关系中的作用至关重要时，更复杂的基于个体的模型往往是唯一的选择，如鱼类群落中的情况。

基于个体模型的输出具有许多生物学细节，如胃内容物和个体大小分布可以根据数据进行检查，这使得它不太可能像传统的大型模型模拟那样最终得到"以错误的原因导致良好结果"而告终。事实上，基于个体的模拟被认为是预测鱼类群落对各种因素反应的一个有前景的工具（Vanwinkle 等，1993）。尽管这种方法可能比更传统的模型模拟有优势，但大多数工作者可能会认同我们还远远不能以足够完整和可靠的方式对生态系统进行建模，以准确预测它们对不同管理场景的反应。

总之，不同类型的模型能够以不同的方式对揭示生态系统功能做出贡献，但我们对控制湖泊生态系统力量的定量知识仍然不能以详细的机理来构建响应预测的模型。

7.2　洞察机理的必要性

从科学的角度来看，通过模型分析和巧妙的实验来揭示机理的一切研究进展都是值得的。我们是否真的需要这些所有详细的见解来恢复一个湖泊，似乎没有太大必要。尽管对湖泊功能的定量机制认识不足，但专家们往往有能力预测对一项管理措施的反应。有些人在预测效果方面比大多数模型做得更好，可能是因为他们解决这个问题采取了截然不同的方法。例如，如果要求专家预测将所有鱼类从中度富营养化的浑浊池塘中清除将会发生什么情况，预测结果可能是水将变清，大型枝角类和水生植物将变得丰富。这一预测并不是基于对相关生物的生理特征及其生态相互作用的详细机理知识，而是基于在许多类似湖泊中观察到这种反应的经验认识。事实上，这种利用类似案例信息的经验方法可能是预测措施效果的最可靠依据。乍一看，这可能意味着所有关于湖泊功能的知识没有什么实际用途。然而，更深入的研究表明，对机理机制的必要洞察也是专家预测方法的重要组成部分。

通过神经网络预测生物操纵效应的失败尝试很好地说明了需要更多的研究案例。计算机神经网络是真实神经网络的简单模拟，通过提供足够多问题的正确答案示例来训练出一个问题的正确答案。我们给它提供了 12 例不同结果的生物操纵案例信息。经过训练后，该网络可以很好地对 12 个实例进行事后预测。然而，给出新的（假设的）问题并分析答案后，神经网络的"内部规则"似乎没有什么意义。例如，它系统地预测如果去除的鱼较少，响应效果会更强烈。

事实上，神经网络相当于非常灵活的统计模型，可以很好地拟合大多数数据集。在将经验关系应用于管理时，误读因果关系的风险仍然是一个关键问题。当然，这是常识，但由于这是日常应用科学的主要警告之一，因此值得重复。一个讽刺的例子是考虑风和树木摆动之间的关系。人们可以想象摇摆的树木会引起风：如果它们停止摇摆，风也会停止。如此对系统功能缺乏洞察就会带来一个问题，是否会有人决定通过砍伐树木减少风力来管理系统。在实践中，将经验模型应用于管理的注意事项比本示例中的简单因果转换更加棘手。例如，藻类生物量与湖水的总磷浓度密切相关，但这种因果关系远非简单所理解的那样。最大藻类生物量取决于磷的可获得性，但藻华也会刺激磷从沉积物释放到水体中（第 2.3 节）。当滥牧食浮游植物时，总磷会显著下降，就说明了这一点（Meijer 等，1994b）。对叶绿素和总磷之间强相关性背后因果关系的错误诠释，容易高估减少磷负荷作为藻类生物量的决定因素来恢复湖泊的潜力，从而低估其他措施对藻类生物量的控制潜力。

因此，尽管我们的知识尚不能以理解机理的方式预测测量结果的影响，但洞察湖泊生态系统的功能对于指导预测的实用经验方法非常重要。如前所述，类似的案例信息是预测恢复措施效果的良好基础，但优秀的案例研究数量仍然太少，无法涵盖广泛的不同湖泊类型。深入了解这些系统功能对于判断湖泊之间的差异对预期响应的重要性，以及根据具体情况调整修复策略是必不可少的。

7.3 展望

尽管最近对浅水湖泊的深入研究使我们对这些系统的了解有了惊人的延展，但一系列理解不到位的问题仍然令人印象深刻。仅举几个例子：在什么条件下存在多稳态？如何诱导状态的转换？作为庇护所的植被如何影响各种捕食 – 被捕食者的相互作用？营养相互作用中的化学信号对群落动态的影响是什么？我们能用这些信号来操纵食物网吗？蓝细菌的不可食用性和毒性在其取得成功中发挥什么作用？为什么咸水湖即使有植被也会浑浊？捕食者 – 被捕食者关系如何随季节而演变？

解决这些问题的最佳方法因具体情况而异，但通常情况下，多种方法的结合往往是最有力的策略。控制性实验、全湖操纵、极简模型和精细模型模拟都有各自的优缺点。用不同的方法同时处理同一问题是识别每个关键问题的最佳方式。显然，完整记录的全湖实验在这一点上非常有价值。它们不仅揭示了在恢复某些湖泊方面哪些措施有效，哪些无效，还可以帮助确定主要的监管机制。例如，最近对生物操纵的兴趣推动了对控制浅水湖泊动力学主要力量的认知研究。另一方面，全湖实验的条件很难控制，通常无法重复。因此，事后往往很难理解发生了什么，原因是什么。即使一些实验必须在非常不自然的条件下进行，并且无法揭示所研究的特定机制如何与该领域的其他机制相互作用，但小规模的、受较好控制的重复实验，对于进一步加深我们的认识仍必不可少。经过精心设计的、基于个体的模型和其他模型模拟有助于我们对观察到的不同过程进行审视，但由于其复杂性往往很难进行深入研究。非常简单的"极简"模型更容易理解，但无助于揭示所述机制在该领域的相对重要性。

虽然将建模、实验室实验和野外工作相结合的优点已得到广泛认可，但在实践中这些方法仍然相当孤立。全湖操纵常常被实验学家伪装成相当粗糙和无法解释的样子，而且非常明显的是建模者和"真正的"生物学家之间缺乏整合。即使在建模界，从事抽象的极简模型的理论家与从事更实用的定量模型模拟的团队之间也存在着巨大的隔阂。结合方法需要投入时间和精力并向局外人解释结果和假设，尝试理解其他学科的基本来龙去脉。此外，整合可能会面临挑战，因为这不可避免地将各个独立方法中的缺陷暴露出来。

尽管如此，综合性方法似乎是解决许多关于浅水湖泊功能未解决问题的最有效方式。这些值得解决的问题，不仅因为从科学的角度看起来令人兴奋，而且还因为存在着应用的紧迫性。由于人类活动的影响，许多浅水湖泊已经从具有高度多样性且美好的清水状态严重退化变成了单调而乏味的浑浊水塘。找到修复的方法，将有助于让世界变得更美丽。为了我们人类，也为了许许多多其他生物物种。

（张志中　译）

参考文献

Aalderink, R.H., Lijklema, L., Breukelman, J., Van Raaphorst, W. and Brinkman, A.G. (1985) Quantification of wind induced resuspension in a shallow lake. *Water Science and Technology*, 17, 903–914.

Abrams, P.A. and Roth, J.D. (1994) The effects of enrichment of three-species food chains with nonlinear functional responses. *Ecology*, 75, 1118–1130.

Adams, S.M. and DeAngelis, D.L. (1987) Indirect effects of early bass-shad interactions on predator population structure and food web dynamics, in W.C. Kerfoot and A. Sih (eds.) *Predation Direct and Indirect Impacts on Aquatic Communities*, University Press of New England, Hannover, pp. 103–117.

Ahlgren, I., Frisk, T. and Kamp-Nielsen, L. (1988) Empirical and theoretical models of phosphorus loading retention and concentration vs. lake trophic state. *Hydrobiologia*, 170, 285–304.

Andersen, J.M. (1982) Effect of nitrate concentration in lake water on phosphate release from the sediment. *Water Research*, 16, 1119–1126.

Anderson, M.R. and Kalff, J. (1987) Regulation of submerged aquatic plant distribution in a uniform area of a weedbed. *Journal of Ecology*, 74, 953–962.

Anderson, M.R. and Kalff, J. (1988) Submerged aquatic macrophyte biomass in relation to sediment characteristics in ten temperate lakes. *Freshwater Biology*, 19, 115–121.

Andersson, G. (1988) Restoration of Lake Trummen, Sweden: effects of sediment removal and fish manipulation, in G. Balvay (eds.) *Eutrophication and Lake Restoration. Water Quality and Biological Impacts*, Thonon-les-Bains, pp. 205–214.

Andersson, G., Granéli, W. and Stenson, J. (1988) The influence of animals on phosphorus cycling in lake ecosystems. *Hydrobiologia*, 170, 267–284.

Anthoni, U., Christophersen, C., Madsen, J.O., Wium-Andersen, S. and Jacobsen, N. (1980) Biologically active sulfur compounds from the green alga *Chara globularis*. *Phytochemistry*, 19, 1228–1229.

Arditi, R. and Ginzburg, L.R. (1989) Coupling in predator–prey dynamics: Ratio-dependence. *Journal of Theoretical Biology*, 139, 311–326.

Arneodo, A., Coullet, P., Peyraud, J. and Tresser, C. (1982) Strange attractors in Volterra equations for species in competition. *Journal of Mathematical Biology*, 14, 153–157.

Arnold, D.E. (1971) Ingestion, assimilation, survival, and reproduction of *Daphnia pulex* fed seven species of blue-green algae. *Limnology and Oceanography*, 16, 906–920.

Arruda, J.A., Marzolf, G.R. and Faulk, R.T. (1983) The role of suspended sediments in the nutrition of zooplankton in turbid reservoirs. *Ecology*, 64, 1225–1235.

Bales, M., Moss, B., Phillips, G., Irvine, K. and Stansfield, J. (1993) The changing ecosystem of a shallow brackish lake Hickling Broad Norfolk UK II. Long-term trends in water chemistry and ecology and their implications for restoration of the lake. *Freshwater Biology*, 29, 141–165.

Barko, J.W., Hardin, D.G. and Matthews, M.S. (1982) Growth and morphology of submersed fresh water macrophytes in relation to light and temperature. *Canadian Journal of Botany*, 60, 877–887.

Barko, J.W. and Smart, R.M. (1980) Mobilization of sediment phosphorus by submersed freshwater macrophytes. *Freshwater Biology*, 10, 229–238.

Barko, J.W. and Smart, R.M. (1981) Comparative influences of light and temperature on the growth and metabolism of selected submersed fresh water macrophytes. *Ecological Monographs*, 51, 219–236.

Beddington, J.R. (1975) Mutual interference between parasites or predators and its effects on searching efficiency. *Journal of Animal Ecology*, 51, 597–624.

Bengtsson, L. and Hellström, T. (1992) Wind-induced resuspension in a small shallow lake. *Hydrobiologia*, 241, 163–172.

Benndorf, J., Schultz, H., Benndorf, A., Unger, R., Penz, E., Kneschke, H., Kossatz, K., Dumke, R., Hornig, U., Kruspe, R. and Reichel, S. (1988) Food web manipulation by enhancement of piscivorous fish stocks long-term effects in the hypertrophic Bautzen Reservoir East Germany. *Limnologica*, 19, 97–110.

Berg, S., Jeppesen, E. and Søndergaard, M. (1997) Pike (*Esox lucius* L.) stocking as a biomanipulation tool 1. Effects on the fish population in Lake Lyng, Denmark. *Hydrobiologia*, 342, 311–318.

Berger, C. (1975) Occurrence of *Oscillatoriacea agardhii* Gom. in some shallow eutrophic lakes. *Verhandlungen Internationale Vereinigung Theoretisch Angewandte Limnologie*, 19, 2689–2697.

Best, E.P.H. (1982) A preliminary model for growth of *Ceratophyllum demersum*. *Verhandlungen Internationale Vereinigung Theoretisch Angewandte Limnologie*, 21, 1484–1491.

Best, E.P.H. and Dassen, J.H.A. (1987) Biomass stand area primary production. characteristics and oxygen regime of the *Ceratophyllum demersum* L. population in Lake Vechten, the Netherlands. *Archiv für Hydrobiologie*, 76, 347–368.

Blindow, I. (1992a) Decline of charophytes during eutrophication: Comparison with angiosperms. *Freshwater Biology*, 28, 9–14.

Blindow, I. (1992b) Long- and short-term dynamics of submerged macrophytes in two shallow eutrophic lakes. *Freshwater Biology*, 28, 15–27.

Blindow, I., Hargeby, A. and Andersson, G. (1996) Alternative stable states in shallow lakes – what causes a shift? *in prep.*

Blindow, I., Andersson, G., Hargeby, A. and Johansson, S. (1993) Long-term pattern of alternative stable states in two shallow eutrophic lakes. *Freshwater Biology*, 30, 159–167.

Blom, G., Van Duin, E.H.S. and Lijklema, L. (1994) Sediment resuspension and light conditions in some shallow Dutch lakes. *Water Science and Technology*, 30, 243–252.

Bloomfield, J.A., Park, R.A., Scavia, D. and Zahorcak, C.S. (1974) Aquatic modelling in the eastern deciduous forest biome, U.S.-International biological program, in E. Middlebrooks, D.H. Falkenberg and T.E. Maloney (eds.) *Modeling the Eutrophication Process*, Ann Arbor Science, Ann Arbor, MI, pp.139–158.

Boers, P., Van der Does, J., Quaak, M., Van der Vlucht, J. and Walker, P. (1993) Fixation of phosphorus in lake sediments using iron(III)chloride: experiences, expectations. *Hydrobiologia*, 233, 211–212.

Boersma, M. (1995) Competition in natural populations of *Daphnia*. *Oecologia*, 103, 309–318.

Boersma, M., Van Tongeren, O.F.R. and Mooij, W.M. (1996) Seasonal patterns in the mortality of *Daphnia* species in a shallow lake. *Canadian Journal of Fisheries and Aquatic Sciences*, 53, 18–28.

Bohl, E. (1980) Diel pattern of pelagic distribution and feeding in planktivorous fish. *Oecologia*, 44, 368–375.

Boström, B., Andersen, J.M., Fleischer, S. and Jansson, M. (1988a) Exchange of phosphorus across the sediment–water interface. *Hydrobiologia*, 170, 229–244.

Boström, B., Persson, G. and Broberg, B. (1988b) Bioavailability of different phosphorus forms in freshwater systems. *Hydrobiologia*, 170, 133–156.

Brancelj, A. and Blejec, A. (1994) Diurnal vertical migration of *Daphnia hyalina* Leydig, 1860 (Crustacea, Cladocera) in Lake Bled (Slovenia) in relation to temperature and predation. *Hydrobiologia*, 284, 125–136.

Breukelaar, A.W., Lammens, E.H.R.R. and Breteler, J.G.P.K. (1994) Effects of benthivorous fish (*Abramis brama*) and carp (*Cyprinus carpio*) on sediment resuspension and concentrations of nutrients and chlorophyll-a. *Freshwater Biology*, 32, 113–121.

Brönmark, C. (1985) Interactions between macrophytes epiphytes and herbivores an experimental approach. *Oikos*, 45, 26–30.

Brönmark, C. (1988) Effects of vertebrate predation on freshwater gastropods an exclosure experiment. *Hydrobiologia*, 169, 363–370.

Brönmark, C. (1989) Interactions between epiphytes macrophytes and freshwater snails, a review. *Journal of Molluscan Studies*, 55, 299–311.

Brönmark, C., Pettersson, L.B. and Nilsson, P.A. (1993) Induced morphological defense in crucian carp cues costs and benefits. *Bulletin of the Ecological Society of America*, 74, 176.

Brönmark, C. (1994) Effects of tench and perch on interactions in a freshwater, benthic food chain. *Ecology*, 75, 1818–1828.

Brönmark, C., Paszkowski, C.A., Tonn, W.M. and Hargeby, A. (1995) Predation as a determinant of size structure in populations of crucian carp (*Carassius carassius*) and tench (*Tinca tinca*). *Ecology of Freshwater Fish*, 4, 85–92.

Brönmark, C. and Weisner, S.E.B. (1992) Indirect effects of fish community structure on submerged vegetation in shallow eutrophic lakes an alternative mechanism. *Hydrobiologia*, 243–244.

Brooks, J.L. and Dodson, S.I. (1965) Predation, body size, and composition of plankton. *Science*, 150, 28–35.

Brouwer, G.A. and Tinbergen, L. (1939) De verspreiding der kleine zwanen, *Cygnus bewickii* Yarr., in de Zuiderzee, vóór en na de verzoeting. *Limosa*, 12, 1–18.

Buiteveld, H. (1995) A model for calculation of diffuse light attenuation (PAR) and Secchi depth. *Netherlands Journal of Aquatic Ecology*, 29, 55–65.

Cahn, A.R. (1929) The effect of carp on a small lake: the carp as dominant. *Ecology*, 10, 371–374.

Cahoon, W.G. (1953) Commercial carp removal at Lake Mattamuskeet, North Carolina. *Journal of Wildlife Management*, 17, 312–316.

Camerano, L. (1880) Dell'equilibrio dei viventi merce la reciproca distruzione, *Accademia delle Scienze di Torino* 15: 393–414. (translated in the cited source by C.M.Jacobi and J.E.Cohen, 1994, into: On the equilibrium of living beings by means of reciprocal destruction), in S.A. Levin (eds.) *Frontiers in Mathematical Biology*, pp. 360–380.

Canfield, D.E.J., Shireman, J.V., Colle, D.E. and Haller, (1984) Prediction of chlorophyll a concentrations in Florida lakes importance of aquatic macrophytes. *Canadian Journal of Fisheries and Aquatic Sciences*, 41, 497–501.

Canfield, D.E.J., Langeland, K.A., Linda, S.B. and Haller, W.T. (1985) Relations between water transparency and maximum depth of macrophyte colonization in lakes. *Journal of Aquatic Plant Management*, 23, 25–28.

Carpenter, S.R. (1980) Enrichment of Lake Wingra, Wisconsin USA, by submersed macrophyte decay. *Ecology*, 61, 1145–1155.

Carpenter, S.R. (1981) Submersed vegetation an internal factor in lake ecosystem succession. *American Naturalist*, 118, 372–383.

Carpenter, S.R., Kitchell, J.F. and Hodgson, J.R. (1985) Cascading trophic interactions and lake productivity. *Bioscience*, 35, 634–639.

Carpenter, S.R., Kitchell, J.F., Hodgson, J.R., Cochran, P.A., Elser, J.J., Elser, M.M., Lodge, D.M., Kretchmer, D., He, X. and Ende, C.N. (1987) Regulation of lake primary productivity by food web structure. *Ecology*, 68, 1863–1876.

Carpenter, S.R., Cottingham, K.L. and Schindler, D.E. (1992) Biotic feedbacks in lake phosphorus cycles. *Trends in Ecology and Evolution*, 7, 332–336.

Carpenter, S.R., Lathrop, R.C. and Munoz-Del-Rio, A. (1993) Comparison of dynamic models for edible phytoplankton. *Canadian Journal of Fisheries and Aquatic Sciences*, 50, 1757–1767.

Carpenter, S.R. and Lodge, D.M. (1986) Effects of submersed macrophytes on ecosystem processes. *Aquatic Botany*, 26, 341–370.

Carpenter, S.R. and Pace, M.L. (1997) Dystrohy and eutrophy in lake ecosystems: implications of fluctuating inputs. *Oikos*, 78, 3–14.

Carper, G.L. and Bachmann, R.W. (1984) Wind resuspension of sediments in a prairie lake. *Canadian Journal of Fisheries and Aquatic Sciences*, 41, 1763–1767.

Carr, N.G. and Whitton, B.A. (1982) *The Biology of Cyanobacteria*. Blackwell Scientific, Oxford.

Carvalho, L. (1994) Top-down control of phytoplankton in a shallow hypertrophic lake Little Mere (England). *Hydrobiologia*, 276, 53–63.

Chambers, P.A. (1987) Light and nutrients in the control of aquatic plant community structure: II. In situ observations. *Journal of Ecology*, 75, 621–628.

Chambers, P.A. and Kalff, J. (1985a) The influence of sediment composition and irradiance on the growth and morphology of *Myriophyllum spicatum*. *Aquatic Botany*, 22, 253–264.

Chambers, P.A. and Kalff, J. (1985b) Depth distribution and biomass of submersed aquatic macrophyte communities in relation to Secchi depth. *Canadian Journal of Fisheries and Aquatic Sciences*, 42, 701–709.

Chen, R.L. and Barko, J.W. (1988) Effects of freshwater macrophytes on sediment chemistry. *Journal of Freshwater Ecology*, 4, 279–290.

Chigbu, P. and Sibley, T.H. (1994) Relationship between abundance, growth, egg size and fecundity in a landlocked population of longfin smelt, *Spirinchus thaleichthys*. *Journal of Fish Biology*, 45, 1–15.

Colebrook, J.M. (1960) Some observations of zooplankton swarms in Windermere. *Journal of Animal Ecology*, 29, 241–242.

Connell, J.H. and Sousa, W.P. (1983) On the evidence needed to judge ecological stability or persistence. *American Naturalist*, 121, 789–824.

Connor, E.F. and Simberloff, D. (1979) The assembly of species communities: chance or competition? *Ecology*, 60, 1132–1140.

Cooke, G.D., Welch, E.B., Peterson, S.A. and Newroth, P.R. (1993) *Restoration and Management of Lakes and Reservoirs*. Lewis Publishers, Boca Raton.

Coops, H. (1996) Helophyte Zonation, Impact of Water Depth and Wave Exposure. RIZA, Lelystad, The Netherlands, Thesis, 150.

Cottingham, K.L. (1996) Phytoplankton responses to whole-lake manipulations of nutrients and food webs. University of Wisconsin, Madison, USA.

Crawford, S.A. (1979) Farm pond restoration using *Chara vulgaris* vegetation. *Hydrobiologia*, 62, 17–32.

Crivelli, A.J. (1983) The destruction of aquatic vegetation by carp *Cyprinus carpio* a comparison between southern France and the USA. *Hydrobiologia*, 106, 37–42.

Cuddington, K.M. and McCauley, E. (1994) Food-dependent aggregation and mobility of the water fleas *Ceriodaphnia dubia* and *Daphnia pulex*. *Canadian Journal of Zoology*, 72, 1217–1226.

Daldorph, P.W.G. and Thomas, J.D. (1995) Factors influencing the stability of nutrient-enriched freshwater macrophyte communities: The role of stickle-backs *Pungitius pungitius* and freshwater snails. *Freshwater Biology*, 33, 271–289.

Davies, J. (1985) Evidence for a diurnal horizontal migration in *Daphnia hyalina lacustris*. *Hydrobiologia*, 120, 103–106.

Davis, R.B. (1974) Tubificids alter profiles of redox potential and pH in profundal lake sediment. *Limnology and Oceanography*, 19, 342–346.

De Groot, W.T. (1981) Phosphate and wind in a shallow lake. *Archiv für Hydrobiologie*, 91, 475–489.

De Roos, A.M., McCauley, E. and Wilson, W.G. (1991) Mobility versus density-limited predator–prey dynamics on different spatial scales. *Proceedings of the Royal Society of London Series B – Biological Sciences*, 246, 117–122.

De Roos, A.M., Diekmann, O. and Metz, J.A.J. (1992) Studying the dynamics of structured population models a versatile technique and its application to *Daphnia*. *American Naturalist*, 139, 123–147.

De Stasio, B.T., Jr, (1990) The role of dormancy and emergence patterns in the dynamics of a freshwater zooplankton community. *Limnology and Oceanography*, 1079–1090.

De Stasio, B.T., Jr, Rudstam, L.G., Haning, A., Soranno, P. and Allen, Y.C. (1995) An in situ test of the effects of food quality on *Daphnia* population growth. *Hydrobiologia*, 307, 221–230.

DeAngelis, D.L., Goldstein, R.A. and O'Neill, R.V. (1975) A model for trophic interaction. *Ecology*, 56, 881–892.

DeAngelis, D.L., Cox, D.C. and Coutant, C.C. (1979) Cannibalism and size dispersal in young-of-the-year largemouth bass: experiments and model. *Ecological Modelling*, 8, 133–148.

DeAngelis, D.L. and Gross, L.J. (1992) *Individual-Based Models and Approaches in Ecology*. Chapman and Hall, New York.

DeAngelis, D.L. and Rose, K.A. (1992) Which individual-based approach is most appropriate for a given problem? in D.L. DeAngelis and L.J. Gross (eds.) *Individual-based Models and Approaches in Ecology*, Chapman and Hall, New York, pp. 509–520.

Delgado, M., De Jonge, V.N. and Peletier, H. (1991) Experiments on resuspension of natural microphytobenthos populations. *Marine Biology*, 108, 321–328.

Demeester, L., Weider, L.J. and Tollrian, R. (1995) Alternative antipredator defences and genetic polymorphism in a pelagic predator–prey system. *Nature*, 378, 483–485.

Demelo, R., France, R. and McQueen, D.J. (1992) Biomanipulation: Hit or myth? *Limnology and Oceanography*, 192–207.

Demott, W.R. (1982) Feeding selectivities and relative ingestion rates of *Daphnia* and *Bosmina*. *Limnology and Oceanography*, 27, 518–527.

Diehl, S. (1988) Foraging efficiency of three freshwater fishes effects of structural complexity and light. *Oikos*, 53, 207–214.

Dieter, C.D. (1990) The importance of emergent vegetation in reducing sediment resuspension in wetlands. *Journal of Freshwater Ecology*, 5, 467–474.

Dodson, S. (1988) The ecological role of chemical stimuli for the zooplankton predator-avoidance behavior in *Daphnia*. *Limnology and Oceanography*, 33, 1431–1439.

Doveri, F., Scheffer, M., Rinaldi, S., Muratori, S. and Kuznetsov, Y.A. (1993) Seasonality and chaos in a plankton-fish model. *Theoretical Population Biology*, 43, 159–183.

Dvořák, J. (1987) Production-ecological relationships between aquatic vascular plants and invertebrates in shallow waters and wetlands, a review. *Ergebnisse der Limnologie*, 181–184.

Dvořák, J. and Best, E.P.H. (1982) Macro invertebrate communities associated with the macrophytes of Lake Vechten the Netherlands structural and functional relationships. *Hydrobiologia*, 95, 115–126.

Edmondson, W.T. (1991) *The Uses of Ecology: Lake Washington and Beyond*. University of Washington Press, Seattle.

Einsele, W. (1936) Über die Beziehungen des Eisenkreislaufs zum Phosphatkreislauf im eutrophen See. *Archiv für Hydrobiologie*, 29, 664–686.

Einsele, W. (1938) Über chemische und kolloidchemische Vorgänge in Eisen-Phosphat-Systemen unter limnochemischen und limnogeologischen Gesichtspunkten. *Archiv für Hydrobiologie*, 33, 361–387.

Eklov, P. and Persson, L. (1995) Species-specific antipredator capacities and prey refuges: Interactions between piscivorous perch (*Perca fluviatilis*) and juvenile perch and roach (*Rutilus rutilus*). *Behavioral Ecology and Sociobiology*, 37, 169–178.

Eklov, P. and Persson, L. (1996) The response of prey to the risk of predation: Proximate cues for refuging juvenile fish. *Animal Behaviour*, 51, 105–115.

Engel, S. (1988) The role and interactions of submersed macrophytes in a shallow Wisconsin Lake USA. *Journal of Freshwater Ecology*, 4, 329–342.

Engel, S. and Nichols, S.A. (1994) Aquatic macrophyte growth in a turbid windswept lake. *Journal of Freshwater Ecology*, 9, 97–109.

Engelmayer, A. (1995) Effects of predator-released chemicals on some life history parameters of *Daphnia pulex*. *Hydrobiologia*, 307, 203–206.

Evans, R.D. (1994) Empirical evidence of the importance of sediment resuspension in lakes. *Hydrobiologia*, 284, 5–12.

Everall, N.C. and Lees, D.R. (1996) The use of barley-straw to control general and blue-green algal growth in a Derbyshire reservoir. *Water Research*, 30, 269–276.

Fogg, G.E., Steward, W.D.P., Fay, P. and Walsby, A.E. (1973) *The Blue-Green Algae*. Academic Press, London.

Forsberg, C. (1964) Phosphorus, a maximum factor in the growth of Characeae. *Nature*, 201, 517–518.

Forsberg, C. (1965) Nutritional studies *Chara* in axenic cultures. *Physiologia Plantarum*, 18, 275–290.

Forsberg, C., Kleiven, S. and Willen, T. (1990) Absence of allelopathic effects of *Chara* on phytoplankton in situ. *Aquatic Botany*, 38, 289–294.

French, J.R.P. (1993) How well can fishes prey on zebra mussels in eastern north America? *Fisheries (Bethesda)*, 18, 13–19.

Gallepp, G.W. (1979) Chironomid influence on phosphorus release in sediment–water microcosms. *Ecology*, 60, 547–556.

Gibson, M.T., Welch, I.M., Barrett, P.R.F. and Ridge, I. (1990) Barley straw as an inhibitor of algal growth II: laboratory studies. *Journal of Applied Phycology*, 2, 241–248.

Giles, N. (1987) Differences in the ecology of wet-dug and dry-dug gravel pit lakes. *The Game Conservancy Annual Review*, 18, 130–133.

Giles, N. (1992) *Wildlife After Gravel; Twenty Years of Practical Research by the Game Conservancy and ARC*. Game Conservancy Limited, Fordingbridge, Hampshire, UK.

Gilinsky, E. (1984) The role of fish predation and spatial heterogeneity in determining benthic community structure. *Ecology*, 65, 455–468.

Gilpin, M.E. (1972) Enriched predator–prey systems: Theoretical stability. *Science*, 177, 902–904.

Gliwicz, Z.M. (1986) Predation and the evolution of vertical migration in zooplankton. *Nature*, 320, 746–748.

Gliwicz, Z.M. (1990) Why do cladocerans fail to control algal blooms? *Hydrobiologia*, 200/201, 83–98.

Gliwicz, Z.M. and Lampert, W. (1990) Food thresholds in *Daphnia* species in the absence and presence of blue-green filaments. *Ecology*, 71, 691–702.

Godmaire, H. and Planas, D. (1983) Potential effect of *Myriophyllum spicatum* on the primary production of phytoplankton, in Anonymous(eds.) *Periphyton of Freshwater Ecosystems*, Dr. W. Junk Publishers, The Hague, pp.227–232.

Gons, H.J., Gulati, R.D. and Van Liere, L. (1986) The eutrophic Loosdrecht lakes: current ecological research and restoration perspectives. *Hydrobiological bulletin*, 20, 61–75.

Gons, H.J., Otten, J.H. and Rijkeboer, M. (1991) The significance of wind resuspension for the predominance of filamentous cyanobacteria in a shallow, eutrophic lake. *Memorie dell'Istituto Italiano di Idrobiologia*, 233–249.

Goulder, R. (1969) Interactions between the rates of production of a freshwater macrophyte and phytoplankton in a pond. *Oikos*, 20, 300–309.

Gragnani, A., Scheffer, M., Rinaldi, S. (1997) Top-down control of cyanobacteria a theoretical analysis. *Submitted*.

Granéli, W. (1979) The influence of *Chironomus plumosus* larvae on the oxygen uptake of sediment. *Archiv für Hydrobiologie*, 87, 385–403.

Gregg, W.W. and Rose, F.L. (1985) Influences of aquatic macrophytes on invertebrate community structure guild structure and microdistribution in streams. *Hydrobiologia*, 128, 45–56.

Griffiths, R.W. (1992) Effects of zebra mussels (*Dreissena polymorpha*) on the benthic fauna of Lake St. Clair, in T.F. Nalepa and D.W. Schloesser (eds.) *Zebra Mussels – Biology, Impacts and Control*, Lewis Publishers, London, pp. 415–437.

Grimm, M.P. (1981a) Intraspecific predation as a principal factor controlling the biomass of northern pike *Esox lucius*. *Fish Management*, 12, 77–80.

Grimm, M.P. (1981b) The composition of northern pike *Esox lucius* populations in four shallow waters in the Netherlands with special reference to factors influencing pike in their first growing season biomass. *Fish Management*, 12, 61–76.

Grimm, M.P. (1983) Regulation of biomasses of small (<41 cm) northern pike (*Esox lucius* L.), with special reference to the contribution of individuals stocked as fingerlings (4–6 cm). *Fish Management*, 14, 115–133.

Grimm, M.P. (1989) Northern pike (*Esox lucius* L.) and aquatic vegetation, tools in the management of fisheries and water quality in shallow waters. *Hydrobiological bulletin*, 23, 59–65.

Grimm, M.P. and Backx, J.J.G.M. (1990) The restoration of shallow eutrophic lakes and the role of northern pike, aquatic vegetation and nutrient concentration. *Hydrobiologia*, 200/201, 557–566.

Gross, E.M. and Sütfeld, R. (1994) Polyphenols with algicidal activity in the submerged macrophyte *Myriophyllum spicatum* L. *Acta Horticultura*, 381, 710–716.

Gulati, R.D. (1983) Zooplankton and its grazing as indicators of trophic status in Dutch lakes. *Environmental Monitoring and Assessment*, 343–354.

Gulati, R.D., Lammens, E.H.R.R., Meijer, M.-L. and Van Donk, E. (1990) *Biomanipulation Tool for Water Management. Proceedings of an International Converence held in Amsterdam, The Netherlands, 8–11 August 1989.* Kluwer Academic Publishers, Dordrecht, Boston, London

Gunatilaka, A. (1982) Phosphate adsorption kinetics of resuspended sediments in a shallow lake Neusiedlersee, Austria. *Hydrobiologia*, 91–92, 293–298.

Gurney, W.S.C. and Nisbet, R.M. (1978) Predator prey fluctuations in patchy environments. *Journal of Animal Ecology*, 47, 85–102.

Guy, M., Taylor, W.D. and Carter, J.C.H. (1994) Decline in total phosphorus in the surface waters of lakes during summer stratification, and its relationship to size distribution of particles and sedimentation. *Canadian Journal of Fisheries and Aquatic Sciences*, 51, 1330–1337.

Haertel, L. and Jongsma, D. (1982) Effect of winterkill on the water quality of prairie lakes. *Proc. S. D. Acad. Sci.* 61, 134–151.

Hairston, N., Smith, F.E. and Slobodkin, D. (1960) Community structure, population control, and competition. *American Naturalist*, 94, 421–425.

Hairston, N.G.J. (1987) Diapause as a predator-avoidance adapation, in W.C. Kerfoot and A. Sih (eds.) *Predation, Direct and Indirect Impacts on Aquatic Communities,* University Press of New England, Hannover, pp. 281–290.

Hakkari, L. and Bagge, P. (1984) On the fry densities of pike (*Esox lucius* L.) in Lake Saimaa, Finland. *Verhandlungen Internationale Vereinigung Theoretisch Angewandte Limnologie*, 22, 2560–2565.

Hambright, K.D. (1994) Can zooplanktivorous fish really affect lake thermal dynamics? *Archiv für Hydrobiologie*, 130, 429–438.

Hamilton, D.J., Ankney, C.D. and Bailey, R.C. (1994) Predation of zebra mussels by diving ducks: an exclosure study. *Ecology*, 75, 521–531.

Hamilton, D.P. and Mitchell, S.F. (1996) An empirical model for sediment resuspension in shallow lakes. *Hydrobiologia*, 317, 209–220.

Haney, J.F., Forsyth, D.J. and James, M.R. (1994) Inhibition of zooplankton filtering rates by dissolved inhibitors produced by naturally occurring cyanobacteria. *Archiv für Hydrobiologie*, 132, 1–13.

Hanson, J.M. and Leggett, W.C. (1982) Empirical prediction of fish biomass and yield. *Canadian Journal of Fisheries and Aquatic Sciences*, 39, 257–263.

Hanson, M.A., Butler, M.G., Richardson, J.L. and Arndt, J.L. (1990) Indirect effects of fish predation on calcite supersaturation precipitation and turbidity in a shallow prairie lake. *Freshwater Biology*, 24, 547–556.

Hanson, M.A. and Butler, M.G. (1990) Early responses of plankton and turbidity to biomanipulation in a shallow prairie lake. *Hydrobiologia*, 200–201, 317–328.

Hanson, M.A. and Butler, M.G. (1994a) Responses of plankton, turbidity, and macrophytes to biomanipulation in a shallow prairie lake. *Canadian Journal of Fisheries and Aquatic Sciences*, 51, 1180–1188.

Hanson, M.A. and Butler, M.G. (1994b) Responses to food web manipulation in a shallow waterfowl lake. *Hydrobiologia*, 280, 457–466.

Hargeby, A., Andersson, G., Blindow, I. and Johansson, S. (1994) Trophic web structure in a shallow eutrophic lake during a dominance shift from phytoplankton to submerged macrophytes. *Hydrobiologia*, 280, 83–90.

Harper, D.M. and Ferguson, A.J.D. (1982) Zooplankton and their relationships with water quality and fisheries. *Hydrobiologia*, 88, 135–145.

Harris, G.P. (1986) *Phytoplankton Ecology: Structure, Function and Fluctuation.* Chapman and Hall, London, New York.

Hasler, A.D. and Jones, E. (1949) Demonstration of the antagonistic action of large aquatic plants on algae and rotifers. *Ecology*, 30, 346–359.

Hassel, M.P. and May, R.M. (1974) Aggregation of predators and insect parasites and its effect on stability. *Journal of Animal Ecology*, 43, 567–594.

Havel, J.E. (1987) Predator-induced defenses: a review, in W.C. Kerfoot and A. Sih (eds.) *Predation, Direct and Indirect Impacts on Aquatic Communities,* University Press of New England, Hannover, pp. 263–278.

Havens, K.E. (1991) Fish-induced sediment resuspension: Effects on phytoplankton biomass and community structure in a shallow hypereutrophic lake. *Journal of Plankton Research*, 13, 1163–1176.

Havens, K.E. (1993) Responses to experimental fish manipulations in a shallow, hypereutrophic lake: The relative importance of benthic nutrient recycling and trophic cascade. *Hydrobiologia*, 254, 73–80.

Hawkins, P. and Lampert, W. (1989) The effect of *Daphnia* body size on filtering rate inhibition in the presence of a filamentous cyanobacterium. *Limnology and Oceanography*, 34, 1084–1089.

He, X. and Wright, R.A. (1992) An experimental study of piscivore-planktivore interactions population and community responses to predation. *Canadian Journal of Fisheries and Aquatic Sciences*, 49, 1176–1183.

Heller, R. and Milinski, M. (1979) Optimal foraging of sticklebacks *Gasterosteus aculeatus* on swarming prey. *Animal Behaviour*, 27, 1127–1141.

Hellström, T. (1991) The effect of resuspension on algal production in a shallow lake. *Hydrobiologia*, 213, 183–190.

Hessen, D.O. (1990) Carbon, nitrogen and phosphorus status in *Daphnia* at varying food conditions. *Journal of Plankton Research*, 12, 1239–1249.

Hessen, D.O. and Van Donk, E. (1993) Morphological changes in *Scenedesmus* induced by substances released by *Daphnia*. *Archiv für Hydrobiologie*, 127, 129–140.

Heyman, U. and Lundgren, A. (1988) Phytoplankton biomass and production in relation to phosphorus – Some conclusions from field studies. *Hydrobiologia*, 170, 211–227.

Hill, D., Wright, R. and Street, M. (1987) Survival of mallard ducklings *Anas platyrhynchos* and competition with fish for invertebrates on a flooded gravel quarry in England UK. *Ibis*, 129, 159–167.

Hodgson, R.H. (1966) Growth and carbohydrate status of Sago pondweed. *Weeds*, 14, 263–268.

Hogeweg, P. and Hesper, B. (1990) Individual-oriented modelling in ecology. *Mathematical and Computer Modelling*, 13, 83–90.

Holland, R.E. (1993) Changes in planktonic diatoms and water transparency in Hatchery Bay, Bass Island Area, western Lake Erie since the establishment of the zebra mussel. *Journal of Great Lakes Research*, 19, 617–624.

Holt, R.D. (1977) Prediction apparent competition and the structure of prey communities. *Theoretical Population Biology*, 12, 197–229.

Hootsmans, M.J.M. and Vermaat, J.E. (1991) Macrophytes, a key to understanding changes caused by eutrophication in shallow freshwater ecosystems. Thesis, IHE Delft 1–412.

Hootsmans, M.J.M. and Breukelaar, A.W. (1990) De invloed van waterplanten op de groei van algen. *H2O*, 23, 264–266.

Hootsmans, M.J.M. and Vermaat, J.E. (1985) The effect of periphyton grazing by three epifaunal species on the growth of *Zostera marina* under experimental conditions. *Aquatic Botany*, 22, 83–88.

Hosper, S.H. (1980) Development and practical application of limiting values for the phosphate concentration in surface waters in the Netherlands. *Hydrobiological bulletin*, 14, 64–72.

Hosper, S.H. (1985) Restoration of Lake Veluwe the Netherlands by reduction of phosphorus loading and flushing. *Water Science and Technology*, 17, 757–768.

Hosper, S.H., Meijer, M.-L. and Walker, P.A. (1992) *Handleiding Actief Biologisch Beheer – Beoordeling van de mogelijkheden van visstandbeheer bij het herstel van meren en plassen.* RIZA, OVB, Lelystad, The Netherlands.

Hosper, S.H. and Meyer, M.-L. (1986) Control of phosphorus loading and flushing as restoration methods for Lake Veluwe, the Netherlands. *Hydrobiological bulletin*, 20, 183–194.

Hosper, S.H. and Meyer, M.-L. (1993) Biomanipulation, will it work for your lake? A simple test for the assessment of chances for clear water, following drastic fishstock reduction in shallow, eutrophic lakes. *Ecological Engineering*, 63–72.

Houthuijzen, R.P., Backx, J.J.G.M. and Buijse, A.D. (1993) Exceptionally rapid growth and early maturation of perch in a freshwater lake recently converted from an estuary. *Journal of Fish Biology*, 43, 320–324.

Howard, R.K. and Short, F.T. (1986) Seagrass *Halodule wrightii* growth and survivorship under the influence of epiphyte grazers. *Aquatic Botany*, 24, 287–302.

Howarth, R.W., Marino, R., Lane, J. and Cole, J. (1988) Nitrogen fixation in freshwater estuarine and marine ecosystems 1. rates and importance. *Limnology and Oceanography*, 33, 669–687.

Hoyer, M.V., Gu, B. and Schelske, C.L. (1997) Sources of organic carbon in the foodwebs of two Florida lakes indicated by stable isotopes, in E. Jeppesen, M. Søndergaard, M. Søndergaard and K. Christoffersen (eds.) *The structuring role of submerged macrophytes in lakes,* Springer-Verlag, New York, in press.

Hoyer, M.V. and Canfield, D.E. (1994) Bird abundance and species richness on Florida lakes – Influence of trophic status, lake morphology, and aquatic macrophytes. *Hydrobiologia*, 280, 107–119.

Hoyer, M.V. and Jones, J.R. (1983) Factors affecting the relation between phosphorus and chlorophyll a in USA midwestern reservoirs. *Canadian Journal of Fisheries and Aquatic Sciences*, 40, 192–199.

Hrbáček, J., Dvořakova, M., Korínek, V. and Procházková, L. (1961) Demonstration of the effect of the fish stock on the species composition of zooplankton and the intensity of metabolism of the whole plankton association. *Verhandlungen Internationale Vereinigung Theoretisch Angewandte Limnologie*, 14, 192–195.

Huisman, J. and Weissing, F.J. (1994) Light-limited growth and competition for light in well-mixed aquatic environments – An elementary model. *Ecology*, 75, 507–520.

Hunter, M.L.J., Jones, J.J., Gibbs, K.E. and Moring, J.R. (1986) Duckling responses to lake acidification do black ducks *Anas rubripes* and fish compete. *Oikos*, 47, 26–32.

Huston, M.A., DeAngelis, D.L. and Post, W. (1988) New computer models unify ecological theory. *Bioscience*, 38, 682–691.

Hutchinson, G.E. (1961) The paradox of the plankton. *American Naturalist*, 95, 137–145.

Hutchinson, G.E. (1967) *A Treatise on Limnology. Volume II, Introduction to Lake Biology and the Limnoplankton.* John Wiley and Sons, New York.

Hutchinson, G.E. (1975) *A Treatise on Limnology. Volume III, Limnological Botany.* John Wiley and Sons, New York.

Ibelings, B.W., Mur, L.R. and Walsby, A.E. (1991) Diurnal changes in buoyancy and vertical distribution in populations of *Microcystis* in two shallow lakes. *Journal of Plankton Research*, 13, 419–436.

Ibelings, B.W. (1992) Cyanobacterial waterblooms: the role of buoyancy in watercolumns of varying stability. *Thesis University of Amsterdam*, 172 pp.

Ibelings, B.W., Kroon, B.M.A. and Mur, L.R. (1994) Acclimation of photosystem II in a cyanobacterium and a eukaryotic green alga to high and fluctuating photosynthetic photon flux densities, simulation light regimes induced by mixing in lakes. *New Phytologist*, 128, 407–424.

Ikusima, I. (1970) Ecological studies on the productivity of aquatic plant communities IV. Light condition and community photosynthetic production. *Botanical Magazine Tokyo*, 83, 330–341.

Irvine, K., Moss, B. and Stansfield, J. (1990) The potential of artificial refugia for maintaining a community of large-bodied Cladocera against fish predation in a shallow eutrophic lake. *Hydrobiologia*, 200–201, 379–390.

Jackson, H.O. and Starrett, W.C. (1959) Turbidity and sedimentation at Lake Chautauqua, Illinois. *Journal of Wildlife Management*, 23, 157–168.

Jacobsen, D. and Sand-Jensen, K. (1992) Herbivory of invertebrates on submerged macrophytes from Danish freshwaters. *Freshwater Biology*, 28, 301–308.

Jakobsen, P.J. and Johnsen, G.H. (1987) The influence of predation on horizontal distribution of zooplankton species. *Freshwater Biology*, 17, 501–508.

James, W.F. and Barko, J.W. (1990) Macrophyte influences on the zonation of sediment accretion and composition in a north-temperate reservoir. *Archiv für Hydrobiologie*, 120, 129–142.

Jasser, I. (1995) The influence of macrophytes on a phytoplankton community in experimental conditions. *Hydrobiologia*, 306, 21–32.

Jensen, J.P., Kristensen, P. and Jeppesen, E. (1991) Relationships between N loading and in-lake N concentrations in shallow Danish lakes. *Verhandlungen Internationale Vereinigung Theoretisch Angewandte Limnologie*, 24, 201–204.

Jensen, J.P., Kristensen, P., Jeppesen, E. and Skytthe, A. (1992) Iron phosphorus ratio in surface sediment as an indicator of phosphate release from aerobic sediments in shallow lakes. *Hydrobiologia*, 235–236, 731–743.

Jensen, J.P., Jeppesen, E., Olrik, K. and Kristensen, P. (1994) Impact of nutrients and physical factors on the shift from cyanobacterial to chlorophyte dominance in shallow Danish lakes. *Canadian Journal of Fisheries and Aquatic Sciences*, 51, 1692–1699.

Jeppesen, E., Jensen, J.P., Kristensen, P., Søndergaard, M., Mortensen, E., Sortkjær, O. and Olrik, K. (1990a) Fish manipulation as a lake restoration tool in shallow, eutrophic, temperate lakes 2: threshold levels, long-term stability and conclusions. *Hydrobiologia*, 200/201, 219–228.

Jeppesen, E., Søndergaard, M., Sortkjær, O., Mortensen, E. and Kristensen, P. (1990b) Interactions between phytoplankton zooplankton and fish in a shallow

hypertrophic lake a study of phytoplankton collapses in Lake Sobygaard Denmark. *Hydrobiologia*, 191, 149–164.
Jeppesen, E., Kristensen, P., Jensen, J.P., Søndergaard, M., Mortensen, E. and Lauridsen, T.L. (1991) Recovery resilience following a reduction in external phosphorus loading of shallow eutrophic Danish lakes: duration, regulating factors and methods for overcoming resilience. *Memorie dell'Istituto Italiano di Idrobiologia*, 48, 127–148.
Jeppesen, E., Søndergaard, M., Kanstrup, E. and Petersen, B. (1994) Does the impact of nutrients on the biological structure and function of brackish and freshwater lakes differ. *Hydrobiologia*, 276, 15–30.
Jeppesen, E., Jensen, J.P., Søndergaard, M., Lauridsen, T.L., Pedersen, L.J. and Jensen, L. (1996) Top-down control in freshwater lakes with special emphasis on the role of fish, submerged macrophytes and water depth. *Hydrobiologia*,-in press.
Jeppesen, E., Søndergaard, M., Jensen, J.P., Kanstrup, E. and Pedersen, B. (1997) Macrophytes and turbidity in brackish lakes, with special emphasis on the role of top-down control, in E. Jeppesen, M. Søndergaard, M. Søndergaard and K. Kristoffersen (eds.) *The structuring role of submerged macrophytes in lakes*, Springer Verlag, New York, in press.
Johnson, D.S. and Chua, T.E. (1973) Remarkable schooling behavior of a water-flea *Moina* sp., Cladocera. *Crustaceana*, 24, 332–333.
Jones, R.C. (1990) The effect of submersed aquatic vegetation on phytoplankton and water quality in the tidal freshwater Potomac River USA. *Journal of Freshwater Ecology*, 5, 279–288.
Jupp, B.P. and Spence, D.H.N. (1977) Limitations of macrophytes in a eutrophic lake Loch Leven, Scotland. Part 2. Wave action sediments and waterfowl grazing. *Journal of Ecology*, 65, 431–446.
Jurgens, K. and Stolpe, G. (1995) Seasonal dynamics of crustacean zooplankton, heterotrophic nanoflagellates and bacteria in a shallow, eutrophic lake. *Freshwater Biology*, 33, 27–38.
Kairesalo, T., Kornijów, R. and Luokkanen, E. (1997) Trophic cascade structuring a plankton community in a strongly vegetated lake littoral, in E. Jeppesen, M. Søndergaard, M. Søndergaard and K. Christoffersen (eds.) *The structuring role of submerged macrophytes in lakes*, Springer-Verlag, New York, in press.
Kallio, K. (1994) Effect of summer weather on internal loading and chlorophyll a in a shallow lake: a modeling approach. *Hydrobiologia*, 275–276, 371–378.
Kautsky, L. (1987) Life-cycles of three populations of *Potamogeton pectinatus* L. at different degrees of wave exposure in the Asko Area, Northern Baltic Proper. *Aquatic Botany*, 27, 177–186.
Keating, K.J. (1977) Allelopathic influence on blue-green bloom sequence in a eutrophic lake. *Science*, 196, 885–887.
Keating, K.J. (1978) Blue-green algal inhibition of diatom growth: Transition from mesotrophic to eutrophic community structure. *Science*, 199, 971–973.
Keith, L.B. (1983) Role of food in hare population cycles. *Oikos*, 385–395.
Keith, L.B. (1990) Dynamics of snowshoe hare populations. *Current Mammalogy*, 2, 119–195.
Kersting, K. (1985) Development and use of an aquatic micro-ecosystem as a test system for toxic substances properties of an aquatic micro-ecosystem 4. *Internationale Revue der Gesamten Hydrobiologie*, 69, 567–607.
King, D.R. and Hunt, G.S. (1967) Effect of carp on vegetation in Lake Erie Marsh. *Journal of Wildlife Management*, 31, 181–188.
Kiørboe, T. (1980) Distribution and production of submerged macrophytes in Tipper Grund, Ringkobing Fjord, Denmark, and the impact of waterfowl grazing. *Journal of Applied Ecology*, 17, 675–688.
Kipling, C. (1983) Changes in the population of pike *Esox lucius* in Windermere England UK 1944–1981. *Journal of Animal Ecology*, 52, 989–1000.
Kirk, J.T.O. (1986) Optical limnology – A manifesto, in P. De Deckker and W.D. Williams (eds.) *Limnology in Australia*, Dr W. Junk Publishers, Dordrecht, pp.33–62.
Kirk, J.T.O. (1994) *Light and photosynthesis in aquatic ecosystems*. Cambridge University Press, Cambridge
Kirk, K.L. (1991) Inorganic particles alter competition in grazing plankton the role of selective feeding. *Ecology*, 72, 915–923.
Kirk, K.L. and Gilbert, J.J. (1990) Suspended clay and the population dynamics of planktonic rotifers and cladocerans. *Ecology*, 71, 1741–1755.
Kitchell, J.F., Koonce, J.F. and Tennis, P.S. (1975) Phosphorus flux through fishes. *Verhandlungen Internationale Vereinigung Theoretisch Angewandte Limnologie*, 19, 2478–2484.
Kitchell, J.F., Johnson, M.G., Minns, C.K., Loftus, K.H., Greig, L. and Olver, C.H. (1977) Percid habitat the river analogy. *J Fish Res Board Can*, 34, 1936–1940.
Klemetsen, A. (1970) Plankton swarms in Lake Gjokvatn East Finnmark. *Astarte*. 3, 83–85.
Kogan, S.I. and Chinnova, G.A. (1972) Relations between *Ceratophyllum demersum* and some blue-green algae. *Hydrobiol. J. (Engl. Transl. Gidrobiol. Zh)*. 8, 14–19.
Kooijman, S.A.L.M. (1986) Population dynamics on the basis of budgets, in J.A.J. Metz and O. Diekmann (eds.) *The dynamics of physiologically structured populations*, Springer Verlag, Berlin, pp. 266–297.
Kornijów, R., Gulati, R.D. and Ozimek, T. (1995) Food preference of freshwater invertebrates: Comparing fresh and decomposed angiosperm and a filamentous alga. *Freshwater Biology*, 33, 205–212.
Kretzschmar, M., Nisbet, R.M. and McCauley, E. (1993) A predator–prey model for zooplankton grazing on competing algal populations. *Theoretical Population Biology*, 44, 32–66.
Kristensen, P., Søndergaard, M. and Jeppesen, E. (1992) Resuspension in a shallow eutrophic lake. *Hydrobiologia*, 228, 101–109.
Kuenne, C. (1925) Uber Schwarmbildung bei *Bosmina longirostris* o.f.m. *Archiv für Hydrobiologie*, 16, 508.
Kufel, L. and Ozimek, T. (1994) Can *Chara* control phosphorus cycling in Lake Luknajno (Poland). *Hydrobiologia*, 276, 277–283.
Kuznetsov, Y.A. (1995) *Elements of Applied Bifurcation Theory*. Springer-Verlag, New York.
Lair, N. and Ayadi, H. (1989) The seasonal succession of planktonic events in Lake Aydat, France: a comparison with the PEG model. *Archiv für Hydrobiologie*, 115, 589–602.
Lamarra, V.A. (1974) Digestive activities of carp as a major contributor to the nutrient loading of lakes, in K.E. Marshall (eds.) *Xix Congress International Association of Limnology, Winnipeg, Canada, Aug. 22–29, 1974. 238P*, Freshwater Institute, Department of Environment.
Lammens, E.H.R.R. (1985) A test of a model for planktivorous filter feeding by bream *Abramis brama*. *Environmental Biology of Fishes*, 13, 289–296.
Lammens, E.H.R.R., DeNie, H.W., Vijverberg, J. and Densens, W.L.T. (1985) Resource partitioning and niche shifts of bream (*Abramis brama*) and eel (*Anguilla anguilla*) mediated by predation of smelt (*Osmerus eperlanus*) on *Daphnia hyalina*. *Canadian Journal of Fisheries and Aquatic Sciences*, 42, 1342–1351.
Lammens, E.H.R.R. (1989) Causes and consequences of the success of bream in Dutch eutrophic lakes. *Hydrobiological bulletin*, 23, 11–18.
Lammens, E.H.R.R. (1991) Diets and feeding behaviour, in I.J. Winfield and J.S. Nelson (eds.) *Cyprinid Fishes: Systematics, Biology and Exploitation*, Chapman and Hall, London, pp.353–376.
Lammens, E.H.R.R., Buijse, T., Butijn, G., Blaakman, E., Buiteveld, H., Dekker, W., Hosper, S.H., Van der Hut, R. and Slingerland, T. (1996) Relation of chlorophyll-a and suspended matter to transparency and fish biomass in IJsselmeer and Markermeer in 1970–1992. Limiting factors for the carrying capacity of both ecosystems. *Verhandlungen Internationale Vereinigung Theoretisch Angewandte Limnologie*, 26.
Lammens, E.H.R.R., Klein Breteler, J.G.P., Mooij, W.M. and Claassen, T. (1997) The direct and indirect effects of a seine and gill-net fishery on fish stock and water quality in the Frisian Lakes, The Netherlands. *Canadian Journal of Fisheries and Aquatic Sciences*, submitted,
Lampert, W., Fleckner, W., Rai, H. and Taylor, B.E. (1986) Phytoplankton control by grazing zooplankton: A study on the spring clear-water phase. *Limnology and Oceanography*, 31, 478–490.
Lampert, W. (1987a) Vertical migration of freshwater zooplankton indirect effects of vertebrate predators on algal communities, in W.C. Kerfoot and A. Sih (eds.) *Predation, Direct and Indirect Impacts on Aquatic Communities*, University Press of New England, Hannover, pp. 291–299.
Lampert, W. (1987b) Laboratory studies on zooplankton-cyanobacteria interactions. *New Zealand Journal of Marine and Freshwater Research*, 21, 483–490.
Lampert, W. (1992) Bottom-up control of freshwater plankton communities applications of threshold growth and functional responses. *Bulletin of the Ecological Society of America*, 73,
Lampert, W. and Rothhaupt, K.O. (1991) Alternating dynamics of rotifers and *Daphnia magna* in a shallow lake. *Archiv für Hydrobiologie*, 120, 447–456.
Landers, D.H. (1982) Effects of naturally senescing aquatic macrophytes on nutrient chemistry and chlorophyll *a* of surrounding waters. *Limnology and Oceanography*, 27, 428–439.
Lauridsen, T.L., Jeppesen, E. and Andersen, F.O. (1993) Colonization of submerged macrophytes in shallow fish manipulated Lake Vaeng impact of sediment composition and waterfowl grazing. *Aquatic Botany*, 46, 1–15.
Lauridsen, T.L., Jeppesen, E. and Søndergaard, M. (1994) Colonization and succession of submerged macrophytes in shallow Lake Vaeng during the first five years following fish manipulation. *Hydrobiologia*, 276, 233–242.
Lauridsen, T.L., Pedersen, L.J., Jeppesen, E. and Søndergaard, M. (1996) The importance of macrophyte bed size for cladoceran composition and horizontal migration in a shallow lake. *in prep*.
Lauridsen, T.L. and Buenk, I. (1996) Diel changes in the horizontal distribution of zooplankton in the littoral zone of two shallow eutrophic lakes. *in prep*.
Lauridsen, T.L. and Lodge, D.M. (1996) Avoidance by *Daphnia magna* of fish and macrophytes: chemical cues and predator-mediated use of macrophyte habitat. *Limnology and Oceanography*, 41, 794–798.
Leach, J.H., Johnson, M.G., Kelso, J.R.M. and Hartmann, J. (1977) Responses of percid fishes and their habitats to eutrophication. *J Fish Res Board Can*, 34, 1964–1971.
Leentvaar, P. (1961) Hydrobiologische waarnemingen in het Veluwemeer. *De Levende Natuur*, 64, 273–279.
Leentvaar, P. (1966) Plant en dier in het Veluwemeer. *De Waterkampioen*, 1164, 18–20.
Lehman, J.T. (1980) Release and cycling of nutrients between planktonic algae and herbivores. *Limnology and Oceanography*, 25, 620–632.
Leibold, M.A. (1990) Resources and predators can affect the vertical distributions of zooplankton. *Limnology and Oceanography*, 35, 938–944.
Lennox, L.J. (1984) Lough Ennell, Ireland, laboratory studies on sediment phosphorus release under varying mixing aerobic and anaerobic conditions. *Freshwater Biology*, 14, 183–188.
Levins, R. (1966) The strategy of model building in population biology. *American Scientist*, 54, 421–431.
Levitan, C., Kerfoot, W.C. and Demott, W.R. (1984) Ability of *Daphnia* to buffer trout lakes against periodic nutrient inputs. *Verhandlungen Internationale Vereinigung Theoretisch Angewandte Limnologie*, 22, 3076–3082.
Ligtvoet, W. and De Jong, S.A. (1995) Ecosystem development in Lake Volkerak-Zoom: concept and strategy. *Water Science and Technology*, 31, 239–243.
Ligtvoet, W. and Grimm, M.P. (1992) Fish in clear water – Fish-stock development and management in Lake Volkerak/Zoom. *Proceedings and Information CHO-TNO*, 46, 69–84.
Lijklema, L. (1977) The role of iron in the exchange of phosphate between water and sediments, in H.L. Golterman (eds.) *Interactions between sediments and freshwater*, Junk Publ. The Hague, pp. 313–317.
Lijklema, L., Jansen, J.H. and Roijackers, R.M.M. (1989) Eutrophication in The Netherlands. *Water Science and Technology*, 21, 1899–1891.
Lijklema, L. (1994) Nutrient dynamics in shallow lakes: effects of changes in loading and role of sediment–water interactions. *Hydrobiologia*, 275–276, 335–348.
Lind, O.T., Davaloslind, L.O., Chrzanowski, T.H. and Limon, J.G. (1994) Inorganic turbidity and the failure of fishery models. *Internationale Revue der Gesamten Hydrobiologie*, 79, 7–16.
Lindegaard, C. (1994) The role of zoobenthos in energy flow in two shallow lakes. *Hydrobiologia*, 275–276, 313–322.
Lodge, D.M. (1991) Herbivory on freshwater macrophytes. *Aquatic Botany*, 41, 195–224.
Loose, C.J. and Dawidowicz, P. (1994) Trade-offs in diel vertical migration by zooplankton: The costs of predator avoidance. *Ecology*, 75, 2255–2263.
Lotka, A.J. (1925) *Elements of Physical Biology (Reprinted in 1956)*. Dover, New York
Luecke, C., Vanni, M.J., Magnuson, J.J. and Kitchell, J.F. (1990) Seasonal regulation of *Daphnia* populations by planktivorous fish implications for the spring clear-water phase. *Limnology and Oceanography*, 35, 1718–1733.

Luecke, C., Lunte, C.C., Wright, R.A., Robertson, D. and McLain, A.S. (1996) Impacts of variation in planktivorous fish on abundance of daphnids: a simulation model of the Lake Mendota food web, in J.F. Kitchell (eds.) *Food Web Management – A Case Study of Lake Mendota*, Springer-Verlag, New York, pp. 405–423.

Luecke, C. and O'Brien, W.J. (1983) The effect of *Heterocope* predation on zooplankton communities in arctic ponds. *Limnology and Oceanography*, 28, 367–377.

Luettich, R.A., Jr., Harleman, D.R.F. and Somlyody, L. (1990) Dynamic behavior of suspended sediment concentrations in a shallow lake perturbed by episodic wind events. *Limnology and Oceanography*, 35, 1050–1067.

MacIsaac, H.J., Sprules, W.G. and Leach, J.H. (1991) Ingestion of small-bodied zooplankton by zebra mussels *Dreissena polymorpha* can cannibalism on larvae influence population dynamics? *Canadian Journal of Fisheries and Aquatic Sciences*, 48, 2051–2060.

MacIsaac, H.J. (1996) Potential biotic and abiotic impacts of zebra mussels on the inland waters of North America. *American Zoologist*, 36, 287–299.

Malone, B.J. and McQueen, D.J. (1983) Horizontal patchiness in zooplankton populations in two Ontario kettle lakes. *Hydrobiologia*, 99, 101–124.

Marsden, M.W. (1989) Lake restoration by reducing external phosphorus loading the influence of sediment phosphorus release. *Freshwater Biology*, 21, 139–162.

Marshall, B.E. and Junor, F.J.R. (1983) The decline of *Salvinia molesta* on Lake Kariba. *Hydrobiologia*, 83, 477–484.

Martin, T.H., Crowder, L.B., Dumas, C.F. and Burkholder, J.M. (1992) Indirect effects of fish on macrophytes in bays mountain lake evidence for a littoral trophic cascade. *Oecologia*, 89, 476–481.

McAllister, C.D., Brasseur, R.J., Parsons, T.R. and Rosenzweig, M.L. (1972) Stability of enriched aquatic ecosystems. *Science*, 175, 562–565.

McCauley, E., Downing, J.A. and Watson, S. (1989) Sigmoidal relationships between nutrients and chlorophyll among lakes. *Canadian Journal of Fisheries and Aquatic Sciences*, 46, 1171–1175.

McCauley, E. and Murdoch, W.W. (1987) Cyclic and stable populations: Plankton as paradigm. *American Naturalist*, 129, 97–121.

McKinnon, S.L. and Mitchell, S.F. (1994) Eutrophication and black swan (*Cygnus atratus* Latham) populations: tests of two simple relationships. *Hydrobiologia*, 279–280, 163–170.

McQueen, D.J., Johannes, M.R.S., Post, J.R., Stewart, T.J. and Lean, D.R.S. (1989) Bottom-up and top-down impacts on freshwater pelagic community structure. *Ecological Monographs*, 59, 289–310.

McQueen, D.J. and Post, J.R. (1988) Cascading trophic interactions uncoupling at the zooplankton-phytoplankton link. *Hydrobiologia*, 159, 277–296.

Meijer, M.-L., Raat, A.J.P. and Doef, R.W. (1989) Restoration by biomanipulation of Lake Bleiswijkse Zoom the Netherlands first results. *Hydrobiological bulletin*, 23, 49–58.

Meijer, M.-L., De Haan, M.W., Breukelaar, A.W. and Buiteveld, H. (1990) Is reduction of the benthivorous fish an important cause of high transparency following biomanipulation in shallow lakes? *Hydrobiologia*, 200–201, 303–316.

Meijer, M.-L., Jeppesen, E., Van Donk, E. and Moss, B. (1994a) Long-term responses to fish-stock reduction in small shallow lakes – Interpretation of five-year results of four biomanipulation cases in the Netherlands and Denmark. *Hydrobiologia*, 276, 457–466.

Meijer, M.-L., Van Nes, E.H., Lammens, E.H.R.R. and Gulati, R.D. (1994b) The consequences of a drastic fish stock reduction in the large and shallow Lake Wolderwijd, The Netherlands – Can we understand what happened? *Hydrobiologia*, 276, 31–42.

Meijer, M.-L., Lammens, E.H.R.R., Raat, A.J.P., Klein Breteler, J.G.P. and Grimm, M.P. (1995) Developments of fish communities in lakes after biomanipulation. *Netherlands Journal of Aquatic Ecology*, 29, 91–102.

Melack, J.M. (1980) Temporal variability of phytoplankton in tropical lakes. *Oecologia*, 44, 1–7.

Mills, E.L., Forney, J.L. and Wagner, K.J. (1987) Fish predation and its cascading effect on the Oneida Lake food chain, in W.C. Kerfoot and A. Sih (eds.) *Predation: Direct and Indirect Impacts on Aquatic Communities,* University Press of New England, pp. 118–131.

Mills, E.L. and Forney, J.L. (1981) Energetics food consumption and growth of young yellow perch *Perca flavescens* in Oneida Lake, New York. *Transactions of the American Fisheries Society*, 110, 479–488.

Mills, E.L. and Forney, J.L. (1983) Impact on *Daphnia pulex* of predation by young yellow perch *Perca flavescens* in Oneida Lake, New York. *Transactions of the American Fisheries Society*, 112, 154–161.

Mitchell, S.F., Hamilton, D.P., MacGibbon, W.S., Nayar, K. and Reynolds, R.N. (1988) Interrelations between phytoplankton, submerged macrophytes, black swans (*Cygnus atratus*) and zooplankton in a shallow New Zealand lake. *Internationale Revue der Gesamten Hydrobiologie*, 73, 145–170.

Mitchell, S.F. (1989) Primary production in a shallow eutrophic lake dominated alternately by phytoplankton and by submerged macrophytes. *Aquatic Botany*, 33, 101–110.

Mittelbach, G.G., Turner, A.M., Hall, D.J., Rettig, J.E. and Osenberg, C.W. (1995) Perturbation and resilience: A long-term, whole-lake study of predator extinction and reintroduction. *Ecology*, 76, 2347–2360.

Mjelde, M. and Faafeng, B.A. (1997) *Ceratophyllum demersum* hampers phytoplankton development in some small Norwegian lakes over a wide range of phosphorus level and geographic latitude, in E. Jeppesen, M. Søndergaard, M. Søndergaard and K. Christoffersen (eds.) *The structuring role of submerged macrophytes in lakes,* Springer Verlag, New York, in press.

Mooij, W.M., Van Densen, W.L.T. and Lammens, E.H.R.R. (1996) Formation of year-class strength in the bream population in the shallow eutrophic Lake Tjeukemeer. *Journal of Fish Biology*, 48, 30–39.

Moore, B.C., Funk, W.H. and Anderson, E. (1994) Water quality, fishery, and biologic characteristics in a shallow, eutrophic lake with dense macrophyte populations. *Lake Reservoir Management*, 175–188.

Moriarty, D.J.W. (1973) The physiology of digestion of blue-green algae in the cichlid fish *Tilapia nilotica*. *J Zool Proc Zool Soc Lond*, 171, 25–39.

Mortimer, C.H. (1941) The exchange of dissolved substances between mud and water in lakes. I. *Journal of Ecology*, 29, 280–329.

Mortimer, C.H. (1942) The exchange of dissolved substances between mud and water in lakes. II. *Journal of Ecology*, 30, 147–201.

Moss, B., Balls, K., Irvine, K. and Stansfield, J. (1986) Restoration of two lowland lakes by isolation from nutrient- rich water sources with and without removal of sediment. *Journal of Applied Ecology*, 23, 391–414.

Moss, B. (1988) *Ecology of Fresh Waters 2nd Ed. Man and Medium.* Blackwell Scientific, Oxford.

Moss, B., Stansfield, J. and Irvine, K. (1990) Problems in the restoration of a hypertrophic lake by diversion of a nutrient-rich inflow. *Verhandlungen Internationale Vereinigung Theoretisch Angewandte Limnologie*, 24, 568–572.

Moss, B., Stansfield, J. and Irvine, K. (1991) Development of daphnid communities in diatom-dominated and cyanophyte-dominated lakes and their relevance to lake restoration by biomanipulation. *Journal of Applied Ecology*, 28, 586–602.

Moss, B. (1994) Brackish and freshwater shallow lakes – Different systems or variations on the same theme. *Hydrobiologia*, 276, 1–14.

Moss, B. (1995) The microwaterscape – A four-dimensional view of interactions among water chemistry, phytoplankton, periphyton, macrophytes, animals and ourselves. *Water Science and Technology*, 32, 105–116.

Moss, B., Stansfield, J., Irvine, K., Perrow, M. and Phillips, G. (1996) Progressive restoration of a shallow lake: a 12-year experiment in isolation, sediment removal and biomanipulation. *Journal of Applied Ecology*, 33, 71–86.

Moss, B., Madgewick, J. and Phillips, G. (1996a) *A Guide to the Restoration of Nutrient-Enriched Shallow Lakes.* Broads Authority/Environment Agency.

Mulholland, P.J., Steinman, A.D., Palumbo, A.V., Elwood, J.W. and Kirschtel, D.B. (1991) Role of nutrient cycling and herbivory in regulating periphyton communities in laboratory streams. *Ecology*, 72, 966–982.

Munro, I.G. and Bailey, R.G. (1980) Early composition and biomass of the crustacean zooplankton in Bough Beech Reservoir, Southeast England, UK. *Freshwater Biology*, 10, 85–96.

Mur, L.R., Schreurs, H. and Visser, P. (1993) How to control undesirable cyanobacterial dominance, in G. Giussani and C. Callieri (eds.) *Proceedings of the 5th international conference on the conservation and management of lakes, Stresa, Italy*, pp. 565–569.

Murdoch, W.W. and Oaten, A. (1975) Predation and population stability. *Advances in Ecological Research*, 9, 1–131.

Neary, J., Cash, K. and McCauley, E. (1994) Behavioural aggregation of *Daphnia pulex* in response to food gradients. *Functional Ecology*, 8, 377–383.

Nicholls, K.H. and Hopkins, G.J. (1993) Recent changes in Lake Erie (north shore) phytoplankton: cumulative impacts of phosphorus loading reductions and the zebra mussel introduction. *Journal of Great Lakes Research*, 19, 637–647.

Nilsson, P.A., Brönmark, C. and Pettersson, L.B. (1995) Benefits of a predator-induced morphology in crucian carp. *Oecologia*, 104, 291–296.

Nisbet, R., Gurney, W.S.C., Murdoch, W.W. and McCauley, E. (1989) Structured population models: a tool for linking effects at individual and population level. *Biological Journal of the Linnean Society*, 37, 79–99.

Noordhuis, R. (1997) Biologische monitoring zoete rijkswateren, Watersysteem raportage randmeren. 95003.

Noy-Meir, I. (1975) Stability of grazing systems an application of predator prey graphs. *Journal of Ecology*, 63, 459–482.

Ogilvie, S.C. and Mitchell, S.F. (1995) A model of mussel filtration in a shallow New Zealand lake, with reference to eutrophication control. *Archiv für Hydrobiologie*, 133, 471–482.

Oglesby, R.T., Leach, J.H. and Forney, J. (1987) Potential *Stizostedon* yield as a function of chlorophyll concentration with special reference to Lake Erie. *Canadian Journal of Fisheries and Aquatic Sciences*, 44, 166–170.

Oksanen, L., Fretwell, S.D., Arruda, J. and Niemela, P. (1981) Exploitation ecosystems in gradients of primary productivity. *American Naturalist*, 118, 240–261.

Oreskes, N., Shraderfrechette, K. and Belitz, K. (1994) Verification, validation, and confirmation of numerical models in the earth sciences. *Science*, 263, 641–646.

Pace, M.L. (1984) Zooplankton community structure, but not biomass, influences the phosphorus-chlorophyll a relationship. *Canadian Journal of Fisheries and Aquatic Sciences*, 41, 1089–1096.

Padisák, J., Reynolds, C.S. and Sommer, U. (1993) *Intermediate Disturbance Hypothesis in Phytoplankton Ecology. Developments in Hydrobiology 81.* Kluwer Academic Publishers, Dordrecht.

Pastorok, J. (1980) Selection of prey by *Chaoborus* larvae: A review and new evidence for behavioral flexibility. *Am. Soc. Limnol. Oceanogr. Spec. Symp.* 3, 538–555.

Paterson, M.J. (1993) The distribution of microcrustacea in the littoral zone of a freshwater lake. *Hydrobiologia*, 263, 173–183.

Paterson, M.J. (1994) Invertebrate predation and the seasonal dynamics of microcrustacea in the littoral zone of a fishless lake. *Archiv für Hydrobiologie*, 1–36.

Pennak, R.W. (1973) Some evidence for aquatic macrophytes as repellents for a limnetic species of *Daphnia*. *Internationale Revue der Gesamten Hydrobiologie*, 58, 569–576.

Perrow, M.R., Moss, B. and Stansfield, J. (1994) Trophic interactions in a shallow lake following a reduction in nutrient loading – A long-term study. *Hydrobiologia*, 276, 43–52.

Perrow, M.R., Schutten, J., Howes, J.R., Holzer, T. and Jowitt, A.J.D. (1997) Interactions between coot (*Fulica atra*) and submerged macrophytes: the role of birds in the restoration process. *Hydrobiologia*, 342, 241–255.

Persson, L. (1986) Effects of reduced interspecific competition on resource utilization in perch *Perca fluviatilis*. *Ecology*, 67, 355–364.

Persson, L. (1987a) Competition-induced switch in young of the year perch *Perca fluviatilis* an experimental test of resource limitation. *Environmental Biology of Fishes*, 19, 235–239.

Persson, L. (1987b) Effects of habitat and season on competitive interactions between roach *Rutilus rutilus* and perch *Perca fluviatilis*. *Oecologia*, 73, 170–177.

Persson, L., Diehl, S., Johansson, L. and Andersson, G. (1991) Shifts in fish communities along the productivity gradient of temperate lakes patterns and the importance of size-structured interactions. *Journal of Fish Biology*, 38, 281–294.

Persson, L. (1993) Predator-mediated competition in prey refuges – The importance of habitat dependent prey resources. *Oikos*, 68, 12–22.

Persson, L., Johansson, L., Andersson, G., Diehl, S. and Hamrin, S.F. (1993) Density dependent interactions in lake ecosystems whole lake perturbation experiments. *Oikos*, 66, 193–208.

Persson, L. and Eklov, P. (1995) Prey refuges affecting interactions between piscivorous perch and juvenile perch and roach. *Ecology*, 76, 70–81.

Persson, L. and Greenberg, L.A. (1990a) Interspecific and intraspecific size class competition affecting resource use and growth of perch *Perca fluviatilis*. *Oikos*, 59, 97–106.

Persson, L. and Greenberg, L.A. (1990b) Juvenile competitive bottlenecks the perch *Perca fluviatilis* and roach *Rutilus rutilus* interaction. *Ecology*, 71, 44–56.
Petticrew, E.L. and Kalff, J. (1992) Water flow and clay retention in submerged macrophyte beds. *Canadian Journal of Fisheries and Aquatic Sciences*, 49, 2483–2489.
Phillips, G., Jackson, R., Bennett, C. and Chilvers, A. (1994) The importance of sediment phosphorus release in the restoration of very shallow lakes (the Norfolk-Broads, England) and implications for biomanipulation. *Hydrobiologia*, 276, 445–456.
Phillips, G.L., Eminson, D. and Moss, B. (1978) A mechanism to account for macrophyte decline in progressively eutrophicated fresh waters. *Aquatic Botany*, 4, 103–126.
Pillinger, J.M., Cooper, J.A. and Ridge, I. (1994) Role of phenolic compounds in the antialgal activity of barley straw. *Journal of Chemical Ecology*, 20, 1557–1569.
Platt, J.R. (1964) Strong Inference. Certain systematic methods of scientific thinking may produce much more rapid progress than others. *Science*, 146, 347–353.
Pokorný, J., Květ, J., Ondok, J.P., Toul, Z. and Ostrý, I. (1984) Production-ecological analysis of a plant community dominated by *Elodea canadensis*. *Aquatic Botany*, 19, 263–292.
Poole, H.H. and Atkins, W.R.G. (1929) Photoelectric measurements of submarine illumination throughout the year. *Journal of the Marine Biological Association of the United Kingdom*, 16, 297–324.
Prairie, Y.T., Duarte, C.M. and Kalff, J. (1989) Unifying nutrient-chlorophyll relationships in lakes. *Canadian Journal of Fisheries and Aquatic Sciences*, 46, 1176–1182.
Pratt, D.M. (1943) Analysis of population development in *Daphnia* at different temperatures. *Biological Bulletin*, 85, 116–140.
Prejs, A., Martyniak, A., Boroń, S., Hliwa, P. and Koperski, P. (1994) Food web manipulation in a small, eutrophic Lake Wirbel, Poland – Effect of stocking with juvenile pike on planktivorous fish. *Hydrobiologia*, 276, 65–70.
Prentki, R.T., Adams, M.S., Carpenter, S.R., Gasith, A., Smith, C.S. and Weiler, P. (1979) The role of submersed weedbeds in internal loading and interception of allochthonous materials in Lake Wingra, Wisconsin USA. *Archiv für Hydrobiologie*, 57, 221–250.
Prieur, L. and Sathyendranath, S. (1981) An optical classification of coastal and oceanic waters based on the specific spectral absorption curves of phytoplankton pigments, dissolved organic-matter, and other particulate materials. *Limnology and Oceanography*, 26, 671–689.
Quade, H.W. (1969) Cladoceran faunas associated with aquatic macrophytes in some lakes in northwestern Minnesota. *Ecology*, 50, 170–179.
Quinn, J.F. and Dunham, A.E. (1983) On hypothesis testing in ecology and evolution. *American Naturalist*, 122, 602–617.
Rabe, F.W. and Gibson, F. (1984) The effect of macrophyte removal on the distribution of selected invertebrates in a littoral environment. *Journal of Freshwater Ecology*, 2, 359–372.
Ramberg, L., Björk-Ramberg, S., Kautsky, N. and Machena, C. (1987) Development and biological status of Lake Kariba, a man-made tropical lake. *Ambio*, 16, 314–321.
Reeders, H.H., Bij de Vaate, A. and Noordhuis, R. (1992) Potential of the zebra mussel (*Dreissena polymorpha*) for water quality management, in T.F. Nalepa and D.W. Schloesser (eds.) *Zebra Mussels – Biology, Impacts, and Control*, Lewis Publishers, London, pp. 439–451.
Reeders, H.H. and Bij de Vaate, A. (1990) Zebra mussels *Dreissena polymorpha* a new perspective for water quality management. *Hydrobiologia*, 200/201, 437–450.
Reynolds, C.S. (1975) Interrelations of photosynthetic behavior and buoyancy regulation in a natural population of a blue-green alga. *Freshwater Biology*, 5, 323–338.
Reynolds, C.S. (1984) *The Ecology of Freshwater Phytoplankton*. Cambridge University Press, Camebridge.
Reynolds, C.S. (1988) Functional morphology and the adaptive strategies of freshwater phytoplankton, in C.D. Sandgren (eds.) *Growth and Survival Strategies of Freshwater Phytoplankton*, Cambridge University Press, New York, pp. 388–433.
Reynolds, C.S. (1993) Scales of disturbance and their role in plankton ecology. *Hydrobiologia*, 249, 157–171.
Reynolds, C.S., Padisák, J. and Sommer, U. (1993) Intermediate disturbance in the ecology of phytoplankton and the maintenance of species diversity a synthesis. *Hydrobiologia*, 249, 183–188.
Rice, E.L. (1974) *Allelopathy*. Academic press, New York.
Rigler, F.H. (1956) A tracer study of the phosphorus cycle in lake water. *Ecology*, 37, 550–562.
Riley, E.T. and Prepas, E.E. (1984) Role of internal phosphorus loading in two shallow productive lakes in Alberta, Canada. *Canadian Journal of Fisheries and Aquatic Sciences*, 41, 845–855.
Riley, E.T. and Prepas, E.E. (1985) Comparison of the phosphorus-chlorophyll relationships in mixed and stratified lakes. *Canadian Journal of Fisheries and Aquatic Sciences*, 42, 831–835.
Ringelberg, J. (1977) Properties of an aquatic micro ecosystem II. Steady-state phenomena in the autotrophic subsystem. *Helgol Wiss Meeresunters*, 30, 134–143.
Ringelberg, J. (1991) Enhancement of the phototactic reaction in *Daphnia hyalina* by a chemical mediated by juvenile perch *Perca fluviatilis*. *Journal of Plankton Research*, 13, 17–26.
Ringelberg, J., Flik, B.J.G., Lindenaar, D. and Royackers, K. (1991) Diel vertical migration of *Daphnia hyalina* sensu *latiori* in Lake Maarsseveen. Part 1. Aspects of seasonal and daily timing. *Archiv für Hydrobiologie*, 121, 129–146.
Ringelberg, J. (1995) Changes in light intensity and diel vertical migration: a comparison of marine and freshwater environments. *Journal of the Marine Biological Association of the United Kingdom*, 75, 15–25.
Rogers, T.D. (1981) Chaos in systems in population biology. *Progress in Theoretical Biology*, 6, 91–146.
Romo, S. and Miracle, R. (1994) Long-term phytoplankton changes in a shallow hypertrophic lake, Albufera of Valencia (Spain). *Hydrobiologia*, 275/276, 153–164.
Rose, E.T. and Moen, T. (1952) The increase in game-fish populations in east Okoboji Lake, Iowa, following intensive removal of rough fish. *Transactions of the American Fisheries Society*, 82, 104–114.
Rosenzweig, M.L. (1971) Paradox of enrichement: Destabilization of exploitation ecosystems in ecological time. *Science*, 171, 385–387.
Rosenzweig, M.L. and MacArthur, R.H. (1963) Graphical representation and stability conditions of predator–prey interactions. *American Naturalist*, 97, 209–223.
Roughgarden, J. (1983) Competition and theory in community ecology. *American Naturalist*, 122, 583–601.
Rudstam, L.G., Lathrop, R.C. and Carpenter, S.R. (1993) The rise and fall of a dominant planktivore: Direct and indirect effects on zooplankton. *Ecology*, 74, 303–319.
Ruxton, G.D., Gurney, W.S.C. and De Roos, A.M. (1992) Interference and generation cycles. *Theoretical Population Biology*, 42, 235–253.
Sand-Jensen, K. and Borum, J. (1984) Epiphyte shading and its effect of photosynthesis and diel metabolism of *Lobelia dortmanna* during the spring bloom in a Danish lake. *Aquatic Botany*, 20, 109–120.
Sanger, A. (1992) Inland Fisheries Commission Biological Consultancy. Annual Report 1992. 5–82.
Sanger, A.C. (1994) The role of macrophytes in the decline and restoration of Lagoon of Islands. *Lake Reservoir Management*, 9, 111–112.
Santha, C.R., Grant, W.E., Neill, W.H. and Strawn, R.K. (1991) Biological control of aquatic vegetation using grass carp: Simulation of alternative strategies. *Ecological Modelling*, 59, 229–246.
Sarnelle, O. (1992) Nutrient enrichment and grazer effects on phytoplankton in lakes. *Ecology*, 73, 551–560.
Sarnelle, O. (1993) Herbivore effects on phytoplankton succession in a eutrophic lake. *Ecological Monographs*, 63, 129–149.
Sas, H.[ed.]. (1989) *Lake restoration by reduction of nutrient loading: expectations, experiences, extrapolations*. Academia Verlag Richarz, St. Augustin.
Scheffer, M., Achterberg, A.A. and Beltman, B. (1984) Distribution of macro-invertebrates in a ditch in relation to the vegetation. *Freshwater Biology*, 14, 367–370.
Scheffer, M. (1989) Alternative stable states in eutrophic, shallow freshwater systems: a minimal model. *Hydrobiological bulletin*, 23, 73–83.
Scheffer, M. (1990) Multiplicity of stable states in freshwater systems. *Hydrobiologia*, 200/201, 475–486.
Scheffer, M. (1991a) Fish and nutrients interplay determines algal biomass: A minimal model. *Oikos*, 62, 271–282.
Scheffer, M. (1991b) Should we expect strange attractors behind plankton dynamics – and if so, should we bother? *Journal of Plankton Research*, 13, 1291–1305.
Scheffer, M. (1991c) On the predictability of aquatic vegetation in shallow lakes. *Memorie dell'Istituto Italiano di Idrobiologia*, 48, 207–217.
Scheffer, M., De Redelijkheid, M.R. and Noppert, F. (1992) Distribution and dynamics of submerged vegetation in a chain of shallow eutrophic lakes. *Aquatic Botany*, 42, 199–216.
Scheffer, M., Bakema, A.H. and Wortelboer, F.G. (1993a) MEGAPLANT – A simulation model of the dynamics of submerged plants. *Aquatic Botany*, 45, 341–356.
Scheffer, M., Hosper, S.H., Meyer, M.-L., Moss, B. and Jeppesen, E. (1993b) Alternative equilibria in shallow lakes. *Trends in Ecology and Evolution*, 275–279.
Scheffer, M., Drost, H., De Redelijkheid, M.R. and Noppert, F. (1994a). Twenty years of dynamics and distributions of *Potamogeton pectinatus* L. in Lake Veluwe, in W. Van Vierssen, M.J.M. Hootsmans and J. Vermaat (eds.) *Lake Veluwe, a Macrophyte-dominated System under Eutrophication Stress*, Kluwer Academic Publishers, Dordrecht, pp. 20–25.
Scheffer, M., Van den Berg, M., Breukelaar, A.W., Breukers, C., Coops, H., Doef, R.W. and Meijer, M.-L. (1994b) Vegetated areas with clear water in turbid shallow lakes. *Aquatic Botany*, 49, 193–196.
Scheffer, M., Beets, J. (1994c) Ecological models and the pitfalls in causality. *Hydrobiologia*, 276, 115–124.
Scheffer, M., Baveco, J.M., DeAngelis, D.L., Lammens, E.H.R.R. and Shuter, B. (1995a) Stunted growth and stepwise die-off in animal cohorts. *American Naturalist*, 145, 376–388.
Scheffer, M., Baveco, J.M., DeAngelis, D.L., Rose, K.A. and Van Nes, E.H. (1995b) Super-individuals a simple solution for modelling large populations on an individual basis. *Ecological Modelling*, 80, 161–170.
Scheffer, M. (1997) On the implications of predator avoidance. *Netherlands Journal of Aquatic Ecology*, in press.
Scheffer, M., Rinaldi, S., Gragnani, A., Mur, L.R. and Van Nes, E.H. (1997a) On the dominance of filamentous cyanobacteria in shallow turbid lakes. *Ecology*, 78, 272–282.
Scheffer, M., Rinaldi, S. and Kuznetsov, Y.A. (1997b) The effect of fish on plankton dynamics: a theoretical analysis. *submitted*.
Scheffer, M., Rinaldi, S., Kuznetsov, Y.A. and Van Nes, E.H. (1997c) Seasonal dynamics of *Daphnia* and algae explained as a periodically forced predator–prey system. *Oikos*, in press.
Scheffer, M. and De Boer, R.J. (1995) Implications of spatial heterogeneity for the paradox of enrichment. *Ecology*, 76, 2270–2277.
Schelske, C.L., Carrick, H.J. and Aldridge, F.J. (1995) Can wind-induced resuspension of meroplankton affect phytoplankton dynamics? *Journal of the North American Benthological Society*, 14, 616–630.
Schelske, C.L. and Brezonik, P. (1992) Can Lake Apopka be restored? in S. Maurizi and F. Poillon (eds.) *Restoration of Aquatic Ecosystems*, National Academic Press, Washington D.C. pp.393–398.
Schindler, D.E. (1971) Food quality and zooplankton nutrition. *Journal of Animal Ecology*, 40, 589–595.
Schindler, D.W. (1975) Whole-lake eutrophication experiments with phosphorus, nitrogen and carbon. *Verhandlungen Internationale Vereinigung Theoretisch Angewandte Limnologie*, 19, 3221–3231.
Schindler, D.W. (1977) Evolution of phosphorus limitation in lakes. *Science*, 195, 260–262.
Schindler, D.W. and Comita, G.W. (1972) The dependence of primary production upon physical and chemical factors in a small, scenescing lake, including the effects of complete winter oxygen depletion. *Archiv für Hydrobiologie*, 69, 413–451.
Schreiter, T. (1928) *Untersuchungen über den Einfluss einen Helodeawucherung auf das Netzplankton des Hirschberger Grossteiches in Böhmer in den Jahren 1921 bis 1925 incl.* V. Praze. Prague.
Schriver, P., Bøgestrand, J., Jeppesen, E. and Søndergaard, M. (1995) Impact of

submerged macrophytes on fish-zooplankton-phytoplankton interactions: Large-scale enclosure experiments in a shallow eutrophic lake. *Freshwater Biology*, 33, 255–270.

Schutten, J., Van der Velden, J.A. and Smit, H. (1994) Submerged macrophytes in the recently freshened lake system Volkerak-Zoom (the Netherlands), 1987–1991. *Hydrobiologia*, 276, 207–218.

Scrimshaw, S. and Kerfoot, W.C. (1987) Chemical defenses of freshwater organisms: beetles and bugs, in W.C. Kerfoot and A. Sih (eds.) *Predation, Direct and Indirect Impacts on Aquatic Communities,* University Press of New England, Hannover, pp.240–262.

Seda, J. and Duncan, A. (1994) Low fish predation pressure in London reservoirs: 2. consequences to zooplankton community structure. *Hydrobiologia*, 291, 179–191.

Serruya, C. (1977) Rates of sedimentation and resuspension in Lake Kinneret, in H.L. Golterman (eds.) *Interactions between sediments and freshwater Interactions between sediments and freshwater,* Junk Publ. The Hague, pp.48–56.

Shapiro, J. and Wright, D.I. (1984) Lake restoration by biomanipulation Round Lake, Minnesota, the first two years. *Freshwater Biology*, 14, 371–384.

Shireman, J.V., Hoyer, M.V., Maceina, M.J. and Canfield, D.E.J. (1985) The water quality and fishery of Lake Baldwin, Florida, four years after macrophyte removal by grass carp *Ctenopharyngodon idella. Proc Annu Conf Int Symp N Am Lake Manage Soc*, 4, 201–206.

Sih, A. (1987a) Predators and prey lifestyles: an evolutionary and ecological overview, in W.C. Kerfoot and A. Sih (eds.) *Predation, Direct and Indirect Impacts on Aquatic Communities,* University Press of New England, Hannover, pp.203–224.

Sih, A. (1987b) Prey refuges and predator–prey stability. *Theoretical Population Biology*, 31, 1–12.

Simons, T.J. and Lam, D.C.L. (1980) Some limitations of water quality models for large lakes a case study of Lake Ontario USA Canada. *Water Resources Research*, 16, 105–116.

Skubinna, J.P., Coon, T.G. and Batterson, T.R. (1995) Increased abundance and depth of submersed macrophytes in response to decreased turbidity in Saginaw bay, Lake Huron. *Journal of Great Lakes Research*, 21, 476–488.

Slobodkin, L.B. (1954) Population dynamics in *Daphnia obtusa* Kurz. *Ecological Monographs*, 24, 69–88.

Smale, S. (1976) On the differential equations of species in competition. *Journal of Mathematical Biology*, 3, 5–7.

Small, J.W., Jr., Richard, D.I. and Osborne, J.A. (1985) The effects of vegetation removal by grass carp *Ctenopharyngodon idella* and herbicides on the water chemistry of four Florida Lakes. *Freshwater Biology*, 15, 587–596.

Smith, V.H. (1982) The nitrogen and phosphorus dependence of algal biomass in lakes an empirical and theoretical analysis. *Limnology and Oceanography*, 27, 1101–1112.

Smith, V.H. (1983) Low nitrogen to phosphorus ratios favour dominance by blue-green algae in lake phytoplankton. *Canadian Journal of Fisheries and Aquatic Sciences*, 43, 148–153.

Smolders, A. and Roelofs, J.G.M. (1993) Sulphate mediated iron limitation and eutrophication in aquatic ecosystems. *Aquatic Botany*, 46, 247–253.

Smolders, A. and Roelofs, J.G.M. (1995) Internal eutrophication, iron limitation and sulphide accumulation due to inlet of river Rhine water in peaty shallow waters in the Netherlands. *Archiv für Hydrobiologie*, 133, 349–365.

Somlyody, L. (1982) Water-quality modelling: a comparison of transport-oriented and ecology-oriented approaches. *Ecological Modelling*, 17, 183–207.

Somlyody, L. and Stanbury, J. (1986) Wind-induced sediment resuspension in shallow lakes. *International Conference on Water Quality Modelling in the Inland Natural Environment.Bournemouth (UK)*, 287–298.

Sommer, U. (1984) The paradox of the plankton: Fluctuations of phosphorus availability maintain diversity of phytoplankton in flow-through cultures. *Limnology and Oceanography*, 29, 633–636.

Sommer, U. (1985) Comparison between steady-state and non-steady-state competition experiments with natural phytoplankton. *Limnology and Oceanography*, 30, 335–346.

Sommer, U., Gliwicz, Z.M., Lampert, W. and Duncan, A. (1986) The Plankton Ecology Group model of seasonal succession of planktonic events in fresh waters. *Archiv für Hydrobiologie*, 106, 433–472.

Sommer, U. (1991) Phytoplankton directional succession and forced cycles, in H. Remmert (eds.) *Ecological Studies Analysis and Synthesis, Vol. 85. the Mosaic-Cycle Concept of Ecosystems; Symposium of the Werner Reimers Stiftung, Bad Homburg, Germany,* Springer-Verlag Berlin, Germany.

Sommer, U. (1992) Phosphorus-limited Daphnia: Intraspecific facilitation instead of competition. *Limnology and Oceanography*, 37, 966–973.

Søndergaard, M., Jeppesen, E., Mortensen, E., Dall, E., Kristensen, P. and Sortkjær, O. (1990) Phytoplankton biomass reduction after planktivorous fish reduction in a shallow eutrophic lake a combined effect of reduced internal P-loading and increased zooplankton grazing. *Hydrobiologia*, 200/201, 229–240.

Søndergaard, M., Kristensen, P. and Jeppesen, E. (1992) Phosphorus release from resuspended sediment in the shallow and wind-exposed Lake Arreso, Denmark. *Hydrobiologia*, 228, 91–99.

Søndergaard, M., Kristensen, P. and Jeppesen, E. (1993) Eight years of internal phosphorus loading and changes in the sediment phosphorus profile of Lake Sobygaard Denmark. *Hydrobiologia*, 253, 345–356.

Søndergaard, M., Jeppesen, E. and Berg, S. (1997) Pike (*Esox lucius* L.) stocking as a biomanipulation tool 2. Effects on lower trophic levels in Lake Lyng, Denmark. *Hydrobiologia*, 342, 319–325.

Sonzogni, W.C., Uttormark, P.C. and Lee, G.F. (1976) A phosphorus residence time model theory and application. *Water Research*, 10, 429–435.

Spence, D.H.N. (1982) The zonation of plants in freshwater lakes. *Advances in Ecological Research*, 12, 37–124.

Spencer, D.F. (1986) Early growth of *Potamogeton pectinatus L.* in response to temperature and irradiance: morphology and pigment composition. *Aquatic Botany*, 26, 1–8.

Sterner, R.W. (1993) *Daphnia* growth on varying quality of *Scenedesmus*: mineral limitation of zooplankton. *Ecology*, 74, 2351–2360.

Stirling, G. (1995) *Daphnia* behaviour as a bioassay of fish presence or predation. *Functional Ecology*, 9, 778–784.

Straškraba, M. (1980) The effect of physical variables on freshwater production: analyses based on models, in E.D. Le Cren and R.H. Lowe-McConell (eds.) *The Functioning of Freshwater Ecosystems,* Cambridge University Press, Cambridge, pp.13–84.

Straškraba, M. and Gnauck, A. (1985) *Freshwater Ecosystems: Modelling and Simulation.* Elsevier, Amsterdam.

Street, M. (1977) The food of mallard ducklings in a wet gravel quarry and its relation to duckling survival. *Wildfowl*, 28, 113–125.

Street, M. (1978) Research on the improvement of gravel pits for waterfowl by adding straw. *Game Conservancy Annual Review*, 10, 56–61.

Strong, D.R., Jr. (1983) Natural variability and the manifold mechanisms of ecological communities. *American Naturalist*, 122, 636–660.

Sundby, B., Anderson, L.G., Hall, P.O.J., Inverfeldt, A., Van der Loeff, M.M.R. and Westerlund, S.F.G. (1986) The effect of oxygen on release and uptake of cobalt, manganese, iron and phosphate at the sediment water interface. *Geochimica et Cosmochimica Acta*, 50, 1281–1288.

Swamikannu, X. and Hoagland, K.D. (1989) Effects of snail grazing on the diversity and structure of a periphyton community in a eutrophic pond. *Canadian Journal of Fisheries and Aquatic Sciences*, 46, 1698–1704.

Tanner, C.C., Clayton, J.S. and Wells, R.D.S. (1993) Effects of suspended solids on the establishment and growth of *Egeria densa*. *Aquatic Botany*, 45, 299–310.

Taylor, P.A. and Williams, P.J.L. (1975) Theoretical studies on the coexistence of competing species under continuous flow conditions. *Canadian Journal of Microbiology*, 21, 90–98.

Temte, J., Allen-Rentmeester, Y., Luecke, C. and Vanni, M. (1988) Effects of fish summerkill on zooplankton and phytoplankton populations in Lake Mendota. *Annual International Symposium on Lake and Watershed Management*, 8, 8.

Ten Winkel, E.H. and Meulemans, J.T. (1984) Effects of cyprinid fish on submerged vegetation. *Hydrobiological bulletin*, 18, 157–158

Tessier, A.J. (1983) Coherence and horizontal movements of patches of *Holopedium gibberum* (Cladocera). *Oecologia*, 60, 71–75.

Thomas, J.D. (1987) An evaluation of the interactions between freshwater pulmonate snail hosts of human Schistosomes and macrophytes. *Philosophical Transactions of the Royal Society of London Series B – Biological Sciences*, 315, 75–125.

Threinen, C.W. and Helm, W.T. (1954) Experiments and observations designed to show carp destruction of aquatic vegetation. *Journal of Wildlife Management*, 18, 247–251.

Threlkeld, S.T. (1985) Resource variation and the initiation of midsummer declines of cladoceran populations. *Ergebnisse der Limnologie*, 21, 333–340.

Tilman, D. (1977) Resource competition between planktonic algae: an experimental and theoretical approach. *Ecology*, 58, 338–348.

Tilman, D. (1982) *Resource Competition and Community Structure.* Princeton University Press, Princeton, New Jersey, USA.

Tilman, D. (1985) The resource-ratio hypothesis of plant succession. *American Naturalist*, 125, 827–852.

Timms, R.M. and Moss, B. (1984) Prevention of growth of potentially dense phytoplankton populations by zooplankton grazing in the presence of zooplanktivorous fish in a shallow wetland ecosystem. *Limnology and Oceanography*, 29, 472–486.

Titus, J., Goldstein, R.A., Adams, M.S. and Mankin, J.B. (1975) A production model for Myriophyllum- spicatum. *Ecology*, 56, 1129–1138.

Tonn, W.M., Paszkowski, C.A. and Holopainen, I.J. (1989) Responses of crucian carp populations to differential predation pressure in a manipulated pond. *Canadian Journal of Zoology*, 67, 2841–2849.

Tonn, W.M., Magnuson, J.J., Rask, M. and Toivonen, J. (1990) Intercontinental comparison of small-lake fish assemblages the balance between local and regional processes. *American Naturalist*, 136, 345–375.

Tonn, W.M., Holopainen, I.J. and Paszkowski, C.A. (1994) Density-dependent effects and the regulation of crucian carp populations in single species ponds. *Ecology*, 75, 824–834.

Townsend, D.W., Cammen, L.M., Holligan, P.M. and Campbell, D.E. (1994) Causes and consequences of variability in the timing of spring phytoplankton blooms. *Deep – Sea Research Part I – Oceanographic Research Papers*, 41, 747–765.

Tryon, C.A.J. (1954) The effect of carp exclosures on growth of submerged aquatic vegetation in Pymaturing Lake, Pennsylvania. *Journal of Wildlife Management*, 18, 251–254.

Tyler, J.E. (1968) The Secchi disc. *Limnology and Oceanography*, 13, 1–6.

Underwood, G.J.C. (1991) Growth enhancement of the macrophyte *Ceratophyllum demersum* in the presence of the snail *Planorbis planorbis* the effect of grazing and chemical conditioning. *Freshwater Biology*, 26, 325–334.

Vadstrup, M. and Madsen, T.V. (1995) Growth limitation of submerged aquatic macrophytes by inorganic carbon. *Freshwater Biology*, 34, 411–419.

Van den Berg, M.S., Coops, H., Meijer, M.-L., Scheffer, M. and Simons, J. (1997) Clear water associated with a dense *Chara* vegetation in the shallow and turbid Lake Veluwemeer, The Netherlands, in E. Jeppesen, M. Søndergaard, M. Søndergaard and K. Christoffersen (eds.) *The structuring role of submerged macrophytes in lakes,* Springer-Verlag, New York, in press.

Van Densen, W.L.T. and Grimm, M.P. (1988) Possibilities for stock enhancement of pikeperch (Stizostedion lucioperca) in order to increase predation on planktivores. *Limnologica*, 19, 45–49.

Van der Molen, D.T. and Boers, P.C.M. (1994) Influence of internal loading on phosphorus concentration in shallow lakes before and after reduction of the external loading. *Hydrobiologia*, 275–276, 379–389.

Van Dijk, G.M., Breukelaar, A.W. and Gijlstra, R. (1992) Impact of light climate history on seasonal dynamics of a field population of *Potamogeton pectinatus* L. during a three year period 1986–1988. *Aquatic Botany*, 43, 17–41.

Van Dijk, G.M. (1993) Dynamics and attenuation characteristics of periphyton upon artificial substratum under various light conditions and some additional observations on periphyton upon *Potamogeton pectinatus*. *Hydrobiologia*, 252, 143–161.

Van Dijk, G.M. and Van Vierssen, W. (1991) Survival of a *Potamogeton pectinatus* L. population under various light conditions in a shallow eutrophic lake Lake Veluwe in The Netherlands. *Aquatic Botany*, 39, 121–130.

Van Donk, E., Grimm, M.P., Gulati, R.D. and Klein Breteler, J.G.P. (1990) Whole-lake food-web manipulation as a means to study community interactions in a small ecosystem. *Hydrobiologia*, 200–201, 275–290.

Van Donk, E., Gulati, R.D., Iedema, A. and Meulemans, J.T. (1993) Macrophyte-related shifts in the nitrogen and phosphorus contents of the different trophic levels in a biomanipulated shallow lake. *Hydrobiologia*, 19–26.

Van Donk, E., De Deckere, E., Klein Breteler, J.G.P. and Meulemans, J.T. (1994a) Herbivory by waterfowl and fish on macrophytes in a biomanipulated lake:

Effects on long-term recovery. *Verhandlungen Internationale Vereinigung Theoretisch Angewandte Limnologie*, 21, 2139–2143.

Van Donk, E., Grimm, M.P., Heuts, P.G.M. and Blom, G. (1994b) Use of mesocosms in a shallow eutrophic lake to study the effects of different restoration measures. *Ergebnisse der Limnologie*, 283–294.

Van Donk, E. and Gulati, R.D. (1995) Transition of a lake to turbid state six years after biomanipulation: Mechanisms and pathways. *Water Science and Technology*, 32, 197–206.

Van Donk, E. and Hessen, D.O. (1995) Reduced digestibility of UV-B stressed and nutrient-limited algae by *Daphnia magna*. *Hydrobiologia*, 307, 147–151.

Van Luijn, F., Van der Molen, D.T., Luttmer, W.J. and Boers, P.C.M. (1995) Influence of benthic diatoms on the nutrient release from sediments of shallow lakes recovering from eutrophication. *Water Science and Technology*, 32, 89–97.

Van Vierssen, W. and Prins, T.C. (1985) On the relationship between the growth of algae and aquatic macrophytes in brackish water. *Aquatic Botany*, 21, 165–180.

Van Wijk, R.J. (1988) Ecological studies on *Potamogeton pectinatus* L.: I. General characteristics, biomass production and life cycles under field conditions. *Aquatic Botany*, 31, 211–258.

Van Wijk, R.J. (1989) Ecological studies on *Potamogeton pectinatus* L. Thesis. Catholic University of Nijmegen-171 pp.

Vanni, M.J. (1988) Freshwater zooplankton community structure introduction of large invertebrate predators and large herbivores to a small-species community. *Canadian Journal of Fisheries and Aquatic Sciences*, 45, 1758–1770.

Vanni, M.J., Luecke, C., Kitchell, J.F., Allen, Y. and Temte, J. (1990) Effects on lower trophic levels of massive fish mortality. *Nature*, 344, 333–335.

Vant, W.N., Davies-Colley, R.J., Clayton, J.S. and Coffey, B.T. (1986) Macrophyte depth limits in north island New-Zealand lakes of differing clarity. *Hydrobiologia*, 137, 55–60.

Vanwinkle, W., Rose, K.A. and Chambers, R.C. (1993) Individual-based approach to fish population dynamics: an overview. *Transactions of the American Fisheries Society*, 122, 397–403.

Venugopal, M.N. and Winfield, I.J. (1993) The distribution of juvenile fishes in a hypereutrophic pond: can macrophytes potentially offer a refuge for zooplankton? *Journal of Freshwater Ecology*, 8, 389–396.

Vollenweider, K. and Kerekes, J. (1982) *Eutrophication of waters, monitoring assessment, control*. OECD, Paris.

Vollenweider, R.A. (1977) Advances in defining critical loading levels for phosphorus in lake eutrophication. *Memorie dell'Istituto Italiano di Idrobiologia*, 53–83.

Volterra, V. (1926) Fluctuations in the abundance of a species considered mathematically. *Nature*, 118, 558–560.

Vuille, T. (1991) Abundance standing crop and production of microcrustacean populations Cladocera, Copepoda, in the littoral zone of Lake Biel Switzerland. *Archiv für Hydrobiologie*, 123, 165–186.

Vyhnálek, V. (1989) Growth rates of phytoplankton populations in Rimov Reservoir (Czechoslovakia) during the spring clear-water phase. *Ergebnisse der Limnologie*, 435–444.

Wallsten, M. and Forsgren, P.O. (1989) The effects of increased water level on aquatic macrophytes. *Journal of Aquatic Plant Management*, 27, 32–37.

Watkinson, A.R. (1985) On the abundance of plants along an environmental gradient. *Journal of Ecology*, 73, 569–578.

Watkinson, A.R. and Davy, A.J. (1985) Population biology of salt marsh and sand dune annuals. *Vegatatio*, 62, 487–497.

Watson, S., McCauley, E. and Downing, J.A. (1992) Sigmoid relationships between phosphorus algal biomass and algal community structure. *Canadian Journal of Fisheries and Aquatic Sciences*, 49, 2605–2610.

Weider, L.J. and Pijanowska, J. (1993) Plasticity of *Daphnia* life histories in response to chemical cues from predators. *Oikos*, 67, 385–392.

Weisner, S.E.B., Eriksson, P.G., Granéli, W. and Leonardson, L. (1994) Influence of macrophytes on nitrate removal in wetlands. *Ambio*, 23, 363–366.

Welch, I.M., Barrett, P.R.F., Gibson, M.T. and Ridge, I. (1990) Barley straw as an inhibitor of algal growth I: studies in the Chesterfield Canal. *Journal of Applied Phycology*, 2, 231–239.

Werner, E.E., Gilliam, J.F., Hall, D.J. and Mittelbach, G.G. (1983) An experimental test of the effects of predation risk on habitat use in fish. *Ecology*, 64, 1540–1548.

Wetzel, R.G. (1975) *Limnology*. W.B.Saunders Co. Philadelphia.

Windolf, J., Jeppesen, E., Jensen, J.P. and Kristensen, P. (1996) Modelling of seasonal variation in nitrogen retention and in-lake concentration: A four-year mass balance study in 16 shallow Danish lakes. *Biogeochemistry*, 33, 25–44.

Winfield, I.J. (1987) The influence of simulated aquatic macrophytes on the zooplankton consumption rate of juvenile roach *Rutilus rutilus* rudd *Scardinius erythrophthalmus* and perch *Perca fluviatilis*. *Journal of Fish Biology*, 29, 37–48.

Wingfield, G.I., Greaves, M.P., Bebb, J.M. and Seager, M. (1985) Microbial immobilization of phosphorus as a potential means of reducing phosphorus pollution of water. *Bulletin of Environmental Contamination and Toxicology*, 34, 587–596.

Wiśniewski, R. and Planter, M. (1985) Exchange of phosphorus across the sediment–water interface (with special attention to the influence of biotic factors) in several lakes of different trophic status. *Verhandlungen Internationale Vereinigung Theoretisch Angewandte Limnologie*, 22, 3345–3349.

Wium-Andersen, S., Anthoni, U., Christophersen, C. and Houen, G. (1982) Allelopathic effects on phytoplankton by substances isolated from aquatic macrophytes Charales. *Oikos*, 39, 187–190.

Wium-Andersen, S., Jørgensen, K.H., Christophersen, C. and Anthoni, U. (1987) Algal growth inhibitors in *Sium erectum* Huds. *Archiv für Hydrobiologie*, 111, 317–320.

Wood, R.D. (1950) Stability and zonation of Characeae. *Ecology*, 31, 642–647.

Woolhead, J. (1994) Birds in the trophic web of Lake Esrom, Denmark. *Hydrobiologia*, 279–280, 29–38.

Wormington, A. and Leach, J.H. (1992) Concentrations of migrant diving ducks at Point Pelee National Park, Ontario, in response to invasion of zebra mussels *Dreissena polymorpha*. *Canadian Field-Naturalist*, 106, 376–380.

Wortelboer, F.G. (1990) A model on the competition between two macrophyte species in acidifying shallow soft-water lakes in The Netherlands. *Hydrobiological bulletin*, 24, 91–107.

Wright, D. and Shapiro, J. (1990) Refuge availability a key to understanding the summer disappearance of *Daphnia*. *Freshwater Biology*, 24, 43–62.

Young, S., Watt, P.J., Grover, J.P. and Thomas, D. (1994) The unselfish swarm? *Journal of Animal Ecology*, 63, 611–618.

Yousef, Y.A., Mclellon, W.M. and Zebuth, H.H. (1980) Changes in phosphorus concentrations due to mixing by motor boats in shallow lakes. *Water Research*, 14, 841–852.

主题索引

拉丁名索引

读者意见反馈

为收集读者对教材的意见建议，进一步完善教材编写并做好服务工作，读者可将对本教材的意见建议通过如下渠道反馈至我社。

咨询电话　　400-810-0598

反馈邮箱　　gjdzfwb@pub.hep.cn

通信地址　　北京市朝阳区惠新东街4号富盛大厦1座　高等教育出版社总编辑办公室

邮政编码　　100029

防伪查询说明

用户购书后刮开封底防伪涂层，使用手机微信等软件扫描二维码，会跳转至防伪查询网页，获得所购图书详细信息。

防伪客服电话　　(010) 58582300